建筑工程安全生产管理与技术实用手册

李 伟 詹 涛 李东杰 主编

中国建材工业出版社

图书在版编目（CIP）数据

建筑工程安全生产管理与技术实用手册/李伟，詹涛，李东杰主编．--北京：中国建材工业出版社，2021.12（2024.5 重印）

ISBN 978-7-5160-3344-9

Ⅰ. ①建⋯　Ⅱ. ①李⋯②詹⋯③李⋯　Ⅲ. ①建筑工程—安全管理—手册　Ⅳ. ①TU714-62

中国版本图书馆 CIP 数据核字（2021）第 233475 号

建筑工程安全生产管理与技术实用手册

Jianzhu Gongcheng Anquan Shengchan Guanli yu Jishu Shiyong Shouce

李　伟　詹　涛　李东杰　主编

出版发行：中国建材工业出版社

地　　址：北京市西城区白纸坊东街 2 号院 6 号楼

邮　　编：100032

经　　销：全国各地新华书店

印　　刷：北京印刷集团有限责任公司

开　　本：787mm×1092mm　1/16

印　　张：26.75

字　　数：660 千字

版　　次：2021 年 12 月第 1 版

印　　次：2024 年 5 月第 2 次

定　　价：**98.00 元**

本书编委会

主编：李　伟　詹　涛　李东杰

参编：陆　参　刘佳庆　焦长春　杨宏峰　赵秋华
　　　赵　云　张燕标　郑　政　李　强　李文颖
　　　李　岩　李　轩　乔　征　李　琴　李　阳
　　　李　伟　曾先金　李晓光　程艺生　赵京华
　　　刘亚坤　许　涛　魏斌乾　杨丽萍　李平樱
　　　张泽伟　王启潮　张　燃

前　言

　　安全生产是关系人民群众生命财产安全的大事，是经济社会协调健康发展的标志，是党和政府对人民利益高度负责的要求。习近平总书记高度重视安全生产管理工作，多次强调，生命重于泰山，要求牢固树立安全发展理念，加强安全生产监管，切实维护人民群众生命财产安全。新修订的《中华人民共和国安全生产法》已于 2021 年 9 月 1 日开始施行。"新安法"进一步压实生产经营单位主体责任，强化政府监管责任，充分体现了"管行业必须管安全，管业务必须管安全，管生产经营必须管安全"的原则。

　　通过学习《中华人民共和国安全生产法》，观看、学习国务院安全生产委员会和应急管理部组织制作的《生命重于泰山——学习习近平总书记关于安全生产重要论述》专题片，使我们进一步提高了对于安全生产管理责任的认识。安全管理是一个专业，安全生产是一门技术，建筑业是经济社会的重要组成部分，把大安全观深入落实到建筑工程领域，需要久久为功。基于此，我们组织有关专家编写了本手册。

　　本手册由北京京监工程技术研究院有限公司组织编写，北京方圆工程监理有限公司、北京兴电国际工程管理有限公司、北京希达工程管理咨询有限公司、北京五环国际工程管理有限公司、京兴国际工程管理有限公司、建研凯勃建设工程咨询有限公司、北京市顺金盛建设工程监理有限责任公司、北京英诺威建设工程管理有限公司、北京京龙工程项目管理有限公司、北京致远工程建设监理有限责任公司等单位提供支持，并组织专家参与编写工作。本手册编写过程中得到了政府监管部门、科研院所、高校等相关单位专家和领导的参与和支持，在此深表谢意。同时，由于水平所限，书中难免有疏漏和错误，恳请业内同仁批评指正。

编委会
2021.9.28

目　录

第一部分　建筑工程安全生产相关法律法规和技术标准概述

第二部分　建筑工程安全生产管理职责

第三部分 建筑工程安全生产技术

第一部分 建筑工程安全生产相关法律法规和技术标准概述

1 建筑工程安全生产相关法律法规

1.1 安全生产法律体系

一个国家的法律体系如何构成，一般取决于这个国家的法律传统、政治制度和立法体制等因素。中国特色社会主义法律体系，是指适应我国社会主义初级阶段的基本国情，与社会主义的根本任务相一致，以宪法为统帅和根本依据，由部门齐全、结构严谨、内部协调、体例科学、调整有效的法律及其配套法规所构成，是保障我国沿着中国特色社会主义道路前进的各项法律制度的有机的统一整体。

1.1.1 广义和狭义法律

广义的法律是指国家法律法规体系的整体。例如就我国现行的法律体系而论，它包括作为根本法的宪法、全国人民代表大会（以下简称"全国人大"）及其常务委员会（以下简称"常委会"）制定的法律、国务院制定的行政法规、国务院有关部门制定的部门规章、地方国家机关制定的地方性法规和地方政府规章等。

狭义上的法律是由全国人大及其常委会依法制定和修订的，规定和调整国家、社会和公民生活中某一方面带根本性的社会关系或基本问题的法的统称。法律的地位和效力低于宪法而高于其他法律，是法律形式体系中的二级法律。法律是行政法规、地方性法规和行政规章的立法依据或基础，行政法规、地方性法规和行政规章不得违反法律，否则无效。

1.1.2 我国安全生产法律法规体系

我国的建筑工程安全生产法律法规体系一般由3个层次构成，分别是安全生产法律、安全生产法规、安全生产规章。也有观点认为，在此基础上还有第4个层级，即部门和地方规范性文件。

在实际安全生产管理工作中，除了法律法规、行政规章及规范性文件外，还有技术标准也与安全生产工作密切相关，新修订的《中华人民共和国安全生产法》明确了生产

1

经营单位必须执行依法制定的保障安全生产的国家标准或者行业标准，特别强调了国家强制性标准的地位，客观上反映了安全生产技术标准也应作为法律法规体系的补充内容。

1.2　安全生产法律

1.2.1　法律的总体分类

法律按不同的维度有不同的分类方法。按照作用的重要程度，法律可以分为基本法律和基本法律以外的法律。

基本法律由全国人大制定和修改，在全国人大闭会期间，全国人大常委会也有权对其进行部分补充或修改，但不得同其基本原则相抵触。基本法律规定国家、社会和公民生活中具有重大意义的基本问题，如《中华人民共和国刑法》《中华人民共和国民法典》等。

基本法律以外的法律由全国人大常委会制定和修改，规定由基本法律调整以外的国家、社会和公民生活中某一方面的重要问题，其调整面相对较窄，内容较具体，如《中华人民共和国安全生产法》《中华人民共和国商标法》《中华人民共和国文物保护法》等。

上述两种法律具有同等效力。全国人大及其常委会还有权就有关问题作出规范性决议或决定，它们与法律具有同等地位和效力。

1.2.2　安全生产法律的分类

根据对安全生产工作调整的范围和深度，可将建筑工程安全生产法律分为：基础法律、专门法律和相关法律 3 大类。

1. 基础法律

安全生产基础法律是指《中华人民共和国安全生产法》，与它平行的是专门法律和相关法律。《中华人民共和国安全生产法》是综合规范安全生产制度的基础法律，批准文号和最新施行日期详见表 1-1。

表 1-1　安全生产基础法律

序号	法律名称	批准文号	最新施行日期
1	《中华人民共和国安全生产法》	中华人民共和国主席令第 88 号	2021 年 9 月 1 日

2. 专门法律

安全生产专门法律是指规范某一领域安全生产法律制度的法律，例如《中华人民共和国建筑法》《中华人民共和国消防法》等。安全生产专门法律批准文号和最新施行日期详见表 1-2。

表 1-2　安全生产专门法律

序号	法律名称	批准文号	最新施行日期
1	《中华人民共和国突发事件应对法》	中华人民共和国主席令第 69 号	2007 年 11 月 1 日
2	《中华人民共和国建筑法》	中华人民共和国主席令第 29 号	2019 年 4 月 23 日
3	《中华人民共和国特种设备安全法》	中华人民共和国主席令第 4 号	2014 年 1 月 1 日
4	《中华人民共和国环境保护法》	中华人民共和国主席令第 22 号	2015 年 1 月 1 日
5	《中华人民共和国大气污染防治法》	中华人民共和国主席令第 31 号	2016 年 1 月 1 日
6	《中华人民共和国水污染防治法》	中华人民共和国主席令第 70 号	2018 年 1 月 1 日
7	《中华人民共和国环境噪声污染防治法》	中华人民共和国主席令第 24 号	2018 年 12 月 29 日
8	《中华人民共和国食品安全法》	中华人民共和国主席令第 81 号	2021 年 4 月 29 日
9	《中华人民共和国电力法》	中华人民共和国主席令第 23 号	2018 年 12 月 29 日
10	《中华人民共和国消防法》	中华人民共和国主席令第 81 号	2021 年 4 月 29 日
11	《中华人民共和国固体废物污染环境防治法》	中华人民共和国主席令第 43 号	2020 年 9 月 1 日
12	《中华人民共和国道路交通安全法》	中华人民共和国主席令第 81 号	2021 年 4 月 29 日

3. 相关法律

与安全生产相关的法律是指安全生产专门法律之外的其他涵盖安全生产内容的法律，例如《中华人民共和国劳动法》等。安全生产相关法律批准文号和最新施行日期详见表 1-3。

表 1-3　安全生产相关法律

序号	法律名称	批准文号	最新施行日期
1	《中华人民共和国职业病防治法》	中华人民共和国主席令第 24 号	2018 年 12 月 29 日
2	《中华人民共和国劳动合同法》	中华人民共和国主席令第 73 号	2013 年 7 月 1 日
3	《中华人民共和国节约能源法》	中华人民共和国主席令第 16 号	2018 年 10 月 26 日
4	《中华人民共和国劳动法》	中华人民共和国主席令第 24 号	2018 年 12 月 29 日
5	《中华人民共和国环境影响评价法》	中华人民共和国主席令第 24 号	2018 年 12 月 29 日
6	《中华人民共和国刑法》	中华人民共和国主席令第 66 号	2021 年 3 月 1 日

1.3　安全生产法规

安全生产法规可分为行政法规和地方性法规。

1.3.1　行政安全生产法规

行政法规专指最高国家行政机关即国务院制定的法律文件。行政法规的名称通常为条例、规定、办法、决定等。行政法规的法律地位和法律效力次于宪法和法律，但高于地方性法规、行政规章。依照行政法规的规定，公民、法人或者其他组织在法定范围内享有一定的权利，或者负有一定的义务。国家行政机关不得侵害公民、法人或者其他组织的合法权益；公民、法人或者其他组织如果不履行法定义务，也要承担相应的法律责任，受到强制执行或者行政处罚。

安全生产行政法规是国务院组织制定并颁布的，是为了实施安全生产法律或规范安全生产监督管理制度而制定并颁布的一系列具体规定，是实施安全生产监督管理和监察工作的重要依据，例如《建设工程安全生产管理条例》《安全生产许可证条例》《生产安全事故报告和调查处理条例》《特种设备安全监察条例》等。安全生产行政法规批准文号和最新施行日期详见表1-4。

表 1-4　安全生产行政法规

序号	法规名称	批准文号	最新施行日期
1	《国务院关于特大安全事故行政责任追究的规定》	中华人民共和国国务院令（第 302 号）	2001 年 4 月 21 日
2	《突发公共卫生事件应急条例》	中华人民共和国国务院令（第 588 号）	2011 年 1 月 8 日
3	《建设工程安全生产管理条例》	中华人民共和国国务院令（第 393 号）	2004 年 2 月 1 日
4	《安全生产许可证条例》	中华人民共和国国务院令（第 653 号）	2014 年 7 月 29 日
5	《劳动保障监察条例》	中华人民共和国国务院令（第 423 号）	2004 年 12 月 1 日
6	《电力监管条例》	中华人民共和国国务院令（第 432 号）	2005 年 5 月 1 日
7	《民用爆炸物品安全管理条例》	中华人民共和国国务院令（第 653 号）	2014 年 7 月 29 日
8	《生产安全事故报告和调查处理条例》	中华人民共和国国务院令（第 493 号）	2007 年 6 月 1 日
9	《特种设备安全监察条例》	中华人民共和国国务院令（第 549 号）	2009 年 5 月 1 日
10	《电力设施保护条例》	中华人民共和国国务院令（第 239 号）	2011 年 1 月 8 日
11	《电力安全事故应急处置和调查处理条例》	中华人民共和国国务院令（第 599 号）	2011 年 9 月 1 日
12	《电力供应与使用条例》	中华人民共和国国务院令（第 709 号）	2019 年 3 月 2 日
13	《建设项目环境保护管理条例》	中华人民共和国国务院令（第 682 号）	2017 年 10 月 1 日
14	《生产安全事故应急条例》	中华人民共和国国务院令（第 708 号）	2019 年 4 月 1 日

1.3.2　地方安全生产法规

地方性法规是指地方国家权力机关依照法定职权和程序制定和颁布的、施行于本行政区域的法律文件。地方性法规的法律地位和法律效力低于宪法、法律、行政法规，但高于地方政府规章。根据《中华人民共和国宪法》《中华人民共和国立法法》等有关法律的规定，地方性法规由省、自治区、直辖市的人民代表大会及其常务委员会，在不同宪法、法律、行政法规相抵触的前提下制定，报全国人大常委会和国务院备案。省、自治区的人民政府所在地的市、经济特区所在地的市和经国务院批准的较大的市的人民代表大会及其常委会，根据本市的具体情况和实际需要，在不同宪法、法律、行政法规和本省、自治区的地方性法规相抵触前提下，可以制定地方性法规，报所在的省、自治区的人民代表大会常务委员会批准后施行。

地方性安全生产法规是指由有立法权力的地方权力机关人民代表大会及其常务委员会和地方政府制定的安全生产规范性文件，是对国家安全生产法律、法规的补充和完善，具有较强的针对性和可操作性。以北京市为例，包括《北京市消防条例》《北京市安全生产条例》等。北京市安全生产地方性法规批准文号和最新施行日期详见表1-5。

表 1-5 安全生产地方性法规（北京市）

序号	法规名称	批准文号	最新施行日期
1	《北京市消防条例》	北京市人民代表大会常务委员会公告〔十三届〕第 17 号	2011 年 9 月 1 日
2	《北京市安全生产条例》	北京市人民代表大会常务委员会公告〔十四届〕第 28 号	2016 年 11 月 25 日
3	《北京市大气污染防治条例》	北京市人民代表大会常务委员会公告〔十五届〕第 2 号	2018 年 3 月 30 日
4	《北京市气象灾害防御条例》	北京市人民代表大会常务委员会公告〔十五届〕第 9 号	2019 年 1 月 1 日
5	《北京市水污染防治条例》	北京市人民代表大会常务委员会公告〔十五届〕第 61 号	2021 年 9 月 24 日
6	《北京市突发公共卫生事件应急条例》	北京市人民代表大会常务委员会公告〔十五届〕第 38 号	2020 年 9 月 25 日

1.4 安全生产规章

规章通常包含地方人民政府规章或部门规章，是国家行政机关依照行政职权所制定、发布的针对某一类事件或某一类人的一般性规定，是抽象行政行为的一种。部门规章是指国务院各部门（包括具有行政管理职能的直属机构）根据法律和国务院的行政法规、决定、命令在本部门的权限内按照规定的程序所制定的规定、办法、细则、规则等规范性文件的总称。地方政府规章是指由省、自治区、直辖市和较大的市的人民政府根据法律和法规，并按照规定的程序所制定的普遍适用于本行政区域的规定、办法、细则、规则等规范性文件的总称。

安全生产规章也可分为部门安全生产规章和地方政府安全生产规章。

1.4.1 部门安全生产规章

部门规章是指国务院所属部委根据法律和国务院行政法规、决定、命令，在本部门的权限内，所发布的各种行政性的规范性文件，也称部委规章。其地位低于宪法、法律、行政法规，且不得与它们相抵触。

部门安全生产规章是由国务院有关部门依照安全生产法律、行政法规的规定或国务院授权制定发布的，安全生产规章的法律地位和法律效力低于法律、行政法规，高于地方政府规章，例如《建筑施工企业安全生产许可证管理规定》《安全生产违法行为行政处罚办法》《特种作业人员安全技术培训考核管理规定》等。部分安全生产部门规章批准文号和最新施行日期详见表 1-6。

表 1-6 安全生产部门规章

序号	法规名称	批准文号	最新施行日期
1	《电力安全生产监督管理办法》	中华人民共和国国家发展和改革委员会令（第 21 号）	2015 年 3 月 1 日
2	《电力建设工程施工安全监督管理办法》	中华人民共和国国家发展和改革委员会令（第 28 号）	2015 年 10 月 1 日
3	《建筑起重机械安全监督管理规定》	中华人民共和国住房和城乡建设部令（第 166 号）	2008 年 6 月 1 日
4	《建筑施工企业安全生产许可证管理规定》	中华人民共和国住房和城乡建设部令（第 128 号）	2015 年 1 月 22 日
5	《建筑工程施工许可管理办法》	中华人民共和国住房和城乡建设部令（第 18 号）	2018 年 9 月 28 日
6	《建筑业企业资质管理规定》	中华人民共和国住房和城乡建设部令（第 22 号）	2018 年 12 月 22 日
7	《危险性较大的分部分项工程安全管理规定》	中华人民共和国住房和城乡建设部令（第 37 号）	2019 年 3 月 13 日
8	《安全生产检测检验机构管理规定》	国家安全生产监督管理总局令（第 12 号）	2007 年 4 月 1 日
9	《安全生产事故隐患排查治理暂行规定》	国家安全生产监督管理总局令（第 16 号）	2008 年 2 月 1 日
10	《生产安全事故信息报告和处置办法》	国家安全生产监督管理总局令（第 21 号）	2009 年 7 月 1 日
11	《安全生产违法行为行政处罚办法》	国家安全生产监督管理总局令（第 15 号）	2015 年 5 月 1 日
12	《建设项目安全设施"三同时"监督管理暂行办法》	国家安全生产监督管理总局令（第 36 号）	2015 年 5 月 1 日
13	《特种作业人员安全技术培训考核管理规定》	国家安全生产监督管理总局令（第 30 号）	2015 年 7 月 1 日
14	《安全生产培训管理办法》	国家安全生产监督管理总局令（第 44 号）	2015 年 7 月 1 日
15	《生产经营单位安全培训规定》	国家安全生产监督管理总局令（第 3 号）	2015 年 7 月 1 日
16	《生产安全事故应急预案管理办法》	国家安全生产监督管理总局令（第 88 号）	2019 年 9 月 1 日

1.4.2 地方政府安全生产规章

政府规章是指有权制定地方性法规的地方人民政府根据法律、行政法规制定的规范性文件，也称地方政府规章。政府规章除不得与宪法、法律、行政法规相抵触外，还不得与上级和同级地方性法规相抵触。

地方政府安全生产规章是最低层级的安全生产立法，其法律地位和法律效力低于其他上位法，且不得与上位法抵触。以北京市为例，例如《北京市建设工程施工现场管理办法》等。北京市安全生产地方政府规章批准文号和最新施行日期详见表1-7。

表 1-7　安全生产地方政府规章（北京市）

序号	法规名称	批准文号	最新施行日期
1	《北京市关于重大安全事故行政责任追究的规定》	北京市人民政府令（第76号）	2001年6月3日
2	《北京市生产安全事故报告和调查处理办法》	北京市人民政府令（第217号）	2010年3月1日
3	《北京市建设工程施工现场管理办法》	北京市人民政府令（第247号）	2013年7月1日

1.5　安全生产规范性文件

规范性文件是指各级政府管理部门制发的具体工作指导性文件，也是法律法规体系中数量最多的一类，因其内容具有约束和规范人们行为的性质，故称为规范性文件。

目前我国法律法规对于规范性文件的含义、制发主体、制发程序和权限以及审查机制等，尚无全面、统一的规定。但大部分地区探索并实现了规范性文件统一登记、统一编号、统一公布的"三统一"，初步实现了规范性文件的规范管理。

1.5.1　部门安全生产规范性文件

国务院各部、各委员会、中国人民银行，审计署和具有行政管理职能的直属机构，可以根据法律和国务院的行政法规、决定、命令，在本部门的权限范围内，制定安全生产相关规范性文件。部分安全生产部门规范性文件的批准文号和施行日期详见表1-8。

表 1-8　部分安全生产部门规范性文件

序号	法规名称	批准文号	最新施行日期
1	《建筑工程安全生产监督管理工作导则》	建质〔2005〕184号	2005年10月13日
2	《建筑施工特种作业人员管理规定》	建质〔2008〕75号	2008年6月1日
3	《建筑施工企业主要负责人、项目负责人和专职安全生产管理人员安全生产管理规定》	建质〔2015〕206号	2014年9月1日
4	《建筑施工附着式升降脚手架管理暂行规定》	建建〔2000〕230号	2004年10月16日
5	《关于印发〈关于加强汛期建筑施工安全生产工作的意见〉的通知》	建质函〔2006〕200号	2006年7月27日
6	《关于印发起重机械、基坑工程等五项危险性较大的分部分项工程施工安全要点的通知》	建安办函〔2017〕12号	2017年5月31日
7	《关于实施〈危险性较大的分部分项工程安全管理规定〉有关问题的通知》	建办质〔2018〕31号	2018年5月17日
8	《关于印发工程质量安全手册（试行）的通知》	建质〔2018〕95号	2018年9月21日

序号	法规名称	批准文号	最新施行日期
9	《关于加强建筑施工安全事故责任企业人员处罚的意见》	建质规〔2019〕9号	2019年11月20日
10	《关于开展工贸企业有限空间作业条件确认工作的通知》	安监总厅管四〔2014〕37号	2014年4月11日
11	《关于启用新版安全生产许可证的通知》	应急〔2020〕6号	2020年1月23日
12	《关于印发〈有限空间作业安全指导手册〉和4个专题系列折页的通知》	应急厅函〔2020〕299号	2020年10月29日
13	《关于修订〈特种设备目录〉的公告》	国家质检总局公告（2014年第114号）	2014年10月30日
14	《关于全面加强企业全员安全生产责任制工作的通知》	安委办〔2017〕29号	2017年10月10日
15	《关于进一步加强安全帽等特种劳动防护用品监督管理工作的通知》	市监质监〔2019〕35号	2019年7月4日

1.5.2 地方政府安全生产规范性文件

地方政府及其相关部门，根据安全生产法律法规、规章，制定本地方的安全生产相关规范性文件。以北京市为例，部分文件的批准文号和施行日期详见表1-9。

表1-9 安全生产地方政府规范性文件（北京市）

序号	法规名称	批准文号	最新施行日期
1	《北京市人民政府关于印发〈安全生产"一岗双责"暂行规定〉的通知》	京政发〔2013〕38号	2013年12月6日
2	《北京市空气重污染应急预案（2018年修订）》	京政发〔2018〕24号	2018年10月19日
3	《北京市人民政府办公厅转发市市政市容委〈关于进一步加强建筑垃圾土方砂石运输管理工作意见〉的通知》	京政办发〔2014〕6号	2014年1月21日
4	《北京市建设工程施工现场附着式升降脚手架使用安全管理办法》	京建法〔2012〕4号	2012年7月1日
5	《北京市房屋建筑和市政基础设施工程安全质量状况评估管理办法（暂行）》	京建法〔2013〕2号	2013年4月1日
6	《关于在建设工程施工现场推广使用远程视频监控系统的通知》	京建法〔2013〕17号	2013年10月30日
7	《关于规范北京市房屋建筑深基坑支护工程设计、监测工作的通知》	京建法〔2014〕3号	2014年6月1日
8	《北京市建筑施工安全生产标准化考评管理办法（试行）》	京建法〔2015〕15号	2015年10月9日

序号	法规名称	批准文号	最新施行日期
9	《北京市房屋建筑和市政基础设施工程危险性较大的分部分项工程安全管理实施细则》	京建法〔2019〕11号	2019年4月9日
10	《北京市生产安全事故现场勘验工作暂行规则》	京安监发〔2011〕46号	2011年5月13日
11	《关于进一步加强本市建筑工地食品安全管理工作的通知》	京食药监食餐〔2017〕4号	2017年5月10日

2 建筑工程安全生产技术标准

2.1 安全生产技术标准体系

虽然目前我国没有技术法规的正式用语且未将其纳入法律体系的范畴，但是国家许多安全生产立法，将安全生产技术标准作为生产经营单位必须执行的技术规范而被法律法规采用。安全生产标准一旦成为法律规定必须执行的技术规范，它就具有了法律上的效力和作用。执行安全生产技术标准是生产经营单位的法定义务，违反安全生产技术标准的要求，同样要承担法律责任。

根据《中华人民共和国标准化法》规定，技术标准包括国家标准、行业标准、地方标准和团体标准、企业标准。国家标准分为强制性标准和推荐性标准，行业标准、地方标准属于推荐性标准。强制性标准必须执行，国家鼓励采用推荐性标准。

2.2 安全生产国家标准

安全生产国家标准是指国家标准化行政主管部门依照《中华人民共和国标准化法》制定的在全国范围内适用的安全生产技术规范。国家标准的编号由国家标准的代号、国家标准发布的顺序号和国家标准发布的年号（发布年份）构成。

2.2.1 强制性安全生产国家标准

我国国家强制性标准以 GB 为代号，安全生产相关的主要国家强制性标准具体发布顺序号和发布年份详见表 2-1。

表 2-1 安全生产相关国家强制性标准

序号	标准名称	标准编号
1	《建筑工程施工质量验收统一标准》	GB 50300—2013
2	《施工企业安全生产管理规范》	GB 50656—2011
3	《建筑施工安全技术统一规范》	GB 50870—2013
4	《低压配电设计规范》	GB 50054—2011
5	《供配电系统设计规范》	GB 50052—2009
6	《通用用电设备配电设计规范》	GB 50055—2011
7	《建筑电气工程施工质量验收规范》	GB 50303—2015
8	《电气装置安装工程低压电器施工及验收规范》	GB 50254—2014
9	《建设工程施工现场供用电安全规范》	GB 50194—2014

序号	标准名称	标准编号
10	《建筑物防雷工程施工与质量验收规范》	GB 50601—2010
11	《建设工程施工现场消防安全技术规范》	GB 50720—2011
12	《施工企业安全生产管理规范》	GB 50656—2011
13	《建筑施工脚手架安全技术统一标准》	GB 51210—2016
14	《安全网》	GB 5725—2009
15	《建筑地基基础设计规范》	GB 50007—2011
16	《建筑地基工程施工质量验收标准》	GB 50202—2018
17	《地基基础施工规范》	GB 51004—2015
18	《建筑基坑工程监测技术标准》	GB 50497—2019
19	《混凝土结构工程施工质量验收规范》	GB 50204—2015
20	《租赁模板脚手架维修保养技术规范》	GB 50829—2013
21	《建筑施工脚手架安全技术统一标准》	GB 51210—2016
22	《碗扣式钢管脚手架构件》	GB 24911—2010
23	《建筑结构荷载规范》	GB 50009—2012
24	《混凝土结构设计规范》	GB 50010—2010
25	《钢结构设计标准》	GB 50017—2017
26	《冷弯薄壁型钢结构技术规范》	GB 50018—2002
27	《混凝土结构工程施工规范》	GB 50666—2011
28	《钢管脚手架扣件》	GB 15831—2006
29	《建筑施工脚手架安全技术统一标准》	GB 51210—2016
30	《碗扣式钢管脚手架构件》	GB 24911—2010
31	《缺氧危险作业安全规程》	GB 8958—2006
32	《爆破安全规程》	GB 6722—2014
33	《建设工程施工现场消防安全技术规范》	GB 50720—2011
34	《建筑设计防火规范》	GB 50016—2014
35	《建筑灭火器配置设计规范》	GB 50140—2005
36	《消防给水及消火栓系统技术规范》	GB 50974—2014
37	《建筑内部装修防火施工及验收规范》	GB 50354—2005
38	《建设工程施工现场消防安全技术规范》	GB 50720—2011
39	《建筑施工场界环境噪声排放标准》	GB 12523—2011
40	《建设工程施工现场供用电安全规范》	GB 50194—2014
41	《污水综合排放标准》	GB 8978—1996
42	《建筑节能工程施工质量验收规范》	GB 50411—2014
43	《建筑灭火器配置设计规范》	GB 50140—2016
44	《爆破作业人员资格条件和管理要求》	GA 53—2015
45	《爆破作业单位资格条件和管理要求》	GA 990—2012
46	《爆破作业项目管理要求》	GA 991—2012

需要说明的是，表 2-1 所列标准有的与安全生产管理没有直接关联，例如《建筑工程施工质量验收统一标准》（GB 50300）、《混凝土结构设计规范》（GB 50010）、《钢结构设计标准》（GB 50017）等，但上述现行标准提出了建筑工程整体划分要求，以及涉及安全生产的荷载计算方法，对于本书的学习非常重要，所以也将其列入表 2-1。

2.2.2 推荐性安全生产国家标准

国家推荐性标准以 GB/T 为代号，安全生产相关国家推荐性标准具体发布顺序号和发布年份详见表 2-2。

表 2-2 安全生产相关国家推荐性标准

序号	标准名称	标准编号
1	《高处作业分级》	GB/T 3608—2008
2	《组合钢模板技术规范》	GB/T 50214—2013
3	《建筑模板用木塑复合板》	GB/T 29500—2013
4	《混凝土模板用木工字梁》	GB/T 31265—2014
5	《碳素结构钢》	GB/T 700—2006
6	《低合金高强度结构钢》	GB/T 1591—2018
7	《低压流体输送用焊接钢管》	GB/T 3091—2015
8	《紧固件机械性能 螺栓、螺钉和螺柱》	GB/T 3098.1—2010
9	《非合金钢及细晶粒钢焊条》	GB/T 5117—2012
10	《热强钢焊条》	GB/T 5118—2012
11	《六角头螺栓 C 级》	GB/T 5780—2016
12	《钢丝绳用普通套环》	GB/T 5974.1—2006
13	《钢丝绳夹》	GB/T 5976—2006
14	《气体保护电弧焊用碳钢、低合金钢焊丝》	GB/T 8110—2008
15	《重要用途钢丝绳》	GB/T 8918—2006
16	《可锻铸铁件》	GB/T 9440—2010
17	《碳钢药芯焊丝》	GB/T 10045—2018
18	《一般工程用铸造碳钢件》	GB/T 11352—2009
19	《直缝电焊钢管》	GB/T 13793—2016
20	《熔化焊用钢丝》	GB/T 14957—1994
21	《低合金钢药芯焊丝》	GB/T 17493—2018
22	《钢丝绳通用技术条件》	GB/T 20118—2017
23	《建筑工程绿色施工评价标准》	GB/T 50640—2010

2.3 安全生产行业标准

安全生产行业标准是指国务院有关部门和直属机构依照《中华人民共和国标准化法》制定的在安全生产领域内适用的安全生产技术规范。行业安全生产标准对同一安全生产事项的技术要求，可以高于国家安全生产标准，但不得与其相抵触，例如现行标准《建筑施工安全检查标准》（JGJ 59）等。行业标准均为推荐性标准。安全生产相关的主要行业标准具体发布代号、顺序号和发布年份详见表2-3。

表2-3 安全生产相关行业标准

序号	标准名称	标准编号
1	《建筑施工安全检查标准》	JGJ 59—2011
2	《施工现场临时用电安全技术规范》	JGJ 46—2005
3	《建筑施工高处作业安全技术规范》	JGJ 80—2016
4	《建筑基坑支护技术规程》	JGJ 120—2012
5	《建筑深基坑工程施工安全技术规范》	JGJ 311—2013
6	《液压滑动模板施工安全技术规程》	JGJ 65—2013
7	《组合铝合金模板工程技术规程》	JGJ 386—2016
8	《建筑施工扣件式钢管脚手架安全技术规范》	JGJ 130—2011
9	《建筑施工模板安全技术规范》	JGJ 162—2008
10	《建筑施工碗扣式钢管脚手架安全技术规范》	JGJ 166—2016
11	《建筑施工竹脚手架安全技术规范》	JGJ 254—2011
12	《建筑施工承插型盘扣式钢管支架安全技术规程》	JGJ 231—2010
13	《建筑施工工具式脚手架安全技术规范》	JGJ 202—2010
14	《建筑施工木脚手架安全技术规范》	JGJ 164—2008
15	《施工现场机械设备检查技术规程》	JGJ 160—2016
16	《建筑施工塔式起重机安装、使用、拆卸安全技术规程》	JGJ 196—2010
17	《建筑施工升降机安装、使用、拆卸安全技术规程》	JGJ 215—2010
18	《龙门架及井架物料提升机安全技术规范》	JGJ 88—2010
19	《建筑机械使用安全技术规程》	JGJ 33—2012
20	《建筑施工冬季施工规程》	JGJ 104—2011
21	《建筑拆除工程安全技术规范》	JGJ 147—2016
22	《建设工程施工现场环境与卫生标准》	JGJ 146—2013
23	《特种设备作业人员考核规则》	TSG Z6001—2019
24	《起重机械安装改造重大修理监督检验规则》	TSG Q7016—2016
25	《起重机械定期检验规则》	TSG Q7015—2016
26	《特种设备使用管理规则》	TSG 08—2017
27	《特种设备事故报告和调查处理导则》	TSG 03—2015
28	《建筑施工门式钢管脚手架安全技术标准》	JGJ/T 128—2019
29	《建筑工程大模板技术标准》	JGJ/T 74—2017
30	《液压爬升模板工程技术标准》	JGJ/T 195—2018
31	《建筑塑料复合模板工程技术规程》	JGJ/T 352—2014
32	《组装式桁架模板支撑应用技术规程》	JGJ/T 389—2016
33	《建筑施工模板和脚手架试验标准》	JGJ/T 414—2018
34	《建筑施工门式钢管脚手架安全技术标准》	JGJ/T 128—2019

序号	标准名称	标准编号
35	《液压升降整体脚手架安全技术标准》	JGJ/T 183—2019
36	《建筑施工模板和脚手架试验标准》	JGJ/T 414—2018
37	《施工现场临时建筑物技术规范》	JGJ/T 188—2009
38	《生产经营单位生产安全事故应急预案评估指南》	AQ/T 9011—20
39	《生产安全事故应急演练基本规范》	AQ/T 9007—2019
40	《爆破安全监理规范》	T/CSEB0010—2019
41	《爆破安全评估规范》	T/CSEB0009—2019

2.4 安全生产地方性标准

　　安全生产地方性标准是由省、自治区、直辖市人民政府标准化行政主管部门制定的安全生产技术规范；设区的市级人民政府标准化行政主管部门根据本行政区域的特殊需要，经所在地省、自治区、直辖市人民政府标准化行政主管部门批准，可以制定本行政区域的安全生产地方标准。安全生产地方性标准在本行政区域的安全生产领域内适用。地方性标准均为推荐性标准。北京市安全生产相关的主要地方标准具体发布代号、顺序号和发布年份详见表 2-4。

表 2-4　安全生产相关地方标准（北京市）

序号	标准名称	标准编号
1	《建筑工程施工现场安全资料管理规程》	DB11/383—2017
2	《建筑基坑支护技术规程》	DB11/489—2016
3	《基坑工程内支撑技术规程》	DB11/940—2012
4	《建设工程施工现场安全资料管理规程》	DB11/383—2006
5	《建设工程临建房屋应用技术标准》	DB11/693—2009
6	《建设工程施工现场安全防护、场容卫生及消防保卫标准》	DB11/945—2012
7	《绿色施工管理规程》	DB11/513—2015
8	《建筑工程施工安全操作规程》	DB11/T 1833—2021
9	《建筑垃圾运输车辆标识、监控和密闭技术要求》	DB11/T 1077—2014
10	《北京市建设工程施工现场生活区设置和管理标准》	DB11/T 1132—2014

第二部分　建筑工程安全生产管理职责

3　施工单位及相关人员的安全生产管理责任

3.1　建筑施工的生产经营单位

3.1.1　生产经营单位的定义

根据《中华人民共和国安全生产法》的释义，生产经营单位是指"从事商品生产、销售以及提供服务的法人和其他经济组织，不论其所有制性质、企业组织形式和经营规模大小，只要从事生产经营活动的，都应遵守本法的规定。"

《安全生产违法行为行政处罚办法》在第六十八条中规定："本办法所称的生产经营单位，是指合法和非法从事生产或者经营活动的基本单元，包括企业法人、不具备企业法人资格的合伙组织、个体工商户和自然人等生产经营主体。"

从上述释义和规定可以看出，生产经营单位是指从事商品生产、销售以及提供服务的法人和其他经济组织，是指从事生产或者经营活动的基本单元。

3.1.2　施工单位在建筑施工活动中的生产经营者主体地位

（1）《中华人民共和国建筑法》第十二条规定："从事建筑活动的建筑施工企业、勘察单位、设计单位和工程监理单位，应当具备下列条件：（一）有符合国家规定的注册资本；（二）有与其从事的建筑活动相适应的具有法定执业资格的专业技术人员；（三）有从事相关建筑活动所应有的技术装备；（四）法律、行政法规规定的其他条件。"住房城乡建设部在《关于印发〈建筑业企业资质标准〉的通知》中规定，相应条件的工程应由取得相应资质的施工企业承担。也就是说，按照我国现有的法律体系，建筑施工只能由具有相应资质的建筑施工企业负责实施，施工单位是建筑施工活动的生产经营单位。

（2）《中华人民共和国安全生产法》第十五条规定："依法设立的为安全生产提供技术、管理服务的机构，依照法律、行政法规和执业准则，接受生产经营单位的委托为其安全生产工作提供技术、管理服务。生产经营单位委托前款规定的机构提供安全生产技术、管理服务的，保证安全生产的责任仍由本单位负责。"所以，施工单位委托其他机构为安全生产提供技术、管理服务的，保证安全生产的责任仍由施工单位负责。

（3）建筑工程的建设单位、设计单位、施工单位和监理单位等其他参建单位，根据

《中华人民共和国建筑法》等相关规定，均须在自身营业执照和资质许可范围内，从事生产或者经营活动，但其生产经营活动是相对于其各自业务本身的，如建设单位是从事房地产开发业务的生产经营单位，设计单位是从事工程设计业务的生产经营单位，施工单位是从事工程施工业务的生产经营单位，监理单位是从事工程监理业务的生产经营单位。也就是说，从建筑施工角度，施工单位是生产经营单位，建设单位、设计单位、监理单位都不是。

3.2　施工单位的安全生产管理责任

3.2.1　《中华人民共和国安全生产法》的规定

（1）生产经营单位必须遵守本法和其他有关安全生产的法律、法规，加强安全生产管理，建立健全全员安全生产责任制和安全生产规章制度，加大对安全生产资金、物资、技术、人员的投入保障力度，改善安全生产条件，加强安全生产标准化、信息化建设，构建安全风险分级管控和隐患排查治理双重预防机制，健全风险防范化解机制，提高安全生产水平，确保安全生产。

（2）生产经营单位必须执行依法制定的保障安全生产的国家标准或者行业标准。

（3）生产经营单位委托依法设立的机构提供安全生产技术、管理服务的，保证安全生产的责任仍由本单位负责。

（4）生产经营单位应当具备本法和有关法律、行政法规和国家标准或者行业标准规定的安全生产条件；不具备安全生产条件的，不得从事生产经营活动。

（5）生产经营单位的全员安全生产责任制应当明确各岗位的责任人员、责任范围和考核标准等内容。生产经营单位应当建立相应的机制，加强对安全生产责任制落实情况的监督考核，保证安全生产责任制的落实。

（6）生产经营单位应当具备的安全生产条件所必需的资金投入，由生产经营单位的决策机构、主要负责人或者个人经营的投资人予以保证，并对由于安全生产所必需的资金投入不足导致的后果承担责任。有关生产经营单位应当按照规定提取和使用安全生产费用，专门用于改善安全生产条件。安全生产费用在成本中据实列支。

（7）建筑施工单位应当设置安全生产管理机构或者配备专职安全生产管理人员。

（8）生产经营单位作出涉及安全生产的经营决策，应当听取安全生产管理机构以及安全生产管理人员的意见。生产经营单位不得因安全生产管理人员依法履行职责而降低其工资、福利等待遇或者解除与其订立的劳动合同。

（9）生产经营单位的主要负责人和安全生产管理人员必须具备与本单位所从事的生产经营活动相应的安全生产知识和管理能力。

（10）生产经营单位应当对从业人员进行安全生产教育和培训，保证从业人员具备必要的安全生产知识，熟悉有关的安全生产规章制度和安全操作规程，掌握本岗位的安全操作技能，了解事故应急处理措施，知悉自身在安全生产方面的权利和义务。未经安全生产教育和培训合格的从业人员，不得上岗作业。生产经营单位使用被派遣劳动者的，应当将被派遣劳动者纳入本单位从业人员统一管理，对被派遣劳动者进行岗位安全操作规程和安全操作技能的教育和培训。劳务派遣单位应当对被派遣劳动者进行必要的安全生产教育和培训。生产经营单位应当建立安全生产教育和培训档案，如实记录安全生产教育和培训的时间、内容、参加人员以及考核结果等情况。

（11）生产经营单位采用新工艺、新技术、新材料或者使用新设备，必须了解、掌握其安全技术特性，采取有效的安全防护措施，并对从业人员进行专门的安全生产教育和培训。

（12）生产经营单位的特种作业人员必须按照国家有关规定经专门的安全作业培训，取得相应资格，方可上岗作业。

（13）生产经营单位应当在有较大危险因素的生产经营场所和有关设施、设备上，设置明显的安全警示标志。

（14）生产经营单位必须对安全设备进行经常性维护、保养，并定期检测，保证正常运转。生产经营单位不得关闭、破坏直接关系生产安全的监控、报警、防护、救生设备、设施，或者篡改、隐瞒、销毁其相关数据、信息。生产经营单位使用燃气的，应当安装可燃气体报警装置，并保障其正常使用。生产经营单位必须对安全设备进行经常性维护、保养，并定期检测，保证正常运转。维护、保养、检测应当做好记录，并由有关人员签字。

（15）生产经营单位使用的危险物品的容器、运输工具，必须按照国家有关规定，由专业生产单位生产，并经具有专业资质的检测、检验机构检测、检验合格，取得安全使用证或者安全标志，方可投入使用。

（16）生产经营单位不得使用应当淘汰的危及生产安全的工艺、设备。

（17）生产经营单位运输、储存、使用危险物品或者处置废弃危险物品，必须执行有关法律、法规和国家标准或者行业标准，建立专门的安全管理制度，采取可靠的安全措施，接受有关主管部门依法实施的监督管理。

（18）生产经营单位对重大危险源应当登记建档，进行定期检测、评估、监控，并制订应急预案，告知从业人员和相关人员在紧急情况下应当采取的应急措施。生产经营单位应当按照国家有关规定将本单位重大危险源及有关安全措施、应急措施报有关地方人民政府应急管理部门和有关部门备案。有关地方人民政府应急管理部门和有关部门应当通过相关信息系统实现信息共享。

（19）生产经营单位应当建立安全风险分级管控制度，按照安全风险分级采取相应的管控措施。生产经营单位应当建立健全并落实生产安全事故隐患排查治理制度，采取技术、管理措施，及时发现并消除事故隐患。事故隐患排查治理情况应当如实记录，并通过职工大会或者职工代表大会、信息公示栏等方式向从业人员通报。其中，重大事故隐患排查治理情况应当及时向负有安全生产监督管理职责的部门和职工大会或者职工代表大会报告。

（20）储存、使用危险物品的仓库不得与员工宿舍在同一座建筑物内，并应当与员工宿舍保持安全距离。生产经营场所和员工宿舍应当设有符合紧急疏散要求、标志明显、保持畅通的出口、疏散通道。禁止占用、锁闭、封堵生产经营场所或者员工宿舍的出口、疏散通道。

（21）生产经营单位进行爆破、吊装、动火、临时用电以及国务院应急管理部门会同国务院有关部门规定的其他危险作业，应当安排专门人员进行现场安全管理，确保操作规程的遵守和安全措施的落实。

（22）生产经营单位应当教育和督促从业人员严格执行本单位的安全生产规章制度和安全操作规程；并向从业人员如实告知作业场所和工作岗位存在的危险因素、防范措施以及事故应急措施。生产经营单位应当关注从业人员的身体、心理状况和行为习惯，加强对从业人员的心理疏导、精神慰藉，严格落实岗位安全生产责任，防范从业人员行为异常导致事故发生。

（23）生产经营单位必须为从业人员提供符合国家标准或者行业标准的劳动防护用品，并监督、教育从业人员按照使用规则佩戴、使用。

（24）生产经营单位应当安排用于配备劳动防护用品、进行安全生产培训的经费。

（25）两个或两个以上生产经营单位在同一作业区域内进行生产经营活动，可能危及对方生产安全的，应当签订安全生产管理协议，明确各自的安全生产管理职责和应当采取的安全措施，并指定专职安全生产管理人员进行安全检查与协调。

（26）生产经营单位不得将生产经营项目、场所、设备发包或者出租给不具备安全生产条件或者相应资质的单位或者个人。生产经营项目、场所发包或者出租给其他单位的，生产经营单位应当与承包单位、承租单位签订专门的安全生产管理协议，或者在承包合同、租赁合同中约定各自的安全生产管理职责；生产经营单位对承包单位、承租单位的安全生产工作统一协调、管理，定期进行安全检查，发现安全问题的，应当及时督促整改。

（27）生产经营单位必须依法参加工伤保险，为从业人员缴纳保险费。

（28）生产经营单位与从业人员订立的劳动合同，应当载明有关保障从业人员劳动安全、防止职业危害的事项，以及依法为从业人员办理工伤保险的事项。生产经营单位不得以任何形式与从业人员订立协议，免除或者减轻其对从业人员因生产安全事故伤亡依法应承担的责任。

（29）生产经营单位不得因从业人员对本单位安全生产工作提出批评、检举、控告或者拒绝违章指挥、强令冒险作业而降低其工资、福利等待遇或者解除与其订立的劳动合同。

（30）生产经营单位不得因从业人员在紧急情况下停止作业或者采取紧急撤离措施而降低其工资、福利等待遇或者解除与其订立的劳动合同。

3.2.2 《中华人民共和国建筑法》的规定

（1）建筑施工企业在编制施工组织设计时，应当根据建筑工程的特点制订相应的安全技术措施；对专业性较强的工程项目，应当编制专项安全施工组织设计，并采取安全技术措施。

（2）建筑施工企业应当在施工现场采取维护安全、防范危险、预防火灾等措施；有条件的，应当对施工现场实行封闭管理。施工现场对毗邻的建筑物、构筑物和特殊作业环境可能造成损害的，建筑施工企业应当采取安全防护措施。

（3）建筑施工企业应当遵守有关环境保护和安全生产的法律、法规的规定，采取控制和处理施工现场的各种粉尘、废气、废水、固体废物以及噪声、振动对环境的污染和危害的措施。

（4）建筑施工企业必须依法加强对建筑安全生产的管理，执行安全生产责任制度，采取有效措施，防止伤亡和其他安全生产事故的发生。

（5）施工现场安全由建筑施工企业负责。实行施工总承包的，由总承包单位负责。分包单位向总承包单位负责，服从总承包单位对施工现场的安全生产管理。

（6）建筑施工企业应当建立健全劳动安全生产教育培训制度，加强对职工安全生产的教育培训。

（7）建筑施工企业应当依法为职工参加工伤保险缴纳工伤保险费。鼓励企业为从事危险作业的职工办理意外伤害保险，支付保险费。

（8）房屋拆除应当由具备保证安全条件的建筑施工单位承担。

（9）施工中发生事故时，建筑施工企业应当采取紧急措施减少人员伤亡和事故损失，并按照国家有关规定及时向有关部门报告。

3.2.3　《建设工程安全生产管理条例》的规定

（1）施工单位从事建设工程的新建、扩建、改建和拆除等活动，应当具备国家规定的注册资本、专业技术人员、技术装备和安全生产等条件，依法取得相应等级的资质证书，并在其资质等级许可的范围内承揽工程。

（2）施工单位应当建立健全安全生产责任制度和安全生产教育培训制度，制订安全生产规章制度和操作规程，保证本单位安全生产条件所需资金的投入，对所承担的建设工程进行定期和专项安全检查，并做好安全检查记录。

（3）施工单位对列入建设工程概算的安全作业环境及安全施工措施所需费用，应当用于施工安全防护用具及设施的采购和更新、安全施工措施的落实、安全生产条件的改善，不得挪作他用。

（4）施工单位应当设立安全生产管理机构，配备专职安全生产管理人员。专职安全生产管理人员的配备办法由国务院建设行政主管部门会同国务院其他有关部门制定。

（5）建设工程实行施工总承包的，由总承包单位对施工现场的安全生产负总责。总承包单位应当自行完成建设工程主体结构的施工。总承包单位依法将建设工程分包给其他单位的，分包合同中应当明确各自的安全生产方面的权利、义务。总承包单位和分包单位对分包工程的安全生产承担连带责任。分包单位应当服从总承包单位的安全生产管理，分包单位不服从管理导致生产安全事故的，由分包单位承担主要责任。

（6）施工单位应当在施工组织设计中编制安全技术措施和施工现场临时用电方案，对下列达到一定规模的危险性较大的分部分项工程编制专项施工方案，并附具安全验算结果，经施工单位技术负责人、总监理工程师签字后实施，由专职安全生产管理人员进行现场监督：①基坑支护与降水工程；②土方开挖工程；③模板工程；④起重吊装工程；⑤脚手架工程；⑥拆除、爆破工程；⑦国务院建设行政主管部门或者其他有关部门规定的其他危险性较大的工程。对超过一定规模危险性较大的分部分项工程的专项施工方案，施工单位还应当按规定组织专家进行论证、审查。

（7）施工单位应当在施工现场入口处、施工起重机械、临时用电设施、脚手架、出入通道口、楼梯口、电梯井口、孔洞口、桥梁口、隧道口、基坑边沿、爆破物及有害危险气体和液体存放处等危险部位，设置明显的安全警示标志。安全警示标志必须符合国家标准。

（8）施工单位应当根据不同施工阶段和周围环境及季节、气候的变化，在施工现场采取相应的安全施工措施。施工现场暂时停止施工的，施工单位应当做好现场防护，所需费用由责任方承担，或者按照合同约定执行。

（9）施工单位应当将施工现场的办公、生活区与作业区分开设置，并保持安全距离；办公、生活区的选址应当符合安全性要求。职工的膳食、饮水、休息场所等应当符合卫生标准。施工单位不得在尚未竣工的建筑物内设置员工集体宿舍。施工现场临时搭建的建筑物应当符合安全使用要求。施工现场使用的装配式活动房屋应当具有产品合格证。

（10）施工单位对因建设工程施工可能造成损害的毗邻建筑物、构筑物和地下管线等，应当采取专项防护措施。

（11）施工单位应当遵守有关环境保护法律、法规的规定，在施工现场采取措施，防止或者减少粉尘、废气、废水、固体废物、噪声、振动和施工照明对人和环境的危害和污染。在城市市区内的建设工程，施工单位应当对施工现场实行封闭围挡。

（12）施工单位应当在施工现场建立消防安全责任制度，确定消防安全责任人，制订用火、用电、使用易燃易爆材料等各项消防安全管理制度和操作规程，设置消防通道、消防水源，配备消防设施和灭火器材，并在施工现场入口处设置明显标志。

（13）施工单位应当向作业人员提供安全防护用具和安全防护服装，并书面告知危险岗位的操作规程和违章操作的危害。

（14）施工单位采购、租赁的安全防护用具、机械设备、施工机具及配件，应当具有生产（制造）许可证、产品合格证，并在进入施工现场前进行查验。

（15）施工现场的安全防护用具、机械设备、施工机具及配件必须由专人管理，定期进行检查、维修和保养，建立相应的资料档案，并按照国家有关规定及时报废。

（16）施工单位在使用施工起重机械和整体提升脚手架、模板等自升式架设设施前，应当组织有关单位进行验收，也可以委托具有相应资质的检验检测机构进行验收；使用承租的机械设备和施工机具及配件的，由施工总承包单位、分包单位、出租单位和安装单位共同进行验收。上述项目验收合格的方可使用。《特种设备安全监察条例》规定的施工起重机械，在验收前应当经有相应资质的检验检测机构监督检验合格。施工单位应当自施工起重机械和整体提升脚手架、模板等自升式架设设施验收合格之日起 30d 内，向建设行政主管部门或者其他有关部门登记。登记标志应当置于或者附着于该设备的显著位置。

（17）施工单位的主要负责人、项目负责人、专职安全生产管理人员应当经建设行政主管部门或者其他有关部门考核合格后方可任职。

（18）施工单位应当对管理人员和作业人员每年至少进行一次安全生产教育培训，其教育培训情况记入个人工作档案。安全生产教育培训考核不合格的人员，不得上岗。

（19）作业人员进入新的岗位或者新的施工现场前，应当接受安全生产教育培训。未经教育培训或者教育培训考核不合格的人员，不得上岗作业。施工单位在采用新技术、新工艺、新设备、新材料时，应当对作业人员进行相应的安全生产教育培训。

（20）施工单位应当为施工现场从事危险作业的人员办理意外伤害保险。意外伤害保险费由施工单位支付。实行施工总承包的，由总承包单位支付意外伤害保险费。意外伤害保险期限自建设工程开工之日起至竣工验收合格止。

3.2.4 《危险性较大的分部分项工程安全管理规定》的规定

（1）施工单位应当在危大工程施工前组织工程技术人员编制专项施工方案。实行施工总承包的，专项施工方案应当由施工总承包单位组织编制。危大工程实行分包的，专项施工方案可以由相关专业分包单位组织编制。

（2）专项施工方案应当由施工单位技术负责人审核签字、加盖单位公章，并由总监理工程师审查签字、加盖执业印章后方可实施。

（3）危大工程实行分包并由分包单位编制专项施工方案的，专项施工方案应当由总承包单位技术负责人及分包单位技术负责人共同审核签字并加盖单位公章。

（4）对于超过一定规模的危大工程，施工单位应当组织召开专家论证会对专项施工方案进行论证。实行施工总承包的，由施工总承包单位组织召开专家论证会。专家论证前专项施工方案应当通过施工单位审核和总监理工程师审查。

（5）专项施工方案经论证需修改后通过的，施工单位应当根据论证报告修改完善后，重新履行规定的审批程序。专项施工方案经论证不通过的，施工单位修改后应当按照本规定的要求重新组织专家论证。

（6）施工单位应当在施工现场显著位置公告危大工程名称、施工时间和具体责任人员，并在危险区域设置安全警示标志。

（7）施工单位应当严格按照专项施工方案组织施工，不得擅自修改专项施工方案。因规划调整、设计变更等原因确需调整的，修改后的专项施工方案应当按照本规定重新审核和论证。涉及资金或者工期调整的，建设单位应当按照约定予以调整。

（8）施工单位应当对危大工程施工作业人员进行登记。

（9）施工单位应当按照规定对危大工程进行施工监测和安全巡视，发现危及人身安全的紧急情况，应当立即组织作业人员撤离危险区域。

（10）对于按照规定需要验收的危大工程，施工单位、监理单位应当组织相关人员进行验收。验收合格的，经施工单位项目技术负责人及总监理工程师签字确认后，方可进入下一道工序。

（11）危大工程验收合格后，施工单位应当在施工现场明显位置设置验收标识牌，公示验收时间及责任人员。

（12）危大工程发生险情或者事故时，施工单位应当立即采取应急处置措施，并报告工程所在地住房城乡建设主管部门。

（13）施工单位应当建立危大工程安全管理档案，应当将专项施工方案及审核、专家论证、交底、现场检查、验收及整改等相关资料纳入档案管理。

3.2.5 《建筑施工企业安全生产许可证管理规定》的规定

（1）建筑施工企业从事建筑施工活动前，应当依照本规定向企业注册所在地省、自治区、直辖市人民政府住房城乡建设主管部门申请领取安全生产许可证。

（2）建筑施工企业取得安全生产许可证后，不得降低安全生产条件，并应当加强日常安全生产管理，接受住房城乡建设主管部门的监督检查。

（3）建筑施工企业不得转让、冒用安全生产许可证或者使用伪造的安全生产许可证。

3.2.6 《建筑工程施工许可管理办法》的规定

按规定应当申请领取施工许可证的建筑工程未取得施工许可证的，一律不得开工。

3.2.7 《建设项目安全设施"三同时"监督管理暂行办法》的规定

（1）生产经营单位是建设项目安全设施建设的责任主体。建设项目安全设施必须与主体工程同时设计、同时施工、同时投入生产和使用。安全设施投资应当纳入建设项目概算。

（2）生产经营单位应当对其安全生产条件和设施进行综合分析，形成书面报告备查。

（3）建设项目安全设施的施工应当由取得相应资质的施工单位进行，并与建设项目主体工程同时施工。

（4）施工单位应当在施工组织设计中编制安全技术措施和施工现场临时用电方案，同时对危险性较大的分部分项工程依法编制专项施工方案，并附具安全验算结果，经施工单位技术负责人、总监理工程师签字后实施。

（5）施工单位应当严格按照安全设施设计和相关施工技术标准、规范施工，并对安全设施的工程质量负责。

（6）施工单位发现安全设施设计文件有错漏的，应当及时向生产经营单位、设计单位提出。

（7）施工单位发现安全设施存在重大事故隐患时，应当立即停止施工并报告生产经营单位进行整改。整改合格后，方可恢复施工。

3.2.8 《安全生产事故隐患排查治理暂行规定》的规定

（1）生产经营单位应当建立健全事故隐患排查治理制度。

（2）生产经营单位应当依照法律、法规、规章、标准和规程的要求从事生产经营活动。严禁非法从事生产经营活动。

（3）生产经营单位是事故隐患排查、治理和防控的责任主体。生产经营单位应当建立健全事故隐患排查治理和建档监控等制度，逐级建立并落实从主要负责人到每个从业人员的隐患排查治理和监控责任制。

（4）生产经营单位应当保证事故隐患排查治理所需的资金，建立资金使用专项制度。

（5）生产经营单位应当定期组织安全生产管理人员、工程技术人员和其他相关人员排查本单位的事故隐患。对排查出的事故隐患，应当按照事故隐患的等级进行登记，建立事故隐患信息档案，并按照职责分工实施监控治理。

（6）生产经营单位应当建立事故隐患报告和举报奖励制度，鼓励、发动职工发现和排除事故隐患，鼓励社会公众举报。对发现、排除和举报事故隐患的有功人员，应当给予物质奖励和表彰。

（7）生产经营单位将生产经营项目、场所、设备发包、出租的，应当与承包、承租单位签订安全生产管理协议，并在协议中明确各方对事故隐患排查、治理和防控的管理职责。生产经营单位对承包、承租单位的事故隐患排查治理负有统一协调和监督管理的职责。

（8）安全监管监察部门和有关部门的监督检查人员依法履行事故隐患监督检查职责时，生产经营单位应当积极配合，不得拒绝和阻挠。

（9）生产经营单位应当每季、每年对本单位事故隐患排查治理情况进行统计分析，并分别于下一季度 15 日前和下一年 1 月 31 日前向安全监管监察部门和有关部门报送书面统计分析表。统计分析表应当由生产经营单位主要负责人签字。

（10）对于重大事故隐患，生产经营单位除依照前款规定报送外，应当及时向安全监管监察部门和有关部门报告。

（11）生产经营单位在事故隐患治理过程中，应当采取相应的安全防范措施，防止事故发生。事故隐患排除前或者排除过程中无法保证安全的，应当从危险区域内撤出作业人员，并疏散可能危及的其他人员，设置警戒标志，暂时停产停业或者停止使用；对暂时难以停产或者停止使用的相关生产储存装置、设施、设备，应当加强维护和保养，防止事故发生。

（12）生产经营单位应当加强对自然灾害的预防。对于因自然灾害可能导致事故灾难的隐患，应当按照有关法律、法规、标准和本规定的要求排查治理，采取可靠的预防措施，制订应急预案。在接到有关自然灾害预报时，应当及时向下属单位发出预警通知；发生自然灾害可能危及生产经营单位和人员安全的情况时，应当采取撤离人员、停止作业、加强监测等安全措施，并及时向当地人民政府及其有关部门报告。

（13）地方人民政府或者安全监管监察部门及有关部门挂牌督办并责令全部或者局部停产停业治理的重大事故隐患，治理工作结束后，有条件的生产经营单位应当组织本单位的技术人员和专家对重大事故隐患的治理情况进行评估；其他生产经营单位应当委托具备相应资质的安全评价机构对重大事故隐患的治理情况进行评估。经治理后符合安全生产条件的，生产经营单位应当向安全监管监察部门和有关部门提出恢复生产的书面申请，经安全监管监察部门和有关部门审查同意后，方可恢复生产经营。

3.2.9 《生产安全事故应急预案管理办法》的规定

（1）生产经营单位应当根据有关法律、法规、规章和相关标准，结合本单位组织管理体系、生产规模和可能发生的事故特点，与相关预案保持衔接，确立本单位的应急预案体系，编制相应的应急预案，并体现自救互救和先期处置等特点。

（2）生产经营单位风险种类多、可能发生多种类型事故的，应当组织编制综合应急预案。

（3）对于某一种或者多种类型的事故风险，生产经营单位可以编制相应的专项应急预案，或将专项应急预案并入综合应急预案。

（4）对于危险性较大的场所、装置或者设施，生产经营单位应当编制现场处置方案。

（5）生产经营单位应当在编制应急预案的基础上，针对工作场所、岗位的特点，编制简明、实用、有效的应急处置卡。

（6）生产经营单位应当组织开展本单位的应急预案、应急知识、自救互救和避险逃生技能的培训活动，使有关人员了解应急预案内容，熟悉应急职责、应急处置程序和措施。

（7）生产经营单位应当制定本单位的应急预案演练计划，根据本单位的事故风险特点，每年至少组织一次综合应急预案演练或者专项应急预案演练，每半年至少组织一次现场处置方案演练。

（8）应急预案演练结束后，应急预案演练组织单位应当对应急预案演练效果进行评估，撰写应急预案演练评估报告，分析存在的问题，并对应急预案提出修订意见。

（9）应急预案编制单位应当建立应急预案定期评估制度，对预案内容的针对性和实用性进行分析，并对应急预案是否需要修订作出结论。

（10）生产经营单位应当按照应急预案的规定，落实应急指挥体系、应急救援队伍、应急物资及装备，建立应急物资、装备配备及其使用档案，并对应急物资、装备进行定期检测和维护，使其处于适用状态。

（11）生产经营单位发生事故时，应当第一时间启动应急响应，组织有关力量进行救援，并按照规定将事故信息及应急响应启动情况报告事故发生地县级以上人民政府应急管理部门和其他负有安全生产监督管理职责的部门。

（12）生产安全事故应急处置和应急救援结束后，事故发生单位应当对应急预案实施情况进行总结评估。

3.2.10 《生产经营单位安全培训规定》的规定

（1）生产经营单位负责本单位从业人员安全培训工作。生产经营单位应当按照安全生产法和有关法律、行政法规和本规定，建立健全安全培训工作制度。

（2）生产经营单位主要负责人和安全生产管理人员应当接受安全培训，具备与所从事的生产经营活动相适应的安全生产知识和管理能力。

（3）加工、制造业等生产单位的其他从业人员，在上岗前必须经过厂（矿）、车间（工段、区、队）、班组三级安全培训教育。生产经营单位应当根据工作性质对其他从业人员进行安全培训，保证其具备本岗位安全操作、应急处置等知识和技能。

（4）从业人员在本生产经营单位内调整工作岗位或离岗一年以上重新上岗时，应当重新接受车间（工段、区、队）和班组级的安全培训。

（5）生产经营单位实施新工艺、新技术或者使用新设备、新材料时，应当对有关从业人员重新进行有针对性的安全培训。

（6）生产经营单位的特种作业人员，必须按照国家有关法律、法规的规定接受专门的安全培训，经考核合格，取得特种作业操作资格证书后，方可上岗作业。

（7）生产经营单位从业人员的安全培训工作，由生产经营单位组织实施。

（8）不具备安全培训条件的生产经营单位，应当委托具备安全培训条件的机构，对从业人员进行安全培训。生产经营单位委托其他机构进行安全培训的，保证安全培训的责任仍由本单位负责。

（9）生产经营单位应当将安全培训工作纳入本单位年度工作计划。保证本单位安全培训工作所需资金。

（10）生产经营单位应当建立健全从业人员安全生产教育和培训档案，由生产经营单位的安全生产管理机构以及安全生产管理人员详细、准确记录培训的时间、内容、参加人员以及考核结果等情况。

（11）生产经营单位安排从业人员进行安全培训期间，应当支付工资和必要的费用。

3.2.11 《安全生产培训管理办法》的规定

（1）生产经营单位的从业人员的安全培训，由生产经营单位负责。

（2）不具备安全培训条件的生产经营单位，应当委托具有安全培训条件的机构对从业人员进行安全培训。生产经营单位委托其他机构进行安全培训的，保证安全培训的责任仍由本单位负责。

（3）生产经营单位应当建立安全培训管理制度，保障从业人员安全培训所需经费，对从业人员进行与其所从事岗位相应的安全教育培训；从业人员调整工作岗位或者采用新工艺、新技术、新设备、新材料的，应当对其进行专门的安全教育和培训。未经安全教育和培训合格的从业人员，不得上岗作业。

3.2.12 《建筑起重机械安全监督管理规定》的规定

（1）自购建筑起重机械的使用单位，应当建立建筑起重机械安全技术档案。

（2）建筑起重机械使用单位和安装单位应当在签订的建筑起重机械安装、拆卸合同中明确双方的安全生产责任。实行施工总承包的，施工总承包单位应当与安装单位签订建筑起重机械安装、拆卸工程安全协议书。

（3）建筑起重机械安装完毕后，使用单位应当组织出租、安装、监理等有关单位进行验收，或者委托具有相应资质的检验检测机构进行验收。建筑起重机械经验收合格后方可投入使用，未经验收或者验收不合格的不得使用。实行施工总承包的，由施工总承包单位组织验收。建筑起重机械在验收前应当经有相应资质的检验检测机构监督检验合格。

（4）使用单位应当自建筑起重机械安装验收合格之日起 30d 内，将建筑起重机械安装验收资料、建筑起重机械安全管理制度、特种作业人员名单等，向工程所在地县级以上地方人民政府建设主管部门办理建筑起重机械使用登记。登记标志置于或者附着于该设备的显著位置。

（5）使用单位应当履行下列安全职责：

①根据不同施工阶段、周围环境以及季节、气候的变化，对建筑起重机械采取相应的安全防护措施；

②制订建筑起重机械生产安全事故应急救援预案；

③在建筑起重机械活动范围内设置明显的安全警示标志，对集中作业区做好安全防护；

④设置相应的设备管理机构或者配备专职的设备管理人员；

⑤指定专职设备管理人员、专职安全生产管理人员进行现场监督检查；

⑥建筑起重机械出现故障或者发生异常情况的，立即停止使用，消除故障和事故隐

患后，方可重新投入使用。

（6）使用单位应当对在用的建筑起重机械及其安全保护装置、吊具、索具等进行经常性和定期的检查、维护和保养，并做好记录。使用单位在建筑起重机械租期结束后，应当将定期检查、维护和保养记录移交出租单位。建筑起重机械租赁合同对建筑起重机械的检查、维护、保养另有约定的，从其约定。

（7）建筑起重机械在使用过程中需要附着的，使用单位应当委托原安装单位或者具有相应资质的安装单位按照专项施工方案实施，并按照规定组织验收。验收合格后方可投入使用。

（8）建筑起重机械在使用过程中需要顶升的，使用单位委托原安装单位或者具有相应资质的安装单位按照专项施工方案实施后，即可投入使用。

（9）施工总承包单位应当履行下列安全职责：

①向安装单位提供拟安装设备位置的基础施工资料，确保建筑起重机械进场安装、拆卸所需的施工条件；

②审核建筑起重机械的特种设备制造许可证、产品合格证、制造监督检验证明、备案证明等文件；

③审核安装单位、使用单位的资质证书、安全生产许可证和特种作业人员的特种作业操作资格证书；

④审核安装单位制订的建筑起重机械安装、拆卸工程专项施工方案和生产安全事故应急救援预案；

⑤审核使用单位制订的建筑起重机械生产安全事故应急救援预案；

⑥指定专职安全生产管理人员监督检查建筑起重机械安装、拆卸、使用情况；

⑦施工现场有多台塔式起重机作业时，应当组织制订并实施防止塔式起重机相互碰撞的安全措施。

3.2.13 《生产安全事故信息报告和处置办法》的规定

（1）生产经营单位发生生产安全事故或者较大涉险事故，其单位负责人接到事故信息报告后应当于 1h 内报告事故发生地县级安全生产监督管理部门、煤矿安全监察分局。

（2）发生较大以上生产安全事故的，事故发生单位在依照第一款规定报告的同时，应当在 1h 内报告省级安全生产监督管理部门、省级煤矿安全监察机构。

（3）发生重大、特别重大生产安全事故的，事故发生单位在依照本条第一款、第二款规定报告的同时，可以立即报告国家安全生产监督管理总局、国家煤矿安全监察局。

3.3 企业管理人员的安全生产责任

3.3.1 施工单位主要负责人的安全职责

1. 《中华人民共和国安全生产法》的规定

（1）生产经营单位的主要负责人是本单位安全生产第一责任人，对本单位的安全生产工作全面负责。其他负责人对职责范围内的安全生产工作负责。

（2）生产经营单位的主要负责人对本单位安全生产工作负有下列职责：

①建立健全并落实本单位全员安全生产责任制，加强安全生产标准化建设。

②组织制订并实施本单位安全生产规章制度和操作规程。

③组织制订并实施本单位安全生产教育和培训计划。

④保证本单位安全生产投入的有效实施。

⑤组织建立并落实安全风险分级管控和隐患排查治理双重预防工作机制，督促、检查本单位的安全生产工作，及时消除生产安全事故隐患。

⑥组织制订并实施本单位的生产安全事故应急救援预案。

⑦及时并如实报告生产安全事故。

（3）生产经营单位发生生产安全事故时，单位的主要负责人应当立即组织抢救，并不得在事故调查处理期间擅离职守。

2.《中华人民共和国建筑法》的规定

（1）建筑施工企业的法定代表人对本企业的安全生产负责。

（2）房屋拆除由建筑施工单位负责人对安全负责。

3.《建设工程安全生产管理条例》的规定

施工单位主要负责人依法对本单位的安全生产工作全面负责。

4.《安全生产事故隐患排查治理暂行规定》的规定

（1）生产经营单位主要负责人对本单位事故隐患排查治理工作全面负责。

（2）生产经营单位每季、每年向安全监管监察部门和有关部门报送的书面统计分析表，应当由生产经营单位主要负责人签字。

（3）对于一般事故隐患，由生产经营单位（车间、分厂、区队等）负责人或者有关人员立即组织整改。对于重大事故隐患，由生产经营单位主要负责人组织制订并实施事故隐患治理方案。

5.《生产安全事故应急预案管理办法》的规定

生产经营单位主要负责人负责组织编制和实施本单位的应急预案，并对应急预案的真实性和实用性负责；各分管负责人应当按照职责分工落实应急预案规定的职责。

6.《生产经营单位安全培训规定》的规定

（1）生产经营单位主要负责人应当接受安全培训，具备与所从事的生产经营活动相适应的安全生产知识和管理能力。

（2）生产经营单位的主要负责人负责组织制订并实施本单位安全培训计划。

7.《安全生产培训管理办法》的规定

中央企业的分公司、子公司及其所属单位和其他生产经营单位，发生造成人员死亡的生产安全事故的，其主要负责人应当重新参加安全培训。

8.《生产安全事故信息报告和处置办法》的规定

生产经营单位发生生产安全事故或者较大涉险事故，其单位负责人接到事故信息报告后应当于1h内报告事故发生地县级安全生产监督管理部门、煤矿安全监察分局。

9.《建筑施工企业主要负责人、项目负责人和专职安全生产管理人员安全生产管理规定》的规定

（1）企业主要负责人对本企业安全生产工作全面负责，应当建立健全企业安全生产管理体系，设置安全生产管理机构，配备专职安全生产管理人员，保证安全生产投入，督促检查本企业安全生产工作，及时消除安全事故隐患，落实安全生产责任。

（2）企业主要负责人应当与项目负责人签订安全生产责任书，确定项目安全生产考核目标、奖惩措施，以及企业为项目提供的安全管理和技术保障措施。工程项目实行总承包的，总承包企业应当与分包企业签订安全生产协议，明确双方安全生产责任。

（3）企业主要负责人应当按规定检查企业所承担的工程项目，考核项目负责人安全生产管理能力。发现项目负责人履职不到位的，应当责令其改正；必要时，调整项目负责人。检查情况应当记入企业和项目安全管理档案。

3.3.2 企业安全生产管理机构专职安全生产管理人员的安全职责

1.《中华人民共和国安全生产法》的规定

（1）生产经营单位的安全生产管理机构以及安全生产管理人员履行下列职责：

①组织或者参与拟订本单位安全生产规章制度、操作规程和生产安全事故应急救援预案。

②组织或者参与本单位安全生产教育和培训，如实记录安全生产教育和培训情况。

③组织开展危险源辨识和评估，督促落实本单位重大危险源的安全管理措施。

④组织或者参与本单位应急救援演练。

⑤检查本单位的安全生产状况，及时排查生产安全事故隐患，提出改进安全生产管理的建议。

⑥制止和纠正违章指挥、强令冒险作业、违反操作规程的行为。

⑦督促落实本单位安全生产整改措施。

（2）生产经营单位的安全生产管理机构以及安全生产管理人员应当恪尽职守，依法履行职责。

（3）生产经营单位的安全生产管理人员应当根据本单位的生产经营特点，对安全生产状况进行经常性检查；对检查中发现的安全问题，应当立即处理；不能处理的，应当及时报告本单位有关负责人，有关负责人应当及时处理。检查及处理情况应当如实记录在案。

（4）生产经营单位的安全生产管理人员在检查中发现重大事故隐患，依照规定向本单位有关负责人报告，有关负责人不及时处理的，安全生产管理人员可以向主管的负有安全生产监督管理职责的部门报告，接到报告的部门应当依法及时处理。

2.《建设工程安全生产管理条例》的规定

专职安全生产管理人员负责对安全生产进行现场监督检查。发现安全事故隐患，应当及时向项目负责人和安全生产管理机构报告；对违章指挥、违章操作的各类人员，应当立即制止。

3.《生产经营单位安全培训规定》的规定

生产经营单位安全生产管理人员应当接受安全培训，具备与所从事的生产经营活动相适应的安全生产知识和管理能力。

4.《安全生产培训管理办法》的规定

中央企业的分公司、子公司及其所属单位和其他生产经营单位，发生造成人员死亡的生产安全事故的，其安全生产管理人员应当重新参加安全培训。

5.《建筑施工企业主要负责人、项目负责人和专职安全生产管理人员安全生产管理规定》的规定

企业安全生产管理机构专职安全生产管理人员应当检查在建项目安全生产管理情况，重点检查项目负责人、项目专职安全生产管理人员履责情况，处理在建项目违规违章行为，并记入企业安全管理档案。

3.4 项目管理人员的安全生产责任

3.4.1 项目负责人的安全职责

1.《建设工程安全生产管理条例》的规定

施工单位的项目负责人应当由取得相应执业资格的人员担任，对建设工程项目的安全施工负责，落实安全生产责任制度、安全生产规章制度和操作规程，确保安全生产费用的有效使用，并根据工程的特点组织制订安全施工措施，消除安全事故隐患，及时、如实报告生产安全事故。

2.《危险性较大的分部分项工程安全管理规定》的规定

（1）项目负责人应当在危大工程施工现场履职。

（2）项目专职安全生产管理人员报告项目负责人现场未按照专项施工方案施工的，项目负责人应当及时组织限期整改。

3.《建筑施工企业主要负责人、项目负责人和专职安全生产管理人员安全生产管理规定》的规定

（1）项目负责人对本项目安全生产管理全面负责，应当建立项目安全生产管理体系，明确项目管理人员安全职责，落实安全生产管理制度，确保项目安全生产费用有效使用。

（2）项目负责人应当按规定实施项目安全生产管理，监控危险性较大分部分项工程，及时排查处理施工现场安全事故隐患，隐患排查处理情况应当记入项目安全管理档案；发生事故时，应当按规定及时报告并开展现场救援。工程项目实行总承包的，总承包企业项目负责人应当定期考核分包企业安全生产管理情况。

3.4.2 项目专职安全生产管理人员的安全职责

1.《中华人民共和国安全生产法》的规定

（1）生产经营单位的安全生产管理机构以及安全生产管理人员履行下列职责：

①组织或者参与拟订本单位安全生产规章制度、操作规程和生产安全事故应急救援

预案。

②组织或者参与本单位安全生产教育和培训，如实记录安全生产教育和培训情况。

③组织开展危险源辨识和评估，督促落实本单位重大危险源的安全管理措施。

④组织或者参与本单位应急救援演练。

⑤检查本单位的安全生产状况，及时排查生产安全事故隐患，提出改进安全生产管理的建议。

⑥制止和纠正违章指挥、强令冒险作业、违反操作规程的行为。

⑦督促落实本单位安全生产整改措施。

（2）生产经营单位的安全生产管理机构以及安全生产管理人员应当恪尽职守，依法履行职责。

（3）生产经营单位的安全生产管理人员应当根据本单位的生产经营特点，对安全生产状况进行经常性检查；对检查中发现的安全问题，应当立即处理；不能处理的，应当及时报告本单位有关负责人，有关负责人应当及时处理。检查及处理情况应当如实记录在案。

（4）生产经营单位的安全生产管理人员在检查中发现重大事故隐患，依照规定向本单位有关负责人报告，有关负责人不及时处理的，安全生产管理人员可以向主管的负有安全生产监督管理职责的部门报告，接到报告的部门应当依法及时处理。

2.《建设工程安全生产管理条例》的规定

（1）专职安全生产管理人员负责对安全生产进行现场监督检查。发现安全事故隐患，应当及时向项目负责人和安全生产管理机构报告；对违章指挥、违章操作的，应当立即制止。

（2）专职安全生产管理人员应当对达到一定规模的危险性较大的分部分项工程的实施进行现场监督。

3.《危险性较大的分部分项工程安全管理规定》的规定

项目专职安全生产管理人员应当对专项施工方案实施情况进行现场监督，对未按照专项施工方案施工的，应当要求立即整改，并及时报告项目负责人，项目负责人应当及时组织限期整改。

4.《建筑施工企业主要负责人、项目负责人和专职安全生产管理人员安全生产管理规定》的规定

（1）项目专职安全生产管理人员应当每天在施工现场开展安全检查，现场监督危险性较大的分部分项工程安全专项施工方案实施。

（2）项目专职安全生产管理人员对检查中发现的安全事故隐患，应当立即处理；不能处理的，应当及时报告项目负责人和企业安全生产管理机构。项目负责人应当及时处理。

（3）项目专职安全生产管理人员对检查及处理情况应当记入项目安全管理档案。

3.4.3　项目技术管理人员的安全职责

1.《建设工程安全生产管理条例》的规定

建设工程施工前，施工单位负责项目管理的技术人员应当对有关安全施工的技术要

求向施工作业班组、作业人员作出详细说明，并由双方签字确认。

2.《危险性较大的分部分项工程安全管理规定》的规定

（1）专项施工方案实施前，编制人员或者项目技术负责人应当向施工现场管理人员进行方案交底。

（2）施工现场管理人员应当向作业人员进行安全技术交底，并由双方和项目专职安全生产管理人员共同签字确认。

（3）对于验收合格的危大工程，施工单位项目技术负责人应签字确认。

3.《建设项目安全设施"三同时"监督管理暂行办法》的规定

对危险性较大的分部分项工程专项施工方案，经施工单位技术负责人、总监理工程师签字后实施。

3.4.4　作业人员的安全职责

1.《中华人民共和国安全生产法》的规定

（1）生产经营单位的从业人员有依法获得安全生产保障的权利，并应当依法履行安全生产方面的义务。

（2）从业人员在作业过程中，应当严格遵守本单位的安全生产规章制度和操作规程，服从管理，正确佩戴和使用劳动防护用品。

（3）从业人员应当接受安全生产教育和培训，掌握本职工作所需的安全生产知识，提高安全生产技能，增强事故预防和应急处理能力。

（4）从业人员发现事故隐患或者其他不安全因素，应当立即向现场安全生产管理人员或者本单位负责人报告；接到报告的人员应当及时予以处理。

2.《中华人民共和国建筑法》的规定

（1）未经安全生产教育培训的人员，不得上岗作业。

（2）建筑施工企业和作业人员在施工过程中，应当遵守有关安全生产的法律、法规和建筑行业安全规章、规程，不得违章指挥或者违章作业。作业人员有权对影响人身健康的作业程序和作业条件提出改进意见，有权获得安全生产所需的防护用品。作业人员对危及生命安全和人身健康的行为有权提出批评、检举和控告。

3.《建设工程安全生产管理条例》的规定

（1）垂直运输机械作业人员、安装拆卸工、爆破作业人员、起重信号工、登高架设作业人员等特种作业人员，必须按照国家有关规定经过专门的安全作业培训，并取得特种作业操作资格证书后，方可上岗作业。

（2）作业人员应当遵守安全施工的强制性标准、规章制度和操作规程，正确使用安全防护用具、机械设备等。

（3）作业人员有权对施工现场的作业条件、作业程序和作业方式中存在的安全问题提出批评、检举和控告，有权拒绝违章指挥和强令冒险作业。

（4）在施工中发生危及人身安全的紧急情况时，作业人员有权立即停止作业或者在采取必要的应急措施后撤离危险区域。

4.《生产经营单位安全培训规定》的规定

（1）加工、制造业等生产单位的其他从业人员，在上岗前必须经过厂（矿）、车间

（工段、区、队）、班组三级安全培训教育。

（2）生产经营单位实施新工艺、新技术或者使用新设备、新材料时，应当对有关从业人员重新进行有针对性的安全培训。

（3）生产经营单位的特种作业人员，必须按照国家有关法律、法规的规定接受专门的安全培训，经考核合格，取得特种作业操作资格证书后，方可上岗作业。

5.《安全生产培训管理办法》的规定

（1）未经安全教育和培训合格的从业人员，不得上岗作业。

（2）从业人员安全培训的时间、内容、参加人员以及考核结果等情况，生产经营单位应当如实记录并建档备查。

（3）生产经营单位从业人员的培训内容和培训时间，应当符合《生产经营单位安全培训规定》和有关标准的规定。

（4）特种作业人员对造成人员死亡的生产安全事故负有直接责任的，应当按照《特种作业人员安全技术培训考核管理规定》重新参加安全培训。

6.《特种作业人员安全技术培训考核管理规定》的规定

特种作业人员必须经专门的安全技术培训并考核合格，取得"中华人民共和国特种作业操作证"后，方可上岗作业。

7.《建筑起重机械安全监督管理规定》的规定

（1）建筑起重机械特种作业人员应当遵守建筑起重机械安全操作规程和安全管理制度，在作业中有权拒绝违章指挥和强令冒险作业，有权在发生危及人身安全的紧急情况时立即停止作业或者采取必要的应急措施后撤离危险区域。

（2）建筑起重机械安装拆卸工、起重信号工、起重司机、司索工等特种作业人员应当经建设主管部门考核合格，并取得特种作业操作资格证书后，方可上岗作业。

4 其他相关责任主体责任

4.1 建设、设计、监理等单位在建筑施工中的主体角色

以监理单位为例,根据《中华人民共和国建筑法》第三十二条的规定:"建筑工程监理应当依照法律、行政法规及有关的技术标准、设计文件和建筑工程承包合同,对承包单位在施工质量、建设工期和建设资金使用等方面,代表建设单位实施监督。"另外,在《建设工程监理规范》(GB/T 50319—2013)在术语的条文说明中明确:"工程监理单位是受建设单位委托为其提供管理和技术服务的独立法人或经济组织。工程监理单位不同于生产经营单位,既不直接进行工程设计和施工生产,也不参与施工单位的利润分成。"可以看出,监理单位与施工单位(建筑施工的生产经营单位)之间没有直接合同关系,是通过施工合同、监理合同间接约定形成的"监督与被监督"的关系,也就是说,监理单位不是受施工单位委托、为其安全生产提供技术、管理服务的机构。

综上所述,监理单位既不是建筑施工的生产经营单位,也不是受建筑施工的生产经营单位委托、为其提供安全生产提供技术、管理服务的机构。所以在建筑施工安全生产领域,监理单位的监理行为及其后果,不适用于《中华人民共和国安全生产法》。

当然,这并不意味着监理单位不需要承担建筑施工中的任何安全生产相关责任,监理单位应当根据《中华人民共和国安全生产法》以外的其他法律、行政法规以及委托合同的约定,承担相应的安全生产责任。另外,作为相对于监理业务的生产经营单位,监理单位要承担《中华人民共和国安全生产法》规定的保证本单位安全生产的主体责任,即防止和减少监理人员生产安全事故,保障监理人员生命和财产安全。同样,建设、设计等单位也不是建筑施工的生产经营单位,其在建筑施工中的主体角色与监理单位类似。

4.2 建设单位的安全管理责任

4.2.1 《中华人民共和国建筑法》的规定

(1) 建设单位应当向建筑施工企业提供与施工现场相关的地下管线资料,建筑施工企业应当采取措施加以保护。

(2) 有下列情形之一的,建设单位应当按照国家有关规定办理申请批准手续:

①需要临时占用规划批准范围以外场地的。

②可能损坏道路、管线、电力、邮电通信等公共设施的。

③需要临时停水、停电、中断道路交通的。

④需要进行爆破作业的。

⑤法律、法规规定需要办理报批手续的其他情形。

（3）涉及建筑主体和承重结构变动的装修工程，建设单位应当在施工前委托原设计单位或者具有相应资质条件的设计单位提出设计方案；没有设计方案的，不得施工。

4.2.2 《建设工程安全生产管理条例》的规定

（1）建设单位应当向施工单位提供施工现场及毗邻区域内供水、排水、供电、供气、供热、通信、广播电视等地下管线资料，气象和水文观测资料，相邻建筑物和构筑物、地下工程的有关资料，并保证资料的真实、准确、完整。

（2）建设单位不得对勘察、设计、施工、工程监理等单位提出不符合建设工程安全生产法律、法规和强制性标准规定的要求，不得压缩合同约定的工期。

（3）建设单位在编制工程概算时，应当确定建设工程安全作业环境及安全施工措施所需费用。

（4）建设单位不得明示或者暗示施工单位购买、租赁、使用不符合安全施工要求的安全防护用具、机械设备、施工机具及配件、消防设施和器材。

（5）建设单位在申请领取施工许可证时，应当提供建设工程有关安全施工措施的资料。依法批准开工报告的建设工程，建设单位应当自开工报告批准之日起 15d 内，将保证安全施工的措施报送建设工程所在地的县级以上地方人民政府建设行政主管部门或者其他有关部门备案。

（6）建设单位应当将拆除工程发包给具有相应资质等级的施工单位。建设单位应当在拆除工程施工 15d 前，将下列资料报送建设工程所在地的县级以上地方人民政府建设行政主管部门或者其他有关部门备案：

①施工单位资质等级证明。

②拟拆除建筑物、构筑物及可能危及毗邻建筑的说明。

③拆除施工组织方案。

④堆放、清除废弃物的措施。

实施爆破作业的，应当遵守国家有关民用爆炸物品管理的规定。

4.2.3 《危险性较大的分部分项工程安全管理规定》的规定

（1）建设单位应当依法提供真实、准确、完整的工程地质、水文地质和工程周边环境等资料。

（2）建设单位应当组织勘察、设计等单位在施工招标文件中列出危大工程清单，要求施工单位在投标时补充完善危大工程清单并明确相应的安全管理措施。

（3）建设单位应当按照施工合同约定及时支付危大工程施工技术措施费以及相应的安全防护文明施工措施费，保障危大工程施工安全。

（4）建设单位在申请办理安全监督手续时，应当提交危大工程清单及其安全管理措施等资料。

（5）因规划调整、设计变更等原因确需调整的，修改后的专项施工方案应当按照本规定重新审核和论证。涉及资金或者工期调整的，建设单位应当按照约定予以调整。

（6）对于按照规定需要进行第三方监测的危大工程，建设单位应当委托具有相应勘察资质的单位进行监测。

（7）监测单位向建设单位报告危大工程监测成果发现异常时，建设单位应当立即组织相关单位采取处置措施。

（8）危大工程发生险情或者事故时，建设单位应当配合施工单位开展应急抢险工作。

4.2.4 《建筑工程施工许可管理办法》的规定

（1）在中华人民共和国境内从事各类房屋建筑及其附属设施的建造、装修装饰或与其配套的线路、管道、设备的安装，以及城镇市政基础设施工程的施工，建设单位在开工前应当依照本办法的规定，向工程所在地的县级以上地方人民政府住房城乡建设主管部门申请领取施工许可证。

（2）任何单位和个人不得将应当申请领取施工许可证的工程项目分解为若干限额以下的工程项目，规避申请领取施工许可证。

（3）在建的建筑工程因故中止施工的，建设单位应当自中止施工之日起30d内向发证机关报告，报告内容包括中止施工的时间、原因、在施部位、维修管理措施等，并按照规定做好建筑工程的维护管理工作。建筑工程恢复施工时，应当向发证机关报告；中止施工满一年的工程恢复施工前，建设单位应当报发证机关核验施工许可证。

4.2.5 《建设项目安全设施"三同时"监督管理暂行办法》的规定

（1）生产经营单位是建设项目安全设施建设的责任主体。建设项目安全设施必须与主体工程同时设计、同时施工、同时投入生产和使用。安全设施投资应当纳入建设项目概算。

（2）生产经营单位应当对其安全生产条件和设施进行综合分析，形成书面报告备查。

（3）生产经营单位在建设项目初步设计时，应当委托有相应资质的初步设计单位对建设项目安全设施同时进行设计，编制安全设施设计。

（4）建设项目安全设施设计审查未经批准的，不得开工建设。

（5）已经批准的建设项目及其安全设施设计有下列情形之一的，生产经营单位应当报原批准部门审查同意；未经审查同意的，不得开工建设：

①建设项目的规模、生产工艺、原料、设备发生重大变更的。

②改变安全设施设计且可能降低安全性能的。

③在施工期间重新设计的。

（6）施工单位提出安全设施设计文件有错漏的，生产经营单位、设计单位应当及时处理。

（7）建设项目安全设施建成后，生产经营单位应当对安全设施进行检查，对发现的问题及时整改。

（8）建设项目竣工投入生产或者使用前，生产经营单位应当组织对安全设施进行竣工验收，并形成书面报告备查。安全设施竣工验收合格后，方可投入生产和使用。

（9）生产经营单位应当按照档案管理的规定，建立建设项目安全设施"三同时"文件资料档案，并妥善保存。

4.2.6 《建筑起重机械安全监督管理规定》的规定

（1）依法发包给两个及两个以上施工单位的工程，不同施工单位在同一施工现场使用多台塔式起重机作业时，建设单位应当协调组织制订防止塔式起重机相互碰撞的安全措施。

（2）安装单位、使用单位拒不整改生产安全事故隐患的，建设单位接到监理单位报告后，应当责令安装单位、使用单位立即停工整改。

4.3 勘察单位的安全管理责任

4.3.1 《建设工程安全生产管理条例》的规定

（1）勘察单位应当按照法律、法规和工程建设强制性标准进行勘察，提供的勘察文件应当真实、准确，满足建设工程安全生产的需要。

（2）勘察单位在勘察作业时，应当严格执行操作规程，采取措施保证各类管线、设施和周边建筑物、构筑物的安全。

4.3.2 《危险性较大的分部分项工程安全管理规定》的规定

（1）勘察单位应当根据工程实际及工程周边环境资料，在勘察文件中说明地质条件可能造成的工程风险。

（2）危大工程发生险情或者事故时，勘察单位应当配合施工单位开展应急抢险工作。

（3）危大工程应急抢险结束后，建设单位应当组织勘察、设计、施工、监理等单位制订工程恢复方案，并对应急抢险工作进行后评估。

4.4 设计单位的安全管理责任

4.4.1 《中华人民共和国安全生产法》的规定

建设项目安全设施的设计人、设计单位应当对安全设施设计负责。

4.4.2 《中华人民共和国建筑法》的规定

建筑工程设计应当符合按照国家规定制定的建筑安全规程和技术规范，保证工程的安全性能。

4.4.3 《建设工程安全生产管理条例》的规定

（1）设计单位应当按照法律、法规和工程建设强制性标准进行设计，防止因设计不合理导致生产安全事故的发生。

（2）设计单位应当考虑施工安全操作和防护的需要，对涉及施工安全的重点部位和环节在设计文件中注明，并对防范生产安全事故提出指导意见。

（3）采用新结构、新材料、新工艺的建设工程和特殊结构的建设工程，设计单位应当在设计中提出保障施工作业人员安全和预防生产安全事故的措施建议。

（4）设计单位和注册建筑师等注册执业人员应当对其设计负责。

4.4.4 《危险性较大的分部分项工程安全管理规定》的规定

（1）设计单位应当在设计文件中注明涉及危大工程的重点部位和环节，提出保障工程周边环境安全和工程施工安全的意见，必要时进行专项设计。

（2）危大工程发生险情或者事故时，设计单位应当配合施工单位开展应急抢险工作。

4.4.5 《建设项目安全设施"三同时"监督管理暂行办法》的规定

（1）安全设施设计必须符合有关法律、法规、规章和国家标准或者行业标准、技术规范的规定，并尽可能采用先进适用的工艺、技术和可靠的设备、设施。

（2）安全设施设计单位、设计人应当对其编制的设计文件负责。

（3）施工单位提出安全设施设计文件有错漏的，生产经营单位、设计单位应当及时处理。

4.5 监理单位的安全管理责任

4.5.1 《建设工程安全生产管理条例》中的规定

（1）工程监理单位应当审查施工组织设计中的安全技术措施或者专项施工方案是否符合工程建设强制性标准。

（2）工程监理单位在实施监理过程中，发现存在安全事故隐患的，应当要求施工单位整改；情况严重的，应当要求施工单位暂时停止施工，并及时报告建设单位。施工单位拒不整改或者不停止施工的，工程监理单位应当及时向有关主管部门报告。

（3）工程监理单位和监理工程师应当按照法律、法规和工程建设强制性标准实施监理，并对建设工程安全生产承担监理责任。

4.5.2 《危险性较大的分部分项工程安全管理规定》的规定

（1）专项施工方案应当由总监理工程师审查签字、加盖执业印章后方可实施。

（2）对于超过一定规模的危大工程，施工单位应当组织召开专家论证会对专项施工方案进行论证。专家论证前专项施工方案应当通过总监理工程师审查。

（3）专项施工方案经论证需修改后通过的，施工单位应当根据论证报告修改完善后，重新履行规定的监理审批程序。

（4）监理单位应当结合危大工程专项施工方案编制监理实施细则，并对危大工程施工实施专项巡视检查。

（5）监理单位发现施工单位未按照专项施工方案施工的，应当要求其进行整改；情节严重的，应当要求其暂停施工，并及时报告建设单位。施工单位拒不整改或者不停止施工的，监理单位应当及时报告建设单位和工程所在地住房城乡建设主管部门。

（6）对于按照规定需要进行第三方监测的危大工程，监测单位编制的监测方案报送监理单位后方可实施。

（7）对于验收合格的危大工程，总监理工程师应签字确认。

（8）危大工程发生险情或者事故时，监理单位应当配合施工单位开展应急抢险工作。

（9）监理单位应当建立危大工程安全管理档案，应当将监理实施细则、专项施工方案审查、专项巡视检查、验收及整改等相关资料纳入档案管理。

4.5.3 《建筑工程施工许可管理办法》的规定

按规定应当申请领取施工许可证的建筑工程未取得施工许可证的，一律不得开工。

4.5.4 《建设项目安全设施"三同时"监督管理暂行办法》的规定

（1）对危险性较大的分部分项工程专项施工方案，经施工单位技术负责人、总监理工程师签字后实施。

（2）工程监理单位应当审查施工组织设计中的安全技术措施或者专项施工方案是否符合工程建设强制性标准。

（3）工程监理单位在实施监理过程中，发现存在事故隐患的，应当要求施工单位整改；情况严重的，应当要求施工单位暂时停止施工，并及时报告生产经营单位。施工单位拒不整改或者不停止施工的，工程监理单位应当及时向有关主管部门报告。

（4）工程监理单位、监理人员应当按照法律、法规和工程建设强制性标准实施监理，并对安全设施工程的工程质量承担监理责任。

4.5.5 《建筑起重机械安全监督管理规定》的规定

（1）审核建筑起重机械特种设备制造许可证、产品合格证、制造监督检验证明、备案证明等文件。

（2）审核建筑起重机械安装单位、使用单位的资质证书、安全生产许可证和特种作业人员的特种作业操作资格证书。

（3）审核建筑起重机械安装、拆卸工程专项施工方案。

（4）监督安装单位执行建筑起重机械安装、拆卸工程专项施工方案情况。

（5）监督检查建筑起重机械的使用情况。

（6）发现存在生产安全事故隐患的，应当要求安装单位、使用单位限期整改，对安装单位、使用单位拒不整改的，及时向建设单位报告。

4.6 其他有关单位的安全管理责任

4.6.1 《中华人民共和国安全生产法》的规定

（1）依法设立的为安全生产提供技术、管理服务的机构，依照法律、行政法规和执业准则，接受生产经营单位的委托为其安全生产工作提供技术、管理服务。

（2）承担安全评价、认证、检测、检验职责的机构应当具备国家规定的资质条件，并对其作出的安全评价、认证、检测、检验结果的合法性、真实性负责。

（3）承担安全评价、认证、检测、检验职责的机构应当建立并实施服务公开和报告公开制度，不得租借资质、挂靠、出具虚假报告。

4.6.2 《建设工程安全生产管理条例》的规定

（1）为建设工程提供机械设备和配件的单位，应当按照安全施工的要求配备齐全有效的保险、限位等安全设施和装置。

（2）出租的机械设备和施工机具及配件，应当具有生产（制造）许可证、产品合格证。出租单位应当对出租的机械设备和施工机具及配件的安全性能进行检测，在签订租赁协议时，应当出具检测合格证明。禁止出租检测不合格的机械设备和施工机具及配件。

（3）在施工现场安装、拆卸施工起重机械和整体提升脚手架、模板等自升式架设设施，必须由具有相应资质的单位承担。安装、拆卸施工起重机械和整体提升脚手架、模板等自升式架设设施，应当编制拆装方案、制定安全施工措施，并由专业技术人员现场监督。施工起重机械和整体提升脚手架、模板等自升式架设设施安装完毕后，安装单位应当自检，出具自检合格证明，并向施工单位进行安全使用说明，办理验收手续并签字。

（4）施工起重机械和整体提升脚手架、模板等自升式架设设施的使用达到国家规定的检验检测期限的，必须经具有专业资质的检验检测机构检测。经检测不合格的，不得继续使用。

（5）检验检测机构对检测合格的施工起重机械和整体提升脚手架、模板等自升式架设设施，应当出具安全合格证明文件，并对检测结果负责。

4.6.3 《危险性较大的分部分项工程安全管理规定》的规定

（1）对于按照规定需要进行第三方监测的危大工程，监测单位应当编制监测方案。监测方案由监测单位技术负责人审核签字并加盖单位公章，报送监理单位后方可实施。

（2）监测单位应当按照监测方案开展监测，及时向建设单位报送监测成果，并对监测成果负责；发现异常时，及时向建设、设计、施工、监理单位报告，建设单位应当立即组织相关单位采取处置措施。

（3）危大工程发生险情或者事故时，相关单位应当配合施工单位开展应急抢险工作。

4.6.4 《建筑起重机械安全监督管理规定》的规定

（1）出租单位出租的建筑起重机械和使用单位购置、租赁、使用的建筑起重机械应当具有特种设备制造许可证、产品合格证、制造监督检验证明。

（2）出租单位在建筑起重机械首次出租前，自购建筑起重机械的使用单位在建筑起重机械首次安装前，应当持建筑起重机械特种设备制造许可证、产品合格证和制造监督检验证明到本单位工商注册所在地县级以上地方人民政府建设主管部门办理备案。

（3）出租单位应当在签订的建筑起重机械租赁合同中，明确租赁双方的安全责任，并出具建筑起重机械特种设备制造许可证、产品合格证、制造监督检验证明、备案证明和自检合格证明，提交安装使用说明书。

（4）出租单位、自购建筑起重机械的使用单位，应当建立建筑起重机械安全技术档案。

（5）从事建筑起重机械安装、拆卸活动的单位应当依法取得建设主管部门颁发的相应资质和建筑施工企业安全生产许可证，并在其资质许可范围内承揽建筑起重机械安装、拆卸工程。

（6）建筑起重机械使用单位和安装单位应当在签订的建筑起重机械安装、拆卸合同中明确双方的安全生产责任。

（7）安装单位应当履行下列安全职责：

①按照安全技术标准及建筑起重机械性能要求，编制建筑起重机械安装、拆卸工程专项施工方案，并由本单位技术负责人签字。

②按照安全技术标准及安装使用说明书等检查建筑起重机械及现场施工条件。

③组织安全施工技术交底并签字确认。

④制订建筑起重机械安装、拆卸工程生产安全事故应急救援预案。

⑤将建筑起重机械安装、拆卸工程专项施工方案，安装、拆卸人员名单，安装、拆卸时间等材料报施工总承包单位和监理单位审核后，告知工程所在地县级以上地方人民政府建设主管部门。

（8）安装单位应当按照建筑起重机械安装、拆卸工程专项施工方案及安全操作规程组织安装、拆卸作业。安装单位的专业技术人员、专职安全生产管理人员应当进行现场监督，技术负责人应当定期巡查。

（9）建筑起重机械安装完毕后，安装单位应当按照安全技术标准及安装使用说明书的有关要求对建筑起重机械进行自检、调试和试运转。自检合格的，应当出具自检合格证明，并向使用单位进行安全使用说明。

（10）安装单位应当建立建筑起重机械安装、拆卸工程档案。

（11）建筑起重机械在验收前应当经有相应资质的检验检测机构监督检验合格。检验检测机构和检验检测人员对检验检测结果、鉴定结论依法承担法律责任。

5 政府监管制度

5.1 《中华人民共和国安全生产法》的规定

《中华人民共和国安全生产法》规定国家实行生产安全事故责任追究制度，依照本法和有关法律、法规的规定，追究生产安全事故责任单位和责任人员的法律责任。

5.1.1 各级人民政府的监管职责

（1）国务院和县级以上地方各级人民政府应当加强对安全生产工作的领导，建立健全安全生产工作协调机制，支持、督促各有关部门依法履行安全生产监督管理职责，及时协调、解决安全生产监督管理中存在的重大问题。

乡镇人民政府和街道办事处，以及开发区、工业园区、港区、风景区等应当明确负责安全生产监督管理的有关工作机构及其职责，加强安全生产监管力量建设，按照职责对本行政区域或者管理区域内生产经营单位安全生产状况进行监督检查，协助人民政府有关部门或者按照授权依法履行安全生产监督管理职责。

（2）县级以上地方各级人民政府应当根据本行政区域内的安全生产状况，组织有关部门按照职责分工，对本行政区域内容易发生重大生产安全事故的生产经营单位进行严格检查。

（3）居民委员会、村民委员会发现其所在区域内的生产经营单位存在事故隐患或者安全生产违法行为时，应当向当地人民政府或者有关部门报告。

5.1.2 各级应急管理部门的监管职责

（1）国务院应急管理部门依照本法，对全国安全生产工作实施综合监督管理；县级以上地方各级人民政府应急管理部门依照本法，对本行政区内安全生产工作实施综合监督管理。

（2）应急管理部门应当按照分类分级监督管理的要求，制定安全生产年度监督检查计划，并按照年度监督检查计划进行监督检查，发现事故隐患，应当及时处理。

（3）应急管理部门和其他负有安全生产监督管理职责的部门依法开展安全生产行政执法工作，对生产经营单位执行有关安全生产的法律、法规和国家标准或者行业标准的情况进行监督检查，行使以下职权：

①进入生产经营单位进行检查，调阅有关资料，向有关单位和人员了解情况。

②对检查中发现的安全生产违法行为，当场予以纠正或者要求限期改正；对依法应当给予行政处罚的行为，依照本法和其他有关法律、行政法规的规定作出行政处罚决定。

③对检查中发现的事故隐患,应当责令立即排除;重大事故隐患排除前或者排除过程中无法保证安全的,应当责令从危险区域内撤出作业人员,责令暂时停产停业或者停止使用相关设施、设备;重大事故隐患排除后,经审查同意,方可恢复生产经营和使用。

④对有根据认为不符合保障安全生产的国家标准或者行业标准的设施、设备、器材以及违法生产、储存、使用、经营、运输的危险物品予以查封或者扣押,对违法生产、储存、使用、经营危险物品的作业场所予以查封,并依法作出处理决定。

⑤监督检查不得影响被检查单位的正常生产经营活动。

5.1.3 各级行业主管部门的监管职责

(1)国务院交通运输、住房城乡建设、水利、民航等有关部门依照本法和其他有关法律、行政法规的规定,在各自的职责范围内对有关行业、领域的安全生产工作实施监督管理;县级以上地方各级人民政府有关部门依照本法和其他有关法律、法规的规定,在各自的职责范围内对有关行业、领域的安全生产工作实施监督管理。对新兴行业、领域的安全生产监督管理职责不明确的,由县级以上地方各级人民政府按照业务相近的原则确定监督管理部门。

(2)其他负有安全生产监督管理职责的部门依照有关法律、法规的规定,对涉及安全生产的事项需要审查批准(包括批准、核准、许可、注册、认证、颁发证照等,下同)或者验收的,必须严格依照有关法律、法规和国家标准或者行业标准规定的安全生产条件和程序进行审查;不符合有关法律、法规和国家标准或者行业标准规定的安全生产条件的,不得批准或者验收通过。对未依法取得批准或者验收合格的单位擅自从事有关活动的,负责行政审批的部门发现或者接到举报后应当立即予以取缔,并依法予以处理。对已经依法取得批准的单位,负责行政审批的部门发现其不再具备安全生产条件的,应当撤销原批准。

(3)其他负有安全生产监督管理职责的部门依法开展安全生产行政执法工作,对生产经营单位执行有关安全生产的法律、法规和国家标准或者行业标准的情况进行监督检查。

5.1.4 安全监管工作通用要求

(1)应急管理部门和对有关行业、领域的安全生产工作实施监督管理的部门,统称负有安全生产监督管理职责的部门。负有安全生产监督管理职责的部门应当相互配合、齐抓共管、信息共享、资源共用,依法加强安全生产监督管理工作。

(2)安全生产监督检查人员应当忠于职守,坚持原则,秉公执法。安全生产监督检查人员执行监督检查任务时,必须出示有效的行政执法证件;对涉及被检查单位的技术秘密和业务秘密,应当为其保密。

(3)生产经营单位对负有安全生产监督管理职责的部门的监督检查人员(以下统称安全生产监督检查人员)依法履行监督检查职责,应当予以配合,不得拒绝、阻挠。

(4)安全生产监督检查人员应当将检查的时间、地点、内容、发现的问题及其处理情况,作出书面记录,并由检查人员和被检查单位的负责人签字;被检查单位的负责人拒绝签字的，检查人员应当将情况记录在案，并向负有安全生产监督管理职责的部门报告。

（5）负有安全生产监督管理职责的部门在监督检查中，应当互相配合，实行联合检查；确需分别进行检查的，应当互通情况，发现存在的安全问题应当由其他有关部门进行处理的，应当及时移送其他有关部门并形成记录备查，接受移送的部门应当及时进行处理。

（6）负有安全生产监督管理职责的部门依法对存在重大事故隐患的生产经营单位作出停产停业、停止施工、停止使用相关设施或者设备的决定，生产经营单位应当依法执行，及时消除事故隐患。生产经营单位拒不执行，有发生生产安全事故的现实危险的，在保证安全的前提下，经本部门主要负责人批准，负有安全生产监督管理职责的部门可以采取通知有关单位停止供电、停止供应民用爆炸物品等措施，强制生产经营单位履行决定。通知应当采用书面形式，有关单位应当予以配合。

（7）负有安全生产监督管理职责的部门依照规定采取停止供电措施，除有危及生产安全的紧急情形外，应当提前24h通知生产经营单位。生产经营单位依法履行行政决定、采取相应措施消除事故隐患的，负有安全生产监督管理职责的部门应当及时解除前款规定的措施。

（8）负有安全生产监督管理职责的部门应当建立举报制度，公开举报电话、信箱或者电子邮件地址等网络举报平台信息，受理有关安全生产的举报；受理的举报事项经调查核实后，应当形成书面材料；需要落实整改措施的，报经有关负责人签字并督促落实。对不属于本部门职责，需要由其他有关部门进行调查处理的，转交其他有关部门处理。涉及人员死亡的举报事项，应当由县级以上人民政府组织核查处理。

（9）负有安全生产监督管理职责的部门应当建立安全生产违法行为信息库，如实记录生产经营单位及其有关从业人员的安全生产违法行为信息；对违法行为情节严重的生产经营单位及其有关从业人员，应当及时向社会公告，并通报行业主管部门、投资主管部门、自然资源主管部门、生态环境主管部门、证券监督管理机构以及有关金融机构。有关部门和机构应当对存在失信行为的生产经营单位及其有关从业人员采取加大执法检查频次、暂停项目审批、上调有关保险费率、行业或者职业禁入等联合惩戒措施，并向社会公示。

（10）负有安全生产监督管理职责的部门应当加强对生产经营单位行政处罚信息的及时归集、共享、应用和公开，对生产经营单位作出处罚决定后7个工作日内在监督管理部门公示系统予以公开曝光，强化对违法失信生产经营单位及其有关从业人员的社会监督，提高全社会安全生产诚信水平。

5.2　《建筑工程安全生产监督管理工作导则》的规定

住房城乡建设部在《建筑工程安全生产监督管理工作导则》（建质〔2005〕184号）中明确了县级以上人民政府建设行政主管部门对建筑工程实施的安全生产监督管理的具体要求。

5.2.1 建筑工程安全生产监督管理制度

（1）建设行政主管部门应当依照有关法律法规，针对有关责任主体和工程项目，健全完善以下安全生产监督管理制度：

①建筑施工企业安全生产许可证制度。

②建筑施工企业"三类人员"安全生产任职考核制度。

③建筑工程安全施工措施备案制度。

④建筑工程开工安全条件审查制度。

⑤施工现场特种作业人员持证上岗制度。

⑥施工起重机械使用登记制度。

⑦建筑工程生产安全事故应急救援制度。

⑧危及施工安全的工艺、设备、材料淘汰制度。

⑨法律法规规定的其他有关制度。

（2）各地区建设行政主管部门可结合实际，在本级机关建立以下安全生产工作制度：

①建筑工程安全生产形势分析制度。定期对本行政区域内建筑工程安全生产状况进行多角度、全方位分析，找出事故多发类型、原因和安全生产管理薄弱环节，制订相应措施，并发布建筑工程安全生产形势分析报告。

②建筑工程安全生产联络员制度。在本行政区域内各市、县及有关企业中设置安全生产联络员，定期召开会议，加强工作信息动态交流，研究控制事故的对策、措施，部署和安排重大工作。

③建筑工程安全生产预警提示制度。在重大节日、重要会议、特殊季节、恶劣天气到来和施工高峰期之前，认真分析和查找本行政区域建筑工程安全生产薄弱环节，深刻吸取以往年度同时期曾发生事故的教训，有针对性地提早作出符合实际的安全生产工作部署。

④建筑工程重大危险源公示和跟踪整改制度。开展本行政区域建筑工程重大危险源的普查登记工作，掌握重大危险源的数量和分布状况，经常性地向社会公布建筑工程重大危险源名录、整改措施及治理情况。

⑤建筑工程安全生产监管责任层级监督与重点地区监督检查制度。监督检查下级建设行政主管部门安全生产责任制的建立和落实情况、贯彻执行安全生产法规政策和制订各项监管措施情况；根据安全生产形势分析，结合重大事故暴露出的问题及在专项整治、监管工作中存在的突出问题，确定重点监督检查地区。

⑥建筑工程安全重特大事故约谈制度。上级建设行政主管部门领导要与事故发生地建设行政主管部门负责人约见谈话，分析事故原因和安全生产形势，研究工作措施。事故发生地建设行政主管部门负责人要与发生事故工程的建设单位、施工单位等有关责任主体的负责人进行约谈告诫，并将约谈告诫记录向社会公示。

⑦建筑工程安全生产监督执法人员培训考核制度。对建筑工程安全生产监督执法人员定期进行安全生产法律、法规和标准、规范的培训，并进行考核，考核合格后方可上岗。

⑧建筑工程安全监督管理档案评查制度。对建筑工程安全生产的监督检查、行政处罚、事故处理等行政执法文书、记录、证据材料等立卷归档。

⑨建筑工程安全生产信用监督和失信惩戒制度。将建筑工程安全生产各方责任主体

和从业人员安全生产不良行为记录在案，并利用网络、媒体等向全社会公示，加大安全生产社会监督力度。

（3）建设行政主管部门应结合本部门、本地区工作实际，不断创新安全监管机制，健全监管制度，改进监管方式，提高监管水平。

5.2.2 安全生产层级监督管理

1. 层级监督管理内容

建设行政主管部门对下级建设行政主管部门层级监督检查的主要内容如下：

（1）履行安全生产监管职责情况。

（2）建立完善建筑工程安全生产法规、标准情况。

（3）建立和执行安全生产监督管理制度情况。

（4）制订和落实安全生产控制指标情况。

（5）建筑工程特大伤害未遂事故、事故防范措施、重大事故隐患督促整改情况。

（6）开展建筑工程安全生产专项整治和执法情况。

（7）其他有关事项。

2. 层级监督管理方式

建设行政主管部门对下级建设行政主管部门层级监督检查的主要方式如下：

（1）听取下级建设行政主管部门的工作汇报。

（2）询问有关人员安全生产监督管理情况。

（3）查阅有关规范性文件、安全生产责任书、安全生产控制指标、监督执法案卷和有关会议记录等文件资料。

（4）抽查有关企业和施工现场，检查监督管理实效。

（5）对下级履行安全生产监管职责情况进行综合评价，并反馈监督检查意见。

5.2.3 对施工单位的安全生产监督管理

1. 监督管理内容

建设行政主管部门对施工单位安全生产监督管理的内容主要如下：

（1）《安全生产许可证》办理情况。

（2）建筑工程安全防护、文明施工措施费用的使用情况。

（3）设置安全生产管理机构和配备专职安全管理人员情况。

（4）三类人员经主管部门安全生产考核情况。

（5）特种作业人员持证上岗情况。

（6）安全生产教育培训计划制订和实施情况。

（7）施工现场作业人员意外伤害保险办理情况。

（8）职业危害防治措施制订情况，安全防护用具和安全防护服装的提供及使用管理情况。

（9）施工组织设计和专项施工方案编制、审批及实施情况。

（10）生产安全事故应急救援预案的建立与落实情况。

（11）企业内部安全生产检查开展和事故隐患整改情况。

（12）重大危险源的登记、公示与监控情况。

（13）生产安全事故的统计、报告和调查处理情况。

（14）其他有关事项。

2. 监督管理方式

建设行政主管部门对施工单位安全生产监督管理的方式主要如下：

1）日常监管：

（1）听取工作汇报或情况介绍。

（2）查阅相关文件资料和资质资格证明。

（3）考察、问询有关人员。

（4）抽查施工现场或勘察现场，检查履行职责情况。

（5）反馈监督检查意见。

2）安全生产许可证动态监管：

（1）对于承建施工企业未取得安全生产许可证的工程项目，不得颁发施工许可证。

（2）发现未取得安全生产许可证施工企业从事施工活动的，严格按照《安全生产许可证条例》进行处罚。

（3）取得安全生产许可证后，对降低安全生产条件的，暂扣安全生产许可证，限期整改；整改不合格的，吊销安全生产许可证。

（4）对于发生重大事故的施工企业，立即暂扣安全生产许可证，并限期整改。生产安全事故所在地建设行政主管部门（跨省施工的，由事故所在地省级建设行政主管部门）要及时将事故情况通报给发生事故施工单位的安全生产许可证颁发机关。

（5）对向不具备法定条件施工企业颁发安全生产许可证的，及向承建施工企业未取得安全生产许可证的项目颁发施工许可证的，要严肃追究有关主管部门的违法发证责任。

5.2.4 对监理单位的安全生产监督管理

1. 监督检查内容

建设行政主管部门对工程监理单位安全生产监督检查的主要内容如下：

（1）将安全生产管理内容纳入监理规划的情况，以及在监理规划和中型以上工程的监理细则中制订对施工单位安全技术措施的检查方面情况。

（2）审查施工企业资质和安全生产许可证、三类人员及特种作业人员取得考核合格证书和操作资格证书情况。

（3）审核施工企业安全生产保证体系、安全生产责任制、各项规章制度和安全监管机构建立及人员配备情况。

（4）审核施工企业应急救援预案和安全防护、文明施工措施费用使用计划情况。

（5）审核施工现场安全防护是否符合投标时承诺和《建筑施工现场环境与卫生标准》等标准要求情况。

（6）复查施工单位施工机械和各种设施的安全许可验收手续情况。

（7）审查施工组织设计中的安全技术措施或专项施工方案是否符合工程建设强制性标准情况。

（8）定期巡视检查危险性较大工程作业情况。

（9）下达隐患整改通知单，要求施工单位整改事故隐患情况或暂时停工情况；整改结果复查情况；向建设单位报告督促施工单位整改情况；向工程所在地建设行政主管部门报告施工单位拒不整改或不停止施工情况。

（10）其他有关事项。

2. 监督检查方式

建设行政主管部门对监理单位安全生产监督检查的主要方式可参照内容如下：

（1）听取工作汇报或情况介绍。

（2）查阅相关文件资料和资质资格证明。

（3）考察、问询有关人员。

（4）抽查施工现场或勘察现场，检查履行职责情况。

（5）反馈监督检查意见。

5.2.5 对建设、勘察、设计和其他单位的安全生产监督管理

建设行政主管部门对建设、勘察、设计和其他有关单位安全生产监督检查的主要方式可参照对监理单位的监督检查方式。

1. 对建设单位的监督检查

建设行政主管部门对建设单位安全生产监督检查的主要内容如下：

（1）申领施工许可证时，提供建筑工程有关安全施工措施资料的情况；按规定办理工程质量和安全监督手续的情况。

（2）按照国家有关规定和合同约定向施工单位拨付建筑工程安全防护、文明施工措施费用的情况。

（3）向施工单位提供施工现场及毗邻区域内地下管线资料，气象和水文观测资料，相邻建筑物和构筑物、地下工程等有关资料的情况。

（4）履行合同约定工期的情况。

（5）有无明示或暗示施工单位购买、租赁、使用不符合安全施工要求的安全防护用具、机械设备、施工机具及配件、消防设施和器材的行为。

（6）其他有关事项。

2. 对勘察、设计单位的监督检查

建设行政主管部门对安全生产监督检查的主要内容如下：

（1）勘察单位按照工程建设强制性标准进行勘察情况；提供真实、准确的勘察文件情况；采取措施保证各类管线、设施和周边建筑物、构筑物安全的情况。

（2）设计单位按照工程建设强制性标准进行设计情况；在设计文件中注明施工安全重点部位、环节以及提出指导意见的情况；采用新结构、新材料、新工艺或特殊结构的建筑工程，提出保障施工作业人员安全和预防生产安全事故措施建议的情况。

（3）其他有关事项。

3. 对其他有关单位的监督检查

建设行政主管部门对其他有关单位安全生产监督检查的主要内容如下：

（1）机械设备、施工机具及配件的出租单位提供相关制造许可证、产品合格证、检测合格证明的情况。

（2）施工起重机械和整体提升脚手架、模板等自升式架设设施安装单位的资质、安全施工措施及验收调试等情况。

（3）施工起重机械和整体提升脚手架、模板等自升式架设设施的检验检测单位资质和出具安全合格证明文件情况。

5.2.6 对施工现场的安全生产监督管理

1. 建设行政主管部门对工程项目开工前的安全生产条件审查

（1）在颁发项目施工许可证前，建设单位或建设单位委托的监理单位，应当审查施工企业和现场各项安全生产条件是否符合开工要求，并将审查结果报送工程所在地的建设行政主管部门。审查的主要内容是：施工企业和工程项目安全生产责任体系、制度、机构建立情况，安全监管人员配备情况，各项安全施工措施与项目施工特点结合情况，现场文明施工、安全防护和临时设施等情况。

（2）建设行政主管部门对审查结果进行复查。必要时，到工程项目施工现场进行抽查。

2. 建设行政主管部门对工程项目开工后的安全生产监管

（1）工程项目各项基本建设手续办理情况、有关责任主体和人员的资质和执业资格情况。

（2）施工、监理单位等各方主体按本导则相关内容要求履行安全生产监管职责情况。

（3）施工现场实体防护情况，施工单位执行安全生产法律、法规和标准规范情况。

（4）施工现场文明施工情况。

（5）其他有关事项。

3. 建设行政主管部门对施工现场安全生产情况的监督检查可采取的方式

（1）查阅相关文件资料和现场防护、文明施工情况。

（2）询问有关人员安全生产监管职责履行情况。

（3）反馈检查意见，通报存在问题。对发现的事故隐患，下发整改通知书，限期改正；对存在重大安全隐患的，下达停工整改通知书，责令立即停工，限期改正；对施工现场整改情况进行复查验收，逾期未整改的，依法予以行政处罚。

（4）监督检查后，建设行政主管部门做出书面安全监督检查记录。

（5）工程竣工后，将历次检查记录和日常监管情况纳入建筑工程安全生产责任主体和从业人员安全信用档案，并作为对安全生产许可证动态监管的重要依据。

（6）当建设行政主管部门接到群众有关建筑工程安全生产的投诉或监理单位等的报告时，应到施工现场调查了解有关情况，并做出相应处理。

（7）建设行政主管部门对施工现场实施监督检查时，应当有两名以上监督执法人员参加，并出示有效的执法证件。

（8）建设行政主管部门应制订本辖区内年度安全生产监督检查计划，在工程项目建设的各个阶段，对施工现场的安全生产情况进行监督检查，并逐步推行网格式安全巡查制度，明确每个网格区域的安全生产监管责任人。

第三部分 建筑工程安全生产技术

6 施工临时用电

随着现代建筑业的迅速发展，建筑施工现场临时用电的范围日益广泛，规模不断扩大，作为贯穿于建筑施工过程始末的重要组成部分，临时用电的安全关乎整个工程项目能否顺利进行。而临时用电设计、施工不规范造成的安全隐患日趋突出。施工现场临时用电安全管理主要依据《建设工程施工现场供用电安全规范》（GB 50194）、《施工现场临时用电安全技术规范》（JGJ 46）、《建筑施工安全检查标准》（JGJ 59）、《建设工程施工现场消防安全技术规范》（GB 50720）等现行标准。

6.1 临时用电工程安全管理要求

6.1.1 临时用电管理小组及人员职责

根据项目特点成立临时用电管理小组，管理小组人员主要职责见表 6-1。

表 6-1 临时用电管理小组人员职责

临时用电管理 小组人员	小组内主要职责
项目经理	项目经理经公司法人授权，是工程安全的第一责任人。负责同业主、监理、供电及安检部门的沟通协调工作；负责临时用电资源的组织与调配（包括人力、物资、资金）；负责组织专职安全生产管理人员、电工对现场临时用电做定期检查；督促安全生产管理人员、电工及时消除临时用电安全隐患；审核临时用电安全技术档案；组织和指挥临时用电安全事故的应急救援工作
项目技术负责人	对现场临时用电工程质量负有技术责任。负责对临时用电系统的规划和部署；组织相关人员编制"临时用电施工组织设计"；负责审核项目临时用电物资计划；负责组织现场试验；负责对项目部管理人员和临时用电相关人员进行安全技术交底；组织临时用电工程验收，负责现场临时用电安全事故的调查和技术分析
安全生产负责人	直接负责现场临时用电工程的施工安全组织、安全管理措施的实施；领导实施项目临时用电安全管理目标和临时用电安全保证措施，对现场临时用电进行总体协调管理；组织督促安全员、电工对临时用电系统进行检查和隐患排查；检查临时用电负责人、安全员日常工作

临时用电管理 小组人员	小组内主要职责
电气技术负责人	直接负责现场临时用电施工的安排和管理；直接负责"临时用电施工组织设计"的编写工作；负责组织临时用电施工技术保证及资料的管理；负责各专业施工用电的组织和协调；按照项目的施工进度安排组织电工班组进行临时用电布置；对现场电工日常工作的检查和指导
安全员	负责现场临时用电工程的安全检查和监督；指导和监督分包单位安全体系的有效运行；督促和检查现场临时用电安全隐患的整改；负责临时用电作业人员的进场教育、考核、培训；负责临时用电设施的检查
分包安全员	负责本分包单位施工区域内临时用电设施、配电线路的检查；对本单位进场的施工人员进行安全教育；落实总承包单位提出的安全隐患整改；配合总承包单位对施工现场的总体临时用电部署；整理本单位临时用电有关资料
电工	直接负责职责范围内的临时用电设施、配电线路的安装、移位和拆除；直接负责临时用电设施、配电线路的日常检修；负责临时用电安全隐患的整改；参与临时用电培训和考核；记录整理"电工安装、巡检、维修、拆除工作记录"

6.1.2 制订临时用电安全管理目标和制度

临时用电管理小组应依据施工项目部的安全总体目标，制订临时用电年度及总体管理目标。临时用电安全管理目标应包括临时用电安全事故控制指标、临时用电安全隐患整改目标等，临时用电安全管理目标应予量化，并将目标分解到各部门及分包单位，定期进行考核。项目经理和安全生产负责人应根据项目安全管理总体目标的要求，对各部门及分包单位的临时用电管理目标执行落实情况进行检查，共同保证目标实现。

根据临时用电管理小组人员职责，由项目经理组织其他临时用电管理小组成员，共同制订临时用电安全管理制度，将制度逐级落实，从而保证整个工程临时用电的规范化管理。

（1）建立安全用电责任制度。对施工现场各区域临时用电的责任落实到人，定期对相关责任人进行检查和指导。制订安全操作规程。运行、维护专业人员应熟悉有关规章制度。

（2）建立持证上岗、技术交底制度。电工必须持建筑施工特种作业操作资格证，经考试合格后上岗工作。其他用电管理人员必须通过相关安全教育培训和技术交底，考核合格后方可上岗。安装、巡检、维修或拆除临时用电设备和线路，必须由持证电工完成，并应有人监护。电工等级应同工程的难易程度和技术复杂性相适应。

各类用电管理人员应掌握安全用电基本知识和所用设备的性能，并应符合下列规定：

①使用电气设备前必须按规定穿戴和配备好相应的劳动防护用品，并应检查电气装置和保护设施，严禁设备带"缺陷"运转。

②保管和维护所用设备，发现问题及时报告解决。

③暂时停用设备的开关箱必须分断电源隔离开关，并应关门上锁。

④移动电气设备时，必须经电工切断电源并做妥善处理后进行。

（3）建立验收制度。临时用电工程安装完成后，必须经编制、审核、批准部门和使用单位共同验收，合格后方可投入使用。变更或移位临时用电设施时，要重新履行验收程序。

（4）建立日常维修制度。电工要加强日常的维修工作，及时发现和排查隐患，并建立维修工作记录，记载维修时间、地点、设备、内容、技术措施、处理结果、维修人员、验收人员等。

（5）建立定期检查制度。临时用电工程应定期检查，相关负责电工应按分部、分项工程进行。定期检查时，应复查接地电阻值和绝缘电阻值，对安全隐患必须及时处理，并应履行复查验收手续。

（6）建立拆除制度。施工现场临时用电拆除前，应有统一的组织和指挥，并规定拆除时间、人员、程序、方法、注意事项和防护措施。

（7）建立应急救援预案制度。成立应急预案领导小组，日常做好触电和电气火灾事故应急演练，配备必需的应急救援物资，对应急救援人员进行专业培训，掌握人员触电及电气火灾事故的救援知识，制订应急救援疏散的组织程序和措施，确保疏散通道、灭火通道、救护通道的畅通。

（8）建立临时用电安全技术档案制度。施工现场临时用电必须建立安全技术档案，并应包括下列内容：

①临时用电施工方案或施工组织设计。

②临时用电安全技术交底资料。

③电气设备的试验、检验和调试记录。

④接地电阻、绝缘电阻和漏电保护器漏电动作参数测定记录表。

⑤临时用电工程检查验收表。

⑥定期检（复）查表。

⑦电工安装、巡检、维修、拆除工作记录。

安全技术档案应由主管该现场的电气技术人员负责建立与管理。其中"电工安装、巡检、维修、拆除工作记录"可指定电工代管，每周由项目经理审核认可，并应在临时用电工程拆除后统一归档。

6.1.3 编制审批临时用电施工方案或施工组织设计

施工现场临时用电设备在 5 台及以上或设备总容量在 50kW 及以上时，应编制临时用电施工方案或施工组织设计，5 台以下或设备总容量在 50kW 以下时，应编制临时用电和电气防火措施。施工现场临时用电施工方案或施工组织设计应包括下列内容：

（1）工程概况。

（2）编制依据。

（3）临时用电施工管理组织机构。

（4）确定电源进线、变电所或配电室、配电装置、用电设备位置及线路走向。

（5）进行负荷计算，选择变压器、导线或电缆、配电装置。

（6）设计防雷接地装置。

（7）配电装置安装、防雷接地装置安装、线路敷设等施工的技术要求及防护措施。

（8）制订安全用电措施和电气防火措施。

（9）制订临时用电事故应急预案。

（10）绘制临时用电工程图纸，主要包括用电工程总平面图、配电装置布置图、配电系统接线图、接地装置设计图。临时用电工程示意图如图 6-1 所示。

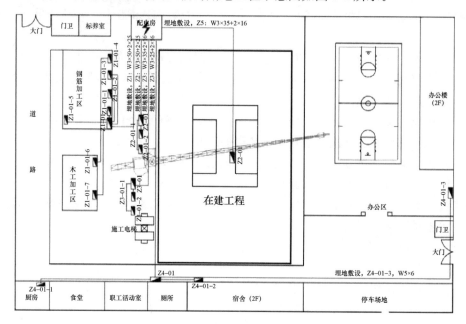

（a）临时用电工程平面示意图

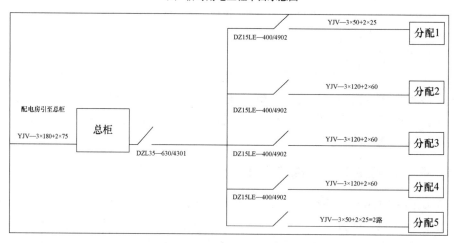

（b）配电箱系统接线示意图

图 6-1　临时用电工程示意图

依据现行标准《施工现场临时用电安全技术规范》（JGJ 46）"临时用电施工方案或施工组织设计必须履行'编制、审核、批准'程序，由电气工程技术人员组织编制，经相关部门审核及具有法人资格企业的技术负责人批准后实施"，实际工作应用中，若工程项目规模不大、临时用电系统比较简单，或施工用电设备较少时，也可经企业技术负责人授权，由项目各部门审核、项目技术负责人审批。

临时用电施工方案或施工组织设计经施工单位内部审批完成后，还应报送项目监理机构，由总监理工程师组织相关专业监理工程师审查，符合要求后予以签认。

6.2 临时用电施工

6.2.1 临时用电工程安装

1. 临时用电的配电室设置及设备安装

施工现场临时用电工程的配电室是否设置，应根据项目位置和引入电源的情况考虑：规模较大的新建项目，有高压外电源引入施工现场，一般会在靠近电源附近设置临时用电的配电室，配电室内设有变压器、高低压配电柜、计量柜等设备，有专人对配电室的日常运行、维护进行管理。规模较小的翻新或改造项目，原建筑物内有正式配电系统的，施工现场临时用电可由建筑物内正式的配电室或相近的配电间引出电源；还有些偏僻项目，当外电源和正式电源均不具备供电条件时，施工现场会采用自备发电机组供施工临时用电使用。

上述这些项目，施工现场可为发电机组、配电箱搭设防护棚，可以不再单独设置临时用电的配电室。

对于需要设置配电室的项目，在临时用电工程安装前，施工单位要对施工现场的环境和用电负荷分布情况进行踏勘，选择临时用电的配电室位置，配电室的选址应根据负荷位置、交通运输、线路布置、污染源频率风向、周边环境等因素综合考虑。配电室不应设在地势低洼或可能积水的场所。配电室位置确定后，变压器、高低压配电柜安装前，应检查有无渗漏，地面找平层应完成施工，基础应验收合格，埋入基础的导管和变压器进线、出线预留孔及相关预埋件等经检查应合格。安装前，要检查现场环境及箱式变压器（箱变）情况，将箱变下一级柜开关全部断开，将箱变 PE 排接地放电 0.5h 检测无电压后再施工。同时要注意，配电室内的高低压配电设备上方不应安装灯具。在室外安装的落地式配电柜的基础应高于地坪，周围排水应通畅，其底座周围应采取封闭措施。

2. 配电箱进场检查及安装

施工现场使用的配电箱、开关箱应采用由专业厂家生产的定型化产品，应采用冷轧钢板制作，钢板的厚度应为 1.2～2.0mm，配电箱箱体钢板厚度不得小于 1.5mm，箱体表面应做防腐处理。配电箱设备应有铭牌，表面涂层应完整，无明显碰撞凹陷，设备内元器件应完好无损，附件应齐全，接线排及端子无脱落、脱焊，绝缘件应无缺损、裂纹。配电箱随带文件有合格证、出厂试验报告等。

配电箱内安装电器的安装板，应为金属或非木质阻燃绝缘电器安装板，金属电器安装板与箱体应做电气连接。配电箱内连接线绝缘层的标识色应符合下列规定：

（1）相导体 L1、L2、L3 应依次为黄色、绿色、红色。

（2）中性导体（N）应为淡蓝色。

（3）保护导体（PE）应为绿-黄双色。

（4）上述标识色不应混用。

配电箱内的低压电器组合应符合下列规定：

（1）发热元件应安装在散热良好的位置。

（2）熔断器的熔体规格、断路器的整定值应符合有关要求。

（3）金属外壳需做电击防护时，应与保护导体可靠连接。

（4）配电箱内端子排应安装牢固，端子应有序号，端子规格应与导线截面积大小适配。

3. 电缆敷设及线路测试

依据《市场监管总局关于优化强制性产品认证目录的公告》（国家市场监督管理总局 2020 年第 18 号）文件要求，电线、电缆应取得强制性认证（CCC 认证）。

敷设电缆前先摇测电缆绝缘电阻，合格后再制作电缆头，安装完电缆头后再用摇表摇测一次绝缘电阻，低压电线和电缆线间和线对地的绝缘电阻值必须大于 $0.5M\Omega$，合格后，再确认一次接线相序、回路等是否正确。绝缘导线、电缆端头应密封良好，标识应齐全，绝缘层应完整无损，厚度均匀，电缆无压扁、扭曲、铠装不应松卷。

金属电缆支架必须与保护导体可靠连接。电缆在槽盒内敷设时，电缆应排列整齐，不应交叉。注意保护好电缆外护套及绝缘层，严禁绞拧、铠装压扁、护层断裂、表面严重划伤等现象。当电缆敷设存在可能受到机械外力损伤、振动、浸水及腐蚀性或污染物质等损害时，应采取防护措施。直埋电缆的上、下端应有细沙或软土，回填土应无石块、砖头等尖锐硬物。直埋电缆应设标志牌。交流单芯电缆或分相后的每相电缆不得单根独穿于钢导管内，固定用的夹具和支架不应形成闭合磁路。

4. 灯具进场检查及安装

照明灯具涂层应完整、无损伤、附件应齐全，Ⅰ类灯具的外露可导电部分应具有专用的 PE 端子；固定灯具带电部分及提供防触电部分应为绝缘材料；消防应急灯具应获得消防产品型式试验合格评定，且具有认证标志；疏散指示标志灯具的保护罩应完整、无裂纹。灯具安装时，其固定应牢固可靠，在砌体和混凝土结构上严禁使用木楔、尼龙塞或塑料塞固定。灯具的外形、灯头及其接线应符合下列规定：

（1）灯具及其配件应齐全，不应有机械损伤、变形、涂层剥落或灯罩破裂等缺陷。

（2）灯座的绝缘外壳不应破损或漏电；带有开关的灯座，开关手柄应无裸露的金属部分。

（3）灯具表面及其附件的高温部位靠近可燃物时，应采取隔热、散热等防火保护措施。

（4）聚光灯的底座及支架应牢固，枢轴应沿需要的光轴方向拧紧固定。

（5）聚光灯和类似灯具出光口面与被照物体的最短距离应符合产品技术文件要求。

5. 接地装置安装

接地装置的接地电阻值应符合规范要求。接地装置顶面埋设深度不应小于 0.6m，且应在冻土层以下。圆钢、角钢、铜管、铜棒、铜管等接地极应垂直埋入地下。当接地电阻达不到要求需采取措施降低接地电阻时，应符合下列规定：

（1）采用降阻剂时，降阻剂应为同一品牌的产品，调制降阻剂的水应无污染和杂物，降阻剂应均匀灌注于垂直接地体周围。

（2）采取换土或将人工接地体外延至土壤电阻率较低处时，应掌握有关的地质结构资料和地下土壤电阻率的分布，并应做好记录。

（3）采用接地模块时，接地模块的顶面埋深不应小于 0.6m，接地模块间距不应小于模块长度的 3～5 倍。接地模块埋设基坑宜为模块外形尺寸的 1.2～1.4 倍，且应详细记录开挖深度内的地层情况。接地模块应垂直或水平就位，并应保持与原土层接触良好。

6.2.2　临时用电工程验收、运行及维护

临时用电工程施工完毕后，应有完整的平面布置图、系统图、隐蔽工程记录、试验记录。临时用电工程必须经施工单位项目电气负责人、项目技术负责人、安全员、使用单位相关负责人及相关专业监理工程师共同验收，合格后方可投入使用。验收通过后，应建立用电安全岗位责任制度和安全操作规程，明确各级用电安全负责人。

（1）供电用电设施的运行、维护工（器）具配置应符合下列规定：

①施工现场临时用电系统应配备合格的安全工具及防护设施。

②供电用电设施的运行及维护，应按有关规定配备安全工器具及防护设施，并定期检验。电气绝缘工具不得挪作他用。

（2）供电用电设施的日常运行、维护应符合下列规定：

①日常维护人员单独值班时，不得从事检修工作。

②应建立供电用电设施巡视制度及巡视记录台账。

③配电装置和变压器，每班应巡视检查 1 次。

④配电线路的巡视和检查，每周不应少于 1 次。

⑤配电设施的接地装置应每半年检测 1 次。

⑥剩余电流动作保护器应每月检测 1 次。

⑦保护导体（PE）的导通情况应每月检测 1 次。

⑧根据线路负荷情况进行调整，宜使线路三相保持平衡。

⑨施工现场室外供用电设施除经常维护外，如遇大风、暴雨、冰雹、雪、霜、雾等恶劣天气时，应加强巡视和检查；巡视和检查时，应穿绝缘靴且不得靠近避雷器或避雷针。

（3）施工现场大型用电设备应有专人进行维护和管理。新投入运行或大修后投入运行的电气设备，在 72h 内应加强巡视，无异常情况后，方可按正常周期进行巡视。供电用电设施的清扫和检修，每年不宜少于 2 次，其时间应安排在雨期或冬期到来之前。在全部停电和部分停电的电气设备上工作时，应完成下列技术措施且符合相关规定：

①一次设备应完全停电，并应切断变压器和电压互感器二次侧开关或熔断器。

②应在设备或线路切断电源，并经验电确无电压后装设接地线，进行工作。

③对配电箱、开关箱进行定期维修、检查时，必须将其前一级相应的电源隔离开关分闸断电，并悬挂"禁止合闸、有人工作"停电标志牌，严禁带电作业。

（4）当靠近带电部分工作时，应设专人监护。工作人员在工作中的正常活动范围与设备带电部位的最小安全距离不得小于 0.7m。接引、拆除电源工作，应由维护电工进行，并应设专人进行监护。配电箱柜的箱柜门上应设警示标识。施工现场停止作业 1h 以上时，应将动力开关箱断电上锁。施工现场供用电文件资料在施工期间应由专人妥善保管。

（5）在临时用电工程日常运行、维护期间，现场常用的临时用电检测仪器如图 6-2 所示。

（a）绝缘电阻测试仪

（b）接地电阻测试仪

（c）电流钳形测试仪

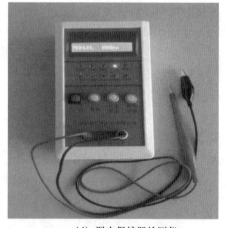

（d）漏电保护器检测仪

（e）万用表

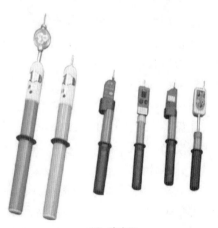

（f）验电器

图 6-2 现场常用临时用电检测仪器

6.2.3 临时用电工程拆除

施工现场临时用电设施的拆除,应按已批准的拆除方案进行。拆除前,被拆除部分应与带电部分进行可靠断开、隔离,且应悬挂警示牌,并应在被拆除侧挂临时接地线或投接地刀闸。拆除前应确保电容器已进行有效放电。拆除工作应从电源侧开始,在拆除临近带电部分的供用电设施时,应有专人监护,并应设隔离防护设施。在临近带电部分拆除设备后,应立即对拆除带电设备外露的带电部分处进行电气安全防护。在拆除容易与运行线路混淆的电力线路时,应在转弯处和直线段分段处进行标识。同时要注意在拆除过程中,应避免对设备造成损伤。

6.3 临时用电日常检查

6.3.1 外电线路及防护

外电架空线必须采用绝缘导线。线路必须架设在专用电线杆上,严禁架设在树木、脚手架或其他设施上。外电架空线路敷设如图6-3所示。

图6-3 外电架空线路敷设

架空线在一个挡距内,每层导线接头数不得超过该层导线数的50%,且一根导线只有一个接头。在跨越铁路、公路、河流、电力线路挡距内,架空线不得有接头。在建工程不得在外电架空线路正下方处施工、搭设作业棚、建造生活设施或堆放构件、架具、材料及其他杂物等。

在建工程的塔式起重机回转半径内,如有外电架空线路,且达不到安全距离时,须搭设木制防护架等绝缘隔离防护措施,如图6-4所示。当防护措施无法实现时,必须与有关部门协商,采取停电、迁移外电线路或改变工程位置等措施,未采取上述措施的严禁施工。

图 6-4　外电架空线路搭设木制防护架

6.3.2　配电线路

　　施工现场选用的电缆必须包含全部工作芯线和用作保护零线或保护线的芯线。需要三相四线制配电的电缆线路必须采用五芯电缆。五芯电缆必须包含淡蓝、绿/黄 2 种颜色绝缘芯线，淡蓝色线必须用作 N 线，绿/黄双色线必须用作 PE 线，严禁混用。

　　施工现场内配电线路可采用埋地、架空或槽盒敷设如图 6-5 所示。严禁沿地面明设，随地拖拉。并应避免机械损伤和介质腐蚀，埋地电缆路径应设方位标志。埋地敷设宜选用铠装电缆，当选用无铠装电缆时，应能防水、防腐。电缆在室外直接埋地敷设的深度不得小于 0.7m，并应在电缆紧邻上、下、左、右侧均匀敷设厚度不小于 50mm 的细沙，然后覆盖砖或混凝土等硬质保护层。埋地敷设的电缆接头应设在地面上的接线盒内，接线盒应能防水、防尘、防机械损坏，并应远离易燃、易爆、易腐蚀场所。

(a) 电缆埋地敷设　　　　　　　　　　(b) 电缆在槽盒内敷设

图 6-5　施工现场临时电缆敷设方式

　　埋地电缆在穿越建筑物、构筑物、道路、易受机械损伤、介质腐蚀场所及引出地面高度从 2.0m 至地下 0.2m 处，必须加设防护套管，防护套管内径不应小于电缆外径的 1.5 倍。埋地电缆与其附近外电电缆和管沟的平行间距不得小于 2m，交叉间距不得小于 1m。

　　架空电缆应沿电杆、支架或墙壁敷设，并采用绝缘子固定，绑扎线必须采用绝缘线，固定点间距应保证电缆能承受自重所带来的荷载。架空电缆严禁沿脚手架、树木或其他设施敷设。电缆垂直敷设应充分利用在建工程的竖井、垂直孔洞等，并宜靠近用电负荷中心，固定点每楼层不得少于一处。电缆水平敷设宜沿墙或门口进行刚性固定，最大弧垂距地不得小于 2.0m。

　　室内配线采用槽盒、穿管、钢索等敷设，或采用绝缘钩挂设的方式，如图 6-6 所示。潮湿场所或埋地配线必须穿管敷设，管口、管接头应密封。当采用金属管敷设时，金属管必须做等电位连接，且必须与 PE 线相连接。

(a) 室内架空线路沿钢索敷设　　　　　(b) 室外架空线路沿脚手架采用绝缘钩敷设

图 6-6　架空线路敷设方式

　　室内非埋地明敷主干线距地面高度不得小于 2.5m。室内配线所用导线或电缆的截面应根据用电设备或线路的计算负荷确定，但铜线截面积不应小于 1.5mm²，铝线截面积不应小于 2.5mm²。室内配线必须有短路保护和过载保护。短路保护和过载保护电器与绝缘导线、电缆的选配应符合规范要求。对穿管敷设的绝缘导线线路，其短路保护熔断器的熔体额定电流不应大于穿管绝缘导线长期连续负荷允许载流量的 2.5 倍。

　　钢索配线的吊架间距不宜大于 12m，采用瓷夹固定导线时，导线间距不应小于 35mm；瓷夹间距不应大于 800mm；采用护套绝缘导线或电缆时，可直接敷设于钢索上。

6.3.3　配电室及自备电源

　　临时用电工程设置的配电室外观及内部示意图，如图 6-7 所示。

图 6-7 临时用电工程配电室外观及内部示意图

施工现场采用三级配电系统，应设置总配电箱、分配电箱和开关箱，如图 6-8 所示。

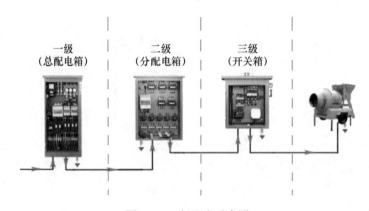

图 6-8 三级配电示意图

配电室应符合下列规定：

（1）配电室选择的位置应方便日常巡检和维护。

（2）配电室面积与高度应满足变配电装置的维护与操作所需的安全距离。

（3）配电室的建筑物和构筑物的耐火等级不低于 3 级，室内应配置适用于电气火灾的灭火器材，如图 6-9（a）所示。

（4）配电室应设置正常照明和应急照明，如图 6-9（b）所示。

配电柜外壳应有可靠的接地保护装置。装有成套仪表和继电器的屏柜、箱门，应与壳体进行可靠的电气连接。户外配电柜的进出线应采用电缆，所有的进线、出线电缆孔应封堵。

配电室外醒目位置应标识维护运行机构、人员、联系方式等信息。配电室的门应向外开并配锁，室内应设置排水设施，且配电室内应保持整洁，不得堆放任何妨碍操作或维修的杂物。配电室内的总配电箱宜装设电压表、总电流表、电度表。配电室所留设通风孔及出入口应防止小动物进入，如图 6-10 所示。

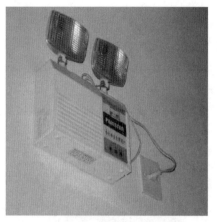

(a) 配电室内应设置灭火器材　　　　(b) 配电室内应设置应急照明

图 6-9　配电室内设置灭火器及应急照明

图 6-10　配电室应设置挡鼠板

发电机组及其控制、配电、修理室等可分开设置，在保证电气安全距离和满足防火要求情况下可合并设置。排烟管道必须伸出室外。配电室内必须配置可用于扑灭电气火灾的灭火器，严禁存放贮油桶。发电机组电源必须与外电线路电源连锁，严禁并列运行。供电系统应设置电源隔离开关及短路、过载、漏电保护电器。电源隔离开关分断时应有明显可见分断点。发电机组并列运行时，必须装设同期装置，并在机组同步运行后再向负载供电。

消防等重要负荷应由总配电箱专用回路直接供电，且不得接入过负荷保护和剩余电流保护器。

6.3.4　分配电箱

分配电箱电器的设置应满足如下基本要求：

（1）分配电箱应装设总隔离开关、分路隔离开关以及总断路器、分路断路器或总熔断器、分路熔断器。

（2）配电箱内的电器安装板上必须分别设置工作零线（N 线）端子板和保护接零线

（PE线）端子板。N线端子板必须与金属电器安装板绝缘；PE线端子板必须与金属电器安装板做电气连接。

（3）配电箱内的连接线应采用绝缘导线，导线的颜色应符合相关标准的要求并排列整齐；接头不得采用螺栓压接，应采用焊接并作绝缘包扎，不得有外露带电部分。

固定式分配电箱距地高度为 1.4～1.6m，移动式分配电箱距地高度为 0.8～1.6m。分配电箱内部示意及距地高度要求如图 6-11 所示。

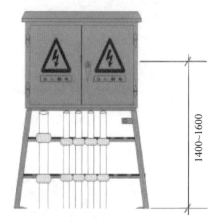

(a) 分配电箱内部　　　　　　　(b) 固定式分配电箱距地高度

图 6-11　分配电箱示意图（单位：mm）

分配电箱防护棚可采用方管加工制作，并做好保护接零。顶部采用硬质防护，并设坡度不小于 5％的排水坡，上层满铺厚度不小于 50mm 的脚手板。防雨防砸层四周外立面设宽出防护棚 200mm 的防雨檐，高度不小于 300mm。防护棚防栏涂红白相间警示色。正面设置用电安全警示标志牌如图 6-12 所示。

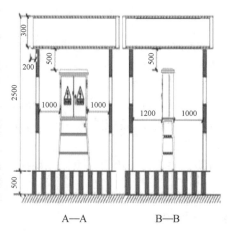

图 6-12　分配电箱防护棚示意图（单位：mm）

分配电箱安装的位置应足够有 2 人同时工作的空间，并且有足够的通道。其附近或通道不得有任何妨碍操作、维修的物品，不得有妨碍作业的灌木、杂草。配电箱周围不得存放易燃易爆物、污染源和腐蚀介质，否则应予清除。

分配电箱应设在用电设备或负荷相对集中的区域，动力分配电箱和照明分配电箱宜分别设置。当合并设置在同一分配电箱时，动力和照明应分路配电。分配电箱内控制回路应满足使用需求。

6.3.5　开关箱

配电箱、开关箱中导线的进出口，应设在箱体的下底面，严禁设在箱体的上顶面、侧面、后面或箱门处。开关箱内的电器必须可靠、完好，严禁使用破损、不合格的电器。

配电箱、开关箱的电源进线端严禁采用插头或插座做活动连接。

开关箱电器装置的选择如下：

（1）开关箱必须装设隔离开关、断路器或熔断器，以及漏电保护器。当漏电保护器是同时具有短路、过载、漏电保护功能的漏电断路器时，可不装设断路器或熔断器。

（2）开关箱中隔离开关，应采用分断时具有可见分断点，能同时断开电源所有极的隔离电器，并应设置于电源进线端。

（3）开关箱中的隔离开关只可直接控制照明电路和容量不大于3.0kW的动力电路，但不应频繁操作。容量大于3.0kW的动力电路应采用断路器控制，操作频繁时还应附设接触器或其他启动控制装置。

（4）开关箱中各种开关电器的额定值和动作整定值应与其控制用电设备的额定值和特性相适应。

开关箱中漏电保护器的额定漏电动作电流应不大于30mA，额定漏电动作时间应不大于0.1s。使用于潮湿或有腐蚀介质场所的开关箱的漏电保护器应采用防溅型产品，其额定漏电动作电流应不大于15mA，额定漏电动作时间应不大于0.1s。总配电箱和开关箱中漏电保护器的极数和线数必须与其负荷侧负荷的相数和线数一致。

所有的配电箱、开关箱在使用过程中，必须按以下操作顺序进行：

（1）送电操作顺序：总配电箱—分配电箱—开关箱。

（2）停电操作顺序：开关箱—分配电箱—总配电箱。

（3）出现电气故障的紧急情况可除外。

移动式配电箱、开关箱应装设在支架上，其中心点与地面的垂直距离宜为0.8～1.6m；支架应用较为结实的材料制作，应坚固、稳定。分配电箱与开关箱的距离不得超过30m，开关箱与其控制的固定式用电设备水平距离不宜超过3m，如图6-13所示。

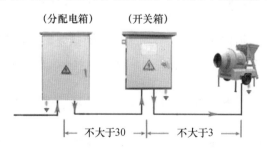

图6-13　分配电箱、开关箱、用电设备之间的距离规定（单位：m）

必须严格执行"一机、一闸、一漏、一箱"的规定,即每一台用电设备,必须有一个专用的开关箱,每个开关箱内必须有一个电源隔离开关和一个漏电断路器(同时具有短路、过载、漏电保护功能)。严禁由同一个开关箱(同一隔离开关和漏电保护器)直接控制2台及2台以上的用电设备(含插座),如图6-14所示。

(a) 同一个开关箱应控制一台用电设备 　　(b) 开关箱内有一个隔离开关和一个漏电断路器

图6-14　开关箱执行"一机、一闸、一漏、一箱"的规定

6.3.6　建筑机械和手持电动工具

(1)施工现场中电动建筑机械和手持电动工具的选购、使用、检查和维修必须遵守下列规定:

①选购的电动建筑机械、手持电动工具及其用电安全装置,符合相应的国家现行有关强制性标准的规定,且具有产品合格证和使用说明书。

②建立和执行专人专机负责制,并定期检查和维修保养。

③在建设工程施工现场的TN-S接零保护系统中,用电设备的金属外壳必须与保护零线(PE线)可靠连接,运行时产生振动的设备的金属基座、外壳与PE线的连接点不得少于2处。

④每台电动建筑机械、手持电动工具均应装设漏电保护器,漏电保护器的额定漏电动作电流应不大于30mA,额定漏电动作时间应不大于0.1s。

⑤按使用说明书使用、检查、维修。

⑥塔式起重机、施工升降机、滑升模板的金属操作平台及需要设置避雷装置的物料提升机等,除应连接PE线外,还应做重复接地。设备的金属结构构件之间应保证电气连接。

⑦手持式电动工具中的塑料外壳Ⅱ类工具和一般场所手持式电动工具中的Ⅲ类工具可不连接PE线。

⑧电动建筑机械或手持式电动工具的负荷线应按其计算负荷选用无接头的橡皮护套铜芯软电缆。其中PE线应采用绿/黄双色绝缘导线。

⑨其性能应符合现行国家标准《额定电压450/750V及以下橡皮绝缘电缆》(GB

5013）的要求。电缆芯线数应根据负荷及其控制电器的相数和线数确定；三相四线时，应选用五芯电缆；三相三线时，应选用四芯电缆；当三相用电设备中配置有单相用电器具时，应选用五芯电缆；单相二线时，应选用三芯电缆。

⑩每一台电动建筑机械或手持式电动工具的开关箱内，除应装设过载、短路、漏电保护电器外，还应装设隔离开关。容量大于 3.0kW 的动力电路应采用断路器控制，操作频繁时还应附设接触器或其他启动控制装置，正、反向运转控制装置中控制电器应采用接触器、继电器等自动控制电器，不得采用手动双向转换开关作为控制电器。

（2）施工现场的起重机械主要有塔式起重机、施工升降机、物料提升机和流动式起重机等设备安全用电的要求如下：

①塔式起重机的电气设备必须保证传动性能和控制性能可靠，在紧急情况下能切断电源安全停车。在安装、维修、调整和使用中不得任意改变电路。电气元件的选择应考虑到起重机工作时振动大、接电频繁、露天作业等特点，不得购买假冒伪劣产品。电气连接应当接触良好，防止松脱。导线束应用卡子固定，以防摆动。

②塔式起重机应做好防雷接地；连接到塔式起重机的 PE 线应做重复接地。重复接地和防雷接地可共用同一接地体，接地电阻应不大于 10Ω。

轨道式塔式起重机应在轨道两端各设一组接地装置。道轨的接头处做电气连接，两条轨道端部应做环形电气连接。较长轨道每隔不大于 30m 处应加一组接地装置。

③塔式起重机与外电线路的安全距离应符合规范要求。轨道式塔式起重机的供电电缆不得拖地行走。

④需要夜间工作的塔式起重机，应设置正对工作面的投光灯、塔式起重机应有良好的照明，照明应设专用电路，以保证供电不受塔式起重机停机的影响。塔身高于 30m 的塔式起重机，应在塔顶和臂架端部装设红色障碍信号灯。

⑤在强电磁波源附近工作的塔式起重机，操作人员应戴绝缘手套和穿绝缘鞋，并应在吊钩与机体间采取绝缘隔离措施，或在吊钩吊装场面物体时，在吊钩上挂接临时接地装置。

⑥塔式起重机的操纵系统应设声响信号，此信号应对工作场地起警报作用。

⑦塔式起重机应设置短路及过流保护、欠压、过压及失压保护、零位保护、电源错相及断相保护。

⑧塔式起重机必须设置紧急断电开关，在紧急情况下，应能切断起重机总动力电源。紧急断电开关应设在司机操作方便的地方。

⑨塔式起重机进线处宜设主隔离开关，或采取其他隔离措施。隔离开关应做明显标记。

⑩塔式起重机电源电缆应选用重型橡套五芯电缆，以满足 TN-S 供电系统的需要。

⑪塔身高于 30m 的塔式起重机，应在塔顶和臂架端部设红色信号灯。

⑫施工升降机梯笼内、外均应安装紧急停止开关。

⑬施工升降机和物料提升机的上、下极限位置应设置限位开关。

⑭施工升降机和物料提升机在每日工作前必须对行程开关、限位开关、紧急停止

开关、驱动机构和制动器等进行空载检查，正常后方可使用。检查时必须有防坠落措施。

（3）电力驱动打桩机械的电气设备的金属外壳都应按规定接好保护零线（PE线）和重复接地线，打桩机械的金属结构应接好防雷接地线。打桩机械电气控制操纵箱的电源进、出线电缆，必须采取加强护套保护措施，防止因机械振动、摩擦导致绝缘损坏。

（4）潜水电机的负荷线应采用防水橡皮护套铜芯软电缆，长度不得小于1.5m，且不得承受外力。潜水电机的出、入水应配备专用提升绳索，严禁拉拽电缆提升潜水泵。

（5）潜水式钻孔机开关箱中的漏电保护器必须采用防溅型产品，其额定漏电动作电流应不大于15mA，额定漏电动作时间应不大于0.1s。

（6）夯土机械安全用电的要求如下：

①夯土机械必须设专用开关箱，开关箱中的漏电保护器必须采用防溅型产品。其额定漏电动作电流应不大于15mA，额定漏电动作时间应不大于0.1s。

②金属外壳连接保护零线（PE线），连接点不得少于2处。

③负荷线应采用耐气候型的橡皮护套铜芯软电缆。

④使用夯土机械必须按规定穿戴绝缘防护用品，使用过程应有专人调整电缆。电缆长度应不大于50m。电缆严禁缠绕、扭结和被夯土机械跨越。

⑤多台夯土机械并列工作时，其间距不得小于5m；前后串列工作时，其间距不得小于10m。

⑥夯土机械的操作手柄绝缘应良好。控制开关不得使用倒顺开关，以防误操作。

（7）电焊机械安全用电的要求如下：

①电焊机械应放置在防雨、干燥和通风良好的地方。焊接现场不得有易燃、易爆物品。

②交流弧焊机变压器的一次侧电源线长度应不大于5m，其电源进线处必须设置防护罩。交流电焊机的金属外壳和二次侧连接焊接工件的一端必须接好保护零线（PE线）。

③发电机式直流电焊机的换向器应经常检查和维护，应消除可能产生的异常电火花。

④电焊机械应配备专用开关箱，开关箱中应设短路和漏电保护，其漏电保护器的额定漏电动作电流应不大于30mA，额定漏电动作时间应不大于0.1s。

⑤交流电焊机还应配装防二次侧触电保护器。电焊机械的二次线应采用防水橡皮护套铜芯软电缆。电缆的长度应不大于30m，且不准有接头，不得采用金属构件或结构钢筋代替二次线的地线。二次线跨越道路时必须采取安全防护措施，避免踩踏、轧压造成破断或短路。

⑥使用电焊机械焊接时必须穿、戴防护用品。严禁露天冒雨从事电焊作业。

（8）其他电动建筑机械安全用电的要求如下：

①混凝土搅拌机、插入式振动器、平板振动器、地面抹光机、水磨石机、钢筋加工机械、木工机械、盾构机械、水泵等设备应配备专用开关箱，开关箱中应设短路和漏电保护，漏电保护器的额定漏电动作电流应不大于30mA，额定电动作时间应不大于0.1s。负荷线必须采用耐气候的橡皮护套铜芯软电缆，并不得有任何破损和接头。

②对混凝土搅拌机、钢筋加工机械、木工机械、盾构机械等设备进行清理、检查、维修时，必须首先将其开关箱分闸断电，呈现可见电源分断点，关门上锁后，才能进行设备的清理、检查和维修工作。

③混凝土搅拌机、插入式振动器、平板振动器、地面抹光机、水磨石机、钢筋加工机械、木工机械、盾构机械等设备在无人操作时应切断电源，锁好开关箱。

④盾构机械的负荷线必须固定，距地面高度不得小于 2.5m。

⑤水泵的负荷线必须采用防水橡皮护套铜芯软电缆，严禁有任何破损和接头，并不得承受任何外力。

（9）手持电动工具安全使用的要求如下：

①空气湿度小于 75% 的一般场所应选用Ⅰ类或Ⅱ类手持式电动工具，其金属外壳与 PE 线的连接点不得小于 2 处。

②除塑料外壳Ⅱ类工具外，相关开关箱中漏电保护器的额定漏电动作电流应大不于 15mA，额定电动作时间应不大于 0.1s。

③其负荷线插头应具备专用的保护触头。所用插头和插座在结构上应保持一致，避免导电触头和保护触头混用。负荷线必须采用耐气候型的橡皮护套铜芯软电缆，不得有接头。

④手持式电动工具的外壳、手柄、插头、开关、负荷线等必须完好无损，使用前必须作绝缘检查和空载检查，在绝缘合格和空载运转正常后方可使用。

⑤在潮湿场所或金属构架上操作时，必须选用Ⅱ类或由安全隔离变压器供电的Ⅲ类手持电动工具，金属外壳Ⅱ类手持式电动工具使用时，其金属外壳与 PE 线的连接点不得小于 2 处，相关开关箱中漏电保护器的额定漏电动作电流应不大于 15mA，额定电动作时间应不大于 0.1s；其开关箱和控制相应设置在作业场所外面。

⑥在潮湿场所或金属构件上严禁使用Ⅰ类手持式电动工具。

⑦狭窄场所（锅炉、金属容器、地沟、管道内等），必须选用由隔离变压器供电的Ⅲ类手持电动工具，其开关箱和安全隔离变压器均应设置在狭窄场所外面，并连接 PE 线。开关箱中必须装设有防溅型漏电保护器，其额定漏电动作电流应不大于 15mA，额定电动作时间应不大于 0.1s。操作过程中，应有人在外面监护。手持式电动工具绝缘电阻限值见表 6-2。

表 6-2 手持式电动工具绝缘电阻限值

测量部位	绝缘电阻（MΩ）		
	Ⅰ类	Ⅱ类	Ⅲ类
带电零件与外壳之间	2	7	1

注：绝缘电阻用 500V 兆欧表测量。

6.3.7 接地与防雷

建筑施工现场临时用电工程专用的电源中性点直接接地的 220V/380V 三相四线制低压电力系统，必须符合下列规定：

（1）采用三级配电系统。

（2）采用 TN-S 接零保护系统，如图 6-15 所示。

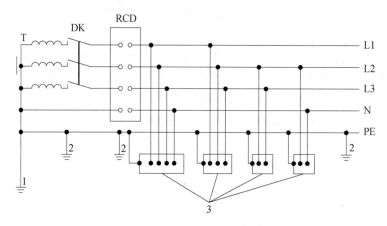

图 6-15　TN-S 接零保护系统示意图

1—工作接地；2—PE 线重复接地；3—电气设备金属外壳；L1、L2、L3—相线；

N—工作零线；PE—保护零线；DK—总电源隔离开关；RCD—总漏电保护器；T—变压器

（3）采用二级漏电保护系统。

在 TN 系统中，保护零线每一处重复接地装置的接地电阻值应不大于 10Ω。在工作接地电阻值允许达到 10Ω 的电力系统中，所有重复接地等效电阻值应不大于 10Ω。

项目使用的配电箱内 N 线、PE 线的规格、型号、连接符合规范要求。配电箱内的 N 线和 PE 线连接示意如图 6-16 所示。

（a）配电箱内N线（工作零线）端子排　　（b）配电箱内PE线（保护零线）端子排

图 6-16　配电箱内的 N 线和 PE 线连接

配电箱的金属箱体，金属电器安装板以及箱内电器的不应带电金属底座、外壳等必须作保护接零，金属门与金属箱体必须通过采用编织软铜线做电气连接，如图 6-17（a）所示。

TN 系统中的保护零线除必须在配电室或总配电箱处做重复接地外，还必须在配电系统的中间处和末端处做重复接地，如图 6-17（b）所示。

(a) 配电箱门采用编织软铜线做电气连接　　　(b) 配电箱重复接地

图 6-17　配电箱门跨接和箱体重复接地

下列电气装置的外露可导电部分和装置外可导电部分均应接地：

（1）电机、变压器、照明灯具等Ⅰ类电气设备的金属外壳、基础型钢、与该电气设备连接的金属构架及靠近带电部分的金属围栏。

（2）电缆的金属外皮和电力线路的金属保护管、接线盒。

当采用隔离变压器供电时，二次回路不得接地。

接地装置的敷设应符合下列要求：

（1）人工接地体的顶面埋设深不宜小于 0.6m。

（2）人工垂直接地体宜采用热浸镀锌圆钢、角钢、钢管，长度宜为 2.5m；人工水平接地体宜采用热浸镀锌的扁钢或圆钢；圆钢直径不应小于 12mm；扁钢、角钢等型钢截面积不应小于 90mm²，其厚度不应小于 3mm；钢管壁厚不应小于 2mm；人工接地体不得采用螺纹钢筋。接地极可选用的材料如图 6-18 所示。

(a) 可采用镀锌扁钢做接地极　　　(b) 可采用镀锌圆钢做接地极

图 6-18　接地极可选用的材料

（3）人工垂直接地体的埋设间距不宜小于 5m。

（4）接地装置的焊接应采用搭接焊接，搭接长度等应符合下列要求：

①扁钢与扁钢搭接为其宽度的 2 倍，不应少于三面施焊。

②圆钢与圆钢搭接为其直径的 6 倍，应双面施焊。

③圆钢与扁钢搭接为圆钢直径的 6 倍，应双面施焊。

④扁钢与钢管、扁钢与角钢焊接，应紧贴 3/4 钢管表面或角钢外侧两面，上下两侧施焊。

⑤除埋设在混凝土中的焊接接头以外，焊接部位应做防腐处理。

当利用自然接地体接地时，应保证其有完好的电气通路。PE 线所用材质与相线、N 线相同时，其最小截面关系的规定见表 6-3。

表 6-3　相线与 PE 线截面关系

相线芯线截面积 S（mm²）	PE 线最小截面积（mm²）
$S \leqslant 16$	5
$16 < S \leqslant 35$	16
$S > 35$	$S/2$

接地线应直接接至配电箱保护导体（PE）汇流排；接地线的截面应与水平接地体的截面相同。保护导体（PE）上严禁装设开关或熔断器。

用电设备的保护导体（PE）不应串联连接，应采用焊接、压接、螺栓连接或其他可靠方法连接。严禁利用输送可燃液体、可燃气体或爆炸性气体的金属管道作为电气设备的接地保护导体（PE）。发电机中性点应接地，且接地电阻不应大于 4Ω；发电机组的金属外壳及部件应可靠接地。施工现场内雷暴日与机械设备高度关系的规定见表 6-4。

表 6-4　雷暴日与机械设备高度关系

地区年平均雷暴日（d）	机械设备高度（m）
$\leqslant 15$	$\geqslant 50$
> 15，< 40	$\geqslant 32$
$\geqslant 40$，< 90	$\geqslant 20$
$\geqslant 90$ 及雷害特别严重地区	$\geqslant 12$

做防雷接地机械上的电气设备，所连接的 PE 线必须同时做重复接地，同一台机械电气设备的重复接地和机械的防雷接地可共用同一接地体，但接地电阻应符合重复接地电阻值的要求。

施工现场内的起重机、井字架、龙门架等机械设备，当在相邻建筑物、构筑物等设施的防雷装置接闪器的保护范围以外时，应按规定安装防雷装置，如图 6-19 所示。机械设备上的避雷针（接闪器）长度宜为 1～2m。施工现场内所有防雷装置的冲击接地电阻值不得大于 30Ω。

钢管脚手架应至少有两处与建筑物的接地装置对称可靠连接，连接线可采用截面积不得小于 25mm×4mm 的镀锌扁钢。当无法与建筑物的接地装置连接时，应单独设置人工接地体。

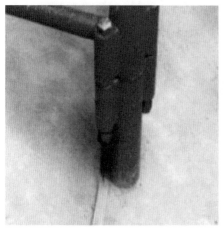

（a）塔式起重机安装防雷接地装置

（b）施工升降机安装防雷接地装置

图 6-19　起重机械的防雷接地安装

6.3.8　现场照明

施工现场常用的照明灯具示意如图 6-20 所示。

（a）低压照明灯

（b）手持行灯

（c）探照灯

（d）防爆灯

(e) 移动照明灯   (f) 投光灯

(g) 碘钨灯   (h) 狭小空间手把式移动灯

图 6-20 施工现场常用的照明灯具

需要夜间施工、无自然采光或自然采光差的场所，办公、生活、生产辅助设施，道路等应设置一般照明。

同一工作场所内的不同区域有不同照度要求时，应分区采用一般照明或混合照明，不应只采用局部照明。照明种类的选择应符合下列规定：

（1）工作场所均应设置正常照明。

（2）在坑井、沟道、沉箱内及高层构筑物内的走道、拐弯处、安全出入口、楼梯间、操作区域等部位，应设置应急照明。

（3）在危及航行安全的建筑物、构筑物上，应根据航行要求设置障碍照明。

照明灯具的选择应符合下列规定：

（1）照明灯具应根据施工现场环境条件设计并应选用防水型、防尘型、防爆型灯具。

（2）行灯应采用Ⅲ类灯具，采用安全特低电压系统（SELV），其额定电压值不应超过 24V。

（3）行灯灯体及手柄绝缘应良好、坚固、耐热、耐潮湿，灯头与灯体应结合紧固，灯泡外部应有金属保护网、反光罩及悬吊挂钩，挂钩应固定在灯具的绝缘手柄上。

严禁利用额定电压 220V 的临时照明灯具作为行灯使用。下列特殊场所应使用安全特低电压系统（SELV）供电的照明装置，且电源电压应符合下列规定。

（1）下列特殊场所的安全特低电压系统照明电源电压不应大于24V：

①金属结构构架场所。

②隧道、人防等地下空间。

③有导电粉尘、腐蚀介质、蒸汽及高温炎热的场所。

（2）下列特殊场所的特低电压系统照明电源电压不应大于12V：

①相对湿度长期处于95％以上的潮湿场所。

②导电良好的地面、狭窄的导电场所。

（3）为低电压照明装置供电的变压器，如图6-21所示，且应符合下列规定：

①应采用双绕组型安全隔离变压器；严禁使用自耦变压器。

②安全隔离变压器二次回路不应接地。

③行灯变压器严禁带入金属容器或金属管道内使用。

图6-21　供照明装置供电的低压变压器

（4）照明灯具的使用应符合下列规定：

①照明开关应控制相导体。当采用螺口灯头时，相导体应接在中心触头上。

②照明灯具与易燃物之间，应保持一定的安全距离，普通灯具不宜小于300mm；聚光灯、碘钨灯等高热灯具不宜小于500mm，且不得直接照射易燃物。当间距不够时，应采取隔热措施。

（5）照明器的选择必须按下列环境条件确定：

①正常湿度一般场所，选用开启式照明器。

②潮湿或特别潮湿场所，选用密闭型防水照明器或配有防水灯头的开启式照明器。

③含有大量尘埃但无爆炸或火灾危险的场所，选用防尘型照明器。

④有爆炸或火灾危险的场所，按危险场所等级选用防爆型照明器。

⑤存在较强震动的场所，选用防震型照明器。

⑥有酸碱等强腐蚀介质场所，选用耐酸碱型照明器。

照明系统宜使三相负荷平衡，其中每一单相回路上，灯具和插座数量不宜超过25个，负荷电流不宜超过15A。携带式变压器的一次侧电源线应采用橡皮护套或塑料护套铜芯软电缆，中间不得有接头，长度不宜超过3m，其中绿/黄双色线只可作PE线使用，电源插销应有保护触头。

路灯的每个灯具应单独装设熔断器保护，灯头线应做防水弯。

办公和生活区照明与动力用电必须分别设置，室内照明灯具的安装高度，距地面应不低于 2.5m，室外照明灯具的安装高度，距地面应不低于 3m，所有灯具应设开关控制。照明灯具的接线必须正确，螺口灯泡的螺口必须接工作零线（N 线），开关必须控制相线（L 线）。拉线开关距地面高度为 2~3m，与出入口的水平距离为 0.15~0.2m。灯具的相线必须经开关控制，不得将相线直接引入灯具。

对夜间影响飞机或车辆通行的在建工程及机械设备，必须设置醒目的红色信号灯，其电源应设在施工现场总电源开关的前侧，并应设置外电线路停止供电时的应急自备电源。

碘钨灯及钠、铊、铟等金属卤化物灯具的安装高度宜在 3m 以上，灯线应固定在专用的接线柱上，不得靠近灯具表面。碘钨灯外壳接地线应与接地端子可靠连接，电源线应整理好挂设在绝缘灯杆上，如图 6-22 所示。

(a) 碘钨灯外壳接地线连接　　　　　　(b) 电源线整理挂在灯杆上

图 6-22　碘钨灯的正确接线

6.3.9　生活区及办公区用电

建筑施工现场的临时办公和生活用电设备主要指电脑、复印机、传真机、打印机、空调、电风扇、电冰箱、电炊具、热水器、消毒柜、排油烟机及办公与生活照明等。办公和生活用电器大多安装在人员活动较为集中的办公室、食堂、宿舍等场所，由于是临时办公与生活用电，且用电量较小，故用电安全容易被忽视，安全隐患较多，为避免触电事故或电气火灾事故的发生要特别注意以下几点：

（1）办公、生活用电器具应符合国家产品认证标准。

（2）建筑施工现场的临时办公和生活用电的供电应采用 TN-S 接零保护系统，由于办公和生活用电器设备的电源电压大多是单相 220V，因此，各用电回路的负荷要进行计算，尽量达到三相平衡，从而避免零点漂移。

（3）各用电场所的电气线路应按照现行国家标准进行布线，严禁私接乱拉。

（4）临时办公和生活用电应设专用配电箱。专用配电箱内应设隔离开关、短路、过电流及漏电保护装置。短路、过电流保护装置选用自动空气开关时，额定电流的选择和过电流保护的整定要符合要求。

(5) 各用电场所应设专用开关箱。各专用开关箱内应设短路、过电流及漏电保护装置。短路、过电流保护装置选用自动空气开关时，额定电流的选择和过电流保护的整定要符合要求。漏电保护器的额定漏电动作电流，一般环境下，应不大于 30mA，额定漏电动作时间应不大于 0.1s；厨房、卫生间、冲凉房等潮湿环境漏电保护器的额定漏电动作电流应不大于 15mA，额定漏电动作时间应不大于 0.1s。

(6) 办公和生活用电器设备具有金属外壳的，例如电脑主机箱、电冰箱、洗衣机、柜式空调和各类炊具等的插排或插座，除引入单相 220V 的相线（L 线）、工作零线（N 线）外，还必须把保护零线（PE 线）引入接好，保证办公和生活用电设备的金属外壳与保证零线有可靠的电气连接，避免间接触电事故的发生。

(7) 引入办公和生活区的 PE 线，要在专用配电箱处做重复接地。重复接地装置的接地电阻值应不大于 10Ω。厨房、卫生间、冲凉房等潮湿环境以及室外露天，应选用密闭型防水照明器或配有防水灯头的开启式照明器。

(8) 严禁装设床头开关和床头插座。严禁在宿舍使用不符合安全性能要求的电器。功率较大的电器，其开关、导线、插头和插座的选择一定要匹配，要留有充分的余量。不得使用破损的插头和插座，不得用拔、插插头的方法来开、关电器，更不要用湿手拔、插插头。

(9) 办公、生活设施用水的水泵电源宜采用单独回路供电。

(10) 生活、办公场所不得使用电炉等产生明火的电气装置。

(11) 自建浴室的供用电设施应符合现行行业标准《民用建筑电气设计规范》（JGJ 16）关于特殊场所的安全防护的有关规定。

6.4　负荷计算及变压器、电缆和断路器的选型

6.4.1　计算施工现场总用电负荷、选择变压器

参考《工业与民用配电设计手册》，利用需要系数法计算过程如下。

1. 单台用电设备的设备功率

(1) 连续工作制电动机的设备功率等于额定功率，即 $P_e = P_r$；

(2) 周期工作制电动机的设备功率是将额定功率一律换算为负载持续率 100% 的有功功率，计算公式见式（6-1）

$$P_e = P_r \times \sqrt{\varepsilon_r} \qquad (6\text{-}1)$$

式中　P_e——换算到负载持续率时的设备功率，kW，参考表 6-5；

　　　P_r——电动机额定功率，kW；

　　　ε_r——额定负载持续率。

(3) 电焊机的设备功率是将额定容量换算到负载持续率为 100% 的有功功率，计算公式见式（6-2）

$$P_e = S_r \times \sqrt{\varepsilon_r}\, \cos\phi \qquad (6\text{-}2)$$

式中　S_r——电焊机额定容量，kVA；

$\cos\phi$——功率因数，参考表 6-6。

（4）电炉变压器的设备功率是额定功率因数时的有功功率，计算公式见式（6-3）

$$P_e = S_r \times \cos\phi \tag{6-3}$$

2. 单台用电设备的计算功率

（1）有功功率计算见式（6-4）

$$P_{js1} = K_d \times P_e \tag{6-4}$$

式中　P_{js1}——用电设备的有功功率，kW；

　　　K_d——需要系数，参考表 6-6。

（2）无功功率计算见式（6-5）

$$Q_{js1} = P_{js1} \times \tan\phi \tag{6-5}$$

式中　Q_{js1}——用电设备的无功功率，kVA；

　　　$\tan\phi$——功率因数角的正切值，参考表 6-6。

3. 施工现场总的计算负荷

（1）有功功率计算见式（6-6）

$$P_{js} = K\sum p \times \sum (K_d \times P_e) \tag{6-6}$$

式中　P_{js}——各用电设备的计算有功功率总和，kW；

　　　$K\sum p$——有功功率同时系数，可取 0.8～0.9。

（2）无功功率计算见式（6-7）

$$Q_{js} = K\sum q \times \sum (K_d \times P_e \times \tan\phi) \tag{6-7}$$

式中　Q_{js}——各用电设备的计算无功功率总和，kVA；

　　　$K\sum q$——无功功率同时系数，可取 0.93～0.97（简化计算时，可与 $K\sum p$ 相同）。

（3）视在功率计算见式（6-8）

$$S_{js} = \sqrt{P_{js}^2 + Q_{js}^2} = P_{js} / \cos\phi \tag{6-8}$$

式中　S_{js}——各用电设备的计算视在功率总和，kVA。

4. 选择变压器

变压器选型，一般变压器长期负荷率不宜大于 85%，考虑计算容量的 15%～25% 作为变压器裕度，所以现场需用变压器容量计算公式见式（6-9）

$$S_n = 1.15 \times S_{js} \tag{6-9}$$

式中　S_n——变压器容量，kVA。

施工现场施工用电设备一览表示例见表 6-5，用电设备组需要系数 K_d 与功率因数 $\cos\phi$、正切 $\tan\phi$ 值示例见表 6-6。

表 6-5　施工用电设备一览表示例

序号	设备名称	型号	额定功率（kW）	数量	合计功率（kW）
1	塔式起重机	JL5613	50	1	50
2	施工升降机	SC200/200A	33	1	33
3	钢筋调直机	GT4/14	4	2	8
4	钢筋切割机	QJ32-1	3	2	6
5	钢筋弯曲机	GW40	3	2	6

续表

序号	设备名称	型号	额定功率（kW）	数量	合计功率（kW）
6	木工圆锯	MJ104	3	2	6
7	木工电刨	MIB2-80/1	0.7	2	1.4
8	插入式振动器	ZX25	0.8	2	1.6
9	直流弧焊机	ZX7-630N	38	1	38
10	交流电焊机	BX3-120-1	9	2	18
11	电渣压力焊机	—	6	1	6
12	混凝土泵车	—	65	2	130
13	水泵	—	15	2	30
14	高压汞灯	—	1	3	3
15	碘钨灯	—	0.5	4	2
16	荧光灯	—	0.1	10	1
17	白炽灯	—	1	8	8
18	生活及办公区	灯、插座及空调	10	—	10
19	门卫室	灯、插座及空调	2	—	2

注：不同项目用电设备型号、功率及数量不同，以实际项目为准。

表 6-6 用电设备组需要系数 K_d 与功率因数 $cos\phi$、正切值 $tan\phi$ 示例

序号	用电设备名称	需要系数（K_d）	功率因数（$cos\phi$）	正切值（$tan\phi$）
1	塔式起重机、施工电梯	0.7	0.7	1.021
2	通风机、水泵	0.8	0.8	0.75
3	运输机、输送带	0.52~0.6	0.75	0.88
4	混凝土输送及搅拌	0.65~0.7	0.65	1.77
5	打桩机、提升机	1	0.7	1.02
6	木工、钢筋加工、空压机	0.7	0.7	1.02
7	电焊机及焊机设备	0.45	0.45	1.98
8	室外照明	1	1	0
9	室内照明	0.8	1	0

注：不同项目用电设备型号、功率及数量不同，需要系数、功率因数与正切值以实际项目为准。

6.4.2 电缆规格型号选择计算

按照导线持续载流量选择电缆规格型号。

（1）开关箱控制的单台用电设备的计算电流。

单相用电设备计算公式见式（6-10）

$$I_{js1} = P_{js1} / (U_P \times cos\phi) \qquad (6-10)$$

式中 I_{js1}——开关箱控制的单台用电设备的计算电流，A；

P_{js1}——开关箱控制的单台用电设备的有功功率，kW；

U_P——线路的相电压，kV。

$\cos\phi$——功率因数，可取 $0.7 \sim 0.75$。

三相用电设备计算公式见式（6-11）

$$I_{js1} = P_{js1} / (\sqrt{3} U_N \times \cos\phi) \tag{6-11}$$

式中　U_N——线路的线电压，kV。

（2）分配电箱控制的各用电设备总和的计算电流见式（6-12）、式（6-13）

$$P_{js2} = K\sum p \times \sum P_{js1} \tag{6-12}$$

式中　P_{js2}——分配电箱控制的各用电设备的有功功率总和，kW；

　　　$K\sum p$——有功功率同时系数。

$$I_{js2} = P_{js2} / (\sqrt{3} U_N \times \cos\phi) \tag{6-13}$$

式中　I_{js2}——分配电箱控制的各用电设备总和的计算电流，A。

（3）总配电箱控制的施工现场用电设备总和的计算电流见式（6-14）

$$I_{js} = S_{js} / (\sqrt{3} U_N) \tag{6-14}$$

式中　I_{js}——施工现场总的计算电流，A；

　　　S_{js}——各用电设备的计算视在功率总和，kVA。

根据得出的施工现场总计算电流 I_{js}、分配电箱控制的设备计算电流 I_{js2}、开关箱控制的单台设备计算电流 I_{js1}，查图集《建筑电气常用数据》电缆持续载流量，分别为总配电箱、分配电箱及开关箱选择匹配的电缆规格型号。

6.4.3　配电箱内断路器选择

依据《低压配电设计规范》的要求：

$$I_B \leqslant I_n \leqslant I_Z \tag{6-15}$$

式中　I_B——计算电流，A；

　　　I_n——断路器额定电流或整定电流，A；

　　　I_Z——导体允许持续载流量，A。

在总配电箱、分配电箱和开关箱内选配符合要求的断路器。

7 施工现场安全防护

施工现场安全防护的安装设置、使用及维护管理，应符合《建筑施工高处作业安全技术规范》（JGJ 80）、《建设工程施工现场安全防护、场容卫生及消防保卫标准 第 2 部分：防护设施》（DB11/T 1469）等国家和地方现行标准规范的规定。

建筑施工中凡涉及临边与洞口作业、攀登与悬空作业、操作平台、交叉作业及安全网搭设的，应在施工组织设计或施工方案中制订高处作业安全技术措施。现场安全防护措施应进行检查、验收，验收完成之后方可进行相关施工作业。

现场洞口、临边区域应根据现场实际情况及相关规范要求，设置洞口盖板及临边防护围栏。施工现场主要通道及机械设备上部，应搭设防护棚。施工现场高处作业、攀登与悬挑作业等涉及高处坠落风险的区域，还应视情况加设安全网，安全网的设置及安全网本身的材质规格，应满足国家标准《安全网》（GB 5725）等相关现行标准规范的要求。

根据高处作业区域与作业方式的不同，施工过程中需要布置的安全防护措施也应区分不同情况有所区别。如在现行标准《建筑施工高处作业安全技术规范》（JGJ 80）中，对操作平台的防护措施做出了详细要求；《钢结构工程施工规范》（GB 50755）中，对钢结构施工过程中的安全绳、安全网的设置，吊篮式操作平台的搭设安装及钢结构安全通道的制作做出了详细要求；施工现场搭设作业脚手架进行高处作业时，作业层防护围栏等安全措施的设置，应满足国家现行标准《建筑施工脚手架安全技术统一标准》（GB 51210）等相关现行标准规范内的要求。

施工现场作业人员，应在进入施工现场前做好个人安全防护措施，正确佩戴安全帽、安全带等个人防护用具。国家现行标准《头部防护 安全帽》（GB 2811—2019）和《安全带》（GB 6095—2009）两本规范对于安全帽、安全带的检查、使用及其本身材质规格提出了相关要求。施工现场涉及特种作业及危险作业时，还应根据作业种类，做好防止作业人员受到强光、灼伤、触电、中毒等危险侵害的安全防护措施。

7.1 临边防护

建筑工地常说的"三宝四口五临边"是安全防护的重点。"五临边"主要包括没有防护措施的阳台周边、屋面周边、楼梯侧边、框架结构楼层周边以及基坑周边。以上所有临边，是必须设置临边防护的重点区域，对于防范高空坠落隐患具有重要意义。

7.1.1 基本规定

施工单位应当在施工现场入口处、施工起重机械、临时用电设施、脚手架、出入通道口、楼梯口、电梯井口、孔洞口、桥梁口、隧道口、基坑边沿、爆破物及有害危险气体和液体存放处等危险部位，设置明显的安全警示标志。安全警示标志必须符合国家标准。施工单位应当根据不同施工阶段和周围环境及季节、气候的变化，在施工现场采取相应的安全施工措施。施工现场暂时停止施工的，施工单位应当做好现场防护。

对施工作业现场可能坠落的物料，应及时拆除或采取固定措施。高处作业所用的物料应堆放平稳，不得妨碍通行和装卸。工具应随手放入工具袋；作业中的走道、通道板和登高用具，应随时清理干净；拆卸下的物料及余料和废料应及时清理运走，不得随意放置或向下丢弃。向下传递物料时不得抛掷。

对需临时拆除或变动的安全防护设施，应采取可靠措施，作业后应立即恢复。

安全防护设施宜采用定型化、工具化设施，防护栏应为黑黄或红白相间的条纹标示，盖件应为黄或红色标示。

防护设施应由立柱、横杆、竖杆、挡脚板及密目式安全网组成，上横杆距地面高度不得低于 1200mm，立柱间距不得超过 2000mm。防护栏表面刷红白相间油漆，张挂安全警示标牌；防护栏底部设挡脚板，高度不低于 180mm，刷红白相间警示条纹。

防护设施的立柱、竖杆和横杆的设置、固定及连接，均应承受任何方向 1kN 的外力作用。

定型防护设施选用的型材材质应符合现行国家标准《碳素结构钢》（GB/T 700）中 Q235 级钢的规定。

定型防护设施连接焊缝应符合国家现行标准《钢结构焊接规范》（GB 50661）中相关的规定。

定型防护设施连接和固定用的普通螺栓应符合现行国家标准《六角头螺栓》（GB/T 5782）的规定，其机械性能还应符合现行国家标准《紧固件机械性能 螺栓、螺钉和螺柱》（GB/T 3098.1）和《紧固件机械性能 紧定螺钉》（GB/T 3098.3）的规定。

定型防护栏主要包括网片式、格栅式、组装式（承插式）防护栏 3 种形式。

作业脚手架临街的外侧立面、转角处应采取硬防护措施，硬防护的高度不应小于 1.2m，转角处硬防护的宽度应为作业脚手架宽度。

7.1.2 作业脚手架临边防护检查要点

作业脚手架的作业层上应满铺脚手板，并应采取可靠的连接方式与水平杆固定。当作业层边缘与建筑物间隙大于 150mm 时，应采取防护措施。作业层外侧应设置密目式安全立网和挡脚板，如图 7-1 所示。

作业脚手架外侧和支撑脚手架作业层栏杆应采用密目式安全立网或其他措施全封闭防护。密目式安全立网应为阻燃产品。

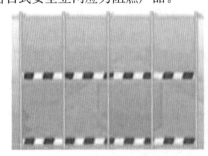

图 7-1 设置挡脚板、密目式安全立网封闭实例图

作业脚手架临街的外侧立面、转角处应采取硬防护措施，硬防护的高度不应小于1.2m，转角处硬防护的宽度应为作业脚手架宽度。

7.1.3　建筑物临边防护检查要点

坠落高度基准面2m及以上进行临边作业时，应在临空一侧设置防护栏杆，并应采用密目式安全立网或工具式栏板封闭。

施工的楼梯口、楼梯平台和梯段边，应安装防护栏杆；外设楼梯口、楼梯平台和梯段边还应采用密目式安全立网封闭。

建筑物外围边沿处，对没有设置外脚手架的工程，应设置防护栏杆；对有外脚手架的工程，应采用密目式安全立网全封闭。密目式安全立网应设置在脚手架外侧立杆上，并应与脚手杆紧密连接。防护围栏实例如图7-2所示。

(a) 楼梯防护围栏示意图　　　　(b) 建筑外围边沿防护围栏示意图

图7-2　防护围栏实例图

施工升降机、龙门架和井架物料提升机等在建筑物间设置的停层平台两侧边，应设置防护栏杆、挡脚板，并应采用密目式安全立网或工具式栏板封闭。

停层平台门应设置高度不低于1.80m的楼层防护门，并应设置防外开装置。井架物料提升机通道中间，应分别设置隔离设施。

7.1.4　临边防护栏杆检查要点

临边作业的防护栏杆应由横杆、立杆及挡脚板组成，防护栏杆应符合下列规定：

（1）防护栏杆应为两道横杆，上杆距地面高度应为1.2m，下杆应在上杆和挡脚板中间设置。

（2）当防护栏杆高度大于1.2m时，应增设横杆，横杆间距不应大于600mm。

（3）防护栏杆立杆间距不应大于2m。

（4）挡脚板高度不应小于180mm。

防护栏杆立杆底端应固定牢固，并应符合下列规定：

（1）当在土体上固定时，应采用预埋或打入方式固定。

（2）当在混凝土楼面、地面、屋面或墙面固定时，应将预埋件与立杆连接牢固。

（3）当在砌体上固定时，应预先砌入相应规格含有预埋件的混凝土块，预埋件应与立杆连接牢固。

防护栏杆杆件的规格及连接，应符合下列规定：

（1）当采用钢管作为防护栏杆杆件时，横杆及栏杆立杆应采用脚手钢管，并应采用扣件、焊接、定型套管等方式进行连接固定。

（2）当采用其他材料作防护栏杆杆件时，应选用与钢管材质强度相当的材料，并应采用螺栓、销轴或焊接等方式进行连接固定。

防护栏杆的立杆和横杆的设置、固定及连接，应确保防护栏杆在上、下横杆和立杆任何部位处，均能承受任何方向 1kN 的外力作用。当栏杆所处位置有发生人群拥挤、物件碰撞等可能时，应加大横杆截面或加密立杆间距。

防护栏杆应张挂密目式安全立网或其他材料封闭，如图 7-3 所示。

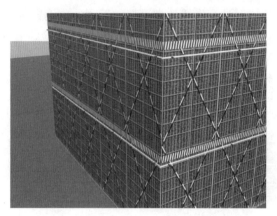

图 7-3　密目式安全立网封闭示意图

7.1.5　防护栏检查要点

1. 网片式防护栏设置

网片式防护栏设置应符合下列规定，如图 7-4 所示。

（1）立柱选用截面不小于 40mm×40mm，厚度不小于 2.5mm 的方形钢管，在上、下两端约 250mm 处焊接不小于 50mm×50mm×5mm 钢板连接外框，连接板采用不小于 M6 普通螺栓固定连接。

（2）外框选用截面不小于 30mm×30mm 的方形钢管。

（3）焊接钢丝网钢丝直径不小于 2.5mm，网孔边长不大于 20mm。

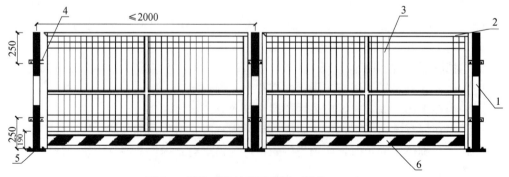

图 7-4　网片式防护栏示意图（单位：mm）

1—立柱；2—外框；3—焊接钢丝网；4—螺栓连接；5—底座；6—挡脚板

2. 格栅式防护栏设置

格栅式防护栏设置应符合下列规定，如图 7-5 所示。

（1）立柱选用截面不小于 40mm×40mm，厚度不小于 2.5mm 的方形钢管，在上下两端约 250mm 处焊接不小于 50mm×50mm×5mm 钢板连接外框，连接板采用不小于 M6 普通螺栓固定连接。

（2）外框、竖杆选用截面不小于 30mm×30mm 的方形钢管。

（3）竖杆间距应不大于 200mm。

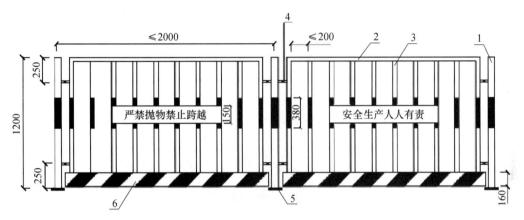

图 7-5 格栅式防护栏示意图（单位：mm）

1—立柱；2—外框；3—竖杆；4—螺栓连接；5—底座；6—挡脚板

3. 组装式防护栏设置

组装式防护栏设置应符合下列规定，如图 7-6 所示。

（1）直角弯头、三通、四通套管均为等边尺寸，采用 φ57×3.5 的钢管，承插连接采用 M8 紧定螺钉固定。

（2）立杆、水平杆采用 φ48.3×3.6 的钢管。

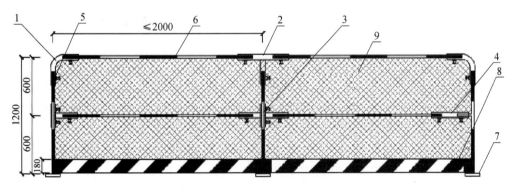

图 7-6 组装式防护栏示意图（单位：mm）

1—90°弯头；2—三通；3—四通；4—直通；5—立杆；6—水平杆；7—底座；8—挡脚板；9—密目式安全立网

4. 钢管式防护栏设置

钢管式防护栏设置应符合下列规定，如图 7-7 所示。

立杆、横杆采用 ϕ48.3×3.6 的钢管，防护栏应搭设二道护身栏，第一道栏杆离地 1200mm，第二道栏杆离地 600mm，立杆高度 1300mm，立杆间距不得大于 2000mm。

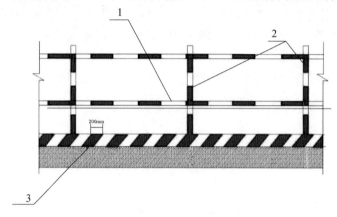

图 7-7　钢管式防护栏示意图（单位：mm）
1—横杆；2—立杆；3—挡脚板

7.2　洞口防护

建筑工地常见洞口区域一般包括通道口、楼梯口、预留洞口、电梯井口等，施工现场中洞口区域主要存在高空坠落和人身伤害隐患，现场检查过程中，应注意检查洞口的防坠落措施，根据洞口尺寸大小的不同，防护措施也有所差别。

7.2.1　基本规定

施工现场洞口应设置防坠落设施，防护盖板应能承受不小于 1kN 的集中荷载和不小于 $2kN/m^2$ 的均布荷载，有特殊要求的盖板应另行设计。

盖板应完好无破损，表面刷红、白条纹安全色。

施工现场通道附近有危险的洞口与坑槽等处，除设置防护设施与安全标志外，夜间还应设警示灯。

水平洞口的防护应符合下列规定：

（1）短边长度大于 250mm，且不大于 500mm 的洞口可采用盖板防护。

（2）短边长度大于 500mm，且不大于 1500mm 的洞口可采用预留钢筋网片加盖板防护，也可采用扣件连接钢管形成网格加盖板进行防护，如图 7-8 所示。

（3）短边长度大于 1500mm 的洞口应设置临边防护，洞口内支挂安全平网。

竖向洞口的防护应符合下列规定：

（1）短边长度不大于 500mm 的，采取封堵措施，并保证防护牢固。

（2）短边长度大于 500mm 的，采用防护栏杆加以防护。

墙面等处落地的竖向洞口、窗台高度低于 800mm 的竖向洞口及框架结构在浇筑完混凝土未砌筑墙体时的洞口，应按临边防护要求设置防护栏杆。

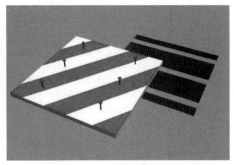

(a) 洞口预留钢筋示意图　　　　(b) 短边长度大于500mm且不大于1500mm的
水平洞口防护示意图

图 7-8　水平洞口防护示意

7.2.2　洞口防护盖板检查要点

盖板防护设置应符合下列规定：

（1）盖板采用厚度不小于 15mm 的木胶合板及 50mm×100mm 木方制作，盖板每边大于洞口不小于 100mm。

（2）盖板固定可采用盖板上打孔后穿 8# 铁丝，背面用刚性材料固定如图 7-9 所示，用砂浆封边，防止挪移；也可采用锯出等长木方卡固在洞口内，将硬质盖板用铁钉钉在木方上，钉距不大于 50mm，如图 7-10 所示。

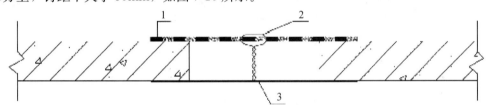

图 7-9　洞口盖板防护做法剖面示意图（单位：mm）
1—木胶合板；2—铁丝；3—刚性材料

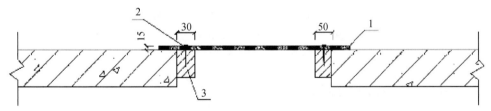

图 7-10　洞口盖板防护做法剖面示意图（单位：mm）
1—木胶合板；2—钉子；3—木方

预留钢筋网片加盖板防护设置应符合下列规定，并如图 7-11 所示：

（1）预留钢筋网片的网格间距不得大于 200mm。

（2）钢筋防护网上满铺木胶合板或脚手板，每边大于洞口不小于 100mm。

（3）盖板应用 8# 铁丝与钢筋网片绑扎，防止移动。

未预留钢筋网片时，应设置以扣件连接钢管而成的 400mm×400mm 的网格，并在其上满铺木胶合板，如图 7-12 所示。

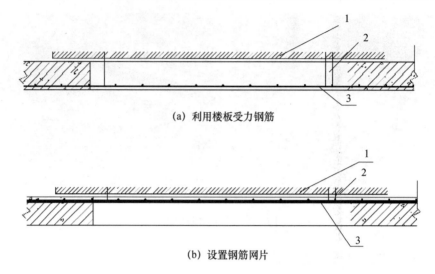

(a) 利用楼板受力钢筋

(b) 设置钢筋网片

图 7-11　有钢筋洞口防护剖面示意图
1-木胶合板或脚手板；2-铁丝；3-钢筋网片

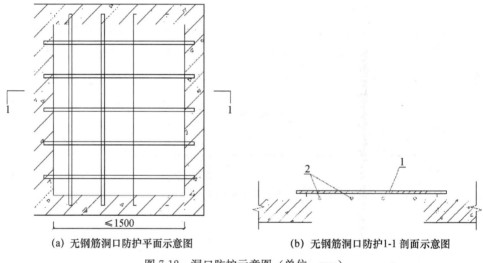

（a）无钢筋洞口防护平面示意图　　　　　（b）无钢筋洞口防护1-1剖面示意图

图 7-12　洞口防护示意图（单位：mm）
1-木胶合板；2-φ48.3×3.6 钢管

7.2.3　不同洞口防护设施的要求

短边长度超过 1500mm 的水平洞口，应按相关规范标准的要求在洞口四周设置防护栏杆，洞口内采用安全平网封闭。

短边长度大于 500mm 的竖向洞口防护设置应符合下列规定：

（1）洞口底部墙体高度不大于 200mm 时，应设置防护，并设挡脚板。

（2）洞口底部墙体高度大于 200mm 且不大于 600mm 时，在距离地面或楼面600mm 和 1200mm 处各设置一道防护栏杆。

（3）洞口底部的墙体高度大于 600mm 且不大于 800mm 时，在距离地面或楼面1200mm 处设置一道防护栏杆。

（4）防护栏杆两端应与结构固定牢固。

结构墙角处水平洞口防护可以采用盖板或临边防护两种形式，防护设置应符合下列规定：

（1）短边长度不大于300mm的，应采用盖板防护，盖板应固定牢固。

（2）短边长度大于300mm且不大于1500mm的，应采用预留钢筋网片加盖板方式进行防护，如图7-13所示。

(a) 贴墙洞口防护做法平面图　　　　　　(b) 贴墙洞口防护做法剖面图

图7-13　洞口贴墙时的防护做法示意图（单位：mm）

1—钢筋网片；2—木防护板

（3）采用临边防护形式的，应按第7.1节临边防护标准搭设，洞口内采用水平安全网封闭。

斜屋面洞口应采用盖板防护，盖板应固定牢固。

结构外采光井应在洞口四周设置防护栏杆，洞口内采用安全平网封闭，或者采用脚手板封闭严密，如图7-14所示。

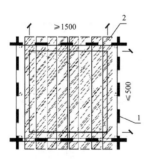

图7-14　采光井安全防护平面示意图（单位：mm）

1—防护栏杆；2—脚手板

图7-15　电梯井口临边防护实例

7.2.4　电梯井口防护设施的要求

电梯井口应设置防护门，其高度不应小于1.5m，防护门底端距地面高度不应大于50mm，并应设置挡脚板，电梯井口临边防护实例如图7-15所示。

电梯井口防护设置应符合下列规定：

（1）防护门栏杆边框采用 40mm×40mm×2.5mm 方型钢管，竖杆采用 20mm×20mm×2mm 方型钢管，防护门和挡脚板刷红、白相间条纹安全色，防护门外侧悬挂安全警示牌。

（2）防护门高度不得低于 1500mm，底部安装高度不小于 180mm 挡脚板，竖向栏杆间距不大于 150mm。

（3）防护门四角采用"Ω"形固定件及 M10 膨胀螺栓与结构墙体固定，落地洞口防护示意如图 7-16 所示。

（4）电梯井口宽度大于 2000mm 时，设置格栅式防护。

图 7-16　落地洞口防护示意图
1—混凝土墙体；2—0.5mm 厚铁皮；3—挡脚板（木板或 0.5mm 厚铁皮）

井口四周应按本书 7.1 节规定设置临边防护设施，并设置高度不低于 180mm 的挡脚板，停止施工作业时应加设盖板，如图 7-17 所示。

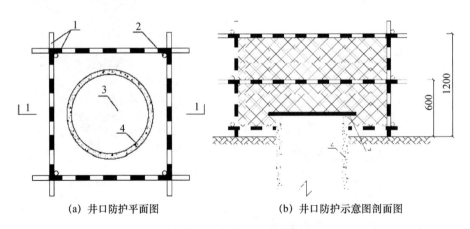

（a）井口防护平面图　　　　（b）井口防护示意图剖面图

图 7-17　井口防护示意图（单位：mm）
1—横杆；2—立杆；3—井口；4—井壁；5—盖板

7.3　防护棚

施工现场防护棚，主要包括通道防护棚和设备器具防护棚，前者主要设置在各主要通道区域，用于人员防护，防止人员通行时高空坠物掉落产生人身伤害隐患；后者主要用于施工现场设备和机械防护，防止高空坠物和雨雪天气对机械设备稳定运行造成不良影响。现场检查过程中应对防护棚的规格及具体做法进行详细检查，确保其可以起到良好的防护作用。

7.3.1　基本规定

交叉作业时，下层作业位置应处于上层作业的坠落半径之外，高空作业坠落半径的确认见表7-1。安全防护棚和警戒隔离区范围的设置应视上层作业高度确定，并应大于坠落半径。

交叉作业时坠落半径内应设置安全防护棚或安全防护网等安全隔离措施。当尚未设置安全隔离措施时，应设置警戒隔离区，人员严禁进入隔离区。

表 7-1　坠落半径

序号	上层作业高度（h）	坠落半径（m）
1	2≤h≤5	3
2	5≤h≤15	4
3	15≤h≤30	5
4	h＞30	6

处于起重机臂架回转范围内的通道及施工现场人员进出的通道口，应搭设安全防护棚，且不得在安全防护棚棚顶堆放物料。当采用脚手架搭设安全防护棚架构时，应符合国家现行相关脚手架标准的规定，如图7-18所示。

图 7-18　通道口防护棚示意图

处于建筑物坠落半径范围内或起重机起重臂回转半径范围内的临街通道、建筑物出入口通道、施工升降机和物料提升机首层出入口通道、物料加工区、配电箱等处应设置防护棚。

通道防护棚净空高度不应小于3m；有机动车辆通行时，净宽和净空高度不应小于4m。

通道防护棚宽度应大于建筑物出入口两侧各1m；施工升降机、物料提升机首层出入口防护棚宽度应大于梯笼（架体）两侧各1m，建筑高度24m以下的防护棚长度不应小于3m。建筑高度24m以上的防护棚长度不应小于6m，如图7-19所示。

搭设在建筑物坠落半径范围内或起重机起重臂回转范围内的物料加工区、通道防护棚应设置双层硬质防护。

搭设在建筑物坠落半径范围内或起重机起重臂回转范围内的配电箱防护棚应采取防雨防砸措施。

防护棚应采用钢管扣件或其他型钢材料搭设。通道防护棚两侧应采用密目式安全立网或钢板网封闭。

图7-19 通道口防护棚实例图

7.3.2 安全防护棚的检查要点

安全防护棚搭设应符合下列规定：

（1）当安全防护棚为非机动车辆通行时，棚底至地面高度不应小于3m；当安全防护棚为机动车辆通行时，棚底至地面高度不应小于4m。

（2）当建筑物高度大于24m并采用木质板搭设时，应搭设双层安全防护棚。两层防护的间距不应小于700mm，安全防护棚的高度不应小于4m。

（3）当安全防护棚的顶棚采用木质板搭设时，应采用双层搭设，间距不应小于700mm；当采用木质板或与其等强度的其他材料搭设时，可采用单层搭设，木板厚度不应小于50mm。防护棚的长度应根据建筑物高度与可能坠落半径确定。

（4）需采取防砸措施的防护棚顶部采用双层防护，底层为彩钢板，上层为50mm厚的脚手板，并设排水坡。

7.3.3 扣件式钢管防护棚的检查要点

扣件式钢管防护棚的搭设应符合下列规定，如图7-20、7-21所示。

（1）防护棚高度应符合本书第7.3.2条的规定。

（2）防护棚通道基础应做硬化处理，使用期间不得发生基础沉陷。应沿通道通行方向设置扫地杆和剪刀撑。

（3）防护棚立杆纵距不应大于1.8m，底部应垫通长垫板。

（4）宽度超过3.5m或高度超过4m的防护棚，应采取确保防护棚架体稳定性的措施。

（5）防护棚构造应符合现行标准《建筑施工扣件式钢管脚手架安全技术规范》（JGJ 130）的要求。

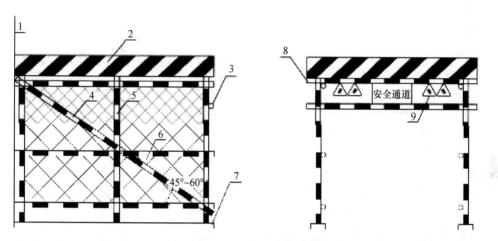

图7-20　多层建筑扣件式钢管防护棚示意图

1—脚手架；2—竹胶板；3—钢管；4—钢管斜撑；5—立杆；6—密目网；

7—垫板；8—木板；9—安全标志

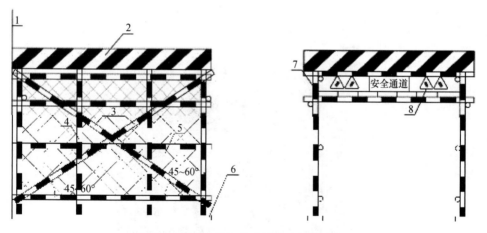

图7-21　高层建筑扣件式钢管防护棚示意图

1—脚手架；2—竹胶板；3—剪刀撑；4—立杆；5—密目网；

6—50mm厚垫板；7—50mm厚双层木板；8—安全标志

7.3.4　型钢防护棚的检查要点

型钢防护棚搭设应符合下列规定：

（1）型钢防护棚应根据构造型式进行设计计算，选用相应规格的构配件。

（2）立柱间距不宜大于 3m，立柱基础应独立设置；立柱与桁架焊接耳板，根据构造选取相应型号的螺栓连接固定。

（3）檩条应根据设计选用相应规格的方钢。

（4）立柱基础采用 C30 混凝土浇筑。

（5）防护棚棚顶检查要点同本书 7.3.2 的相关条款要求。

7.3.5 配电箱防护棚的检查要点

配电箱防护棚搭设应符合下列规定，如图 7-22、图 7-23 所示。

配电箱防护围栏主框架采用 30mm×30mm×3mm 方钢焊制，立柱采用 20mm×20mm×2mm 方钢，间距为 150mm。围栏固定在混凝土承台上，承台高度为 200mm。

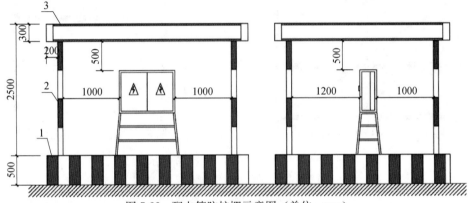

图 7-22　配电箱防护棚示意图（单位：mm）

1—底座承台；2—防护围栏；3—防护棚顶

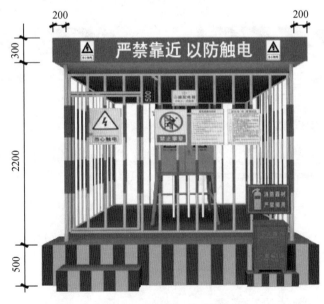

图 7-23　配电箱防护棚实例图（单位：mm）

7.4 防护网

建筑施工使用的防护网，主要包括防坠落的安全平网及临时防护装置立面使用的密目式安全网。两种安全网材质、结构形式及外观都存在很大差异，这主要是由于它们的使用部位不同。安全平网主要功能是防坠落，故安装完成后，需要进行静载试验，以保证高处坠人或坠物时，安全网有一定的承重强度。密目式安全网主要大量使用在临边防护和钢管脚手架上的外网防护，密目式安全网除了对其强度有一定要求外，主要对其防火性能要求严格。

7.4.1 基本要求

1. 安全平网

现行国家标准《安全网》（GB 5725）规范第 5 款，对平网材料、质量、绳结构、节点、网目形状及边长、规格尺寸、系绳间距及长度、筋绳间距、绳断裂强力、耐冲击性能、耐候性、阻燃性能做了明确规定。构造要求如下：

（1）材质：锦纶、维纶、涤纶或其他材料，其物理性能、耐候性应符合标准要求。

（2）质量：每张平网质量不宜超过 15kg。

（3）绳结构：平网上所用的网绳、边绳、系绳、筋绳均应由不小于 3 股单绳制成。

（4）节点：平网上的所有节点应固定。

（5）规格尺寸：3m×6m。

（6）网目形状及边长：平网的网目形状应为菱形或方形，其网目边长不应大于 80mm。

（7）系绳间距及长度：平网的系绳与网体应牢固连接，各系绳沿网边均匀分布，相邻两系绳间距不应大于 750mm，系绳长度不小于 800mm。

（8）筋绳间距：筋绳分布应合理，平网上连根相邻筋绳的距离不应小于 300mm。

2. 密目式安全立网

现行国家标准《安全网》（GB 5725）规范第 5 款，5.2.2 条密目式安全立网基本性能包括断裂强度、接缝部位抗拉强力、梯形法撕裂强力、开眼环扣强力、系绳断裂强力、耐贯穿性能、耐冲击性能、耐腐蚀性能、阻燃性能、耐老化性能。主要性能参数如下：

（1）密目式安全立网的宽度应介于 1.2～2m，长度一般为 6m。

（2）开眼环扣孔径不应小于 8mm。

（3）系绳断裂强力不应小于 2000N。

（4）耐贯穿性能：不应被贯穿或出现明显损伤。

（5）耐腐蚀性能：金属零件应无红锈及明显腐蚀。

（6）阻燃性能：纵、横方向的续燃和阴燃时间不应大于 4s。

7.4.2 安全平网和密目式安全立网安装的基本要求

采用安全平网防护时，严禁使用密目式安全立网代替其使用。

密目式安全立网使用前，应检查产品分类标记、产品合格证、网目数及网体重量，确认合格方可使用。新网必须有产品检验合格证，旧网必须有允许使用的证明书或合格的检验记录。

安全平网搭设时，系结点应沿网边均匀分布，其间距不得大于 75cm。多张网连接使用时，相邻部分应靠近或重叠，连接绳材料应与网绳相同，强力不得低于其网绳强力。安装密目式安全立网时，安装平面应与水平面垂直、立网底部必须与脚手架全部系牢封严。必须经常清理网上的落物，且网内不得积物。

拆除安全网必须在安全管理人员严密监督下进行。拆网应自上而下进行。

安全网的支撑架应具有足够的强度和稳定性。安全网搭设时，应每隔 3m 设一根支撑杆，支撑杆水平夹角不宜小于 45°。密目式安全立网系绳应绑扎在支撑架上，间距不得大于 450mm。

安全网绳不得损坏和腐杇，搭设好的安全平网在承受 100kg 重的沙袋假人，从 10m 高处的冲击后，网绳、系绳、边绳不断裂。

密目式安全立网的网目密度应为 10cm×10cm 的面积上大于或等于 2000 目。

7.4.3 电梯井、钢结构和框架结构及构筑物封闭防护的安全平网控制要点

安全平网的系绳应沿网边均匀分布，间距不得大于 750mm，其实例如图 7-24 所示。

用于电梯井、钢结构和框架结构及构筑物封闭防护的安全平网，应符合下列规定：

（1）安全平网每个系结点上的边绳应与支撑架靠紧，边绳的断裂张力不得小于 7Pa，系绳沿网边应均匀分布，间距不得大于 750mm。

（2）电梯井内安全平网网体与井壁的空隙不得大于 25mm，安全平网拉结应牢固。

在施工过程的电梯井、采光井、螺旋式楼梯口，除必须设防护栏杆外，还应在井口内首层，并每隔 4 层固定一道安全平网。

水塔、烟囱等独立体构筑物施工时，要在内外脚手架的外围固定一道 6m 宽的安全平网，且井内应设一道安全平网。

图 7-24 安全平网实例

7.4.4 建筑物外墙或外架安全网的控制要点

无外脚手架或采用单排外脚手架和工具式脚手架时，凡高度在 4m 以上建筑物，首层四周必须搭设固定 3m 宽的安全平网。网底距下方物体表面不得小于 3m。

当建筑高度在20m以上高度时，首层四周应搭设6m宽双层安全平网，网底距下方物体表面不得小于5m。

在施工程20m以上的建筑每隔4层或10m应固定一道3m宽的安全平网。安全平网的外边沿要明显高于内边沿50～60cm。

对不搭设脚手架和设置安全防护棚时的交叉作业，应设置安全平网，当在多层、高层建筑外立面施工时，应在二层及每隔四层设一道固定的安全平网，同时设一道随施工高度提升的安全平网，如图7-25所示。

图7-25 建筑外墙、外架安全平网实例

7.5 高空作业保护

高处作业防护主要包括攀登与悬空作业、操作平台、交叉作业的安全防护。高处作业范围极广，临边洞口均属于临边防护，建筑施工高处作业安全技术规范对各类高处作业均有确切定义，本节主要介绍除临边洞口外的其他高空作业防护。

在建筑施工工程，尤其是住宅工程中，作业过程涉及的攀登与悬空的作业较多，且作业多不规范。近年来，攀登与悬空的作业引起的事故呈上升趋势，尤其发生过作业高度未超2m的死亡事故。操作平台在安装类施工中，使用较多，现场管理中，存在管理标准不统一、不规范的现象。交叉作业在建筑施工工程普遍存在，鉴于上述几点原因，故本章结合专业规范，进行重点讲述。

7.5.1 基本要求

国家现行标准《高处作业分级》（GB/T 3608）第4款对高处作业高度分类、直接引起坠落的客观因素进行表述，对可能坠落的范围半径做了明确规定，如图7-26所示。

高处作业的分类：2～5m，称为一级高处作业，坠落半径为3m；5（不含）～15m，称为二级高处作业，坠落半径为4m；15（不含）～30m，称为三级高处作业，坠落半径为5m；大于30m，称为特级高处作业，坠落半径为6m。

现行行业标准《建筑施工高处作业安全技术规范》（JGJ 80），第5款，5.1和5.2对攀登和悬空作业进行了定义和一般防护规定，第6款，按照操作平台的形式，对移动式操作平台、落地式操作平台和悬挑式操作平台安全要求分别做了规定。

在坠落高度基准面2m以上从事支模、绑钢筋等施工作业必须有可靠防护的施工作业面，人员上下应设置稳固的爬梯。未达到下述要求的交叉作业必须设置防护措施：

（1）进行交叉作业时，左右方向必须有一定的安全间隔距离。

（2）不得在同一垂直方向上下同时操作，下层作业的位置必须确定处于上层高度可能坠落范围半径之外。

（3）模板脚手架等拆除作业应适当增大坠落半径。

A. 可能坠落范围半径的规定

R 根据 h_b 规定如下：

a）当 $2m \leqslant h_b \leqslant 5m$ 时，R 为 3m；

b）当 $5m < h_b \leqslant 15m$ 时，R 为 4m；

c）当 $15m < h_b \leqslant 30m$ 时，R 为 5m；

d）当 $h_b > 30m$ 时，R 为 6m。

B. 高处作业高度计算方法

高处作业高度计算步骤如下：

a）按 3.5 确定 h_b；

b）按 A 确定 R；

c）按 3.6 确定 h_w。

示例 1：如图 7-26 所示，其中 $h_b = 20m$，$R = 5m$，$h_w = 20m$。

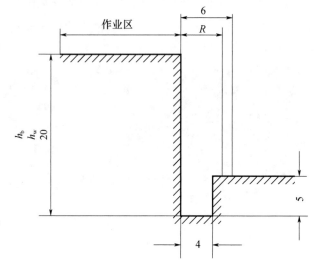

图 7-26　高处作业坠落半径（单位：m）

7.5.2　攀登作业的防护要点

登高作业应借助施工通道、梯子及其他攀登设施和用具。

攀登作业设施和用具应牢固可靠；当采用梯子攀爬作用时，踏面荷载不应大于 1.1kN；当梯面上有特殊作业时，应按实际情况进行专项设计。

同一梯子上不得两人同时作业。在通道处使用梯子作业时，应有专人监护或设置围栏。脚手架操作层上严禁架设梯子作业。

便携式梯子宜采用金属材料或木材制作，并应符合现行国家标准《便携式金属梯安全要求》（GB 12142）和《便携式木折梯安全要求》（GB 7059）的规定。

使用单梯时梯面应与水平面成 75°夹角，踏步不得缺失，梯格间距宜为 300mm，不得垫高使用。

折梯张开到工作位置的倾角应符合现行国家标准《便携式金属梯安全要求》（GB 12142）和《便携式木折梯安全要求》（GB 7059）的规定，并应有整体的金属撑杆或可靠的锁定装置。

固定式直梯应采用金属材料制成，并应符合现行国家标准《固定式钢梯及平台安全要求 第 1 部分：钢直梯》（GB 4053.1）的规定；梯子净宽应为 400～600mm，固定直梯的支撑应采用规格不小于 70mm×6mm 的角钢，埋设与焊接应牢固。直梯顶端的踏步应与攀登顶面齐平，并应加设 1.1～1.5m 高的扶手。

使用固定式直梯攀登作业时，当攀登高度超过 3m 时，宜加设护笼；当攀登高度超过 8m 时，应设置梯间平台。

钢结构安装时，应使用梯子或其他登高设施攀登作业。坠落高度超过 2m 时，应设置操作平台。

当安装屋架时，应在屋脊处设置扶梯。扶梯踏步间距不应大于 400mm。屋架杆件安装时搭设的操作平台，应设置防护栏杆或使用作业人员拴挂安全带的安全绳。

深基坑施工应设置扶梯、入坑踏步及专用载人设备或斜道等设施。采用斜道时，应加设间距不大于 400mm 的防滑条等防滑措施。作业人员严禁沿坑壁、支撑或乘运土工具上、下。

7.5.3　悬空作业的防护要点

悬空作业的立足处的设置应牢固，并应配置登高和防坠落装置和设施。

构件吊装和管道安装时的悬空作业应符合下列规定：

（1）钢结构吊装，构件宜在地面组装，安全设施应一并设置。

（2）吊装钢筋混凝土屋架、梁、柱等大型构件前，应在构件上预先设置登高通道、操作立足点等安全设施。

（3）在高空安装大模板、吊装第一块预制构件或单独的大中型预制构件时，应站在作业平台上操作。

（4）钢结构安装施工宜在施工层搭设水平通道，水平通道两侧应设置防护栏杆；当利用钢梁作为水平通道时，应在钢梁一侧设置连续的安全绳，安全绳宜采用钢丝绳。

（5）钢结构、管道等安装施工的安全防护宜采用工具化、定型化设施。

严禁在未固定、无防护设施的构件及管道上进行作业或通行。

当利用吊车梁等构件作为水平通道时，临空面的一侧应设置连续的栏杆等防护措施。当安全绳为钢索时，钢索的一端应采用花篮螺栓收紧；当安全绳为钢丝绳时，钢丝绳的自然下垂度不应大于绳长的 1/20，并不应大于 100mm。

模板支撑体系搭设和拆卸的悬空作业，应符合下列规定：

（1）模板支撑的搭设和拆卸应按规定程序进行，不得在上、下同一垂直面上同时装拆模板。

（2）在坠落基准面 2m 及以上高处搭设与拆除柱模板及悬挑结构的模板时，应设置操作平台。

（3）在进行高处拆模作业时应配置登高用具或搭设支架。

绑扎钢筋和预应力张拉的悬空作业应符合下列规定：

（1）绑扎立柱和墙体钢筋，不得沿钢筋骨架攀登或站在骨架上作业。

（2）在坠落基准面 2m 及以上高处绑扎柱钢筋和进行预应力张拉时，应搭设操作平台。

混凝土浇筑与结构施工的悬空作业应符合下列规定：

（1）浇筑高度 2m 及以上的混凝土结构构件时，应设置脚手架或操作平台。

（2）悬挑的混凝土梁和檐、外墙和边柱等结构施工时，应搭设脚手架或操作平台。

屋面作业时应符合下列规定：

（1）在坡度大于 25°的屋面上作业，当无外脚手架时，应在屋檐边设置不低于 1.5m 高的防护栏杆，并应采用密目式安全网全封闭。

（2）在轻质型材等屋面上作业，应搭设临时走道板，不得在轻质型材上行走；安装轻质型材板前，应采取在梁下支设安全平网或搭设脚手架等安全防护措施。

外墙作业时应符合下列规定：

（1）门窗作业时，应有防坠落措施，操作人员在无安全防护措施时，不得站立在门框、阳台栏板上作业。

（2）高处作业不得使用座板式单人吊具，不得使用自制吊篮。

7.5.4　操作平台的防护要点

落地式平台作业面临边应设置高度不低于 1.5m 的防护栏杆，栏杆内侧使用厚度为 15mm 的木板或 1.5mm 的钢板等硬质材料封闭严密。

移动式平台作业面四周防护应设置高度为 1.2m 的防护栏杆，并采用密目式安全网封闭，同时底部设置高度不低于 180mm 的挡脚板。

操作平台的临边应设置防护栏杆，单独设置的操作平台应设置供人上下、踏步间距不大于 400mm 的扶梯。

悬挑式操作平台的外侧应略高于内侧；外侧应安装防护栏杆并应设置防护挡板全封闭。操作平台搭设示意如图 7-27 所示。

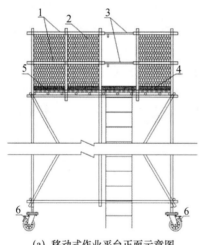 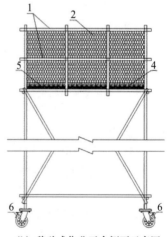

（a）移动式作业平台正面示意图　　　　（b）移动式作业平台侧面示意图

图 7-27　操作平台搭设示意图
1—防护栏杆；2—密目式安全网；3—平台出入口封闭措施；
4—挡脚板；5—50mm 厚脚手板；6—制动装置

7.5.5　钢结构作业防护控制要点

（1）钢结构型钢梁的临边和供人员行走的钢梁上采用立杆式安全绳防护，并应符合下列规定：

①立杆与钢梁之间的固定可采用焊接、立杆底部夹具连接等方式，应承受任何方向 1kN 的外力作用。

②安全绳宜采用镀锌钢丝绳，其技术性能应符合现行国家标准《钢丝绳通用技术条

件》（GB/T 20118）的要求，钢丝绳不允许断开后搭接或套接重新使用。

③立杆间距、立杆与钢梁连接、镀锌钢丝绳直径等应进行专项设计计算。

④立杆由规格 ϕ48.3×3.6 的钢管、底部加劲板和穿绳环组成，立杆高度不小于 1.2m，钢丝绳距离梁上表面为 1m。安全绳及立杆搭设，如图 7-28 所示。

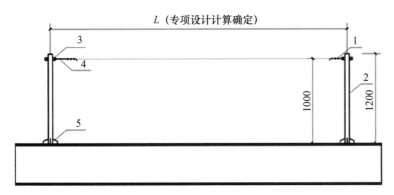

(a) 安全绳搭设示意图

1—绳卡；2—立杆；3—穿绳环；4—花篮螺栓；5—加劲板加固措施

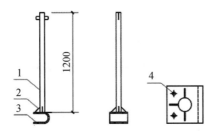

(b) 立杆安装示意图

1—立杆；2—加劲板；3—U形钢板；4—紧固螺栓

图 7-28 安全绳及立杆搭设示意图（单位：mm）

⑤钢梁立杆式安全绳应在钢梁吊装前安装就位。

（2）下挂式安全平网的设置应符合下列规定：

①在施楼层必须满铺安全平网，两层安全平网之间的距离不应大于 10m，在水平结构板（包括压型钢板）未封闭前不得拆除。

②挂钩采用不小于 ϕ12 圆钢冷弯制成，材质为 Q235，与钢梁下翼缘板焊接横杆长度 L 不应小于 20mm，挂钩间距不应大于 750mm，安全平网系绳与挂钩系挂牢固。

③挂钩应在钢梁吊装前与钢梁下翼缘板采用角焊缝焊接固定，焊缝焊高不应小于 5mm。

④楼层钢梁吊装就位后，应按区域及时挂设好安全平网。

⑤安全平网固定后弧垂应控制在 20～50mm 的范围内，下挂式安全平网搭设示意如图 7-29 所示。

（3）上挂式安全平网的设置应符合下列规定：

①上挂式安全平网适用于无压型钢板施工的工程项目。

②挂钩由 ϕ10 圆钢制作而成，挂钩长度根据现场实际设定。

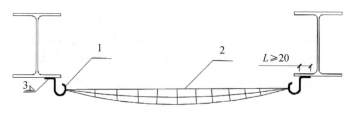

图 7-29　下挂式安全平网搭设示意图

1—防护栏杆；2—脚手板；3—挂钩固定方式

③钢筋挂钩应与安全平网边绳及钢梁上翼缘同时连接，挂钩间距不应大于 750mm，上挂式安全平网搭设示意如图 7-30 所示。

④待本层作业面所有钢结构施工工序均已完成后，方可拆除安全平网，并向后续单位移交作业面。

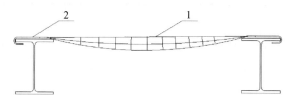

图 7-30　上挂式安全平网搭设示意图

1—安全平网；2—挂钩板

（4）钢结构固定式操作平台的设置应符合下列规定：

①操作平台应按规定设置临边防护。

②操作平台临边防护上横杆高度，无电焊防风要求时，其高度不小于 1.2m，有电焊防风要求时，其高度不小于 1.8m。

③有焊接防风要求时，应用防火防风布对平台顶部及四周进行封闭，并在底部铺设一层防火岩棉。固定式操作平台搭设示意如图 7-31 所示。

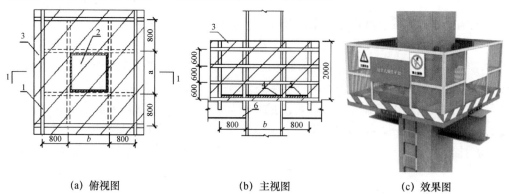

(a) 俯视图　　　　　　(b) 主视图　　　　　　(c) 效果图

图 7-31　固定式操作平台搭设示意图（单位：mm）

1—临边防护横杆；2—钢结构立柱；3—防火防风布（有焊接作业时）；

4—防火岩棉（有焊接作业时）；5—操作平台底板；6—钢结构横梁

（5）钢结构施工钢柱吊装作业防护：

梯梁及踏棍分别选用 40mm×4mm 扁钢及直径不小于 12mm 圆钢。标准单元

3000mm×350mm（长×宽），步距为 300mm。标准单元设两道顶撑，使挂梯与钢柱之间的间距保持 120mm。标准单元之间通过连接板用 M6 螺栓连接。

钢柱吊装前，应将钢爬梯与防坠器同时安装就位（严禁钢爬梯与防坠器安装在同一部位）。

登高时，必须通过钢挂梯上下，攀爬过程中应面向爬梯，手中不得持物，严禁以钢柱栓钉作为支撑攀爬钢柱，钢柱爬梯防护措施如图 7-32 所示。

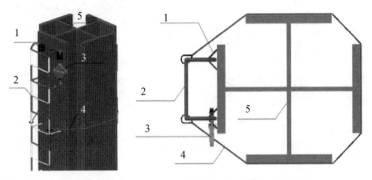

(a) 钢爬梯防护措施主视图　　　　(b) 钢爬梯防护措施俯视图

图 7-32 钢柱爬梯防护措施示意图
1—角钢头；2—钢爬梯；3—防坠器；4—固定钢丝绳；5—十字柱

钢结构安装施工宜在施工层搭设水平通道，水平通道两侧应设置防护栏杆。

钢结构施工的平面安全通道宽度不宜小于 600mm，且两侧应设置安全护栏或防护钢丝绳，钢制组装通道示意如图 7-33 所示。

在钢梁或钢桁架上行走的作业人员应佩戴双钩安全带。

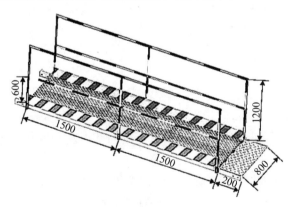

图 7-33 钢制组装通道示意图（单位：mm）

7.5.6　吊篮式操作平台防护规定

操作平台施工前，必须在施工方案中明确吊笼的固定、移动措施及作业人员的进出通道、安全带的系挂位置。

操作平台应根据现场施工需求，进行设计与制作。宜采用圆钢（低碳钢）焊接制作，不得用高碳钢或螺纹钢制作。并用木板密封底部，四周设置木踢脚板。操作平台制作必须由合格熟练的焊工进行焊接，吊笼焊接要求无焊接缺陷。

操作平台使用过程中，必须挂防坠绳，提供多重安全保障。使用操作平台作业时，作业人员安全带必须系挂在梁上方的生命线上，严禁将安全带系挂在吊笼上。使用操作平台施工时，严禁两人及以上同时共用一个吊笼进行作业，吊篮式操作平台如图7-34所示。

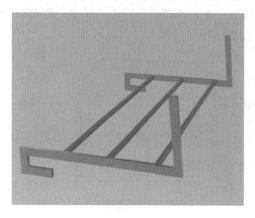

图 7-34　吊篮式操作平台示意图

7.6　个人安全防护

"三宝四口五临边"的"三宝"指安全帽、安全带、安全网，安全帽和安全带均是个人随身戴的个人防护用。在施工管理过程中发现，市场上销售的大量安全帽、安全带的质量参差不齐，安全管理人员发现时已流入施工现场，管理难度大。劳动保护鞋、绝缘手套等防护品，在建筑施工中使用率还较低，一般央企佩戴率较高，小型企业佩戴率还较低，需要进一步普及。建筑施工中，受限空间作业也是经常发生安全事故的作业场所。

7.6.1　基本要求

（1）国家现行标准《头部防护安全帽》（GB 2811），对安全帽的分类与标记、技术要求、检验、标示进行了规定。重点是对安全帽的基本性能要求进行了详细说明。其构造要求如下：

①系带应采用软质纺织物，宽度不小于10密目的带或直径不小于5mm的绳。

②帽壳内部尺寸：长为195～250mm；宽为170～220mm；高为120～150mm。

③帽舌长为10～70mm。

④帽檐宽不大于70mm。

⑤佩戴高度应为80～90mm。

⑥垂直间距应不大于50mm。

⑦水平间距5～20mm。

⑧凸出物：帽壳内侧与帽衬之间存在的凸出物高度不得超过6mm，凸出物应有软垫覆盖。

⑨通气孔：当帽壳留有通气孔时，通气孔总面积为150～450mm²。

《北京市建设工程安全生产管理标准化手册》对安全帽的选用、安全带的选用均提出相关要求。

（2）国家现行标准《安全带》（GB 6095）安全带第5款，一般要求中对总体结构、零部件、织带与绳进行了规定，坠落悬挂安全带的基本性能包括整体静态负荷和整体动态负荷。按照安全带的形式可分为单背带安全带、双背带安全带、五点式安全带。对其构造有以下要求：

①整体静拉力不应小于15kN。

②冲击作用力峰值不应大于6kN。

③伸展长度或坠落距离不应大于产品标示的数值。

④坠落停止后，织带或绳在调节扣内的滑移不应大于25mm。

7.6.2 安全帽作用及使用要求

安全帽的选用应符合如下要求：

（1）安全帽由帽壳、帽衬、下颏带及其他附件组成，其结构示意如图7-35所示。

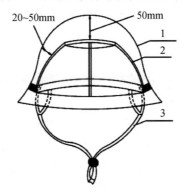

图7-35 安全帽结构示意图
1—帽壳；2—帽衬；3—帽带

（2）安全帽的选用必须有产品检验合格证，购入的产品经验收后，方准使用。

（3）安全帽不应存放在酸、碱、高温、日晒、潮湿等环境中，更不可和硬物放在一起。

（4）安全帽的使用期：塑料帽、纸胶帽不超过2.5年；玻璃钢橡胶帽不超过3.5年。

（5）对到期的安全帽要进行抽查测试，合格后方可继续使用，以后每年抽检一次，抽检不合格则该批安全帽报废。

（6）如果发现开裂、下凹、老化、裂痕或磨损等情况，就要及时更换，确保使用安全。

当作业人员头部受到坠落的冲击时，安全帽帽壳、帽衬瞬间将冲击力分解到头盖骨的整个面积上，然后利用安全帽的各个部位的弹性变形、塑性变形和允许的结构破坏将大部分冲击力吸收，使最后作用到人员头部的冲击力降低到4900N以下，从而起到保护作业人员的头部不受到伤害或降低伤害的作用。要正确地选择使用安全帽，必须做到以下要求，并如图 7-36 所示。

帽衬顶端与帽壳内顶必须保持 25～50mm 的空间。必须系好下颌带；安全帽必须戴正、戴稳。安全帽在使用过程中会逐渐损坏，要定期不定期检查。安全帽的使用期限：塑料安全帽不超过 2.5 年；玻璃钢帽不超过 3.5 年。

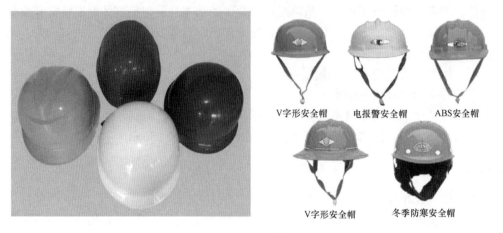

图 7-36　安全帽实例图

7.6.3　安全带作用及使用要求

安全带的选用应符合如下要求：

（1）高处作业必须系挂安全带。

（2）安全带使用前应检查绳带有无变质、卡环是否有裂纹，卡簧弹跳性是否良好。高处作业安全带必须挂在固定处。禁止把安全带挂在移动或带尖锐棱角或不牢固的物件上。

（3）凡在坠落高度基准面 2m 以上（含 2m）无法采取可靠防护措施的高处作业人员必须正确使用安全带，安全带必须符合国家现行标准《安全带》（GB 6095）。

（4）安全带必须高挂低用，杜绝低挂高用。

（5）安全带不使用时要妥善保管，不可接触高温、明火、强酸、强碱或尖锐物体，不要存放在潮湿的仓库中保管。安全带在使用两年后应抽验一次。

（6）使用频繁的安全带，要经常做外观检查，发现异常时，应立即更换新绳。使用期为 3～5 年，发现异常应提前报废。

安全带是高处作业人员预防坠落伤亡的防护用品，其作用在于通过束缚人的腰部，使高空坠落的惯性得到缓冲，减轻或消除高空坠落所引起的人身伤害，提高操作工人的安全系数。安全带实例如图 7-37 所示，使用要求如下：

新使用的安全带必须有产品检验合格证，无证明的不准许使用。高处作业必须系挂安全带，安全带应高挂低用。安全带严禁打结、续接。使用中，要可靠挂在牢固的地方，高挂低用，且要防止摆动，避免明火和刺割。在无法直接挂设安全带的地方，应设置挂安全带的安全拉绳、安全栏杆等。

7.6.4　专业防护用品的使用要求

（1）从事机械作业的女工及长发者应配备工作帽等个人防护用品。

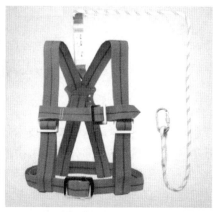

图 7-37 安全带实例图

（2）从事登高架设作业、起重吊装作业的施工人员应配备防滑落的劳动防护用品。

（3）应为从事自然强光环境下作业的施工人员配备防止强光伤害的劳动防护用品。

（4）从事施工现场临时用电工程作业的施工人员应配备防止触电的劳动防护用品。

（5）从事焊接作业的施工人员应配备防止触电、灼伤、强光伤害的劳动防护用品。

（6）从事锅炉、压力容器、管道安装的施工人员应配备防止触电、强光伤害的劳动防护用品。

（7）从事防水、防腐和油漆作业的施工人员应配备防止触电、中毒、灼伤的劳动防护用品。

（8）从事基础施工、主体结构、屋面施工、装饰装修作业人员应配备防止身体、手足、眼部等受到伤害的劳动防护用品。

（9）冬期施工期间或作业环境温度较低的，应为作业人员配备防寒类防护用品。

（10）雨期施工期间应为室外作业人员配备雨衣、雨鞋等个人防护用品，对环境潮湿及水中作业的人员应配备相应的劳动防护用品。个人防护用品实例如图 7-38 所示。

图 7-38 个人防护用品实例图

8 基坑支护

根据行业现行标准《建筑基坑支护技术规程》（JGJ 120）第 2.1.1 条的相关条例，基坑为进行建（构）筑物地下部分的施工由地面向下开挖出的空间。根据行业现行标准《建筑深基坑工程施工安全技术规范》（JGJ 311—2013）第 2.0.1 条的相关条例，建筑深基坑为进行建（构）筑物地下部分施工及地下设施、设备埋设，由地面向下开挖，深度大于或等于 5m 的空间。基坑支护是为保证地下主体结构施工和基坑周边环境的安全，对基坑采用的临时性支挡、加固的措施。根据《住房城乡建设部办公厅关于实施〈危险性较大的分部分项工程安全管理规定〉有关问题的通知》（建办质〔2018〕31号），开挖深度超过 3m（含 3m）的基坑（槽）的土方开挖、支护、降水工程，或开挖深度虽未超过 3m，但地质条件、周围环境和地下管线复杂，或影响毗邻建、构筑物安全的基坑（槽）的土方开挖、支护、降水工程为危险性较大的分部分项工程；开挖深度超过 5m（含 5m）的基坑（槽）的土方开挖、支护、降水工程为超过一定规模的危险性较大的分部分项工程。

基坑支护主要参考的现行法律、法规、规范、标准包括《关于印发起重机械、基坑工程等五项危险性较大的分部分项工程施工安全要点的通知》（建安办函〔2017〕12号）、《住房城乡建设部办公厅关于实施〈危险性较大的分部分项工程安全管理规定〉有关问题的通知》（建办质〔2018〕31 号）、《危险性较大的分部分项工程安全管理规定》（住房城乡建设部 2018 年第 37 号令）、《建筑地基基础设计规范》（GB 50007—2011）、《建筑地基基础工程施工规范》（GB 51004）、《建筑地基基础工程施工质量验收标准》（GB 50202）、《建筑基坑工程监测技术标准》（GB 50497）、《建筑基坑支护技术规程》（JGJ 120）、《建筑深基坑工程施工安全技术规范》（JGJ 311）。

8.1 基坑支护安全使用与维护

8.1.1 基本要求

（1）基坑工程必须按照规定编制、审核专项施工方案，超过一定规模的深基坑工程要组织专家论证。基坑支护必须进行专项设计。

（2）基坑工程施工企业必须具有相应的资质和安全生产许可证，严禁无资质、超范围的企业从事基坑工程施工。

（3）基坑施工前，施工单位应当向现场管理人员和作业人员进行安全技术交底。

（4）基坑施工要严格按照专项施工方案组织实施，相关管理人员必须在现场进行监督，若发现不按照专项施工方案施工的，应当要求立即整改。

（5）基坑施工必须采取有效措施，保护基坑主要影响区范围内的建（构）筑物和地下管线安全。

（6）基坑周边施工材料、设施或车辆荷载严禁超过设计要求的地面荷载限值。

（7）基坑周边应按要求采取临边防护措施，设置作业人员上、下专用通道。

（8）基坑施工必须采取基坑内外地表水和地下水控制措施，防止出现积水和漏水漏沙。汛期施工，应当对施工现场排水系统进行检查和维护，保证排水畅通。

（9）基坑施工必须做到先支护后开挖，严禁超挖，及时回填。支撑结构的施工与拆除顺序，应与支护结构的设计工况相一致，必须遵循先撑后挖的原则。

（10）土方开挖完成后应立即施工垫层，对基坑进行封闭，防止水漫和暴露，并应及时进行地下结构施工。

（11）基坑工程必须按照规定实施施工监测和第三方监测，指定专人对基坑周边进行巡视，出现危险征兆时应当立即报警。

（12）施工单位对基坑工程的施工安全负责。施工单位应根据深基坑工程设计文件编制含监测专篇的深基坑工程专项施工方案，当专项施工方案与基坑工程设计文件发生重大调整时，应征得基坑工程设计单位的同意。施工单位应严格按照基坑工程设计文件和专项施工方案进行施工、监测和巡视，发现异常时，应立即向建设单位反馈，并采取措施确保基坑工程及周边环境安全。

8.1.2　基坑支护安全管理规定

（1）基坑开挖完毕后，应组织验收，经验收合格并进行安全使用与维护技术交底后，方可使用。基坑使用与维护过程中应按专项施工方案要求落实安全措施。

（2）基坑使用与维护中进行工序移交时，应办理移交签字手续。

（3）施工单位应进行基坑安全使用与维护技术培训，定期开展应急处置演练。

（4）基坑支护使用中，施工单位应针对暴雨、冰雹、台风等灾害天气，及时对基坑支护安全进行现场检查。

（5）主体结构施工过程中，不应损坏基坑支护结构。当需改变支护结构工作状态时，应经基坑支护设计单位复核。

（6）基坑工程应按要求进行地面硬化，并在周边设置防水围挡和防护栏杆。对膨胀性土及冻土的坡面和坡顶3m以内应采取防水及防冻措施。

（7）雨期施工时，应有防洪、防暴雨措施及排水备用材料和设备。

（8）基坑临边、临空位置及周边危险部位，应设置明显的安全警示标识，并应安装可靠围挡和防护。

（9）当基坑周边地面产生裂缝时，应采取灌浆措施封闭裂缝。对于膨胀土基坑工程，应分析裂缝产生原因，及时反馈基坑支护设计单位，制订处置方案后进行处理。

（10）基坑支护使用单位应有专人对基坑支护进行定期巡查，雨期应增加巡查次数，并应做好记录；发现异常情况应立即报告建设、设计、监理等单位。

（11）基坑支护结构出现损伤时，应编制加固修复方案并及时组织实施。

（12）基坑支护使用与维护期间，遇有相邻基坑开挖施工时，应做好协调工作，防止相邻基坑开挖造成的安全损害。

（13）基坑支护工程施工和使用期内，施工单位每天均应由专人进行巡视检查。

8.1.3 基坑支护巡视、检查内容

基坑支护工程巡视检查包括以下内容：

1. 支护结构

（1）支护结构成型质量。

（2）冠梁、支撑、围檩或腰梁是否有裂缝。

（3）冠梁、围檩或腰梁的连续性，有无过大变形。

（4）围檩或腰梁与围护桩的密贴性，围檩与支撑的防坠落措施。

（5）锚杆垫板有无松动、变形。

（6）立柱有无倾斜、沉陷或隆起。

（7）止水帷幕有无开裂、渗漏水。

（8）基坑有无涌土、流砂、管涌。

（9）面层有无开裂、脱落。

2. 施工状况

（1）开挖后暴露的岩土体情况与岩土勘察报告有无差异。

（2）开挖分段长度、分层厚度及支撑（锚杆）设置是否与设计要求一致。

（3）基坑侧壁开挖暴露面是否及时封闭。

（4）支撑、锚杆是否施工及时。

（5）边坡、侧壁及周边地表的截水、排水措施是否到位，坑边或坑底有无积水。

（6）基坑降水、回灌设施运转是否正常。

（7）基坑周边地面有无超载。

3. 周边环境

（1）周边管线有无破损、泄漏情况。

（2）围护墙后土体有无沉陷、裂缝及滑移现象。

（3）周边建筑有无新增裂缝出现。

（4）周边道路（地面）有无裂缝、沉陷。

（5）邻近基坑施工（例如堆载、开挖、降水或回灌、打桩等）变化情况。

（6）存在水力联系的邻近水体（例如湖泊、河流、水库等）的水位变化情况。

4. 监测设施

（1）基准点、监测点完好状况。

（2）监测元件的完好及保护情况。

（3）有无影响观测工作的障碍物。

根据设计要求或当地经验确定的其他巡视检查内容。

5. 特殊地质条件的检查要点

（1）对膨胀土、湿陷性黄土、红黏土、盐渍土，应重点巡视场地内防水、排水等防护设施是否完好，开挖暴露面有无被雨水及各种水源浸湿的现象，是否及时覆盖封闭。

（2）膨胀土基坑开挖时有无较大的原生裂隙面，在干湿循环剧烈季节坡面有无保湿措施。

（3）对多年冻土、季节性冻土等温度敏感性土，当基坑施工及使用阶段经受冻融循

环时，应重点巡视开挖暴露面保温、隔热措施是否到位，坡顶、坡脚排水系统设施是否完好。

（4）对高灵敏性软土，应重点巡视施工扰动情况，支撑施作是否及时，侧壁有无软土挤出，开挖暴露面是否及时封闭等。

（5）岩体基坑、土岩组合基坑工程巡视检查岩体结构面产状、结构面含水情况；采用吊脚桩支护形式时，岩肩处岩体有无开裂、掉块；爆破后岩体是否出现松动。

（6）巡视检查宜以目测为主，可辅以锤、钎、量尺、放大镜等工器具以及摄像、摄影等设备进行。

（7）对自然条件、支护结构、施工工况、周边环境、监测设施等的巡视检查情况应做好记录，及时整理，并与仪器监测数据进行综合分析，如发现异常情况时，应及时通知建设方及其他相关单位。

8.2　排桩

8.2.1　适用条件

根据行业现行标准《建筑基坑支护技术规程》（JGJ 120）第 2.1.11 条的相关条例，排桩为沿基坑侧壁排列设置的支护桩及冠梁所组成的支挡式结构部件或悬臂式支挡结构。根据行业现行标准《建筑基坑支护技术规程》（JGJ 120）第 2.1.12 条的相关条例，双排桩为沿基坑侧壁排列设置的由前、后两排支护桩和梁连接成的刚架及冠梁所组成的支挡式结构。多适用于土质较差，周边环境复杂，挖坑较深的地下室基坑支护，一般造价较高。实际施工照片（排桩和锚杆）如图 8-1 所示。

图 8-1　排桩和锚杆

8.2.2　构造要求

（1）钢筋混凝土排桩间距应根据排桩受力及桩间土稳定条件确定，排桩间距宜取 1.5～2.5d（d 为桩径）；桩径大时取大值，桩径小时取小值；黏性土取大值，砂土取小值。

（2）纵向受力钢筋应采用 HRB400、HRB500 钢筋，数量不宜少于 8 根，净间距不应小于 60mm。

（3）箍筋宜采用 HPB300 钢筋，并宜采用螺旋筋。

（4）箍筋直径不应小于纵向受力钢筋最大直径的 1/4，且不应小于 6mm。

（5）箍筋间距宜取 100～200mm，且不应大于 400mm 及桩的直径。

（6）钢筋笼宜配置加强筋，加强箍筋应满足钢筋笼起吊安装要求，宜选用 HPB300、HRB400 钢筋，间距宜取 1000～2000mm。

（7）纵向受力钢筋的保护层厚度不应小于 35mm，水下灌注混凝土时，不宜小于 50mm。

（8）当采用沿截面周边非均匀配置纵向钢筋时，受压区的纵向钢筋根数不应少于 5 根。

（9）混凝土强度等级不宜低于 C25。

（10）排桩采用素混凝土（或水泥土）桩与钢筋混凝土桩间隔布置的钻孔咬合桩形式时，支护桩的桩径可取 800～1500mm，相邻桩咬合长度不宜小于 200mm。素混凝土桩应采用强度等级不低于 C15 的超缓凝混凝土或塑性混凝土，超缓凝混凝土的初凝时间不宜小于 60h，水下灌注时坍落度宜取 160～200mm，干孔灌注时宜取 100～140mm，且混凝土的 3d 强度不宜大于 3MPa。水泥土桩可采用搅拌桩、旋喷桩或搅喷桩，水泥土 28d 桩体抗压强度宜不小于 0.8MPa。

（11）排桩顶部应设钢筋混凝土冠梁与桩身连接，冠梁高度（水平方向尺寸）不宜小于桩径或截面高度，厚度（竖直方向尺寸）不宜小于桩径或截面高度的 0.6 倍，且不得小于 400mm。

（12）基坑开挖后，应及时对排桩的桩间土采取防护措施，可采用内置钢丝网或钢筋（板）网的喷射混凝土护面等处理方法，喷射混凝土面层的厚度不宜小于 50mm，混凝土强度等级不宜低于 C20；钢筋（丝）网或钢板网宜采用横向拉筋与两侧桩体连接，拉筋直径不宜小于 12mm，拉筋锚固在桩内的长度不宜小于 100mm。基坑底面以上有含水层或土质较差时，应采用钢筋网及竖向加强钢筋。

（13）当存在地下水且不设截水帷幕时，应在含水层部位的基坑侧壁设置泄水孔，泄水孔应采取防止土颗粒流失的反滤措施。

8.2.3　人工挖孔施工安全控制重点

（1）人工挖孔桩孔内必须设置应急软爬梯供人员上下，不得使用麻绳或尼龙绳吊挂或脚踏井壁凸缘上下；使用的电葫芦、吊笼等应安全可靠，并应配有自动卡紧保险装置；电葫芦宜采用按钮式开关，使用前必须检验其安全起吊能力。

（2）每日开工前必须检测井下的有毒、有害气体，并应有相应的安全防范措施；当桩孔开挖深度超过 10m 时，应有专门向井下送风的装备，风量不宜少于 25L/s。

（3）孔口周边必须设置护栏，护栏高度不应小于 0.8m。

（4）施工过程中孔中无作业和作业完毕后，应及时在孔口加盖盖板。

（5）挖出的土石方应及时运离孔口，不得堆放在孔口周边 1m 范围内，机动车辆的通行不得对井壁的安全造成影响。

（6）施工现场的一切电源、电路的安装和拆除必须符合现行行业标准《施工现场临时用电安全技术规范》（JGJ 46）的规定。

8.2.4 机械挖孔施工安全控制重点

（1）机械成孔作业前应对钻机进行检查，各部件验收合格后方能使用。

（2）钻头和钻杆连接螺纹应良好，钻头焊接应牢固，不得有裂纹。

（3）钻机钻架基础应夯实、整平，地基承载力应满足，作业范围内地下应无管线及其他地下障碍物，作业现场与架空输电线路的安全距离应符合规定。

（4）钻进中，应随时观察钻机的运转情况，当发生异响、吊索具破损、漏气、漏渣以及其他不正常情况时，应立即停机检查，排除故障后，方可继续施工。

（5）当桩孔净间距过小或采用多台钻机同时施工时，相邻桩应间隔施工，当无特别措施时完成浇筑混凝土的桩与邻桩间距不应小于 4 倍桩径，或间隔施工时间宜大于 36h。

（6）泥浆护壁成孔时发生斜孔、塌孔或沿护筒周围冒浆以及地面沉陷等情况应停止钻进，采取措施处理后方可继续施工。

（7）当采用空气吸泥时，其喷浆口应遮挡，并应固定管端。

（8）冲击成孔施工前以及过程中应检查钢丝绳、卡扣及转向装置，冲击施工时应控制钢丝绳放松量。

（9）当非均匀配筋的钢筋笼吊放安装时，应有方向辨别措施确保钢筋笼的安放方向与设计方向一致。

（10）混凝土浇筑完毕后，应及时在桩孔位置回填土方或加盖盖板。

（11）遇有湿陷性土层、地下水位较低、既有建筑物距离基坑较近时，不宜采用泥浆护壁的工艺施工灌注桩。当需采用泥浆护壁工艺时，应采用优质低失水量泥浆、控制孔内水位等措施减少和避免对相邻建（构）筑物产生影响。

（12）基坑土方开挖过程中，宜采用喷射混凝土等方法对灌注排桩的桩间土体进行加固，防止土体掉落对人员、机具造成损害。

8.2.5 锚杆基本概念

锚杆由杆体（钢绞线、普通钢筋、热处理钢筋或钢管）、注浆形成的固结体、锚具、套管、连接器所组成的一端与支护结构构件连接，另一端锚固在稳定岩土体内的受拉杆件。杆体采用钢绞线时，也可称为锚索。锚杆一般与排桩、地下连续墙等基坑支护形式配合使用。

8.2.6 锚杆构造要求

（1）锚杆自由段长度不宜小于 5m，土层锚杆锚固段长度不宜小于 4m，拉力型锚杆杆体与注浆体的黏结段长度不宜小于 4m，荷载分散型锚杆锚固段每个单元的长度不宜小于 4m。

（2）锚杆杆体外露长度应满足锚杆底座、腰梁尺寸及张拉作业要求。

（3）锚杆成孔直径宜为 120～150mm。

（4）锚杆杆体安装时，应设置定位支架，定位支架间距宜为 1.5～2.0m。

（5）锚杆上下排垂直间距不宜小于 2.0m，水平间距不宜小于 1.5m。

（6）锚杆锚固体上覆土层厚度不宜小于 4.0m。

（7）锚杆倾角宜为 15°～25°，且不宜大于 45°。

（8）锚杆注浆体宜采用水泥浆或水泥砂浆，其试块抗压强度标准值不宜低于 20MPa。

（9）注浆宜采用二次压力注浆工艺。

（10）当锚杆腰梁采用型钢组合梁时，可选用双槽钢或双工字钢，两型钢之间应用缀板连接，连接焊缝应采用贴角焊；两型钢之间的净间距应满足锚杆杆体平直穿过的要求。

（11）型钢组合腰梁应满足在锚杆集中荷载作用下的局部受压稳定与受扭稳定的要求，当需要增加局部受压和受扭稳定性时，可在型钢翼缘端口处设置加劲肋板。

8.2.7 锚杆施工安全控制要点

（1）当锚杆穿过的地层附近有地下管线或地下构筑物时，应查明其位置、尺寸、走向、类型、使用状况等情况后，方可进行锚杆施工。

（2）锚杆施工前宜通过试验性施工，确定锚杆设计参数和施工工艺的合理性，并应评估对环境的影响。

（3）锚孔钻进作业时，应保持钻机及作业平台稳定可靠，除钻机操作人员还应有不少于 1 人协助作业。高处作业时，作业平台应设置封闭防护设施，作业人员应佩戴防护用品。注浆施工时相关操作人员必须佩戴防护眼镜。

（4）锚杆钻机应安设安全可靠的反力装置。在有地下承压水地层钻进时，孔口必须设置可靠的防喷装置，当发生漏水、涌砂时，应及时封闭孔口。

（5）注浆管路连接应牢固可靠，保证畅通，防止塞泵、塞管。注浆施工过程中，应在现场加强巡视，对注浆管路应采取保护措施。

（6）锚杆注浆时注浆罐内应保持一定数量的浆料防止罐体放空、伤人。处理管路堵塞前，应消除罐内压力。

（7）预应力锚杆张拉作业前应检查高压油泵与千斤顶之间的连接件，连接件必须完好、紧固。张拉设备应可靠，作业前必须在张拉端设置有效的防护措施。

（8）锚杆钢筋或钢绞线应连接牢固，严禁在张拉时发生脱扣现象。

（9）张拉过程中，孔口前方严禁站人，操作人员应站在千斤顶侧面操作。

（10）张拉施工时，其下方严禁进行其他操作；严禁采用敲击方法调整施力装置，不得在锚杆端部悬挂重物或碰撞锚具。

（11）锚杆试验时，计量仪表连接必须牢固可靠，前方和下方严禁站人。

（12）锚杆锁定应控制相邻锚杆张拉锁定引起的预应力损失，当锚杆出现锚头松弛、脱落、锚具失效等情况时，应及时进行修复并对其进行再次张拉锁定。

（13）当锚杆承载力检测结果不满足设计要求时，应将检测结果提交设计复核，并提出补救措施。

8.3 地下连续墙

8.3.1 适用条件

地下连续墙为分槽段用专用机械成槽、浇筑钢筋混凝土所形成的连续地下墙体，也可称为现浇地下连续墙。实际施工照片如图 8-2 所示。

图 8-2 地下连续墙实际施工

由于受到施工机械的限制，地下连续墙的厚度具有固定的模数，不能像排桩一样根据桩径和刚度灵活调整。因此，地下连续墙只有在一定深度的基坑工程或其他特殊条件下才能显示出其经济性和特有优势。一般适用于如下条件：

（1）开挖深度超过 10m 的深基坑工程。

（2）围护结构也作为主体结构的一部分，且对防水、抗渗有较严格要求的工程。

（3）采用逆作法施工，地上和地下同步施工时，一般采用地下连续墙作为围护墙。

（4）邻近存在保护要求较高的建（构）筑物，对基坑本身的变形和防水要求较高的工程。

（5）基坑内空间有限，地下室外墙与红线距离极近，采用其他围护形式无法满足留设施工操作要求的工程。

（6）超深基坑中，例如在 30～50m 的深基坑工程，采用其他围护体无法满足要求时，常采用地下连续墙作为围护结构。

8.3.2　构造要求

（1）悬臂式地下连续墙厚度不宜小于 600mm，锚拉式或支撑式地下连续的厚度不宜小于 400mm。地下连续墙槽段长度应根据槽壁稳定性及钢筋笼起吊能力划分，宜为 4～8m。

（2）地下连续墙混凝土强度等级不宜低于 C25，地下连续墙作为地下室外墙时还应按有关规范的规定，满足墙体的抗渗设计要求。

（3）地下连续墙的纵向受力钢筋应采用 HRB400、HRB500 钢筋，直径不宜小于 20mm，净间距不宜小于 75mm；水平钢筋及构造钢筋宜采用 HPB300、HRB400 钢筋，直径不宜小于 12mm，间距宜为 200～400mm。

（4）纵向受力钢筋的保护层厚度不宜小于 50mm。

（5）纵向受力钢筋可按内力大小沿墙体纵向分段配置，但通长配置的纵向钢筋的截面面积不应小于总量的 50%。

（6）地下连续墙墙段之间的连接接头宜采用圆形锁口管、波纹管、楔形、工字形钢或预制混凝土等柔性接头。

（7）当地下连续墙作为主体地下结构外墙，且对其整体性要求较高时，宜采用刚性接头；刚性接头可采用一字形或十字形穿孔钢板接头、钢筋承插式接头等；当采取地下连续墙顶设置通长冠梁、槽段接缝处设置结构壁柱、基础底板与地下连续墙刚性连接等措施时，也可采用柔性接头。

（8）钢筋笼端部与槽段接头之间、钢筋笼端部与相邻墙段混凝土面之间的距离不应大于 150mm，纵向钢筋下端 500mm 长度范围内宜按 1∶10 的斜度向内收口。

（9）地下连续墙顶部应设置钢筋混凝土冠梁，冠梁高度（水平方向尺寸）不宜小于地下连续墙厚度，冠梁厚度（竖直方向尺寸）不宜小于墙厚的 0.6 倍，且不得小于 400mm。

（10）当地下连续墙用作地下室外墙时，与地下室结构的连接可采用在地下连续墙内预埋钢筋、接驳器、钢板等，预埋钢筋宜采用 HPB300 级钢筋，连接钢筋直径大于 20mm 时，宜采用接驳器连接。

8.3.3　施工安全控制要点

（1）地下连续墙成槽前应设置钢筋混凝土导墙及施工道路。导墙养护期间，重型机械设备不应在导墙附近作业或停留。

（2）地下连续墙成槽前应进行槽壁稳定性验算。

（3）对位于暗河区、扰动土区、浅部砂性土中的槽段或邻近建筑物保护要求较高时，宜在连续墙施工前对槽壁进行加固。

（4）地下连续墙单元槽段成槽施工，宜采用跳幅间隔的施工顺序。

（5）在保护设施不齐全、监管人不到位的情况下，严禁人员下槽、孔内清理障碍物。

（6）地下连续墙成槽泥浆使用前应根据材料和地质条件进行试配，并进行室内性能试验，泥浆配合比宜按现场试验确定。

（7）泥浆的供应及处理系统应满足泥浆使用量的要求，槽内泥浆面不应低于导墙面0.3m，同时槽内泥浆面应高于地下水位0.5m以上。

（8）成槽结束后应对相邻槽段的混凝土端面进行清刷，刷至底部，清除接头处的泥沙，确保单元槽段接头部位的抗渗性能。

（9）槽段接头应满足混凝土浇筑压力对其强度和刚度的要求，安放时，应紧贴槽段垂直缓慢沉放至槽底。遇到阻碍时，槽段接头应在清除障碍后入槽。

（10）周边环境保护要求高时，宜在地下连续墙接头处增加防水措施。

（11）地下连续墙钢筋笼吊装所选用的吊车应满足吊装高度及起重量的要求，主吊和副吊应根据计算确定。钢筋笼吊点布置应根据吊装工艺通过计算确定，并应进行整体起吊安全验算，按计算结果配置吊具、吊点加固钢筋、吊筋等。

（12）地下连续墙钢筋笼吊装前必须对钢筋笼进行全面检查，防止有剩余的钢筋断头、焊接接头等遗留在钢筋笼上。

（13）采用双机抬吊作业时，应统一指挥，动作应配合协调，载荷应分配合理。

（14）起重机械起吊钢筋笼时应先稍离地面试吊，确认钢筋笼已挂牢，钢筋笼刚度、焊接强度等满足要求时，再继续起吊。

（15）起重机械在吊钢筋笼行走时，载荷不得超过允许起重量的70%，钢筋笼离地不得大于500mm，并应栓好拉绳，缓慢行驶。

（16）预制墙段应达到设计强度100%后方可运输及吊放。

（17）预制墙段堆放场地应平整、坚实、排水通畅。垫块宜放置在吊点处，底层垫块面积应满足墙段自重对地基荷载的有效扩散。预制墙段叠放层数不宜超过3层，上、下层垫块应放置在同一直线上。

（18）预制墙段运输叠放层数不宜超过2层。墙段装车后应采用紧绳器与车板固定，钢丝绳与墙段阳角接触处应有护角措施。异型截面墙段运输时应有可靠的支撑措施。

（19）预制墙段应验收合格，待槽段完成并验槽合格后方可安放入槽段内。

（20）预制墙段安放顺序为先转角槽段后直线槽段，安放闭合位置宜设置在直线槽段上。

（21）相邻槽段应连续成槽，幅间接头宜采用现浇接头。

（22）预制墙段吊放时应在导墙上安装导向架；起吊点应按设计要求或经计算确定，起吊过程中所产生的内力应满足设计要求；起吊回直过程中应防止预制墙段根部拖行或着力过大。

（23）起重机械及吊装机具进场前应进行检验，施工前应进行调试，施工中应定期检验和维护。

（24）成槽机、履带式起重机应在平坦坚实的路面上作业、行走和停放。外露传动系统应有防护罩，转盘方向轴应设有安全警告牌。成槽机、起重机工作时，回转半径内不应有障碍物，吊臂下严禁站人。

8.4　内支撑

8.4.1　适用条件

根据现行行业标准《建筑基坑支护技术规程》（JGJ 120）第 2.1.15 条的相关条例，内支撑基坑支护形式为设置在基坑内的由钢筋混凝土或钢构件组成的用以支撑挡土构件的结构部件。支撑构件采用钢材、混凝土时，分别称为钢内支撑、混凝土内支撑。内支撑实际施工照片如图 8-3 所示。

图 8-3　内支撑实际施工照片

内支撑在软土地区是一种普遍采用的支护型式。与排桩加支护相比较，内支撑的优势在于其支护结构不受护坡桩之外环境条件的制约，内支撑替代了锚杆，支护工程完工后，不会在护坡桩之外留下障碍物，钢支撑还可以回收重复使用，更符合绿色施工的要求。

8.4.2　构造要求

（1）内支撑的布置应满足主体结构的施工要求，宜避开地下主体结构的墙、柱。

（2）相邻支撑的水平间距应满足土方开挖的施工要求；采用机械挖土时，应满足挖土机械作业的空间要求，且不宜小于 4m。

（3）基坑形状有阳角时，阳角处的斜撑应在两边同时设置。

（4）当采用环形支撑时，环梁宜采用圆形、椭圆形等封闭曲线形式；并应按使环梁弯矩、剪力最小的原则布置辐射支撑；宜采用环形支撑与腰梁或冠梁交汇的布置形式。

（5）水平支撑应设置与挡土构件连接的腰梁；当支撑设置在挡土构件顶部所在平面时，应与挡土构件的冠梁连接；在腰梁或冠梁上支撑点的间距，对钢腰梁不宜大于4m，对混凝土腰梁不宜大于9m。

（6）当需要采用相邻水平间距较大的支撑时，宜根据支撑冠梁、腰梁的受力和承载力要求，在支撑端部两侧设置八字斜撑杆与冠梁、腰梁连接，八字斜撑杆宜在主撑两侧对称布置，且斜撑杆的长度不宜大于9m，斜撑杆与冠梁、腰梁之间的夹角宜取45°～60°。

（7）当设置支撑立柱时，临时立柱应避开主体结构的梁、柱及承重墙；对纵横双向交叉的支撑结构，立柱宜设置在支撑的交汇点处；对用作主体结构柱的立柱，立柱在基坑支护阶段的负荷不得超过主体结构的设计要求；立柱与支撑端部及立柱之间的间距应根据支撑构件的稳定要求和竖向荷载的大小确定，且对混凝土支撑不宜大于15m，对钢支撑不宜大于20m。

（8）当采用竖向斜撑时，应设置斜撑基础，但应考虑与主体结构底板施工的关系。

（9）竖向支撑与挡土构件之间不应出现拉力。

（10）支撑应避开主体地下结构底板和楼板的位置，并应满足主体地下结构施工对墙、柱钢筋连接的要求。

（11）当支撑下方的主体结构楼板在支撑拆除前施工时，支撑底面与下方主体结构楼板间的净距不宜小于700mm。

（12）支撑至基底的净高不宜小于3m。

（13）采用多层水平支撑时，各层水平支撑宜布置在同一竖向平面内，层间净高不宜小于3m。

（14）混凝土内支撑的强度等级不应低于C25。

（15）混凝土支撑构件的截面高度不宜小于其竖向平面内计算长度的1/20；腰梁的截面高度（水平方向）不宜小于其水平方向计算跨度的1/10，截面宽度不应小于支撑的截面高度。

（16）混凝土支撑构件的纵向钢筋直径不宜小于16mm，沿截面周边的间距不宜大于200mm；箍筋的直径不宜小于8mm，间距不宜大于250mm。

（17）钢支撑构件可采用钢管、型钢及其组合截面。

（18）钢支撑受压杆件的长细比不应大于150，受拉杆件长细比不应大于200。

（19）钢支撑连接宜采用螺栓连接，必要时可采用焊接连接。

（20）当水平支撑与腰梁斜交时，腰梁上应设置牛腿或采用其他能够承受剪力的连接措施。

（21）采用竖向斜撑时，腰梁和支撑基础上应设置牛腿或采用其他能够承受剪力的连接措施；腰梁与挡土构件之间应采用能够承受剪力的连接措施；斜撑基础应满足竖向承载力和水平承载力要求。

（22）立柱可采用钢格构、钢管、型钢或钢管混凝土等形式。

（23）当采用灌注桩作为立柱的基础时，钢立柱锚入桩内的长度不宜小于立柱长边或直径的 4 倍。

（24）立柱长细比不宜大于 25。

（25）立柱与水平支撑的连接可采用铰接。

（26）立柱穿过主体结构底板的部位，应有有效的止水措施。

（27）混凝土支撑构件的构造，尚应符合现行国家标准《混凝土结构设计规范》（GB 50010）的有关规定。钢支撑构件的构造，尚应符合现行国家标准《钢结构设计标准》（GB 50017）的有关规定。

8.4.3 施工安全控制重点

（1）支撑系统的施工与拆除，应按先撑后挖、先托后拆的顺序，拆除顺序应与支护结构的设计工况相一致，并应结合现场支护结构内力与变形的监测结果进行。

（2）支撑体系上不应堆放材料或运行施工机械；当需利用支撑结构兼做施工平台或栈桥时，应进行专门设计。

（3）基坑开挖过程中应对基坑开挖形成的立柱进行监测，并应根据监测数据调整施工方案。

（4）支撑底模应具有一定的强度、刚度和稳定性，混凝土垫层不得用作底模。

（5）钢支撑吊装就位时，吊车及钢支撑下方严禁人员入内，现场应做好防下坠措施。钢支撑吊装过程中应缓慢移动，操作人员应监视周围环境，避免钢支撑刮碰坑壁、冠梁、上部钢支撑等。起吊钢支撑应先进行试吊，检查起重机的稳定性、制动的可靠性、钢支撑的平衡性、绑扎的牢固性，确认无误后，方可起吊。当起重机出现倾覆迹象时，应快速使钢支撑落回基座。

（6）支撑安装完毕后，应及时检查各节点的连接状况，经确认符合要求后方可均匀、对称、分级施加预应力。

（7）预应力施加过程中应检查支撑连接节点，必要时应对支撑节点进行加固；预应力施加完毕、额定压力稳定后应锁定。

（8）钢支撑使用过程应定期进行预应力监测，必要时应对预应力损失进行补偿；在周边环境保护要求较高时，宜采用钢支撑预应力自动补偿系统。

（9）立柱桩施工前应对其单桩承载力进行验算，竖向荷载应按最不利工况取值，立柱在基坑开挖阶段应计入支撑与立柱的自重、支撑构件上的施工荷载等。

（10）立柱与支撑可采用铰接连接。在节点处应根据承受的荷载大小，通过计算设置抗剪钢筋或钢牛腿等抗剪措施。立柱穿过主体结构底板以及支撑结构穿越主体结构地下室外墙的部位应采取止水构造措施。

（11）钢立柱周边的桩孔应采用砂石均匀回填密实。

（12）拆除支撑施工前，必须对施工作业人员进行安全技术交底，施工中应加强安全检查。

（13）拆撑作业施工范围严禁非操作人员入内，切割焊和吊运过程中工作区严禁入内，拆除的零部件严禁随意抛落。当钢筋混凝土支撑采用爆破拆除施工时，现场应划定危险区域，并应设置警戒线和相关的安全标志，警戒范围内不得有人员逗留，并应派专人监管。

（14）支撑拆除时应设置安全可靠的防护措施和作业空间，当需利用永久结构底板或楼板作为支撑拆除平台时，应采取有效的加固及保护措施，并应征得主体结构设计单位同意。

（15）换撑工况应满足设计工况要求，支撑应在梁板柱结构及换撑结构达到设计要求的强度后对称拆除。

（16）支撑拆除施工过程中应加强对支撑轴力和支护结构位移的监测，变化较大时，应加密监测，并应及时统计、分析上报，必要时应停止施工加强支撑。

（17）栈桥拆除施工过程中，栈桥上严禁堆载，并应限制施工机械超载，合理制订拆除的顺序，应根据支护结构变形情况调整拆除长度，确保栈桥剩余部分结构的稳定性。

（18）钢支撑可采用人工拆除和机械拆除。钢支撑拆除时应避免瞬间预加应力释放过大而导致支护结构局部变形、开裂，并应采用分步卸载钢支撑预应力的方法对其进行拆除。

（19）钢筋混凝土支撑爆破拆除时，应根据周围环境作业条件、爆破规模，应按现行国家标准《爆破安全规程》（GB 6722）分级，采取相应的安全技术措施。

（20）当采用人工拆除作业时，作业人员应站在稳定的结构或脚手架上操作，支撑构件应采取有效的防下坠控制措施，对切断两端的支撑拆除的构件应有安全的放置场所。

（21）机械拆除施工时，应按施工组织设计选定的机械设备及吊装方案进行施工，严禁超载作业或任意扩大拆除范围。

（22）作业中机械不得同时回转、行走。

（23）对尺寸或自重较大的构件或材料，必须采用起重机具及时下放。

（24）拆卸下来的各种材料应及时清理，分类堆放在指定场所。

（25）供机械设备使用和堆放拆卸下来的各种材料的场地地基承载力应满足要求。

8.5　土钉墙

8.5.1　适用条件

土钉墙由随基坑开挖分层设置的、纵横向密布的土钉群、喷射混凝土面层及原位土体所组成的支护结构，适用于地下水位（或经人工降水措施后）低于基坑底面、影响范围内无重要建筑或地下管线、地下空间允许施作土钉的基坑，以及填土、黏性土、粉土、砂土、卵砾石等土层。当场地土质不均匀、开挖深度深、周边建（构）筑物变形控制要求严时，宜采用土钉墙与预应力锚杆、支护桩、超前微型桩等联合支护。土钉墙实际施工照片如图 8-4 所示。

8.5.2　构造要求

（1）土钉墙墙面坡度宜为 1∶0.2～1∶0.5，一般不宜大于 1∶0.1。

（2）土钉必须和混凝土面层有效连接，应设加强钢筋等构造措施。

图 8-4 土钉墙实际施工照片

（3）土钉的长度宜为土钉墙支护高度的 0.5～1.2 倍，密实砂土和坚硬黏土可取低值；对软塑黏性土不应小于 1.0 倍。顶部土钉的长度宜适当增加。

（4）土钉间距宜为 1.2～2.0m，局部软弱土中可小于 1.2m。

（5）土钉与水平面夹角宜为 5°～20°。当用压力注浆且有可靠排气措施时倾角可接近水平。当上层土较软弱时，可适当增大倾角。当遇有局部障碍物时，允许调整钻孔位置和方向。

（6）土钉钢筋不应小于 HRB400 级钢筋，钢筋直径宜为 16～32mm，钻孔直径宜为 80～130mm。

（7）应沿土钉全长设置对中定位支架，其间距宜取 1.5～2.5m，土钉钢筋保护层厚度不宜小于 20mm。

（8）土钉注浆材料宜采用水泥浆或水泥砂浆，其强度等级不宜低于 20MPa。

（9）喷射混凝土面层的厚度宜为 80～150mm，混凝土强度等级不宜低于 C20。混凝土面层内应配置钢筋网和通长的加强钢筋,钢筋网宜采用 HPB300 级钢筋,钢筋直径宜为 6～10mm,间距宜为 150～300mm;加强钢筋的直径宜取 14～20mm,当充分利用土钉杆体的抗拉强度时,加强钢筋的截面面积不应小于土钉杆体截面面积的 1/2。当面层厚度大于 120mm 时,宜设置双层钢筋网。

(10) 钢筋网搭接长度应大于 300mm。

(11) 土钉与加强钢筋宜采用焊接连接,其连接应满足承受土钉拉力的要求。

(12) 当基坑开挖深度大、基坑侧壁土质差,可在土钉支护中局部采用预应力锚杆与土钉的联合支护方法。

(13) 局部预应力锚杆长度不宜小于按常规设计土钉长度的 1.35 倍。当设置两排及以上预应力锚杆时,其竖向间距宜为原土钉间距的 2～3 倍。

8.5.3 施工安全控制重点

(1) 分层开挖厚度应与土钉竖向间距协调同步,逐层开挖并施工土钉,严禁超挖。

(2) 开挖后应及时封闭临空面,完成土钉墙支护;在易产生局部失稳的土层中,土钉上下排距较大时,宜将开挖分为二层并应控制开挖分层厚度,及时喷射混凝土底层。

(3) 上一层土钉墙施工完成后,应按设计要求或间隔不小于 48h 后开挖下一层土方。

(4) 施工期间坡顶应按超载值设计要求控制施工荷载。

(5) 严禁土方开挖设备碰撞上部已施工土钉,严禁振动源振动土钉侧壁。

(6) 对环境调查结果显示基坑侧壁地下管线存在渗漏或存在地表水补给的工程,应反馈修改设计,提高土钉墙设计安全度,必要时应调整支护结构方案。

(7) 干作业法施工时,应先降低地下水位,严禁在地下水位以下成孔施工。

(8) 当成孔过程中遇有障碍物或成孔困难需调整孔位及土钉长度时,应对土钉承载力及支护结构安全度进行复核计算,根据复核计算结果调整设计。

(9) 对灵敏度较高的粉土、粉质黏土及可能产生液化的土体,严禁采用振动法施工土钉。

(10) 设有水泥土截水帷幕的土钉支护结构,土钉成孔过程中应采取措施防止土体流失。

(11) 土钉应采用孔底注浆施工,严禁采用孔口重力式注浆。对空隙较大的土层,应采用较小的水灰比,并应采取二次注浆方法。

(12) 膨胀土土钉注浆材料宜采用水泥砂浆,并应采用水泥浆二次注浆技术。

(13) 喷射混凝土施工时,作业人员应佩戴防尘口罩、防护眼镜等防护用具,并应避免直接接触液体速凝剂,若接触后应立即用清水冲洗;非施工人员不得进入喷射混凝土的作业区,施工时喷嘴前严禁站人。

(14) 喷射混凝土施工中应检查输料管、接头的情况,当有磨损、击穿或松脱时应及时处理。

(15) 喷射混凝土作业中当发生输料管路堵塞或爆裂时,必须依次停止投料、送水和供风。

(16) 冬期在没有可靠保温措施条件时不得施工土钉墙。

（17）施工过程中应对产生的地面裂缝进行观测和分析，及时反馈设计，并应采取相应措施控制裂缝的发展。

（18）土钉墙设计施工应考虑施工作业周期和季节、震动等环境因素对陡坡开挖面上暂时裸露土体稳定性的影响。

8.6　重力式水泥土墙

8.6.1　适用条件

重力式水泥土墙为水泥土桩相互搭接成格栅或实体的重力式支护结构。

由于重力式水泥土墙靠自重维持平衡稳定，因此体积和质量大，在软弱地基上修建往往受到承载力的限制。如果墙太高，耗费材料多，不经济。当地基较好，基坑支护高度不大，施工当地又有可用石料时，应当首先选用重力式水泥土墙。

重力式水泥土墙一般不配钢筋或只在局部范围内配以少量的钢筋，墙高在 6m 以下，地层稳定、开挖土石方时不会危及相邻建筑物安全的地段，其经济效益明显。

8.6.2　构造要求

（1）水泥土墙宜采用水泥土搅拌桩相互搭接形成的格栅状结构形式，也可采用水泥土搅拌桩相互搭接成实体的结构形式。搅拌桩的施工工艺宜采用喷浆搅拌法。

（2）重力式水泥土墙的嵌固深度，对淤泥质土，不宜小于 $1.2h$，对淤泥，不宜小于 $1.3h$；重力式水泥土墙的宽度（B），对淤泥质土，不宜小于 $0.7h$，对淤泥，不宜小于 $0.8h$；此处，h 为基坑深度。

（3）水泥土搅拌桩的搭接宽度不宜小于 150mm。

（4）水泥土墙体 28d 无侧限抗压强度不宜小于 0.8MPa。当需要增强墙身的抗拉性能时，可在水泥土桩内插入杆筋。杆筋可采用钢筋、钢管或毛竹。杆筋的插入深度宜大于基坑深度。杆筋应锚入面板内。

（5）水泥土墙顶面宜设置混凝土连接面板，面板厚度不宜小于 150mm，混凝土强度等级不宜低于 C15。

8.6.3　施工安全控制要点

（1）重力式水泥土墙应通过试验性施工，并应通过调整搅拌桩机的提升（下沉）速度、喷浆量以及喷浆、喷气压力等施工参数，减小对周边环境的影响。施工完成后应检测墙体连续性及强度。

（2）水泥土搅拌桩机运行过程中，其下部严禁站立非工作人员；桩机移动过程中非工作人员不得在其周围活动，移动路线上不应有障碍物。

（3）重力式水泥土墙施工遇有河塘、洼地时，应抽水和清淤，并应采用素土回填夯实。在暗浜区域水泥土搅拌桩应适当提高水泥掺量。

（4）钢管、钢筋或竹筋的插入应在水泥土搅拌桩成桩后及时完成，插入位置和深度应符合设计要求。

（5）施工时因故停浆，应在恢复喷浆前，将搅拌机头提升或下沉 0.5m 后喷浆搅拌施工。

（6）水泥土搅拌桩搭接施工的间隔时间不宜大于 24h；当超过 24h 时，搭接施工时应放慢搅拌速度。若无法搭接或搭接不良，应做冷缝记录，在搭接处采取补救措施。

8.7 基坑支护荷载计算

8.7.1 作用于支护结构上的荷载

（1）永久荷载：土体自重、建（构）筑物荷载、水压力等。

（2）可变荷载：汽车、吊车、堆载、冻胀、温度变化等。

（3）偶然荷载：地震力、爆炸力、撞击力等。

8.7.2 土压力

土压力是基坑支护承受的主要荷载，分为静止土压力、主动土压力、被动土压力。

（1）静止土压力：当挡土墙静止不动，土体处于弹性平衡状态时，土对墙的压力称为静止土压力 σ_0。简单点说，就是墙没动（土没有推动墙，墙也没有推动土），这时墙所受到的土压力。

（2）主动土压力：当挡土墙向离开土体方向偏移至土体达到极限平衡状态时，作用在墙上的土压力称为主动土压力。简单点说，就是墙后的土体推动了挡墙，这时挡土墙所受的土压力。

（3）被动土压力：当挡土墙向土体方向偏移至土体达到极限平衡状态时，作用在挡土墙上的土压力称为被动土压力。简单点说，就是墙后有一个未知的力推着墙，把墙推动了，由于墙与土在紧挨着，从而把墙前的土推动了，这时墙所受的土压力。

值得说明的是，本章节在后续计算时，只考虑按静止土压力进行计算。

8.7.3 静止土压力的计算

假设为均匀土体，不考虑地下水的影响，受力示意如图 8-5 所示，静止土压力 σ_0（kPa）按下式计算

$$\sigma_z = \gamma z \tag{8-1}$$

$$\sigma_x = \sigma_0 = K_0 \gamma z \tag{8-2}$$

$$K_0 = 1 - \sin\varphi \tag{8-3}$$

式中　σ_z、σ_x——土体竖直、水平方向的土压力，kPa；

　　　　γ——土体天然重力密度，kN/m³；

　　　　z——土体深度，m；

　　　　K_0——静止土压力系数，$0 \leqslant K_0 \leqslant 1$；

　　　　φ——内摩擦角，°，参考现行行业标准《建筑基坑支护技术规程》（JGJ 120）

第 3.1.14 条的相关规定进行取值。

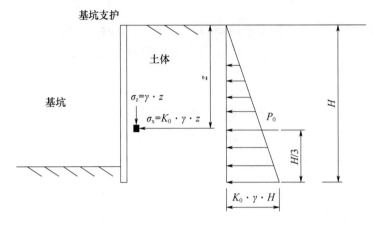

图 8-5　静止压力受力示意图

在地表处 $\sigma_x = 0$，随着深度的增加，σ_x 逐渐增大，在护坡桩最深处，$\sigma_x = K_0 \gamma H$，静止土压力合力 P_0（kN/m）大小按式 8-4 计算

$$P_0 = \frac{1}{2} K_0 \gamma H^2 \tag{8-4}$$

计算方法为求由深度 H 和 σ_x 形成的三角形的面积，作用点为三角形形心处，距底面 $H/3$。

8.7.4　水压力计算

基坑支护外侧存在地下水时，支护结构承受水压力，受力示意如图 8-6 所示，水压力 σ_w（kPa）可按公式 8-5 计算：

$$\sigma_w = \gamma_w h_w \tag{8-5}$$

式中　γ_w——地下水的重力密度，kN/m³，取 $\gamma_w = 10$kN/m³；

　　　h_w——地下水位至土压力计算点的垂直距离，m。

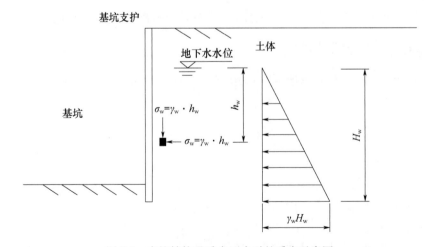

图 8-6　支护结构承受水压力时的受力示意图

8.7.5　成层土压力计算

假设为成层土体，不考虑地下水的影响，受力示意如图8-7所示，土压力 σ_0 （kPa）按下式计算

$$\sigma_{A0}=0 \tag{8-6}$$

$$\sigma_{B0}=K_{01}\gamma_1 H_1 \tag{8-7}$$

$$\sigma_{C0}=K_{02}（\gamma_1 H_1+\gamma_2 H_2） \tag{8-8}$$

式中　σ_{A0}、σ_{B0}、σ_{C0}——A 点、B 点、C 点的土压力，kPa；

$\quad\quad\quad K_{01}$、K_{02}——土体 1、土体 2 的土压力系数；

$\quad\quad\quad \gamma_1$、γ_2——土体 1、土体 2 的天然重力密度，kN/m³；

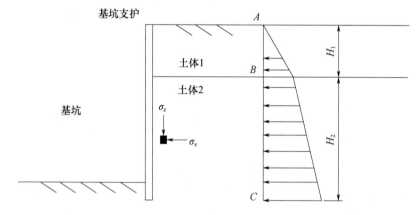

图 8-7　成层土体受力示意图

8.7.6　同时考虑水、土压力

考虑地下水的影响，受力示意如图8-8所示，土压力 σ_i （kPa）按下式计算：

$$\sigma_{A0}=0 \tag{8-9}$$

$$\sigma_{B0}=K_0\gamma H_B \tag{8-10}$$

$$\sigma_{C0}=K_0（\gamma H_B+\gamma' H_C）+\gamma_w H_w \tag{8-11}$$

γ'——土体的饱和重力密度，kN/m³。

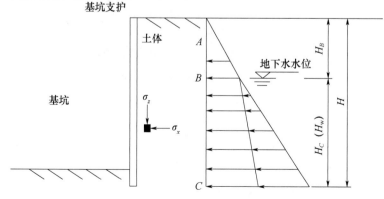

图 8-8　同时考虑水、土压力的受力示意图

8.7.7 基坑周边堆载对支护的受力计算

（1）支护结构外侧地面附加均布荷载 q（kPa）时，受力示意如图 8-9 所示，基坑支护外侧任意深度附加荷载影响 σ_q（kPa）按下式计算

$$\sigma_z = q \tag{8-12}$$

$$\sigma_x = \sigma_q = K_0 q \tag{8-13}$$

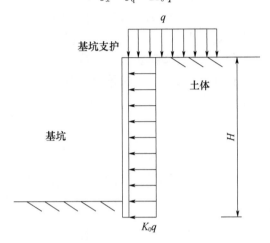

图 8-9　支护结构外侧地面附加均布荷载时的受力示意图

（2）当距支护结构 b_1 外侧，地表作用有宽度为 b_0 的条形附加均布荷载 q_1（kPa）时，附加荷载向下扩散，土体扩散角 θ 参考现行行业标准《建筑基坑支护技术规程》（JGJ 120）3.4.7 相关规定取 $45°$，受力示意如图 8-10 所示，支护外侧 AB 范围内，受附加荷载影响 σ_q（kPa）按下式计算：

$$\sigma_z = q_1 \frac{b_0}{b_0 + 2b_1} \tag{8-14}$$

$$\sigma_x = \sigma_q = K_0 q_1 \frac{b_0}{b_0 + 2b_1} \tag{8-15}$$

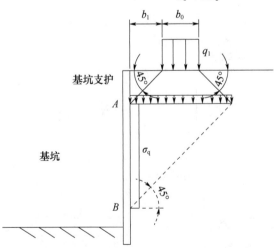

图 8-10　支护结构外侧地面附加均布向下荷载时的受力示意图

（3）上述地表附加荷载作用于地表以下深度时，将计算点深度相应下移，其附加荷载影响 σ_q（kPa）可按上述要求确定。

8.7.8 同时考虑地下水、附加荷载和土压力基坑支护的计算

支护结构外侧地面附加均布荷载 q（kPa），考虑地下水的影响，受力示意如图 8-11 所示，则土压力 σ_i（kPa）按下式计算

$$\sigma_{O0} = K_0 q \tag{8-16}$$

$$\sigma_{A0} = K_0 q \tag{8-17}$$

$$\sigma_{B0} = K_0 \gamma H_B + K_0 q \tag{8-18}$$

$$\sigma_{C0} = K_0 (\gamma H_B + \gamma' H_C) + \gamma_w H_w + K_0 q \tag{8-19}$$

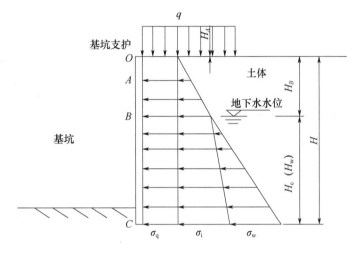

图 8-11 考虑地下水影响的支护结构外侧地面附加均布荷载的受力示意图

8.8 基坑支护监测要求

8.8.1 基本概念

（1）在建筑基坑施工及使用阶段，需采用仪器量测、现场巡视等手段和方法对基坑及周边环境的安全状况、变化特征及其发展趋势实施的定期或连续巡查、量测、监视以及数据采集、分析、反馈活动。

（2）基坑设计安全等级为一、二级的基坑；开挖深度大于或等于 5m 的土质基坑；极软岩基坑；破碎的软岩基坑；极破碎的岩体基坑；上部为土体、下部为极软岩、破碎的软岩、极破碎的岩体构成的土岩组合基坑；开挖深度小于 5m 但现场地质情况和周围环境较复杂的基坑，需进行基坑监测。

（3）基坑工程设计文件应对监测范围、监测项目及测点布置、监测频率和监测预警值等做出规定。

（4）基坑工程施工前，应由建设方委托具备相应能力的第三方对基坑工程实施现场

监测。监测单位应编制监测方案，监测方案应经建设方、设计方等认可，必要时还应与基坑周边环境涉及的有关管理单位协商一致后方可实施。

（5）第三方监测单位对第三方监测数据和报告负责。第三方监测单位应当根据勘察资料、深基坑工程设计文件、监测合同及相关规范标准等编制第三方监测方案，并严格按方案开展监测和巡视工作；应及时处理、分析监测数据，及时向建设单位提交监测数据和分析报告；发现异常时，应立即向建设单位反馈。

（6）当第三方监测和施工监测的监测结果有差异时，建设单位应及时组织基坑工程设计单位、施工单位、第三方监测单位和监理单位对基坑工程及周边环境安全进行研判，并提出处理意见。

（7）施工单位、第三方监测单位应加强对监测点的管理，确保布设的监测点满足监测工作要求。监测人员应具备一定的专业技能，使用的监测设备应合格有效、满足监测工作要求。

8.8.2 基坑支护监测范围

基坑工程监测范围应根据基坑设计深度、地质条件、周边环境情况以及支护结构类型、施工工法等综合确定；采用施工降水时，尚应考虑降水及地面沉降的影响范围。基坑支护监测对象如下：

（1）支护结构。

（2）基坑及周围岩土体。

（3）地下水。

（4）周边环境中的被保护对象，包括周边建筑、管线、轨道交通、铁路及重要的道路等。

（5）其他应监测的对象。

8.8.3 基坑支护监测方案

（1）监测单位应按监测方案实施监测。当基坑工程设计或施工有重大变更时，监测单位应与建设方及相关单位研究并及时调整监测方案。

（2）下列基坑工程的监测方案应进行专项论证：邻近重要建筑、设施、管线等破坏后果很严重的基坑工程；工程地质、水文地质条件复杂的基坑工程；已发生严重事故，重新组织施工的基坑工程；采用新技术、新工艺、新材料、新设备的一、二级基坑工程；其他需要论证的基坑工程。

（3）监测单位应及时处理、分析监测数据，并将监测结果和评价及时向建设方及相关单位进行反馈。

（4）监测期间，监测方应做好监测设施的保护。建设方及总包方应协助监测单位保护监测设施。

8.8.4 基坑支护安全控制

基坑支护结构、周边环境的变形和安全控制应符合下列规定：

（1）保证基坑的稳定。

（2）保证地下结构的正常施工。

（3）对周边已有建筑引起的变形不得超过相关技术标准的要求或影响其正常使用。

（4）保证周边道路、管线、设施等正常使用。

（5）满足特殊环境的技术要求。

8.8.5 基坑支护监测频率的提高

当出现下列情况之一时，应提高监测频率：

（1）监测值达到预警值。

（2）监测值变化较大或者速率加快。

（3）存在勘察未发现的不良地质状况。

（4）超深、超长开挖或未及时加撑等违反设计工况施工。

（5）基坑及周边大量积水、长时间连续降雨、市政管道出现泄漏。

（6）基坑附近地面荷载突然增大或超过设计限制。

（7）支护结构出现开裂。

（8）周边地面突发较大沉降或出现严重开裂。

（9）邻近建筑突发较大沉降、不均匀沉降或出现严重开裂。

（10）基坑底部、侧壁出现管涌、渗漏或流砂等现象。

（11）膨胀土、湿陷性黄土等水敏性特殊土基坑出现防水、排水等防护设施损坏，开挖暴露面有被水浸湿的现象。

（12）多年冻土、季节性冻土等温度敏感性土基坑经历冻、融季节。

（13）高灵敏性软土基坑受施工扰动严重、支撑施作不及时、有软土侧壁挤出、开挖暴露面未及时封闭等异常情况。

（14）出现其他影响基坑及周边环境安全的异常情况。

8.8.6 基坑支护报警

当出现下列情况之一时，必须立即进行危险报警，并应通知有关各方对基坑支护结构和周边环境保护对象采取应急措施。

（1）基坑支护结构的位移值突然明显增大或基坑出现流砂、管涌、隆起、陷落等。

（2）基坑支护结构的支撑或锚杆体系出现过大变形、压屈、断裂、松弛或拔出的迹象。

（3）基坑周边建筑的结构部分出现危害结构的变形裂缝。

（4）基坑周边地面出现较严重的突发裂缝或地下空洞、地面下陷。

（5）基坑周边管线变形突然明显增长或出现裂缝、泄漏等。

（6）冻土基坑经受冻融循环时，基坑周边土体温度显著上升，发生明显的冻融变形。

（7）出现基坑工程设计方提出的其他危险报警情况，或根据当地工程经验判断，出现其他必须进行危险报警的情况。

9 模板工程

模板工程是建筑工程重要的组成部分，在混凝土施工过程中模板工程虽然是一种临时结构，但在混凝土造价、劳动量消耗、工期进度等方面占有重要份额，尤其是安全方面更要高度重视。为了防止施工模板倒塌事故的发生及造成人员伤亡和重大经济损失，相关部门制订了一系列的安全管理规定。

在模板工程施工中既要严格执行各项法律、法规中的规定和要求，还要严格按照相关规范、技术标准等要求编制相关施工组织设计及施工方案、技术交底等施工文件，并在施工过程中监督执行，以保证模板工程施工处于安全状态。

模板工程中各项安全施工技术包括模板工程设计与计算，模板制作与安装，模板质量检查验收，模板的拆除、运输、维护、贮存、保管要求等。

9.1 相关技术标准

与模板工程相关的主要技术标准见表 9-1。

表 9-1　与模板工程相关的主要技术标准

序号	规范名称	规范号及现行版本
1	《建筑工程施工质量验收统一标准》	GB 50300—2013
2	《混凝土结构工程施工质量验收规范》	GB 50204—2015
3	《建筑结构荷载规范》	GB 50009—2012
4	《混凝土结构设计规范（2015 年版）》	GB 50010—2010
5	《钢结构设计标准》	GB 50017—2017
6	《冷弯薄壁型钢结构技术规范》	GB 50018—2002
7	《滑动模板工程技术标准》	GB/T 50113—2019
8	《混凝土结构工程施工规范》	GB 50666—2011
9	《大体积混凝土施工标准》	GB 50496—2018
10	《建筑施工脚手架安全技术统一标准》	GB 51210—2016
11	《碗扣式钢管脚手架构件》	GB 24911—2010
12	《租赁模板脚手架维修保养技术规范》	GB 50829—2013
13	《组合钢模板技术规范》	GB/T 50214—2013

序号	规范名称	规范号及现行版本
14	《建筑模板用木塑复合板》	GB/T 29500—2013
15	《建筑用木塑复合板应用技术标准》	JGJ/T 478—2019
16	《混凝土模板用木工字梁》	GB/T 31265—2014
17	《门式钢管脚手架》	JG 13—1999
18	《建筑施工门式钢管脚手架安全技术标准》	JGJ/T 128—2019
19	《房屋建筑工程施工工艺图解——模板工程（2014 年合订本）》	13SG905—1～2
20	《房屋建筑工程施工工艺图解——模板工程》	13SG905
21	《液压滑动模板施工安全技术规程》	JGJ 65—2013
22	《建筑工程大模板技术标准》	JGJ/T 74—2017
23	《钢框胶合板模板技术规程》	JGJ 96—2011
24	《建筑施工模板安全技术规范》	JGJ 162—2008
25	《建筑施工扣件式钢管脚手架安全技术规范》	JGJ 130—2011
26	《建筑施工碗扣式钢管脚手架安全技术规范》	JGJ 166—2016
27	《液压爬升模板工程技术标准》	JGJ/T 195—2018
28	《建筑塑料复合模板工程技术规程》	JGJ/T 352—2014
29	《组合铝合金模板工程技术规程》	JGJ 386—2016
30	《组装式桁架模板支撑应用技术规程》	JGJ/T 389—2016
31	《建筑施工模板和脚手架试验标准》	JGJ/T 414—2018

9.2　建筑模板概述

9.2.1　建筑模板概念

模板工程是一种临时性支护结构，按设计要求制作，使混凝土结构、构件按规定的位置、几何尺寸成型，保持其正确位置，并承受建筑模板自重及作用在其上的外部荷载。模板工程的目的，是保证混凝土工程质量与施工安全、加快施工进度和降低工程成本。

使混凝土成型的模板由模板面板和支撑模板的一整套构造体系构成。具体而言由面板、支架和连接件三部分组成的体系，可简称为"模板"。面板体系是直接接触新浇混凝土的承力板，控制混凝土构件尺寸、形状、位置的构造。面板的种类有钢、木、胶合板、塑料板等。支架为支撑面板用的楞梁、立柱、连接件、斜撑、剪刀撑和水平拉条等构件的总称。支架是支撑面板、混凝土和施工荷载的临时结构，保证模板结构牢固的组合，做到不变形、不破坏。连接件是将面板与支撑结构连接成整体的配件；连接件是用于面板与楞梁的连接、面板自身的拼接、支架结构自身的连接和其中二者相互间连接所用的零配件，包括卡销、螺栓、扣件、卡具、拉杆等。

模板在工程使用中根据需要和材料情况，常用的有：木模板、胶合板、钢模板，以及钢框胶合板模板、组合钢模板、大模板（整体式大模板、拼装式大模板）、工具式模板（滑动模板、爬模、飞模、隧道模）等。

（1）组合钢模板：由钢模板和配件两大部分组成。钢模板的肋高为 55mm，宽度、长度和孔距采用模数制设计。钢模板经专用设备压轧成型并焊接，采用配套的通用配件，能组合拼装成不同尺寸的板面和整体模架。组合钢模板包括宽度为 100～300mm，长度为 450～1500mm 的组合小钢模；宽度为 350～600mm，长度为 450～1800mm 的组合宽面钢模板和宽度为 750～1200mm，长度为 450～2100mm 的组合轻型大钢模。

（2）大模板：由面板系统、支撑系统、操作平台系统、对拉螺栓等组成，利用辅助设备按模位整装整拆的整体式或拼装式模板。

（3）整体式大模板：直接按模位尺寸需要加工的大模板。

（4）拼装式大模板：以符合建筑模数的标准模板为主、非标准模板为辅，组拼出模位尺寸需要的大模板。

（5）滑动模板：模板一次组装完成，上面设置有施工作业人员的操作平台，并从下往上采用液压或其他提升装置沿现浇混凝土表面边浇筑混凝土边进行同步滑动提升和连续作业，直到现浇结构的作业部分或全部完成。其特点是施工速度快、结构整体性能好、操作条件方便和工业化程度较高。

（6）爬模：以建筑物的钢筋混凝土墙体为支承主体，依靠自升式爬升支架使大模板完成提升、下降、就位、校正和固定等工作的模板系统。

（7）飞模：主要由平台板、支撑系统（包括梁、支架、支撑、支腿等）和其他配件（包括升降和行走机构等）组成。它是一种大型工具式模板，由于可借助起重机械，从已浇好的楼板下吊运飞出，转移到上层重复使用，称为飞模。因其外形如桌，故又称桌模或台模。

（8）隧道模：一种组合式的、可同时浇筑墙体和楼板混凝土的、外形像隧道的定型模板。

模板工程在混凝土施工中是一种临时结构，经制作、组装、运用及拆除等工序完成其工作。

在正常情况下，现浇混凝土结构的施工中，建筑模板成本占混凝土结构施工成本的 20%，工程工作量的 30% 和总工期约 50%。因此，从这个角度来看，建筑模板是混凝土结构工程施工的重要工具，模板技术的高低和质量直接影响工程建设的质量、效率和效益。使用合理的建筑模板可以在确保混凝土工程质量的同时提高施工效率，降低施工成本，保证施工安全，对建筑行业的技术提升具有重要意义。

9.2.2 建筑模板的发展

早期普遍使用的混凝土模板采用木制散板，按结构形状拼装成混凝土的成型模型，这种模板装、拆费时又费力，拆模后成一堆散板，材料损耗很大。

20 世纪初，开始出现了装配式定型木模板，根据工程需要，预先设计出一套有几种不同尺寸的定型模板，由加工单位进行批量生产。该模板施工时按结构型式，预先做出配板设计，在现场按配板图进行拼装，拆模后还可以继续周转使用。这种装配式定型木模板使用了很长一段时间，直到现在一些地方仍然在采用。

20 世纪 50 年代后期，法国等国家开始出现了大型模板，采用机械代替人工，进行大块模板的安装、拆除和搬动，用流水法进行施工，从而可以提高劳动效率，节省劳动力和缩短施工工期，这种模板的施工方法很快就普及到欧洲各国。这种模板方式采用钢材、胶合板等材料混合使用。也有以薄板钢材制作具有一定比例模数的定型组合钢模板，用"U"形卡、"L"形插销、钩头螺栓、蝶形扣件等附件拼成各种形状及不同面积的模板。

到了 20 世纪 60 年代开始出现了组合式定型模板。这种模板是在原来的装配式定型模板的基础上加以改进的，加上配套的拼装附件，可以拼装成不同尺寸的大型模板。它采用模数制设计，可以通过板块的组合，达到大型模板要求的尺寸。它既可以一次拼装，多次重复使用，又可以灵活拼装，随时变化拼装模板的尺寸，因而使用范围更广，已成为现浇混凝土工程中最主要的模板形式。1964 年又出现了铝合金模板，但由于价格较高至今还未得到广泛的使用。

20 世纪 70 年代以后，滑模技术有较大发展。采用滑模可以大幅度地节约原材料与成本，显著提高工程质量与施工速度。在民用建筑和水工建筑物的闸室、孔洞、墩墙、井筒、隧洞、溢洪道、大坝溢流面等施工中广泛采用滑模，坝、斜井施工也开始使用。

1908 年美国最早使用钢模板。随着对钢模板的设计、制作和管理等问题进行的研究，钢模板得到快速发展，在建筑工程中得到广泛的应用。

20 世纪 90 年代以来，我国建筑结构体系有了很大发展，高层建筑和超高层建筑大量兴建，大规模基础设施和城市交通、高速公路飞速发展。对建筑模板技术也提出了新要求，必须对建筑模板技术进行不断研究，推广使用新型材料，满足现代建筑工程施工的需求。新型建筑模板，例如钢框胶合板式模板、中型钢模板、钢或胶合板可拆卸式大模板、橡胶建筑模板、塑料或玻璃钢模壳等工具式模板将在未来的建筑工程中得到极大的发展和应用。

9.2.3 建筑模板分类

1. 模板的分类

模板的分类有各种不同的分类方法：

（1）按照形状分为平面模板和曲面模板两种。

（2）按受力条件分为承重和非承重模板（即承受混凝土的重量和混凝土的侧压力）。

（3）按材料分类为木模板、钢木组合模板、钢模板、钢竹模板、胶合板模板、重力式混凝土模板、钢筋混凝土镶面模板、铝合金模板、塑料模板、玻璃钢模板、砖砌模板等。

（4）按结构的类型模板分为：基础模板、柱模板、梁模板、楼板模板、楼梯模板、墙模板、壳模板、烟囱模板等多种模板（各种现浇钢筋混凝土结构构件，由于其形状、尺寸、构造不同，模板的构造及组装方法也不同）。

（5）按施工方法分类：现场装拆式模板、固定式模板、移动式模板。

（6）按施工工艺条件可分为现浇混凝土模板、预组装模板、大模板、跃升模板等。

（7）按其特种功能有滑动模板、真空吸盘或真空软盘模板、保温模板、钢模台车等。

上述模板的形状、尺寸各异，根据使用需求可以做成圆柱模板、倒角柱模板、弧形模板、锥形模板等异型模板，模板厂商可支持特殊定制，可以满足各种不同工程施工对模板的需求。

2. 常用模板形式及体系介绍

（1）现场装拆式模板。

在施工现场按照设计要求的结构形状、尺寸及空间位置组装的模板，当混凝土达到拆模强度后拆除模板。现场装拆式模板多用定型模板和工具式支撑。

建筑施工中，现场装拆式模板在施工中广泛使用，尤其是在中、小型建筑工程施工中应用十分广泛。主要是木模板和组合式定型钢模板。

（2）大模板。

大模板是大尺寸的工具式模板，一般是一块墙面用一块大模板。大模板由面板、加劲肋、支撑桁架、稳定机构等组成。面板多为钢板或胶合板，也可用小钢模组拼；加劲肋多用槽钢或角钢；支撑桁架用槽钢和角钢组成，采用大模板可节省模板装、拆时间。用大模板浇筑墙体，待浇的混凝土的强度达到 1.0MPa 就可拆除大模板，待混凝土强度达到 4.0MPa 及以上时才能在其上吊装楼板。大模板是采用专业设计和工业化加工制作而成的一种工具式模板，自重大，施工时需配以相应的吊装和运输机械，用于现场混凝土墙体施工。具有安装和拆除简便、施工速度快、结构整体性强、抗震能力好、尺寸准确、混凝土表面平整光滑、可以减少抹灰湿作业、周转使用次数多等优点。由于大模板的工业化、机械化施工程度高，综合技术经济效益好，因而受到普遍欢迎。

（3）固定式模板。

制作预制构件用的模板。按照构件的形状、尺寸在现场或预制厂制作模板，涂刷隔离剂，浇筑混凝土达到规定的拆模强度后，脱模清理模板，涂刷隔离剂，再制作下一批构件。各种胎模（例如土胎模、砖胎模、混凝土胎模）即属固定式模板。

（4）移动式模板。

移动式模板是根据建筑物外形轮廓特征，做一段定型模板，在支撑钢架上装上行驶轮，沿建筑物长度方向铺设轨道分段移动，分段浇筑混凝土。随着混凝土的浇筑，模板可沿垂直方向或水平方向移动，称为移动式模板。

移动式模板移动时，只需顶推模板的花篮螺丝或收缩千斤顶，使模板与混凝土面脱开，模板即可随同钢架移动到拟浇筑部位，再用花篮螺丝或千斤顶调整模板至设计浇筑尺寸。移动式模板多用钢模板作为浇筑混凝土墙和隧道混凝土衬砌使用。

（5）滑升模板。

滑升模板是一种自行向上滑升的浇筑高耸构筑物（例如烟囱、筒仓、竖井、双曲线冷却塔等）、剪力墙或筒体结构等的工具式模板。滑升模板由模板系统、操作平台系统和提升机具系统及施工精度控制系统等组成。模板系统包括模板、腰梁围檩（又称围圈）和提升架等。模板又称围板，依赖腰梁带动其沿着混凝土的表面滑动，主要作用是使混凝土成型，承受混凝土的侧压力、冲击力和滑升时的摩阻力。操作平台系统包括操作平台、上辅助平台和内外吊脚手等，是施工操作地点。提升机具系统包括支承杆、千斤顶和提升操纵装置等，是液压滑模向上滑升的动力。提升架将模板系统、操作平台系统和提升机具系统连成整体，构成整套液压滑模装置。

滑升模板系统中模板多用钢模，承受混凝土的侧向压力，其高度取决于滑升速度和规定的混凝土出模强度。模板上、下各布置一道围圈（用"滑一浇一"工艺浇筑高层建筑时，外模加长还可加设一道围圈），围圈为槽钢或角钢，承受模板传来的水平力和摩阻力、模板与围圈自重等产生的竖向力，按以提升架为支承的双向弯曲的多跨连续梁计算。提升架用来固定围圈，把模板系统和操作平台系统连成整体，将施工中全部荷载传给液压千斤顶，分双横梁式（开字架）和单横梁式（形架），为工字钢或箱形组合截面，按框架进行计算。

滑升模板适用于塔形高层建筑中，其他用途有水塔、堤坝、火箭筒仓、纪念塔、冷却塔及空航指挥塔等。

滑升模板的构造和滑升速度要根据建筑物的性质、类型、形状、施工季节、所用水泥品种、混凝土配合比等进行设计确定。通常应在设置模板结构后，先做滑升试验，测定混凝土的凝固时间，据此制订浇筑制度、劳动组织和操作程序，方能保证混凝土的施工质量。对于不同形式的建筑物或构筑物要采取不同的施工措施。

建造高层建筑物时，通常有以下 3 种滑升方式：

①墙体一次滑升，即利用滑升模板将建筑物的内外墙一次筑造到预定高程，然后再自上而下或自下而上分楼层进行楼板及其他构件的安装施工。

②墙体分段滑升，即将建筑物的内外墙分段滑升，每次滑升的高度应比拟安装的楼板高出一两层，再吊装预制楼板或进行现浇。

③逐层滑升、逐层浇筑楼板，即通过滑升模板将每一层墙体筑造到上一层楼板的底标高后，把模板继续向上空滑到模板底边高出已筑墙体顶面约 30cm 处，然后将操作平台上的活动板挪开，利用平台之间的桁架梁支立模板、绑扎钢筋和浇筑楼板混凝土。

以上 3 种方式中，我国常用的是逐层滑升、逐层浇筑楼板混凝土的施工方法，利于控制墙体的垂直度、增加结构的整体性和加快施工速度，对地震频发区建造高层房屋特别适用。

滑升模板可节约大量模板，节省劳动力，减轻劳动强度，降低工程成本，加快施工进度，提高了施工机械化程度。但耗钢量大，一次投资费用较多。

（6）爬升模板（爬模）。

爬升模板是在混凝土墙体浇筑完成后，利用提升装置将模板自行提升到上一个楼层，再浇筑上一层墙体混凝土的垂直移动式模板，由模板提升架和提升装置部分组成。爬升模板采用整片式大平模，由面板及肋组成，不需要支撑系统；提升设备采用电动螺杆提升机、液压千斤顶或倒链。爬升模板既保持了大模板优点，又保持了滑模利用自身小型设备使模板自行向上爬升而不依赖塔式起重机的优点，适用于高层建筑墙体、电梯井壁等混凝土施工。常用构件有：爬架、螺栓、预留爬架孔、模板、爬架千斤顶、爬杆、模板挑横梁、爬架挑横梁、脱模千斤顶。爬模装有操作脚手架，施工时有可靠的安全围护，故不需搭设外脚手架，特别适用于在较狭小的场地上建造多层或高层建筑。爬模分为"有架爬模"（模板爬架子、架子爬模板）和"无架爬模"（模板爬模板）两种。我国的爬模技术已逐步发展形成"模板与爬架互爬""爬架与爬架互爬""模板与模板互爬" 3 种工艺，其中第一种最为普遍。爬模与大模板一样，是逐层分块安装，故其垂直度和平整度易于调整和控制，可避免施工误差的积累，也不会出现墙面被拉裂的现象。但是，爬升模板的配制量要多于大模板，原因是其施工工艺无法实行分段流水施工，因此模板的周转率低。

爬升模板是为了避免滑动模板的缺点而发展起来的施工技术，由于自爬的模板上悬挂有脚手架，所以还省去了结构施工阶段的外脚手架，减少了高层建筑施工中起重运输机械的吊运量，能避免吊运大模板时因遇刮大风而停止工作，加快施工速度且经济效益较好。

（7）台（飞）模。

台（飞）模是用于浇筑钢筋混凝土楼板的一种大型工具式模板。在施工中可以整体脱模和转运，利用起重机从浇筑的楼板下吊出，转移至上一楼层，中途不再落地，所以也称"飞模"。一般一个房间一个台模。台模主要由平台板、支撑系统（包括梁、支架、支撑、支腿等）和其他配件（包括升降和行走机构等）组成，适用于大开间、大柱网、大进深的现浇钢筋混凝土楼盖施工，尤其适用于现浇板柱结构（无柱帽）楼盖的施工。

（8）隧道模。

隧道模是一种组合式定型模板，用以在现场同时浇筑墙体和楼板的混凝土，因为这种模板的外形像隧道，故称之为隧道模。隧道模有断面呈门型的整体式隧道模和断面呈倒"L"形的双拼式隧道模两种。整体式隧道模移动困难，目前已很少应用；双拼式隧道模应用较广泛，特别在内浇外挂和内浇外砌的高、多层建筑中应用较多。隧道模由顶板、墙板、横梁、支撑和滚轮等组成，用后放松支撑，使模板回缩，可从开间内整体移出。每个房间的模板，先用若干个单元角模联结成半隧道模，再由两个半隧道模拼成门型模板。隧道模最适用于标准开间，对于非标准开间，可以通过加入插板或与台模结合而使用，它还可解体改装做其他模板使用。其使用效率较高、施工周期短。采用隧道模施工对建筑结构布局和房间的开间、层高等尺寸要求较严格。

（9）永久性模板。

永久性模板又称一次性消耗模板，在钢筋混凝土结构施工中起模板作用，而当浇筑的混凝土固结后模板不再取出而成为结构本身的组成部分。

永久性模板为一次性消耗模板，是为现浇混凝土结构而专门设计并加工预制的某种特殊型材或构件，行使混凝土模板应有的全部职能，却永远不拆除。此种模板不同于一般模板，在于永久性模板与多功能新型材料复合起来，或与高性能混凝土结合起来，从而形成一个整体结构。

我国在现浇楼板工程中常用的永久性模板的材料，主要有压型薄钢板模板和钢筋混凝土薄板两种。

先前人们就在厚大的水工建筑物上用钢筋混凝土预制薄板作为永久模板。房屋建筑工程中各种形式的压型钢板（例如波形、密肋形等）、预应力钢筋混凝土薄板作为永久模板。

（10）早拆模板体系。

早拆模板体系就是通过合理的支设模板，将较大跨度的楼盖，通过增加支撑点（支柱），缩小楼盖的跨度（不大于 2m），从而达到"早拆模板，后拆支柱"的目的。早拆模板由模板、支撑系统两部分组成。早拆模板就是在楼板模板支撑系统中设置早拆装置，当楼板混凝土达到早拆强度时，早拆装置升降托架降下，拆除楼板模板；支撑系统实施两次拆除，第一次拆除部分支撑，形成间距不大于 2m 的楼板支撑布局，所保留的支撑待混凝土构件达到拆模条件时，再进行第二次拆除。早拆模板支撑可采用插卡式、碗扣式、独立钢支撑、门式脚手架等多种形式，但必须配置早拆装置，以符合早拆的要求。早拆装置是实现模板和龙骨早拆的关键部件，是由支撑顶板、升降托架、可调节丝杠组成。

早拆模板支撑体系特点：支拆快捷、工作效率高，早拆模板支架构造简单，操作方便、灵活，施工工艺容易掌握，加快施工速度，缩短施工工期。对施工工人的技术水平、技术素质要求不高，适合国内当前建筑业劳动力市场的基本状况。早拆模板体系支撑尺寸规范，减少了搭设时的随意性，避免出现不稳定结构和节点可变状态的可能性，施工安全可靠；结构受力明确，支架整齐，施工过程规范化，确保工程质量。

9.3 模板及支架的设计与计算

模板虽然是辅助性结构，但在混凝土施工中至关重要。对结构复杂的工程，立模与绑扎钢筋所占的时间，比混凝土浇筑的时间长得多，因此模板的设计与组装工艺是混凝土施工中不容忽视的一个重要环节。

模板工程应进行专项设计，并编制施工方案。模板方案应根据平面形状、结构形式和施工条件确定。对模板及其支架应进行承载力、刚度和稳定性计算。

模板设计中定型模板和常用的模板拼板，在其适用范围内一般不需要进行设计或验算。而对于重要结构的模板、特殊形式结构的模板、或超出适用范围的一般模板，应该进行设计或验算以确保安全，保证质量，防止浪费。模板和支架的设计，包括选型、选材、荷载计算、结构计算、绘制模板图、拟定制作安装和拆除方案等。

9.3.1 模板的选择原则

1. 模板选择的总体原则

模板的选择要综合考虑多方面因素，遵循相应的设计原则、安全性原则、实用性原则、经济性原则。

（1）设计原则：无论选用何种材料制造的模板，必须确实保证工程结构和构件各部分的形状、尺寸和相互位置的准确。

（2）安全性原则：选用的模板必须具有足够的承载能力、刚度和稳定性，能可靠地承受混凝土的自重、浇筑时产生的冲击力和侧压力，以及在施工过程中所产生的任何荷载，保证施工中不变形，不破坏，不倒塌。

（3）实用性原则：工程上使用的模板要保证构件形状尺寸和相互位置正确，其构造应尽可能得简单；支拆方便，表面平整，接缝严密不漏浆等，并便于钢筋的绑扎、预埋件安装和混凝土浇筑养护等方面的操作要求。

（4）经济性原则：在确保工期质量安全的前提下，尽量减少一次性投入，增加模板周转，减少支拆用工，实现文明施工。

应该强调的是，以上 4 条原则不仅可以作为施工前选择模板的原则，也可以作为模板维护、修整的标准，还可作为判断模板合格、待修理和报废的依据。

2. 模板选择要考虑的其他因素

模板的选择还要考虑其他因素，例如企业的业务范围、习惯做法和经济实力等，更要考虑工程的质量和工期目标乃至施工现场的工作环境等相关因素。

不同的模板特点不同，在具体选择模板时，还要考虑以下因素：

（1）选择模板前，应对不同模板的使用效果进行技术经济比较。根据在施工程的结构形式和混凝土的浇筑量，确定浇筑单位体积混凝土模板的需用量。

（2）施工现场的环境对选择模板有着直接的影响。场地狭小使用大模板时，应充分考虑模板的存放位置；在施工现场周围人口高密度地区施工时，若采用木模板，应仔细考虑进行木材加工可能引起的噪声污染，否则要对电锯、电刨等采取防噪声措施，以避免引起扰民问题。同时在现场木材加工还应考虑到防火要求。

（3）选择材料的供应渠道，即使某种模板在本工程中最为经济和适用，但如果材料供应渠道不畅，模板材料选择也要有备选方案。

（4）满足工程工期要求。考虑模板工程工期占比要合理。

（5）满足建筑工程预定的质量目标。模板工程对于混凝土的质量有着极大的影响，对于全现浇钢筋混凝土剪力墙结构，要想达到精品工程的质量标准，必须保证混凝土脱模后的质量，保证其平整度。

3. 模板材料的选择

选用建筑模板材料方法如下：

（1）梁柱结构的房屋建设宜采用中型组合建筑模板，由于梁、柱截面变化多，不宜用多层板切割。

（2）墙模可用中型组合建筑模板，由于一般同类型的高层建筑群体要求统一，中型组合建筑模板有助于确保有较高的使用周转率。

（3）超高层或高层建筑的核心筒宜采用"液压爬升模板"，爬模工艺综合了大模板和滑动模板的各自优点，它可以随着结构施工逐层上升，施工速度较快，节省场地和塔式起重机的起重吊次，高空作业安全，不搭外脚手架，施工方面，尤其适用于钢结构的混凝土内筒的施工作业。

（4）楼板建筑模板建议采用整张多层板，尽量采用酚醛覆面厚度为 15～18mm 的多层建筑模板。

4. 模板体系的选择

（1）根据工程特点，确定模板体系。

建筑工程中，模板体系包括模板的类型、种类和使用部位的选择，模板的支撑，模板的拆除等。随着现代施工的发展，新型的模板体系也在不断涌现，施工过程中在确保可行性、可操作性、可靠性的前提下，选用合适的模板体系可以大大优化建筑的主体结构施工，提升各项指标的效益。

（2）根据工程规模和特点确定模板的类型。

普通建筑（6层、24m以下）一般采用中型组合模板，其具有成本低、拆卸方便、周转性强的特点。高层或超高层建筑宜使用大模板、整体提升模板等，以提高施工效率和混凝土的成型效果。

（3）模板质地的确定。

模板的质地有木质、钢质、木胶合板、塑钢、铝合金等，在考虑施工环境、工艺等条件的前提下，综合经济效益的因素，合理确定模板的质地。

（4）模板种类。

目前市场主要使用的模板为木模、胶板模和钢模。综合考虑混凝土构件外形复杂程度、施工季节、质量要求、安全要求、工期要求、周转次数、安拆装要求等情况。

（5）模板的支撑。

模板及其支架的安装必须严格按照审批通过的专项施工方案进行，支架必须有足够的承压强度和支撑面积，底座必须有足够的承载力。支撑体系中用的支撑杆可以为木杆、钢管、门架等，但整个支持体系只能使用其中的一种，不能混用。

（6）模板的拆除。

承重底模及支架拆除时混凝土应达到对应的强度要求。拆模总体要求为"先支后拆、后支先拆；先拆除非承重部分，后拆除承重部分"，具体实施必须符合方案及相关规范等要求。

（7）新型模板技术体系。

随着现代建筑施工技术的发展，模板体系也随之得到了很大的发展，新型的模板技术主要有：滑升模板、液压爬升模板、飞模、菱镁模壳模板、胎模、永久性压型塑钢模板等，这些新型模板技术能有效解决施工中遇到的各种问题、提升工程速度，并能在实际运用中有效提升工程效益。

9.3.2　施工现场拆装式模板设计与计算

1. 模板设计与计算基本要求

根据现行国家标准《混凝土结构工程施工规范》（GB 50666），模板设计的基本要求如下。

1）一般规定：

（1）模板工程应编制专项施工方案。滑模、爬模、飞模等工具式模板工程及高大模板支架工程的专项施工方案，应进行技术论证。

（2）对模板及支架，应进行设计。模板及支架应具有足够的承载力、刚度和稳定性，应能可靠地承受施工过程中所产生的各类荷载。

（3）模板及支架应保证工程结构和构件各部分形状、尺寸和位置准确，且应便于钢筋安装和混凝土浇筑、养护。

2）材料：

（1）模板及支架材料的技术指标应符合国家现行有关标准的规定。

（2）模板及支架宜选用轻质、高强、耐用的材料。连接件宜选用标准定型产品。

（3）接触混凝土的模板表面应平整，并应具有良好的耐磨性和硬度；清水混凝土的模板面板材料应保证脱模后所需的饰面效果。

（4）脱模剂涂于模板表面后，应能有效减小混凝土与模板间的吸附力，应有一定的成膜强度，且不应影响脱模后混凝土表面的后期装饰。

3）设计：

（1）模板及支架应根据工程结构形式、荷载大小、地基土类别、施工设备和材料供应等条件进行设计。

（2）模板及支架的设计应符合下列规定：①模板及支架的结构设计宜采用以概率理论为基础、以分项系数表达的极限状态设计方法；②模板及支架的设计计算分析中所采用的各种简化和近似假定，应有理论或试验依据，或经工程验证可行；③模板及支架应根据施工期间各种受力状况进行结构分析，并确定其最不利的作用效应组合；④承载力计算应采用荷载基本组合，变形验算可采用永久荷载标准值。

（3）模板及支架设计应包括下列内容：①模板及支架的选型及构造设计；②模板及支架上的荷载及其效应计算；③模板及支架的承载力、刚度和稳定性验算；④模板及支架的抗倾覆验算；⑤绘制模板及支架施工图。

（4）模板及支架的设计应计算不同工况下的各项荷载。常遇的荷载应包括模板及支架自重（G_1）、新浇筑混凝土自重（G_2）、钢筋自重（G_3）、新浇筑混凝土对模板侧面的压力（G_4）、施工人员及施工设备荷载（Q_1）、泵送混凝土及倾倒混凝土等因素产生的荷载（Q_2）、风荷载（Q_3）等，各项荷载的标准值可按现行国家标准《混凝土结构工程施工规范》（GB 50666）附录 A 确定。

（5）模板及支架结构构件应按短暂设计状况下的承载能力极限状态进行设计，并应符合式（9-1）的要求

$$\gamma_0 S \leqslant R/\gamma_R \tag{9-1}$$

式中　γ_0——结构重要性系数。对重要的模板及支架宜取$\gamma_0 \geqslant 1.0$；对于一般的模板及支架应取$\gamma_0 \geqslant 0.9$；

　　　R——模板及支架结构构件的承载力设计值，应按国家现行有关标准计算；

　　　γ_R——承载力设计值调整系数，应根据模板及支架重复使用情况取用，不应大于1.0；

　　　S——荷载基本组合的效应设计值，可按式（9-2）计算

$$S = 1.35 \sum_{i \geqslant 1} S_{G_{ik}} + 1.4 \varphi_{cj} \sum_{j \geqslant 1} S_{Q_{jk}} \tag{9-2}$$

式中　$S_{G_{ik}}$——第 i 个永久荷载标准值产生的荷载效应值；

　　　$S_{Q_{jk}}$——第 j 个可变荷载标准值产生的荷载效应值；

　　　φ_{cj}——第 j 个可变荷载的组合值系数，宜取$\varphi_{cj} \geqslant 0.9$。

（6）模板及支架的变形验算应符合式（9-3）的要求

$$\alpha_{fk} \leqslant \alpha_{f, lim} \tag{9-3}$$

式中 α_{fk}——采用荷载标准组合计算的构件变形值；

$\alpha_{f,lim}$——变形限值，应符合下列规定：

①对结构表面外露的模板，挠度不得大于模板构件计算跨度的 1/400；

②对结构表面隐蔽的模板，挠度不得大于模板构件计算跨度的 1/250；

③清水混凝土模板，挠度应满足设计要求；

④支架的轴向压缩变形值或侧向弹性挠度值不得大于计算高度或计算跨度的 1/1000。

（7）混凝土水平构件的底模板及支架、高大模板支架、混凝土竖向构件和水平构件的侧面模板及支架，宜按最不利的作用效应组合表的规定确定最不利的作用效应组合。承载力验算应采用荷载基本组合，变形验算应采用荷载标准组合。最不利的作用效应组合见表 9-2。

表 9-2 最不利作用效应组合表

模板结构类别	最不利的作用效应组合	
	计算承载力	变形验算
混凝土水平构件的底模板及支架	$G_1+G_2+G_3+Q_1$	$G_1+G_2+G_3$
高大模板支架	$G_1+G_2+G_3+Q_1$	$G_1+G_2+G_3$
	$G_1+G_2+G_3+Q_2$	
混凝土竖向构件或水平构件的侧面模板及支架	G_4+Q_3	G_4

注：1. 对于高大模板支架，表中 $(G_1+G_2+G_3+Q_2)$ 的组合用于模板支架的抗倾覆验算；

2. 混凝土竖向构件或水平构件的侧面模板及支架的承载力计算效应组合中的风荷载 Q_3 只用于模板位于风速大和离地高度大的场合；

3. 表中的"+"仅表示各项荷载参与组合，而不表示代数相加。

（8）模板支架的高宽比不宜大于 3；当高宽比大于 3 时，应增设稳定性措施，并应进行支架的抗倾覆验算。

（9）模板支架进行抗倾覆验算时应符合式（9-4）规定

$$\gamma_0 k M_{SK} \leqslant M_{RK} \tag{9-4}$$

式中 γ_0——结构重要性系数；

k——模板及支架的抗倾覆安全系数，不应小于 1.4；

M_{SK}——按最不利工况下倾覆荷载标准组合计算的倾覆力矩标准值；

M_{RK}——按最不利工况下抗倾覆荷载标准组合计算的抗倾覆力矩标准值，其中永久荷载标准值和可变荷载标准值的组合系数取 1.0。

（10）模板支架结构钢构件的长细比不应超过规定的容许值，见表 9-3。

表 9-3 模板支架结构钢构件容许长细比

构件类别	容许长细比
受压构件的支架立柱及桁架	180
受压构件的斜撑、剪刀撑	200
受拉构件的钢杆件	350

（11）对于多层楼板连续支模情况，应计入荷载在多层楼板间传递的效应，宜分别验算最不利工况下的支架和楼板结构的承载力。

（12）支撑于地基土上的模板支架，应按现行国家标准《建筑地基基础设计标准》（GB 50007）的有关规定对地基土进行验算；支撑于混凝土结构构件上的模板支架，应按现行国家标准《混凝土结构设计规范（2015 年版）》（GB 50010）的有关规定对混凝土结构构件进行验算。

（13）采用钢管和扣件搭设的模板支架设计时应符合下列规定：

①钢管和扣件搭设的支架宜采用中心传力方式。

②当采用顶部水平杆将垂直荷载传递给立杆的传力方式时，顶层立杆应按偏心受压杆件验算承载力，且应计入搭设的垂直偏差影响。

③支撑模板荷载的顶部水平杆可按受弯构件进行验算。

④构造要求以及扣件抗滑移承载力验算，可按现行行业标准《建筑施工扣件式钢管脚手架安全技术规范》（JGJ 130）的有关规定执行。

（14）采用门式、碗扣式、盘扣式或盘销式等钢管架搭设的模板支架，应采用支架立柱杆端插入可调托座的中心传力方式，其承载力及刚度可按国家现行有关标准的规定进行验算。模板支架结构钢构件的长细比不应超过表 9-3 规定的容许值。

2. 模板支撑体系的设计与计算

根据现行国家标准《建筑施工脚手架安全技术统一标准》（JGJ 162）的有关规定，关于大模板支撑体系设计与计算的具体要求如下。

1）验算流程。

验算流程如图 9-1 所示。

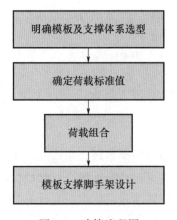

图 9-1　验算流程图

2）模板及支撑体系选型。

不同模板材料、不同的脚手架类型的材料性能不同，会直接影响到模板工程设计过程中的参数选定，故针对模板工程验算和估算的第一步即确定模板及支撑体系的选型。模板及支撑脚手架的类型选定应综合考虑施工成本、材料周转等各方面的因素，通常情况下，此项工作由施工单位完成，在验算及估算过程中，按照设定条件实施即可。

3）荷载标准值确定。

在模板及支撑脚手架计算过程中，主要考虑的荷载分为永久荷载、可变荷载两类。

（1）永久荷载。

永久荷载包括如下内容：①脚手架结构件自重；②脚手板、安全网、栏杆等附件的自重；③支撑脚手架的支撑体系自重；④支撑脚手架之上的建筑结构材料及堆放物的自重；⑤其他可按永久荷载计算的荷载。

永久荷载标准值可按下列方法实施：

①材料、设备按现行国家标准《建筑结构荷载规范》（GB 50009）规定的自重值作为荷载标准值；②工具和机械设备等产品按通用的理论重量及相关标准的规定计取荷载标准值；③可采取有代表性的抽样实测，并进行数理统计分析，将实测平均值加上 2 倍的均方差作为荷载标准值。

（2）可变荷载。

可变荷载包括如下内容：①施工荷载；②风荷载；③其他可变荷载。

模板工程涉及的脚手架通常为支撑脚手架，其作业层上的施工荷载标准值应根据实际情况确定，且不低于表 9-4 的有关规定。

表 9-4　施工荷载标准值

类别		施工荷载标准值（kN/m²）
混凝土结构模板支撑脚手架	一般	2.0
	有水平泵管设置	4.0
钢结构安装支撑脚手架	轻钢结构、轻钢空间网架结构	2.0
	普通钢结构	3.0
	重型钢结构	3.5
其他		≥2.0

支撑脚手架上移动的设备、工具等物品应按其自重计算可变活荷载。

脚手架上振动、冲击物体应按其自重乘以动力系数后的取值计入可变荷载标准值，动力系数可取值为 1.35。

作用于脚手架上的水平风荷载标准值应按照现行国家标准《建筑施工脚手架安全技术统一标准》（GB 51210）中有关规定计算。

4）荷载组合。

模板支撑体系设计应根据正常搭设和使用过程中在脚手架上可能同时出现的荷载，按承载力极限状态和正常使用极限状态分别进行荷载组合，并应取各自最不利荷载组合进行设计。

支撑脚手架结构及构配件承载能力极限状态设计，应满足表 9-5 采用荷载的基本组合。

表 9-5　支撑脚手架结构及构配件承载能力极限状态荷载的基本组合

计算项目		荷载的基本组合
水平杆强度	由永久荷载控制的组合	永久荷载＋施工荷载及其他可变荷载×组合值系数
	由可变荷载控制的组合	永久荷载＋施工荷载＋其他可变荷载×组合值系数

计算项目		荷载的基本组合
立杆稳定承载力	由永久荷载控制的组合	永久荷载＋施工荷载及其他可变荷载×组合值系数＋风荷载×风荷载系数
	由可变荷载控制的组合	永久荷载＋施工荷载＋其他可变荷载×组合值系数＋风荷载×风荷载系数
支撑脚手架倾覆 立杆地基承载力		永久荷载＋施工荷载及其他可变荷载＋风荷载

注：1. 表中的"＋"仅表示各项荷载参与组合，而不表示代数相加；

2. 强度计算项目包括连接强度计算；

3. 立杆稳定承载力计算在室内或者无风环境下不组合风荷载；

4. 倾覆计算时，抗倾覆荷载组合计算不计入可变荷载。

支撑脚手架结构及构配件正常使用极限状态设计，应按表9-6采用荷载的标准组合。

表9-6　支撑脚手架结构及构配件正常使用极限荷载的标准组合

计算项目	荷载的标准组合
水平杆挠度	永久荷载

注：适用于支撑脚手架水平杆承重时的挠度计算。

5）模板支撑脚手架设计的一般规定。

（1）模板支撑脚手架承重结构应按承载能力极限状态和正常使用极限状态进行设计，并符合以下规定：

①出现下列状态之一时，应判定为超过承载力极限状态：

结构件或连接件因超过材料强度而破坏，或因连接节点产生滑移而失效，或因过度变形而不适于继续承载；整个脚手架结构或其一部分失去平衡；脚手架结构转变为机动体系；脚手架结构整体或局部立杆失稳；地基失去继续承载的能力。

②出现下列状态之一时应判定为超过正常使用极限状态：

影响正常使用的变形；影响正常使用的其他状态。

（2）模板支撑脚手架应按正常搭设和正常使用条件进行设计，可不计入短暂作用、偶然作用、地震荷载作用。

（3）支撑脚手架的设计应根据架体构造、搭设部位、使用功能、荷载等因素确定设计计算内容，支撑脚手架计算应包括如下内容：

①水平杆件抗弯强度、挠度，节点连接强度；②立杆稳定承载力；③架体抗倾覆能力；④地基承载力；⑤连墙件强度、稳定承载力、连接强度；⑥缆风绳承载力及连接强度。

（4）在进行模板支撑脚手架设计时，应先对脚手架结构进行受力分析，明确荷载传递路径，选择具有代表性的最不利杆件或构配件作为计算单元。计算单元的选取应符合下列要求：

①应选取受力最大的杆件、构配件；②应选取跨距、间距增大和几何形状、承力特性改变部位的杆件、构配件；③应选取架体构造变化出或薄弱处的杆件、构配件；④当

脚手架上有集中荷载作用时，应选取集中荷载作用范围内受力最大的杆件、构配件。

（5）当模板支撑脚手架按承载能力极限状态设计时，应采用荷载设计值（荷载标准值×荷载分项系数）和强度设计值（强度标准值/材料抗力分项系数）进行计算；当模板支撑脚手架按正常使用极限状态设计时，应采用荷载标准值和变形限制进行计算。

（6）结构抗力设计值根据支撑脚手架结构和构配件试验与分析确定。

（7）支撑脚手架立杆与水平杆连接节点的承载力设计值不应小于表9-7的规定。

表9-7　支撑脚手架立杆与水平杆连接节点的承载力设计值

节点类型	承载力设计值					
	转动刚度（kN·m/rad）	水平向抗拉（压）（kN）	竖向抗压（kN）		抗滑移（kN）	
扣件	30	8	单扣件	8	单扣件	8
			双扣件	12	双扣件	12
碗扣	20	30	25		—	
盘口	20	30	40		—	
其他	根据试验确定					

（8）支撑脚手架立杆与立杆连接节点的承载力设计值不应小于表9-8的规定。

表9-8　支撑脚手架立杆与立杆连接节点的承载力设计值

节点连接形式	节点受力形式		承载力设计值（kN）
承插式连接	压力	强度	与立杆抗压强度相同
		稳定	大于1.5倍立杆稳定承载力设计值
	拉力		15
对接扣件连接	压力	强度	大于1.5倍立杆稳定承载力设计值
		稳定	大于1.5倍立杆稳定承载力设计值
	拉力		4

（9）钢管脚手架的钢材强度设计值等技术参数取值，应符合下列规定：

①型钢、钢材应符合现行国家规范《钢结构设计标准》（GB 50017）的规定；②焊接钢管、冷弯成型的厚度小于6mm的钢构件，应符合现行国家标准《冷弯薄壁型钢结构技术标准》（GB 50018）的规定；③不应采用钢材冷加工效应的强度设计值，也不应采用钢材的塑性强度设计值。

支撑脚手架构配件强度应按构配件净截面计算；构配件稳定性和变形应按构配件毛截面计算。

（10）荷载分项系数取值应符合表9-9的取值要求。

表9-9　荷载分项系数取值

验算项目	荷载分项系数		
	永久荷载		可变荷载
强度、稳定承载力	由可变荷载控制的组合	1.2	1.4
	由永久荷载控制的组合	1.35	

验算项目	荷载分项系数			
	永久荷载		可变荷载	
地基承载力	1.2		1.4	
挠度	1.0		0	
倾覆	有利	0.9	有利	0
	不利	1.35	不利	1.1

6）承载力极限状态。

（1）当模板支撑脚手架按承载能力状态设计时，应符合下列规定。

①脚手架结构或配件的承载能力及现状态设计，应满足：

结构或构配件的荷载设计值×结构重要性系数≤结构或构配件的抗力设计值

结构重要系数应根据现行国家标准《建筑施工脚手架安全技术统一标准》（GB 51210）的有关规定确定。

②脚手架抗倾覆承载能力极限状态设计，应满足

脚手架的倾覆力矩设计值×结构重要性系数≤脚手架的抗倾覆力矩设计值

③地基承载力极限状态可用分项系数法进行设计，地基承载力值应取特征值，并满足

脚手架立杆基础底面的平均压力标准值≤修正后的地基承载力特征值

（2）脚手架杆件连接节点承载力应满足：

作用于杆件连接节点的荷载设计值×结构重要性系数≤杆件连接节点的承载力设计值

值得注意的是，杆件连接节点的承载力设计值应按前述相关内容取用。

（3）支撑脚手架受弯杆件的强度应按下式计算：

脚手架受弯杆件弯矩设计值×结构重要性系数/受弯杆件截面模量≤杆件抗弯强度设计值

由可变荷载控制的脚手架受弯杆件弯矩设计值＝永久荷载分项系数×受弯杆件由永久荷载产生的弯矩标准值总和＋可变荷载分项系数×受弯杆件由可变荷载产生的弯矩标准值总和

由永久荷载控制的脚手架受弯杆件弯矩设计值＝永久荷载分项系数×受弯杆件由永久荷载产生的弯矩标准值总和＋可变荷载组合值系数×可变荷载分项系数×受弯杆件由可变荷载产生的弯矩标准值总和

可变荷载组合值系数按照现行国家规范《建筑结构荷载规范》（GB 50009）的规定取用。

（4）支撑脚手架立杆稳定承载力计算，应符合下列规定：

①室内或无风环境搭设的支撑脚手架立杆稳定承载力计算，应符合下式要求

脚手架立杆的轴向力设计值×结构重要性系数/立杆的轴心受压构件的稳定系数/作业脚手架立杆毛截面面积≤立杆的抗压强度设计值

立杆的轴向力设计值应按可变荷载控制的组合及永久荷载控制的组合分别计算，并取较大值

由可变荷载控制的组合立杆的轴向力设计值＝永久荷载分项系数×(脚手架立杆由结构件及附件组中产生的轴向力标准值总和＋其他永久荷载产生的轴向力标准值总和)＋可变荷载分项系数×(脚手架立杆由施工荷载产生的轴向力标准值总和＋可变荷载组合值系数×其他可变荷载产生的轴向力标准值总和)

由永久荷载控制的组合立杆的轴向力设计值＝永久荷载分项系数×(脚手架立杆由结构件及附件组中产生的轴向力标准值总和＋其他永久荷载产生的轴向力标准值总和)＋可变荷载分项系数×可变荷载组合值系数×(脚手架立杆由施工荷载产生的轴向力标准值总和＋其他可变荷载产生的轴向力标准值总和)

②室外搭设的支撑脚手架立杆稳定承载力计算，应分别按以下两式计算，并应同时满足稳定承载力要求。

方式1　脚手架立杆的轴向力设计值×结构重要性系数/立杆的轴心受压构件的稳定系数/作业脚手架立杆毛截面面积≤立杆的抗压强度设计值

方式2　脚手架立杆的轴向力设计值×结构重要性系数/立杆的轴心受压构件的稳定系数/作业脚手架立杆毛截面面积＋结构重要性系数×脚手架立杆由风荷载产生的弯矩设计值/脚手架立杆截面模量≤立杆的抗压强度设计值

立杆的轴心受压构件的稳定系数应根据立杆长细比按现行国家标准《冷弯薄壁型钢结构技术规范》(GB 50018)的规定取用。

脚手架立杆由风荷载产生的弯矩设计值＝支撑脚手架风荷载标准值×支撑脚手架立杆由风荷载产生的弯矩折减系数(门架取 0.6，其他取 1)×立杆纵向间距×架体步距^2/10

当按方式1计算时，立杆的轴向力设计值应按下式计算，并取较大值

由可变荷载控制的组合立杆的轴向力设计值＝永久荷载分项系数×(脚手架立杆由结构件及附件组中产生的轴向力标准值总和＋其他永久荷载产生的轴向力标准值总和)＋可变荷载分项系数×(脚手架立杆由施工荷载产生的轴向力标准值总和＋可变荷载组合值系数×其他可变荷载产生的轴向力标准值总和＋风荷载组合值系数×支撑脚手架立杆由风荷载产生的最大附加轴向力标准值)

由永久荷载控制的组合立杆的轴向力设计值＝永久荷载分项系数×(脚手架立杆由结构件及附件组中产生的轴向力标准值总和＋其他永久荷载产生的轴向力标准值总和)＋可变荷载分项系数×可变荷载组合值系数×(脚手架立杆由施工荷载产生的轴向力标准值总和＋其他可变荷载产生的轴向力标准值总和)＋可变荷载分项系数×风荷载组合值系数×支撑脚手架立杆由风荷载产生的最大附加轴向力标准值

当按方式2计算时，立杆的轴向力设计值应按下式计算，并取较大值

由可变荷载控制的组合立杆的轴向力设计值＝永久荷载分项系数×(脚手架立杆由结构件及附件组中产生的轴向力标准值总和＋其他永久荷载产生的轴向力标准值总和)＋可变荷载分项系数×(脚手架立杆由施工荷载产生的轴向力标准值总和＋可变荷载组合值系数×其他可变荷载产生的轴向力标准值总和)

由永久荷载控制的组合立杆的轴向力设计值＝永久荷载分项系数×(脚手架立杆由结构件及附件组中产生的轴向力标准值总和＋其他永久荷载产生的轴向力标准值总和)＋可变荷载分项系数×可变荷载组合值系数×(脚手架立杆由施工荷载产生的轴向力标准

值总和＋其他可变荷载产生的轴向力标准值总和）

③支撑脚手架立杆轴心受压构件的稳定系数应根据反映支撑脚手架整齐稳定因素的立杆长细比，按现行国家标准《冷弯薄壁型钢结构技术规范》（GB 50018）的规定取用；立杆长细比应按脚手架相关的国家现行标准计算。

（5）混凝土模板支撑脚手架不需计入由风荷载产生的立杆附加轴向力。

（6）支撑脚手架连墙件杆件的强度及稳定性计算如下：

①强度

连墙件杆件应力值＝连墙件杆件由风荷载及其他作用产生的轴向力设计值/连墙件杆件净截面面积

连墙件杆件应力值≤0.85×立杆抗压强度设计值

②稳定承载力

连墙件杆件由风荷载及其他作用产生的轴向力设计值/连墙件杆件毛截面面积/连墙件杆件的轴心受压构件的稳定系数≤0.85×立杆抗压强度设计值

连墙件杆件由风荷载及其他作用产生的轴向力设计值＝可变荷载分项系数×支撑脚手架风荷载标准值×连墙件水平间距×连墙件竖向间距＋连墙件约束脚手架的平面外变形所产生的轴向力设计值（取 3kN）

当连墙件用来抵抗水平风荷载时，连墙件所承受的水平风荷载标准值＝可变荷载分项系数×支撑脚手架风荷载标准值（按多榀桁架整体风荷载体型系数计算）×连墙件水平间距×连墙件竖向间距

当连墙件用来抵抗其他水平荷载时，连墙件所承受的水平风荷载标准值应取其他水平荷载标准值。

当采用钢管抱箍等连接方式与建筑结构固定时，尚应对连接节点进行连接强度计算。

（7）风荷载作用在支撑脚手架上的倾覆力矩计算，应取支撑脚手架的一列横向（取短边方向）立杆作为计算单元，倾覆力矩宜按下列公式计算

计算单元在风荷载作用下的倾覆力矩标准值＝支撑脚手架高度^2×风荷载标准值/2＋支撑脚手架高度×风荷载作用在作业层栏杆（模板）上产生的水平力标准值

风线荷载标准值＝立杆纵向间距×支撑脚手架风荷载标准值

风荷载作用在作业层栏杆（模板）上产生的水平力标准值＝立杆纵向间距×作业层竖向封闭栏杆（模板）高度×竖向封闭栏杆的风荷载标准值（模板取 1.3）

（8）支撑脚手架在风荷载作用下，计算单元产生的附加轴向力可近似按线性分布确定，并可按下式计算立杆最大的附加轴向力

支撑脚手架立杆在风荷载作用下的最大附加轴向力标准值＝6×计算单元跨数/（计算单元跨数＋1）/（计算单元跨数＋2）×计算单元在风荷载作用下的倾覆力矩标准值/支撑脚手架横向宽度

（9）在水平风荷载的作用下，支撑脚手架抗倾覆承载力应满足下式要求

支撑脚手架横向宽度^2×立杆纵向间距×（均匀分布的架体自重面荷载标准值＋均匀分布的假体上部的模板等物料自重面荷载标准值）＋2×$\sum$（计算单元上集中堆放的物料自重标准值×计算单元上集中堆放的物料至倾覆原点的水平距离）≥3×结构重要

性系数×计算单元在风荷载作用下的倾覆力矩标准值

（10）支撑脚手架立杆地基承载力，应满足下式要求

立杆基础底面的平均压力设计值＝立杆轴向力设计值/立杆水平底座面积≤永久荷载和可变荷载分项系数加权平均值（当按永久荷载控制组合时，取 1.363；当按可变荷载控制组合时，取 1.254）×修正后的地基承载力特征值

地基承载力特征值可由荷载试验或其他原位测试、公式计算并结合工程实践经验等方法综合确定，在脚手架地基验算时，应结合地基土的类别、状态等因素对地基承载力特征值进行修正。

（11）脚手架所使用的钢丝绳应采用荷载标准值按容许应力法进行设计计算，钢丝绳的容许拉力值应按现行国家相关标准确定，安全系数应按下列方法确定：

①重要结构用的钢丝绳安全系数不应小于 9；②一般结构用的钢丝绳安全系数应为 6；③用于手动起重设备的钢丝绳安全系数宜为 4.5；用于机动起重设备的钢丝绳安全系数不应小于 6；④用作吊索，无弯曲时的钢丝绳安全系数不应小于 6；有弯曲时的安全系数不应小于 8；⑤缆风绳用的钢丝绳安全系数宜为 3.5。

（12）当脚手架搭设在建筑结构上时，应按国家现行相关标准的规定对建筑结构承载能力进行验算。

7）正常使用极限状态。

（1）当脚手架结构或构配件按正常使用极限状态设计时，应符合下式要求

永久荷载标准组合作用下脚手架结构或构配件的最大变形值≤脚手架结构或构配件的变形规定限值

永久荷载标准组合作用下脚手架结构或构配件的最大变形值应按脚手架相关的国家现行标准计算；脚手架结构或构配件的变形规定限值，应按脚手架相关的国家现行标准的规定采用。

（2）按正常使用极限状态设计时，受弯杆件由永久荷载产生的弯矩标准值应按下式计算

受弯杆件由永久荷载产生的弯矩标准值＝受弯杆件由所有永久荷载产生的弯矩标准值之和

3. 现浇混凝土模板的设计与计算

根据现行行业标准《建筑施工模板安全技术规范》（JGJ 162）的有关规定，关于现浇混凝土模板的设计与计算的具体要求如下：

1）荷载及变形值的规定。

（1）荷载标准值。

①永久荷载标准值应符合下列规定：

模板及其支架自重标准值（G_{1k}）应根据模板设计图纸计算确定。肋形或无梁楼板模板自重标准值按表 9-10 采用。

表 9-10　楼板模板自重标准值　　　　　　　　　　　　　　　（kN/m²）

模板构件的名称	木模板	定型组合钢模板
平板的模板及小梁	0.30	0.50

续表

模板构件的名称	木模板	定型组合钢模板
楼板模板	0.50	0.75
楼板模板及其支架（楼层高度为4m以下）	0.75	1.10

注：除钢材、木材外，其他材质模板重量见国家现行标准《建筑施工模板安全技术规范》（JGJ 162）的有关内容。

新浇筑混凝土自重标准值（G_{2k}），对普通混凝土可采用24kN/m³，其他混凝土可根据实际重力密度按行业现行规范《建筑施工模板安全技术规范》（JGJ 162）的有关内容确定。

钢筋自重标准值（G_{3k}）应根据工程设计图确定。对一般梁板结构每立方米钢筋混凝土的钢筋自重标准值：楼板可取1.1kN，梁可取1.5kN。

采用内部振捣器时，新浇筑的混凝土作用于模板的最大侧压力标准值（G_{4k}），可按式（9-5）、式（9-6）计算，并取其中的较小值

$$F = 0.22\,\gamma_c t_0 \beta_1 \beta_2 V^{\frac{1}{2}} \qquad (9\text{-}5)$$

$$F = \gamma_c H \qquad (9\text{-}6)$$

式中　F——新浇筑混凝土对模板的最大侧压力，kN/m²；

　　　γ_c——混凝土的重力密度，kN/m³；

　　　V——混凝土的浇筑速度，m/h；

　　　t_0——新浇混凝土的初凝时间，h，可按试验确定。当缺乏试验资料时，可采用 $t_0 = 200/(T+15)$（T 为混凝土的温度，℃）；

　　　β_1——外加剂影响修正系数。不掺外加剂时取1.0，掺具有缓凝作用的外加剂时取1.2；

　　　β_2——混凝土坍落度影响修正系数。当坍落度小于30mm时，取0.85；坍落度为50～90mm时，取1.00；坍落度为110～150mm时，取1.15；

　　　H——混凝土侧压力计算位置处至新浇混凝土顶面的总高度，m。

混凝土侧压力的计算分布图形如图9-2所示，图中 $h = F/\gamma_c$，h 为有效压头高度。

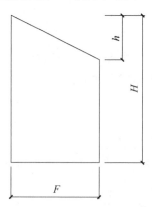

图9-2　混凝土侧压力计算分布图形

②活荷载标准值应符合下列规定：

施工人员及设备荷载标准值（Q_{1k}），当计算模板和直接支撑模板的小梁时，均布活荷载可取 2.5kN/m²，再用集中荷载 2.5kN 进行验算，比较两者所得的弯矩值取其大值；当计算直接支撑小梁的主梁时，均布活荷载标准值可取 1.5kN/m²；当计算支架立柱及其他支撑结构构件时，均布活荷载标准值可取 1.0kN/m²。

注：1. 对大型浇筑设备，如上料平台、混凝土输送泵等按实际情况计算；若采用布料机上料进行浇筑混凝土时，活荷载标准值取 4kN/m²。

2. 混凝土堆积高度超过 100mm 以上者按实际高度计算；

3. 模板单块宽度小于 150mm 时，集中荷载可分布于相邻的两块板面上。

振捣混凝土时产生的荷载标准值（Q_{2k}），对水平面模板可采用 2kN/m²，对垂直面模板可采用 4kN/m²（作用范围在新浇筑混凝土侧压力的有效压头高度之内）。

倾倒混凝土时，对垂直面模板产生的水平荷载标准值（Q_{3k}）可按表 9-11 采用。

表 9-11　倾倒混凝土时产生的水平荷载标准值　　　　　　　（kN/m²）

向模板内供料方法	水平荷载
溜槽、串筒或导管	2
容量小于 0.2m³ 的运输器具	2
容量为 0.2～0.8m³ 的运输器具	4
容量大于 0.8m³ 的运输器具	6

注：作用范围在有效压头高度以内。

③风荷载标准值应按现行国家标准《建筑结构荷载规范》（GB 50009）中的规定计算，其中基本风压值应按该规范附表 D. 4 中 $n=10$ 年的规定采用，并取风振系数 $\beta_z=1$。

（2）荷载设计值。

①计算模板及支架结构或构件的强度、稳定性和连接强度时，应采用荷载设计值（荷载标准值乘以荷载分项系数）。

②计算正常使用极限状态的变形时，应采用荷载标准值。

③荷载分项系数应按表 9-12 采用。

表 9-12　荷载分项系数表

荷载类别	分项系数 γ_i
模板及支架自重（G_{1k}）	永久荷载的分项系数：
新浇筑混凝土自重（G_{2k}）	（1）当其效应对结构不利时：对由可变荷载效应控制的组合，应取 1.2；对由永久荷载效应控制的组合，应取 1.35；
钢筋自重（G_{3k}）	（2）当其效应对结构有利时：一般情况应取 1；
新浇筑混凝土对模板侧面的压力（G_{4k}）	（3）对结构的倾覆、滑移验算，应取 0.9
施工人员及施工设备荷载（Q_{1k}）	可变荷载的分项系数：
振捣混凝土时产生的荷载（Q_{2k}）	（1）一般情况下应取 1.4；
倾倒混凝土时产生的荷载（Q_{3k}）	（2）对标准值大于 4kN/m² 的活荷载应取 1.3
风荷载（ω_{1k}）	1.4

④钢面板及支架作用荷载设计值可乘以系数 0.95 进行折减。当采用冷弯薄壁型钢时，其荷载设计值不应折减。

（3）荷载组合。

①按极限状态设计时，其荷载组合必须符合下列规定：

a. 对于承载能力极限状态，应按荷载效应的基本组合采用，并应采用下列设计表达式（9-7）进行模板设计

$$r_0 S \leqslant R \tag{9-7}$$

式中　r_0——结构重要性系数，其值按 0.9 采用；

　　　S——荷载效应组合的设计值；

　　　R——结构构件抗力的设计值，应按各有关建筑结构设计规范的规定确定。

对于基本组合，荷载效应组合的设计值 S 应从下列组合值中取最不利值确定：

由可变荷载效应控制的组合

$$S = r_G \sum_{i=1}^{n} G_{ik} + r_{Q_1} Q_{1k} \tag{9-8}$$

$$S_{Q_{ik}} = r_G \sum_{i=1}^{n} G_{ik} + 0.9 \sum_{i=1}^{n} r_{Q_i} Q_{ik} \tag{9-9}$$

式中　r_G——永久荷载分项系数，应按荷载分项系数表采用；

　　　r_{Q_i}——第 i 个可变荷载的分项系数，其中 r_{Q1} 为可变荷载 Q_1 的分项系数，应按荷载分项系数表采用；

　　$\sum_{i=1}^{n} G_{ik}$——按永久荷载标准值 Q_k 计算的荷载效应值；

　　　$S_{Q_{ik}}$——按可变荷载标准值 Q_{ik} 计算的荷载效应值，其中 $S_{Q_{1k}}$ 为诸可变荷载效应中起控制作用者；

　　　n——参与组合的可变荷载数。

b. 由永久荷载效应控制的组合：

$$S = \gamma_G G_{ik} + \sum_{i=1}^{n} r_{Q\,i} \varphi_{ci} Q_{ik} \tag{9-10}$$

式中　φ_{ci}——可变荷载 Q_i 的组合值系数，应按现行行业标准《建筑施工模板安全技术规范》（JGJ 162）的各可变荷载采用时；其组合值系数可为 0.7。

　　注：1. 基本组合中的设计值仅适用于荷载与荷载效应为线性的情况；

　　　　2. 当对 Q_{1k} 无明显判断时，轮次以各可变荷载效应为 Q_{1k}，选其中最不利的荷载效应组合；

　　　　3. 当考虑以竖向的永久荷载效应控制的组合时，参与组合的可变荷载仅限于竖向荷载。

对于正常使用极限状态应采用标准组合，并应按式（9-11）表达式进行设计

$$S \leqslant C \tag{9-11}$$

式中　C——结构或结构构件达到正常使用要求的规定限值，应符合现行国家规范，本手册前文有关变形值的规定。

c. 对于标准组合，荷载效应组合设计值 S 应按下式采用

$$S = \sum_{i=1}^{n} G_{ik} \tag{9-12}$$

②参与计算模板及其支架荷载效应组合的各项荷载的标准值组合应符合表 9-13 的规定。

表 9-13　模板及其支架荷载效应组合的各项荷载

	项目	参与组合的荷载类别	
		计算承载能力	验算挠度
1	平板和薄壳的模板及支架	$G_{1k}+G_{2k}+G_{3k}+Q_{1k}$	$G_{1k}+G_{2k}+G_{3k}$
2	梁和拱模板的底板及支架	$G_{1k}+G_{2k}+G_{3k}+Q_{2k}$	$G_{1k}+G_{2k}+G_{3k}$
3	梁、拱、柱（边长不大于 300mm）、墙（厚度不大于 100mm）的侧面模板	$G_{4k}+Q_{2k}$	G_{4k}
4	大体积结构、柱（边长大于 300mm）、墙（厚度大于 100mm）的侧面模板	$G_{4k}+Q_{3k}$	G_{4k}

注：验算挠度应采用荷载标准值；计算承载能力应采用荷载设计值。

③爬模结构的设计荷载值及其组合应符合下列规定。

模板结构设计荷载应包括如下内容：

a. 侧向荷载：新浇混凝土侧向荷载和风荷载。当为工作状态时按 6 级风计算；非工作状态偶遇最大风力时，应采用临时固结措施。

b. 竖向荷载：模板结构自重，机具、设备按实计算，施工人员按 1.0kN/m² 采用；以上各荷载仅供选择爬升设备、计算支承架和附墙架时用。

c. 混凝土对模板的上托力：当模板的倾角小于 45°时，取 3～5kN/m²；模板的倾角不小于 45°时，取 5～12kN/m²。

d. 新浇混凝土与模板的黏结力：按 0.5kN/m² 采用，但确定混凝土与模板间摩擦力时，两者间的摩擦系数取 0.4～0.5。

e. 模板结构与滑轨的摩擦力：滚轮与轨道间的摩擦系数取 0.05，滑块与轨道间的摩擦系数取 0.15～0.5。

模板结构荷载组合应符合下列规定：

a. 计算支承架的荷载组合：处于工作状态时，应为竖向荷载加向墙面风荷载；处于非工作状态时，仅考虑风荷载。

b. 计算附墙架的荷载组合：处于工作状态时，应为竖向荷载加背墙面风荷载；处于非工作状态时，仅考虑风荷载。

④液压滑动模板结构的荷载设计值及其组合应符合下列规定：

液压滑动模板荷载类别应按表 9-14 采用。

计算滑模结构构件的荷载设计值组合应按表 9-15 采用。

表 9-14　液压滑动模板荷载类别

编号	设计荷载名称	荷载种类	分项系数	备注
（1）	模板结构自重	恒荷载	1.2	按工程设计图计算确定其值
（2）	操作平台上施工荷载（人员、工具和堆料）： 设计平台铺板及檩条 2.5kN/m²； 设计平台桁架 1.5kN/m²； 设计围圈及提升架 1.0kN/m²； 计算支撑杆数量 1.0kN/m²	活荷载	1.4	若平台上放置手推车、吊罐、液压控制柜、电气焊设备、垂直运输、井架等特殊设备应按实计算荷载值

编号	设计荷载名称	荷载种类	分项系数	备注
（3）	振捣混凝土侧压力： 沿周长方向每米取集中荷载 5～6kN	恒荷载	1.2	按浇筑高度为 800mm 左右考虑的侧压力分布情况，集中荷载的合力作用点为混凝土浇筑高度的 2/5 处
（4）	模板与混凝土的摩阻力钢模板取 1.5～3.0kN/m²	活荷载	1.4	—
（5）	倾倒混凝土时模板承受的冲击力，按作用于模板侧面的水平集中荷载为 2.0kN	活荷载	1.4	按用溜槽、串筒或 0.2m³ 的运输工具向模板内倾倒时考虑
（6）	操作平台上垂直运输荷载及制动时的刹车力： 平台上垂直运输的额定附加荷载（包括起重量及柔性滑道的张紧力）均应按实计算； 垂直运输设备刹车制动力按下式计算 $W=(A/g+1)Q=kQ$	活荷载	1.4	W——刹车时产生的荷载，N； A——刹车时的制动减速度，m/s²，一般取 g 值的 1～2 倍； g——重力加速度，9.8m/s²； Q——料罐总重，N； k——动荷载系数，在 2～3 之间取用
（7）	风荷载	活荷载	1.4	按现行国家标准《建筑结构荷载规范》（GB 50009）的规定采用，其中风压基本值按其附表 D.4 中 $n=10$ 年采用，其抗倾倒系数不应小于 1.15

表 9-15　计算滑模结构构件的荷载设计值组合

结构计算项目	荷载组合	
	计算承载能力	验算挠度
支撑杆计算	取两式中的较大值： （1）＋（2）＋（4） （1）＋（2）＋（6）	—
模板面计算	（3）＋（5）	（3）
围圈计算	（1）＋（3）＋（5）	（1）＋（3）＋（4）
提升架计算	（1）＋（2）＋（3）＋（4）＋（5）＋（6）	（1）＋（2）＋（3）＋（4）＋（6）
操作平台结构计算	（1）＋（3）＋（6）	（1）＋（2）＋（6）

注：1. 风荷载设计值参与活荷载设计值组合时，其组合后的效应值应乘 0.9 的组合系数；

　　2. 计算承载能力时应取荷载设计值；验算挠度时应取荷载标准值。

（4）变形值规定。

①当验算模板及其支架的刚度时，其最大变形值不得超过下列容许值：

a. 对结构表面外露的模板，为模板构件计算跨度的 1/400；

b. 对结构表面隐蔽的模板，为模板构件计算跨度的 1/250；

c. 支架的压缩变形或弹性挠度，为相应的结构计算跨度的 1/1000。

②组合钢模板结构或其构配件的最大变形值不得超过表 9-16 的规定。

表 9-16　组合钢模板及构配件的容许变形值　　　　　（mm）

部件名称	容许变形值
钢模板的面板	≤1.5
单块钢模板	≤1.5
钢楞	$L/500$ 或≤3.0
柱箍	$B/500$ 或≤3.0
桁架、钢模板结构体系	$L/1000$
支撑系统累计	≤4.0

注：L 为计算跨度，B 为柱宽。

③液压滑模装置的部件，其最大变形值不得超过下列容许值：

a. 在使用荷载下，两个提升架之间围圈的垂直与水平方向的变形值均不得大于其计算跨度的 1/500；

b. 在使用荷载下，提升架立柱的侧向水平变形值不得大于 2mm；

c. 支撑杆的弯曲度不得大于 $L/500$。

④爬模及其部件的最大变形值不得超过下列容许值：

a. 爬模应采用大模板；

b. 爬架立柱的安装变形值不得大于爬架立柱高度的 1/1000；

c. 爬模结构的主梁，根据重要程度的不同，其最大变形值不得超过计算跨度的 1/500～1/800；

d. 支点间轨道变形值不得大于 2mm。

2）现浇混凝土模板计算。

（1）面板可按简支跨计算，应验算跨中和悬臂端的最不利抗弯强度和挠度，并应符合下列规定：

①抗弯强度计算：

a. 钢面板抗弯强度应按式（9-13）计算

$$\sigma = M_{max}/W_n \leqslant f \tag{9-13}$$

式中　M_{max}——最不利弯矩设计值，取均布荷载与集中荷载分别作用时计算结果的大值；

　　　　W_n——净截面抵抗矩，按表 9-17 组合钢模板 2.3mm 厚面板力学性能或表 9-18 组合钢模板 2.5mm 厚面板力学性能查取；

　　　　f——钢材的抗弯强度设计值，应按现行行业规范《建筑施工模板安全技术规范》（JGJ 162）附录 A 的规定采用。

b. 木面板抗弯强度应按式（9-14）计算

$$\sigma_m = M_{max}/W_m \leqslant f_m \tag{9-14}$$

式中　W_m——木板毛截面抵抗矩；

　　　　f_m——木材的抗弯强度设计值，应按现行行业规范《建筑施工模板安全技术规范》（JGJ 162）附录 A 的规定采用。

表 9-17　组合钢模板 2.3mm 厚面板力学性能

模板宽度（mm）	截面面积 A（mm²）	中性轴位置Y_0（mm）	X轴截面惯性矩I_x（cm⁴）	截面最小抵抗矩W_x（cm³）	截面简图
300	1080 (978)	11.1 (10.0)	27.91 (26.39)	6.36 (5.86)	
250	965 (863)	12.3 (11.1)	26.62 (25.38)	6.23 (5.78)	
200	702 (639)	10.6 (9.5)	17.63 (16.62)	3.97 (3.65)	
150	587 (524)	12.5 (11.3)	16.40 (15.64)	3.86 (3.58)	
100	472 (409)	15.3 (14.2)	14.54 (14.11)	3.66 (3.46)	

注：1. 括号内数据为净截面；

　　2. 表中各种宽度的模板，其长度规格有：1.5m、1.2m、0.9m、0.75m、0.6m 和 0.45m；高度均为 55mm。

表 9-18　组合钢模板 2.5mm 厚面板力学性能

模板宽度（mm）	截面面积 A（mm²）	中性轴位置Y_0（mm）	X轴截面惯性矩I_x（cm⁴）	截面最小抵抗矩W_x（cm³）	截面简图
300	114.4 (104.0)	10.7 (9.6)	28.59 (26.97)	6.45 (5.94)	
250	101.9 (91.5)	11.9 (10.7)	27.33 (25.98)	6.34 (5.86)	
200	76.3 (69.4)	10.7 (9.6)	19.06 (17.98)	4.3 (3.96)	
150	63.8 (56.9)	12.6 (11.4)	17.71 (16.91)	4.18 (3.88)	
100	51.3 (44.4)	15.3 (14.3)	15.72 (15.25)	3.96 (3.75)	

注：1. 括号内数据为净截面；

　　2. 表中各种宽度的模板，其长度规格有：1.5m、1.2m、0.9m、0.75m、0.6m 和 0.45m；高度均为 55mm。

c. 胶合面板抗弯强度应按式 9-15 计算

$$\sigma_j = M_{max}/W_j \leqslant f_{jm} \tag{9-15}$$

式中　W_j——胶合板毛截面抵抗矩；

　　　　f_{jm}——胶合板的抗弯强度设计值，应按现行行业标准《建筑施工模板安全技术规范》（JGJ 162）附录 A 的规定采用。

②挠度应按式（9-16）、式（9-17）进行验算

$$v = 5q_g L^4 / (384EI_x) \leqslant [v] \tag{9-16}$$

或

$$v = 5q_g L^4 / (384EI_x) + PL^3 / (48EI_x) \leqslant [v] \tag{9-17}$$

式中　q_g——恒荷载均布线荷载标准值；

　　　P——集中荷载标准值；

　　　E——弹性模量；

　　　I_x——截面惯性矩；

　　　L——面板计算跨度；

　　$[v]$——容许挠度，钢模板应按表 9-16"组合钢模板及构配件的容许变形值表"采用；木和胶合板面板应按现行行业标准《建筑施工模板安全技术标准》（JGJ 162）第 4.4.1 条确定。

（2）支撑楞梁计算时，次楞一般为 2 跨以上连续楞梁，可按现行行业规范《建筑施工模板安全技术规范》（JGJ 162）附录 C 计算，当跨度不等时，应按不等跨连续楞梁或悬臂楞梁设计；主楞可根据实际情况按连续梁、简支梁或悬臂梁设计；同时次、主楞梁均应进行最不利抗弯强度与挠度计算，并应符合下列规定：

①次、主钢楞梁抗弯强度计算：

a. 次、主钢楞梁抗弯强度应按式（9-18）计算

$$\sigma = M_{max}/W \leqslant f \tag{9-18}$$

式中　M_{max}——最不利弯矩设计值，应从均布荷载产生的弯矩设计值 M_1、均布荷载与集中荷载产生的弯矩设计值 M_2 和悬臂端产生的弯矩设计值 M_3 三者中，选取计算结果较大者；

　　　W——截面抵抗矩，按表 9-19 各种型钢钢楞和木楞力学性能查用；

　　　f——钢材的抗弯强度设计值，应按现行国家标准《建筑施工模板安全技术规范》（JGJ 162）附录 A 的规定采用。

b. 次、主铝合金楞梁抗弯强度应按式（9-19）计算

$$\sigma = M_{max}/W \leqslant f_{lm} \tag{9-19}$$

式中　f_{lm}——铝合金抗弯强度设计值，应按现行行业标准《建筑施工模板安全技术规范》（JGJ 162）附录 A 的规定采用。

c. 次、主木楞梁抗弯强度应按式（9-20）计算

$$\sigma = M_{max}/W \leqslant f_m \tag{9-20}$$

式中　f_m——木材抗弯强度设计值，应按现行国家标准《建筑施工模板安全技术规范》（JGJ 162）附录 A 的规定采用。

表 9-19　各种型钢钢楞和木楞力学性能

规格（mm）		截面面积 A（mm²）	重量（N/m）	轴截面惯性矩 I_x（cm⁴）	截面最小抵抗矩 W_x（cm³）
扁钢	—70×5	350	27.5	14.29	4.08
角钢	∟75×25×3.0	291	22.8	17.17	3.76
	∟80×35×3.0	330	25.9	22.49	4.17

续表

规格（mm）		截面面积 A（mm^2）	重量（N/m）	轴截面惯性矩 I_x（cm^4）	截面最小抵抗矩 W_x（cm^3）
钢管	$\phi 48 \times 3.0$	424	33.3	10.78	4.49
	$\phi 48 \times 3.5$	489	38.4	12.19	5.08
	$\phi 51 \times 3.5$	522	41.0	14.81	5.81
矩形钢管	□$60 \times 40 \times 2.5$	457	35.9	21.88	7.29
	□$80 \times 40 \times 2.0$	452	35.5	37.13	9.28
	□$100 \times 50 \times 3.0$	864	67.8	112.12	22.42
薄壁冷弯槽钢	⊏$80 \times 40 \times 3.0$	450	35.3	43.92	10.98
	⊏$100 \times 50 \times 3.0$	570	44.7	88.52	12.20
内卷边槽钢	⊏$80 \times 40 \times 15 \times 3.0$	508	39.9	48.92	12.23
	⊏$100 \times 50 \times 20 \times 3.0$	658	51.6	100.28	20.06
槽钢	⊏$80 \times 43 \times 5.0$	1024	80.4	101.30	25.30
矩形木楞	50×100	5000	30.0	416.67	83.33
	60×90	5400	32.4	364.50	81.00
	80×80	6400	38.4	341.33	85.33
	100×100	10000	60.0	833.33	166.67

d. 次、主钢桁架梁计算应按下列步骤进行：

ⅰ. 钢桁架应优先选用角钢、扁钢和圆钢筋制作；

ⅱ. 正确确定计算简图（如图 9-3 所示轻型桁架计算简图、如图 9-4 所示曲面可变桁架计算简图、如图 9-5 所示可调桁架跨长计算简图）；

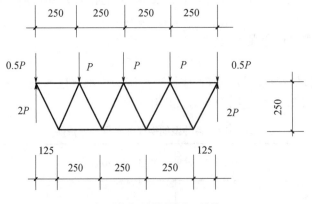

图 9-3 轻型桁架计算简图（单位：mm）

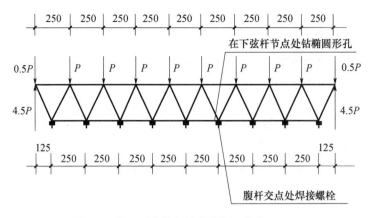

图 9-4　曲面可变桁架计算简图（单位：mm）

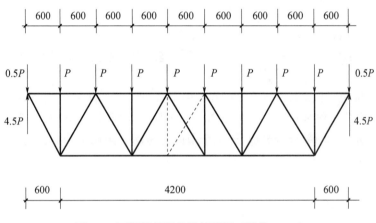

图 9-5　可调桁架跨长计算简图（单位：mm）

ⅲ．分析和准确求出节点集中荷载 P 值；

ⅳ．求解桁架各杆件的内力；

ⅴ．选择截面并应按下列公式核验杆件内力

拉杆 $\qquad\qquad\qquad\qquad \sigma = N/A \leqslant f \qquad\qquad\qquad$ (9-21)

压杆 $\qquad\qquad\qquad\qquad \sigma = N/\varphi A \leqslant f \qquad\qquad\qquad$ (9-22)

式中　N——轴向拉力或轴心压力；

　　　　A——杆件截面面积；

　　　　φ——轴心受压杆件稳定系数。根据长细比（λ）值查现行行业标准《建筑施工模板安全技术规范》（JGJ 162）附录 D，其中 l 为杆件计算跨度，i 为杆件回转半径；

　　　　f——钢材抗拉、抗压强度设计值。按现行行业标准《建筑施工模板安全技术规范》（JGJ 162）附录 A 表 A.1.1-1 或表 A.2.1-1 采用。

②次、主楞梁抗剪强度计算：

a. 在主平面内受弯的钢实腹构件，其抗剪强度应按式（9-23）计算

$$\tau = V S_0 / I / t_w \leqslant f_v \qquad\qquad (9-23)$$

式中　τ——抗剪强度；

　　　V——计算截面沿腹板平面作用的剪力设计值；

　　　S_0——计算剪应力处以上毛截面对中和轴的面积矩；

　　　I——毛截面惯性矩；

　　　t_w——腹板厚度；

　　　f_v——钢材的抗剪强度设计值，查现行行业标准《建筑施工模板安全技术规范》
　　　　　（JGJ 162）相关表格。

　　b. 在主平面内受弯的木实截面构件，其抗剪强度应按式（9-24）计算

$$\tau = V S_0 / I \cdot b \leqslant f_v \tag{9-24}$$

式中　b——构件的截面宽度；

　　　f_v——木材顺纹抗剪强度设计值。查现行行业标准《建筑施工模板安全技术规范》
　　　　　（JGJ 162）附录 A 相关表格。

　　③挠度计算：

　　a. 简支楞梁挠度应按公式（9-16）或公式（9-17）验算。

　　b. 连续楞梁挠度应按现行行业标准《建筑施工模板安全技术规范》（JGJ 162）附录
C 中的表验算。

　　c. 桁架挠度可近似地按有 n 个节间在集中荷载作用下的简支梁（根据集中荷载布置的
不同，分为集中荷载将全跨等分成 n 个节间，如图 9-6 所示边集中荷载距支座各 1/2 节
间，如图 9-7 所示中间部分等分成 $n-1$ 个节间）考虑，采用下列简化公式验算：

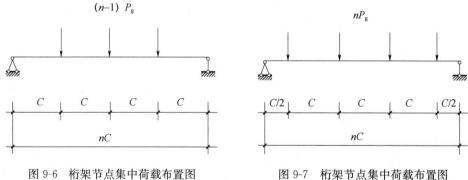

图 9-6　桁架节点集中荷载布置图　　　　　图 9-7　桁架节点集中荷载布置图
　　（偶数节间，全跨等分）　　　　　　　　　（奇数节间，中间等分）

　　当 n 为奇数节间，集中荷载 P_g 布置如桁架节点集中荷载布置图（偶数节间），挠度
验算公式为式（9-25）

$$v = (5n^4 + 4n^2 + 1) P_g L^3 / (384n^3 EI) \leqslant [v] = L/1000 \tag{9-25}$$

　　当 n 为奇数节间，集中荷载 P_g 布置如桁架节点集中荷载布置图（奇数节间），挠度
验算公式为式（9-26）

$$v = (5n^4 + 2n + 1) P_g L^3 / (384n^3 EI) \leqslant [v] = L/1000 \tag{9-26}$$

　　当 n 为偶数节间，集中荷载 P_g 布置如桁架节点集中荷载布置图（偶数节间），挠度
验算公式为式（9-27）

$$v = (5n^2 - 4) P_g L^3 / (384n EI) \leqslant [v] = L/1000 \tag{9-27}$$

　　当 n 为偶数节间，集中荷载 P_g 布置如桁架节点集中荷载布置图（奇数节间），挠度

验算公式为式（9-28）

$$v = (5n^2 + 2) P_g L^3 / (384nEI) \leqslant [v] = L/1000 \tag{9-28}$$

式中 n——节点跨中集中荷载 P 的个数；

P_g——节点集中荷载设计值；

L——桁架计算跨度值；

E——钢材的弹性模量；

I——跨中上、下弦及腹杆的毛截面惯性矩。

（3）对拉螺栓应确保内、外侧模能满足设计要求的强度、刚度和整体性。对拉螺栓强度应按下列公式计算

$$N = ab F_s \tag{9-29}$$

$$N_t^b = A_n f_t^b \tag{9-30}$$

$$N_t^b > N \tag{9-31}$$

式中 N——对拉螺栓最大轴力设计值；

N_t^b——对拉螺栓轴向拉力设计值，按对拉螺栓轴向拉力设计值（N_t^b）表 9-20 采用；

a——对拉螺栓横向间距；

b——对拉螺栓竖向间距；

F_s——新浇混凝土作用于模板上的侧压力、振捣混凝土对垂直模板产生的水平荷载或倾倒混凝土时作用于模板上的侧压力设计值见式（9-32）

$$F_s = 0.95 (r_G F + r_Q Q_{3k})$$

或

$$F_s = 0.95 (r_G G_{4k} + r_Q Q_{3k}) \tag{9-32}$$

其中 0.95 为荷载值折减系数；

A_n——对拉螺栓净截面面积，按对拉螺栓轴向拉力设计值（N_t^b）表采用，见表 9-20；

f_t^b——螺栓的抗拉强度设计值，按现行国家规范《建筑施工模板安全技术规范》（JGJ 162）附录 A 表 A.1.1-4 采用。

表 9-20 对拉螺栓轴向拉力设计值（N_t^b）

螺栓直径 （mm）	螺栓内径 （mm）	净截面面积 （mm²）	重量 （N/m）	轴向拉力设计值N_t^b （kN）
M12	9.85	76	8.9	12.9
M14	11.55	105	12.1	17.8
M16	13.55	144	15.8	24.5
M18	14.93	174	20.0	29.6
M20	16.93	225	24.6	38.2
M22	18.93	282	29.6	47.9

（4）柱箍应采用扁钢、角钢、槽钢和木楞制成，其受力状态应为拉弯杆件，柱箍计算（柱箍计算简图如图 9-8 所示）应符合下列规定：

①柱箍间距（l_1）应按下列各式的计算结果取其小值。

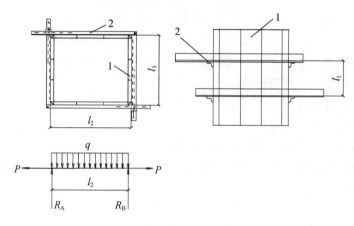

图 9-8　柱箍计算简图
1—钢模板；2—柱箍

a. 柱模为钢面板时的柱箍间距应按下式计算：

$$l_1 \leqslant 3.276 \sqrt[3]{EI/Fb} \tag{9-33}$$

式中　l_1——柱箍纵向间距，mm；

E——钢材弹性模量，N/mm^2，按现行行业标准《建筑施工模板安全技术规范》（JGJ 162）附录 B 采用；

I——柱模板一块板的惯性矩，mm^4，按组合钢模板 2.3mm 厚面板力学性能表或组合钢模板 2.5mm 厚面板力学性能表采用；

F——新浇混凝土作用于柱模板的侧压力设计值，N/mm^2，按前文新浇筑的混凝土作用于模板的最大侧压力标准值公式计算；

b——柱模板一块板的宽度，mm。

b. 柱模为木面板时的柱箍间距应按式（9-34）计算：

$$l_1 \leqslant 0.783 \sqrt[3]{EI/Fb} \tag{9-34}$$

式中　E——柱木面板的弹性模量，N/mm^2，按现行行业规范《建筑施工模板安全技术规范》（JGJ 162）附录 A 的表 A.3.1-3～表 A.3.1-5 采用；

I——柱木面板的惯性矩，mm^4；

b——柱木面板一块板的宽度，mm。

c. 柱箍间距还应按式（9-35）计算：

$$l_1 \leqslant \sqrt{8Wf(f_m)/bF_s} \tag{9-35}$$

式中　W——钢或木面板的抵抗矩；

f——钢材抗弯强度设计值，按现行行业标准《建筑施工模板安全技术规范》（JGJ 162）附录 A 表 A.1.1-1 和表 A.2.1-1 采用；

f_m——木材抗弯强度设计值，按现行行业标准《建筑施工模板安全技术规范》（JGJ 162）附录 A 表 A.3.1-3～表 A.3.1-5 采用。

②柱箍强度应按拉弯杆件采用下式计算；当计算结果不满足本式要求时，应减小柱箍间距或加大柱箍截面尺寸：

$$N/A_n + M_x/W_{nx} \leqslant f(f_m) \tag{9-36}$$

其中
$$N = ql_3/2 \tag{9-37}$$

$$q = F_s l_1 \tag{9-38}$$

$$M_x = q l_2^2/8 = F_s l_1 l_2^2/8 \tag{9-39}$$

式中 N——柱箍轴向拉力设计值；

      q——沿柱箍跨向垂直线荷载设计值；

   A_n——柱箍净截面面积；

   M_x——柱箍承受的弯矩设计值；

W_{nx}——柱箍截面抵抗矩，可按表 9-19 各种型钢钢楞和木楞力学性能采用；

    l_1——柱箍的间距；

    l_2——长边柱箍的计算跨度；

    l_3——短边柱箍的计算跨度。

注：若计算结果不满足本式要求时，应减小 l_1 或加大柱箍截面尺寸来满足本式要求。

③挠度应按式（9-40）计算

$$v = 5 q_g L^4/(384 E I_x) \leqslant [v] \tag{9-40}$$

（5）木、钢立柱应承受模板结构的垂直荷载，其计算应符合下列规定：

①木立柱计算：

木立柱计算强度计算

$$\sigma_c = N/A_n \leqslant f_c \tag{9-41}$$

木立柱稳定性计算

$$N/(\varphi A_0) \leqslant f_c \tag{9-42}$$

式中 N——轴心压力设计值，N；

   A_n——木立柱受压杆件的净截面面积，mm^2；

   f_c——木材顺纹抗压强度设计值，N/mm^2，按现行行业规范《建筑施工模板安全技术规范》（JGJ 162）附录 A 表 A.3.1-3～表 A.3.1-5 及 A.3.3 条采用；

   A_0——木立柱跨中毛截面面积，mm^2，当无缺口时，$A_0 = A$；

   φ——轴心受压杆件稳定系数，按下列各式计算：

当树种强度等级为 TC17、TC15 及 TB20 时：

$$\lambda \leqslant 75 \quad \varphi = 1/[1+(\lambda/80)^2] \tag{9-43}$$

$$\lambda > 75 \quad \varphi = 3000/\lambda^2 \tag{9-44}$$

树种强度等级为 TC13、TC11、TB17 及 TB15 时：

$$\lambda \leqslant 91 \quad \varphi = 1/[1+(\lambda/65)^2] \tag{9-45}$$

$$\lambda > 91 \quad \varphi = 2800/\lambda^2 \tag{9-46}$$

$$\lambda = L_0/I \tag{9-47}$$

$$i = \sqrt{I/A} \tag{9-48}$$

式中 λ——长细比；

   L_0——木立柱受压杆件的计算长度，按两端铰接计算 $L_0 = L$，mm，L 为单根木立柱的实际长度；

    i——木立柱受压杆件的回转半径，mm；

I——受压杆件毛截面惯性矩，mm^4；

A——杆件毛截面面积，mm^2。

②工具式钢管立柱（钢管立柱类型如图 9-9、图 9-10 所示）计算。

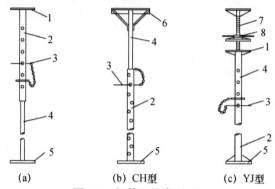

(a)　　　　(b) CH型　　　　(c) YJ型

图 9-9　钢管立柱类型（1）

1—顶板；2—套管；3—插销；4—插管 ；5—底板；6—琵琶撑；7—螺栓；8—转盘

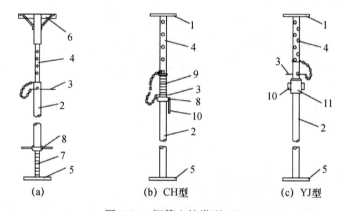

(a)　　　　(b) CH型　　　　(c) YJ型

图 9-10　钢管立柱类型（2）

1—顶板；2—套管；3—插销；4—插管；5—底板；6—琵琶撑；7—螺栓；8—转盘；
9—螺管；10—手柄；11—螺旋套

a. CH 型和 YJ 型工具式钢管支柱的规格和力学性能应符合表 9-21 和表 9-22 的规定。

表 9-21　CH、YJ 型钢管支柱规格

型号项目		CH			YJ		
		CH-65	CH-75	CH-90	YJ-18	YJ-22	YJ-27
最小使用长度（mm）		1812	2212	2712	1820	2220	2720
最大使用长度（mm）		3062	3462	3962	3090	3490	3990
调节范围（mm）		1250	1250	1250	1270	1270	1270
螺旋调节范围（mm）		170	170	170	70	70	70
容许荷载	最小长度时（kN）	20	20	20	20	20	20
	最大长度时（kN）	15	15	12	15	15	12
重量（kN）		0.124	0.132	0.148	0.1387	0.1499	0.1639

注：下套管长度应大于钢管总长的 1/2 以上。

表 9-22　CH、YJ 型钢管支柱力学性能

| 项目 | | 直径（mm） | | 壁厚 | 截面面积 | 惯性矩 I | 回转半径 i |
		外径	内径	（mm）	（mm²）	（mm⁴）	（mm）
CH	插管	48.6	43.8	2.4	348	93200	16.4
	套管	60.5	55.7	2.4	438	185100	20.6
YJ	插管	4843	2.5	357	357	92800	16.1
	套管	60	55.4	2.3	417	173800	20.4

b. 工具式钢管立柱受压稳定性计算。

立柱应考虑插管与套管之间因松动而产生的偏心（按偏半个钢管直径计算），按式（9-49）的压弯杆件计算

$$N/（\varphi_x A）+\beta_{mx}M_x/W_{1x}/（1-0.8N/N_{EX}）\leqslant f \tag{9-49}$$

式中　N——所计算杆件的轴心压力设计值；

φ_x——弯矩作用平面内的轴心受压构件稳定系数，根据$\lambda_x=\mu L_0/i_2$的值和钢材屈服强度（f_y），按现行行业标准《建筑施工模板安全技术规范》（JGJ 162）附录D采用，其中$\mu=\sqrt{（1+n）/2}$，$n=I_{x_2}/I_{x_1}$，I_{x_1}为上插管惯性矩，I_{x_2}为下套管惯性矩；

A——钢管毛截面面积；

β_{mx}——等效弯矩系数，此处为$\beta_{mx}=1.0$；

M_x——弯矩作用平面内偏心弯矩值，$M_x=Nd/2$，d为钢管支柱外径；

W_{1x}——弯矩作用平面内较大受压纤维的毛截面抵抗矩；

N_{EX}——欧拉临界力，$N_{EX}=\pi^2EA/\lambda_x^2$，$E$钢管弹性模量，按现行行业标准《建筑施工模板安全技术规范》（JGJ 162）附录A的表A.1.3采用。

立柱上下端之间，在插管与套管接头处，当设有钢管扣件式的纵横向水平拉条时，应取其最大步距按两端铰接轴心受压杆件计算。

轴心受压杆件应按下式计算

$$N/（\varphi \cdot A）\leqslant f \tag{9-50}$$

式中　N——轴心压力设计值；

φ——轴心受压稳定系数（取截面两主轴稳定系数中的较小者），并根据构件长细比和钢材屈服强度（f_y）按现行行业标准《建筑施工模板安全技术规范》（JGJ 162）附录D采用；

A——轴心受压杆件毛截面面积；

f——钢材抗压强度设计值，按现行行业标准《建筑施工模板安全技术规范》（JGJ 162）附录B采用。

c. 插销抗剪计算

$$N\leqslant 2A_n f_v^b \tag{9-51}$$

式中　f_v^b——钢插销抗剪强度设计值，按现行行业标准《建筑施工模板安全技术规范》

(JGJ 162) 附录 B 采用;

A_n——钢插销的净截面面积。

插销处钢管壁端面承压计算

$$N \leqslant 2 A_c^b f_c^b \tag{9-52}$$

式中　f_c^b——插销孔处管壁端承压强度设计值,按现行行业规范《建筑施工模板安全技术规范》(JGJ 162) 附录 B 采用;

A_c^b——两个插销孔处管壁承压面积,$A_c^b = 2dt$,d 为插销直径,t 为管壁厚度。

③扣件式钢管立柱计算:

a. 用对接扣件连接的钢管立柱应按单杆轴心受压构件计算,其计算应符合前文轴心受压杆件立杆稳定性公式,公式中计算长度采用纵横向水平拉杆的最大步距,最大步距不得大于 1.8m,步距相同时应采用底层步距。

b. 室外露天支模组合风荷载时,立柱计算应符合下式要求:

$$N_w / A / \varphi + M_w / W \leqslant f \tag{9-53}$$

其中

$$N_w = 1.2 \sum_{i=1}^n N_{Gik} + 0.9 \times 1.4 \sum_{i=1}^n N_{Qik} \tag{9-54}$$

$$M_w = 0.9 \times 1.4 w_k l_a h^2 / 10 \tag{9-55}$$

式中　$\sum\limits_{i=1}^n N_{Gik}$——各恒载标准值对立杆产生的轴向力之和;

$\sum\limits_{i=1}^n N_{Qik}$——各活荷载标准值对立杆产生的轴向力之和,另加 M_w / l_b 的值;

w_k——风荷载标准值,按现行国家标准《建筑结构荷载规范》(GB 50009) 中的规定计算,其中基本风压值应按该规范附表 D.4 中 $n=10$ 年的规定采用,并取风振系数 $\beta_z = 1$;

h——纵横水平拉杆的计算步距;

l_a——立柱迎风面的间距;

l_b——与迎风面垂直方向的立柱间距。

④门型钢管立柱的轴力应作用于两端主立柱的顶端,不得承受偏心荷载。门型立柱的稳定性应按下列公式计算

$$N / (A_0 \cdot \varphi) \leqslant k f \tag{9-56}$$

其中不考虑风荷载作用时,N 按下式计算

$$N = 0.9 \times \left[1.2 \left(N_{Gk} H_0 + \sum_{i=1}^n N_{Gik} \right) + 1.4 N_{Q1k} \right] \tag{9-57}$$

当露天支模考虑风荷载时,N 应按下两式计算取其大值

$$N = 0.9 \times \left[1.2 \left(N_{Gk} H_0 + \sum_{i=1}^n N_{Gik} \right) + 1.4 (N_{Q1k} + 2 M_w / b) \right] \tag{9-58}$$

$$N = 0.9 \times \left[1.35 \left(N_{Gk} H_0 + \sum_{i=1}^n N_{Gik} \right) + 1.4 (0.7 N_{Q1k} + 0.6 \times 2 M_w / b) \right] \tag{9-59}$$

$$M_w = q_w h^2 / 10 \tag{9-60}$$

式中　N——作用于一榀门型支柱的轴向力设计值;

N_{Gk}——每 1m 高度门架及配件、水平加固杆及纵横扫地杆、剪刀撑自重产生的

轴向力标准值；

$\sum_{i=1}^{n} N_{Gik}$ ——榀门型脚手架范围内所作用的模板、钢筋及新浇混凝土的各种恒载轴向

力标准值总和；

N_{Q1k} ——榀门型脚手架范围内所作用的振捣混凝土时的活荷载标准值；

H_0 ——以 1m 为单位的门型支柱的总高度值；

M_w ——风荷载产生的弯矩标准值；

q_w ——风线荷载标准值；

h ——垂直门型脚手架平面的水平加固杆的底层步距；

A_0 ——榀门型脚手架两边立杆的毛截面面积，$A_0=2A$；

k ——调整系数，可调底座调节螺栓伸出长度不超过 200mm 时，取 1.0；伸出

长度为 300mm，取 0.9；超过 300mm，取 0.8；

f ——钢管强度设计值，按现行行业标准《建筑施工模板安全技术规范》（JGJ
162）相关内容采用。

φ ——门型支柱立杆的稳定系数，按 $\lambda=k_0 h_0/i$，查现行行业标准《建筑施工
模板安全技术规范》（JGJ 162）附录 D 的表 D；门架立柱换算截面回转
半径 i，可按门型脚手架支柱钢管规格、尺寸和截面几何特性表采用，
也可按下式计算

$$i=\sqrt{I/A_1} \tag{9-61}$$
$$I=I_0+I_1 h_1/h_0 \tag{9-62}$$

式中 k_0 ——长度修正系数。门型模板支柱高度 $H_0 \leqslant 30m$ 时，$k_0=1.13$；$H_0=31\sim$
45m 时，$k_0=1.17$；$H_0=46\sim60m$ 时，$k_0=1.22$；

h_0 ——门型架高度，按表 9-24 相关规定取值；

h_1 ——门型架加强杆的高度，按门型脚手架支柱钢管规格、尺寸和截面几何特性
表 9-24 相关规定取值；

A_1 ——门架一边立杆的毛截面面积，按门型脚手架支柱钢管规格、尺寸和截面几
何特性表表 9-24 相关规定取值；

I_0 ——门架一边立杆的毛截面惯性矩，按门型脚手架支柱钢管规格、尺寸和截面
几何特性表表 9-24 相关规定取值；

I_1 ——门架一边加强杆的毛截面惯性矩，按门型脚手架支柱钢管规格、尺寸和截
面几何特性表 9-24 相关规定取值。

（6）立柱底地基承载力应按下列公式计算

$$P=N/A \leqslant m_f f_{ak} \tag{9-63}$$

式中 P ——立柱底垫木的底面平均压力；

N ——上部立柱传至垫木顶面的轴向力设计值；

A ——垫木底面面积；

f_{ak} ——地基土承载力设计值，应按现行国家标准《建筑地基基础设计规范》（GB
50007）的规定或工程地质报告提供的数据采用；

m_f ——立柱垫木地基土承载力折减系数，应按表 9-25 相关规定取值。

表 9-24 门型脚手架支柱钢管规格、尺寸和截面几何特性

门型架图示		钢管规格 （mm）	截面面积 （mm²）	截面抵抗矩 （mm³）	惯性矩 （mm⁴）	回转半径 （mm）
 1—立杆；2—立杆加强杆； 3—横杆；4—横杆加强杆		$\phi48\times3.5$	489	5080	121900	15.78
		$\phi42.7\times2.4$	304	2900	61900	14.30
		$\phi42\times2.5$	310	2830	60800	14.00
		$\phi34\times2.2$	220	1640	27900	11.30
		$\phi27.2\times1.9$	151	890	12200	9.00
		$\phi26.8\times2.5$	191	1060	14200	8.60
门架代号		MF1219				
门型架 几何尺寸 （mm）	h_2	80		100		
	h_0	1930		1900		
	b	1219		1200		
	b_1	750		800		
	h_1	1536		1550		
杆件外 径壁厚 （mm）	1	$\phi42.0\times2.5$		$\phi48.0\times3.5$		
	2	$\phi26.8\times2.5$		$\phi26.8\times3.5$		
	3	$\phi42.0\times2.5$		$\phi48.0\times3.5$		
	4	$\phi26.8\times2.5$		$\phi26.8\times2.5$		

注：1. 表中门架代号应符合现行行业标准《门式钢管脚手架》（JG 13）的规定；

2. 当采用的门架集合尺寸及杆件规格与本表不符合时应按实际计算。

表 9-25 地基土承载力折减系数（m_f）

地基土类别	折减系数	
	支撑在原土上时	支撑在回填土上时
碎石土、砂土、多年填积土	0.8	0.4
粉土、黏土	0.9	0.5
岩石、混凝土	1.0	—

注：1. 立柱基础应有良好的排水措施，支安垫木前应适当洒水将原土表面夯实夯平；

2. 回填土应分层夯实，其各类回填土的干密度应达到所要求的密实度。

（7）框架和剪力墙的模板、钢筋全部安装完毕后，应验算在本地区规定的风压作用下，整个模板系统的稳定性。其验算方法应将要求的风力与模板系统、钢筋的自重乘以相应荷载分项系数后，求其合力作用线不得超过背风面的柱脚或墙底脚的外边。

4. 爬模计算

1）爬模应由模板、支承架、附墙架和爬升动力设备等组成（爬模组成简图如图 9-11

所示）。各部分计算时的荷载应按前文有关液压滑动模板结构的荷载设计值及其组合规定进行。

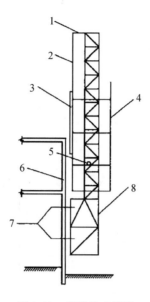

图 9-11　爬模组成简图

1—爬模的支承架；2—爬模用爬杆；3—大模板；4—脚手架；5—爬升爬架用的千斤顶；

6—钢筋混凝土外墙；7—附墙连接螺栓；8—附墙架

2）爬模模板应分别按混凝土浇筑阶段和爬升阶段验算。

3）爬模的支承架应按偏心受压格构式构件计算，并进行整体强度验算、整体稳定性验算、单肢稳定性验算和缀条验算。计算方法应按现行国家标准《钢结构设计规范》（GB 50017）的有关规定进行。

4）附墙架各杆件应按支承架和构造要求选用，强度和稳定性都能满足要求，可不必进行验算。

5）附墙架与钢筋混凝土外墙的穿墙螺栓连接验算应符合下列规定：

①4 个及以上穿墙螺栓应预先采用钢套管准确留出孔洞。固定附墙架时，应将螺栓预拧紧，将附墙架压紧在墙面上。

计算简图如图 9-12 所示。

应按一个螺栓的剪、拉强度及综合公式小于 1 的验算，还应验算附墙架靠墙肢轴力对螺栓产生的抗弯强度。

螺栓孔壁局部承压应按下列公式计算（如图 9-13 所示螺栓孔混凝土承压计算简图）：

$$\begin{cases} 4R_2b - Q_i\,(2b_1+3c) = 0 \\ \qquad R_1 - R_2 - Q_i = 0 \\ \qquad R_1b_2 - R_2b_1 = 0 \end{cases} \qquad (9\text{-}64)$$

$$F_i = 1.5\beta f_c A_m \qquad (9\text{-}65)$$

$$F_i > R_1 \text{ 或 } R_2 \qquad (9\text{-}66)$$

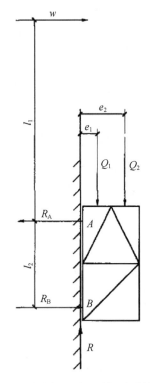

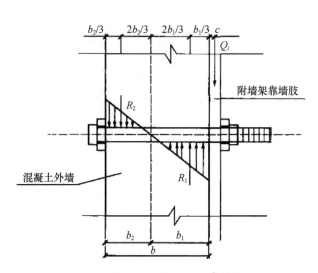

图 9-12　附墙架与墙连接螺栓计算简图　　　图 9-13　螺栓孔混凝土承压计算简图

图中：w——作用在模板上的风荷载，风向背离墙面；

l_1——风荷载与上排固定附墙架螺栓的距离；

l_2——两排固定附墙架螺栓的间距；

Q_1——模板传来的荷载，离开墙面 e_1；

Q_2——支撑架传来的荷载，离开墙面 e_2；

R_A——固定附墙架的上排螺栓拉力；

R_B——固定附墙架的下排螺栓拉力；

R——垂直反力。

式中　R_1、R_2——一个螺栓预留孔混凝土孔壁所承受的压力；

b——混凝土外墙的厚度；

b_1、b_2——孔壁压力 R_1、R_2 沿外墙厚度方向承压面的长度；

F_i——一个螺栓预留孔混凝土孔壁局部承压允许设计值；

β——混凝土局部承压提高系数，采用 1.73；

f_c——按实测所得混凝土强度等级的轴心抗压强度设计值；

A_m——一个螺栓局部承压净面积，$A_m = db_1$（d 为螺栓直径，有套管时为套管外径）；

Q_i——一个螺栓所承受的竖向外力设计值；

c——附墙架靠墙肢的形心与墙面的距离再另加 3mm 离外墙边的空隙。

5. 大模板设计与计算

大模板由面板系统、支撑系统、操作平台系统、对拉螺栓等组成，利用辅助设备按模位整装整拆的整体式或拼装式模板。大模板设计时，应根据其材料特性、结构形式、支撑方式等特点，按最不利工况对模板结构进行强度和刚度计算，计算结果应满足相关国家现行标准的要求，各系统之间的连接应安全可靠，竖向放置时，应能在风荷载作用下保持自身稳定。所使用的材料，应符合设计要求和国家现行相关标准的有关规定，且应具有相应的材质证明。大模板应能满足现浇混凝土墙体成型和表面质量效果的要求，大模板组成示意图 9-14 所示。

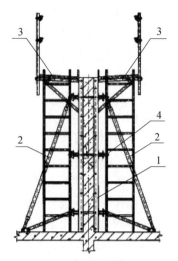

图 9-14 大模板组成示意图
1—面板系统；2—支撑系统；
3—操作平台系统；4—对拉螺栓

根据现行行业标准《建筑工程大模板技术标准》（JGJ 74）的有关规定，关于大模板的设计与计算的具体要求如下：

1）一般规定。

（1）大模板应根据工程类型、荷载大小、质量要求及施工设备等结合施工工艺进行设计。

（2）大模板设计时，板块规格尺寸宜标准化，并应符合建筑模数的要求。

（3）大模板各组成部分应根据功能要求，采用概率极限状态设计方法进行设计。

（4）大模板设计应符合道路运输限值要求，在运输、存放、使用和装拆过程中均不应产生塑性变形。

2）构造设计。

（1）面板系统应符合下列规定：

①面板材料应符合现行行业标准《建筑施工模板安全技术规范》（JGJ 162）的规定，并与周转次数要求相适应；

②面板拼接不应有漏浆缺陷，接缝处理应满足混凝土外观质量要求；

③当面板采用焊接拼接时，面板材料应具有良好的可焊性；

④当面板采用捕接拼接时，面板应有插接企口；

⑤肋与面板应贴合紧密；

⑥肋的间距应满足混凝土浇筑时面板局部变形不超出设计限定范围的要求；

⑦主肋与背楞连接后应无相对运动。

（2）拼装式模板应符合下列规定：

①宜以符合模数的模板为主板，排板中不符合模数的尺寸可填充非标模板；

②模板长度方向宜与构件长度方向一致；

③当齐缝排板时，应在接缝处对模板刚度进行补偿；

④背楞的布置方向应与模板排板方向垂直。

（3）支撑系统应符合下列规定：

①支模及混凝土浇筑时，模板支撑应安全可靠；

②应设置可调整面板垂直度及前后位置的调节装置，面板垂直度调节范围应满足安装垂直度和调整自稳角的要求，前后位置调节范围不应小于 50mm；

③支撑杆应支在主肋或背楞上；

④承力座应支撑在刚性结构上，且应与支撑结构可靠固定；

⑤支撑的数量应与背楞刚度相适应，混凝土浇筑成型质量应符合设计要求。

（4）模板顶部应设操作平台，操作平台应符合下列规定：

①平台宽度不宜大于 900mm；

②平台外围应设置高出平台板上表面不小于 180mm 的踢脚板；

③平台外围应设栏杆，栏杆上顶面高度不应小于 1200mm 且中间应有横杆，栏杆任意点上作用 1kN 任意方向力时不应有塑性变形；

④平台脚手板应符合现行行业标准《建筑施工扣件式钢管脚手架安全技术规范》（JGJ 130）的规定；

⑤模板上宜设置上下平台的爬梯；

⑥操作平台系统与面板系统间的连接应可靠，且应便于检查与维护。

（5）当对拉螺栓中心离地高度大于 2m 时，螺栓紧固操作部位宜设操作平台。平台上表面与对拉螺栓中心的垂直距离宜为 1.2～1.6m，操作平台应符合现行行业标准《建筑工程大模板技术标准》（JGJ 74）第 4.2.4 条的规定。

（6）大模板对拉螺栓应符合下列规定：

①应采用性能不低于 Q235B 的钢材制作，规格尺寸应由计算确定，且不应小于 M28；

②位置应设置在背楞上；

③清水混凝土施工用大模板对拉螺栓孔的位置布置应符合装饰设计要求。

（7）大模板钢吊环应符合下列规定：

①钢吊环应设置在肋上；当正常吊装时，吊环及肋小应产生塑性变形；

②吊环数量及布置应满足吊环、模板承载能力及模板起吊平衡要求；

③应采用性能不低于 Q235B 且直径不小于 20mm 的圆钢制作；

④当采用焊接式钢吊环时，应合理选择焊条型号，焊缝长度和焊缝高度应符合设计要求；

⑤当吊环与大模板采用螺栓连接时，应采用双螺母。

3）配板设计。

（1）配板设计应符合下列规定：

①应根据工程具体情况，经济、合理地划分流水段；

②应根据工程设计要求和模板的周转次数选择合理的模板体系；

③当大模板平面布置设计时，应使模板在各流水段的通用性最大；

④应根据结构形式与辅助设备起重能力综合确定模位划分；

⑤大模板配板设计，应采用对称设计；

⑥大模板配板设计，宜选用以角模定板的设计方法。

（2）配板设计文件应包含下列主要内容：

①模板配置及周转流程；

②配板平面布置图和支模剖面图；

③支模节点图和特殊部位模板支拆设计图；

④拼装式大模板的排板设计图和拼装节点图；

⑤模板和配件加工图；

⑥大模板构配件明细表;

⑦大模板设计、模板单重及对支撑点作用等的施工说明。

（3）配板设计尺寸应符合下列规定，并如图 9-15 所示:

①大模板配板高度尺寸宜按下列公式计算:

$$H_n = h_c - h_1 + a \tag{9-67}$$

$$H_w = h_c + a \tag{9-68}$$

式中　H_n——内墙模板设计高度，mm;

H_w——外墙模板设计高度，mm;

h_c——建筑层高，mm;

h_1——楼板厚度，mm;

a——搭接尺寸，mm，内模设计取值为 10～30mm，外模设计取值大于或等于 50mm。

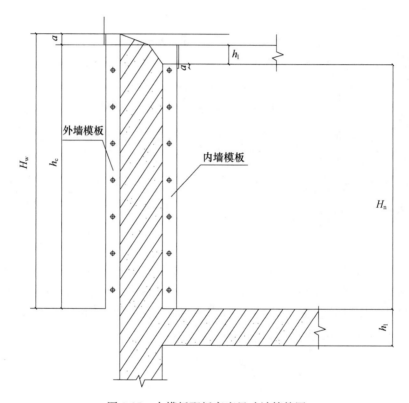

图 9-15　大模板配板高度尺寸计算简图

②大模板配板设计长度尺寸宜按下列公式计算（配板平面尺寸计算简图如图 9-16 所示）

$$L_a = L_z + (a + d) - (B_3 + B_4) \tag{9-69}$$

$$L_b = L_z - (b + c) - (B_1 + B_2) - \Delta \tag{9-70}$$

$$L_c = L_z + a - c - (B_2 + B_3) - 0.5 \times \Delta \tag{9-71}$$

$$L_d = L_z + d - b - (B_1 + B_4) - 0.5 \times \Delta \tag{9-72}$$

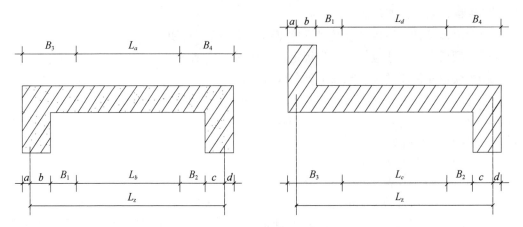

图 9-16 配板平面尺寸计算简图

式中
L_z——轴线尺寸，mm；

a、b、c、d——墙体轴线定位尺寸，mm；

L_a、L_b、L_c、L_d——模板平面布置配板设计尺寸，mm；

B_1、B_2、B_3、B_4——角模边长尺寸，mm；

$\triangle$——模位预留支拆余量，mm，$\triangle$ 取值为 3～5mm。

4）结构设计。

（1）支撑系统结构计算方法、强度及刚度应符合现行国家标准《钢结构设计标准》（GB 50017）的规定。

（2）应根据建筑物的结构形式、大模板的支撑方式及混凝土施工工艺的实际情况，计算大模板的承载能力。当按承载能力极限状态计算时，应考虑荷载效应的基本组合，荷载效应组合应符合现行国家标准《混凝土结构工程施工规范》（GB 50666）的规定。

（3）大模板操作平台应根据其结构形式对结构、连接件和焊缝等进行计算。操作平台上施工活荷载应按实际情况确定；当实际情况不明确时，可按 2kN/m² 计算。

（4）风荷载作用下应按下列要求进行大模板自稳角验算，如图 9-17 所示。

①大模板的自稳角应按下列公式计算

$$\alpha \geqslant (180/\pi) \times \arcsin (k \times w_k/P) \tag{9-73}$$

$$w_k = \mu_s \times \mu_V \times \mu_f^2/1600 \tag{9-74}$$

式中 α——大模板自稳角，°；

P——大模板单位面积自重，kN/m²；

k——抗倾覆系数，取值大于或等于 1.3；

w_k——风荷载标准值，kN/m²；

μ_s——风荷载体型系数，取值为 1.3；

μ_V——风压高度变化系数，按现行国家标准《建筑结构荷载规范》（GB 50009）取值，大模板地面存放时取值为 1；

μ_f^2——3s 时距平均瞬时风速，m/s，按表 9-26 取值。

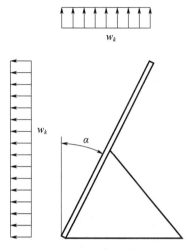

图 9-17　大模板自稳角验算简图

表 9-26　基本风压、3s 时距平均瞬时风速v_f、10min 时距平均风速v_p与风力等级对应关系

基本风压ω_0（kN/m²）	v_f（m/s）	v_p（m/s）	风级
0.08～0.15	11.3～15.5	7.5～10.3	5
0.15～0.25	15.6～20.0	10.4～13.3	6
0.25～0.35	20.1～23.7	13.4～15.8	7
0.35～0.50	23.8～28.3	15.9～18.9	8
0.50～0.60	28.4～31.0	19.0～22.1	9
0.60～0.80	31.1～35.8	22.2～25.6	10
0.80～1.20	35.9～43.8	25.7～31.3	11
1.20～1.50	43.9～49.0	31.4～35.0	12
1.50～1.89	49.1～55.0	35.1～39.3	13

②当验算结果小于 10°时，应取 $\alpha=10°$；当验算结果大于 20°时，应取 $\alpha=20°$，同时应采取辅助安全措施。

（5）大模板钢吊环截面的计算应符合下列规定。

①每个钢吊环应按 2 个截面计算，大模板钢吊环净截面面积可按下式计算：

$$S_d \geqslant K_d \times F_x / (2 \cdot \sigma) \tag{9-75}$$

式中　S_d——吊环净截面面积，mm²；当$S_d<314$mm²时，取值为 314mm²；

　　　F_x——大模板吊装时每个吊环所承受荷载的设计值，N；

　　　K_d——吊环截面调整系数，取值为 2.6；

　　　σ——吊环材料许用拉应力，取值为小于或等于 50N/mm²。

②当吊环与模板采用螺栓连接时，应验算螺纹强度；当吊环与模板采用焊接时，应验算焊缝强度。

（6）对拉螺栓应根据其形式及分布状况，在承载能力极限状态下进行强度计算。

6. 组合钢模板的设计与计算

根据现行国家规范《组合钢模板技术规范》（GB/T 50214）的有关规定，关于组合钢模板的设计与计算的具体要求如下：

1）一般规定。

（1）模板工程施工前，应根据结构施工图、施工总平面图及施工设备和材料供应等现场条件，编制模板工程专项施工方案，主要内容应列入了工程项目的施工组织设计。属于超过一定规模的危险性较大的分部分项工程，应编制模板工程安全专项施工方案，必要时应由施工单位组织专家对专项方案进行论证。

（2）模板工程专项施工方案应包括下列内容：

①工程简介、施工平面布置图、施工要求和具备的施工条件等。

②相关法律、法规、规范性文件、标准、规范及图纸、施工组织设计等。

③施工进度计划、材料与设备计划等。

④技术参数、工艺流程、施工方法、检查验收等。

⑤组织保障、安全技术措施、应急预案、监测监控等。

⑥专职安全生产管理人员、特种作业人员等。

⑦计算书、绘制配板设计图等。

（3）在采用组合轻型钢大模组拼时，应结合大模板施工工艺特点和工程情况，合理选择起重设备、模板类型，并应提出冬季和雨季施工技术措施。

（4）简单的模板工程可按预先编制的模板荷载等级和部件规格间距选用图表，以及绘制模板排列图及连接件与支承件布置图，并应对关键的部位做力学验算。

（5）钢模板周转使用宜采取下列措施：

①宜分层、分段流水作业。

②竖向结构与横向结构宜分开施工。

③宜利用有一定强度的混凝土结构支撑上部模板结构。

④宜采用预先组装大片模板的方式整体装拆。

⑤宜采用各种可重复使用的整体模架。

2）刚度及强度验算。

（1）组合钢模板承受的荷载，应按现行国家标准《混凝土结构工程施工质量验收规范》（GB 50204）的有关规定计算。

（2）组成模板结构的钢模板、钢楞和支柱应采用组合荷载验算其刚度，其容许挠度应符合表 9-27 的规定。

表 9-27　钢模板及配件的容许挠度　　　　　　　　　　（mm）

部件名称	容许挠度
钢模板的面板	1.50
单块钢模板	1.50
钢楞	1/500

续表

部件名称	容许挠度
柱箍	$b/500$
桁架	$1/1000$

注：1为计算跨度，b为柱宽。

（3）组合钢模板所用材料的强度设计值，应按现行国家标准《钢结构设计标准》（GB 50017）的有关规定执行，并应根据组合钢模板的新旧程度、荷载性质和结构不同部位，乘以系数1.00～1.18。

（4）钢楞所用矩形钢管与内卷边槽钢的强度设计值，应按现行国家标准《冷弯薄壁型钢结构技术规范》（GB 50018）的有关规定执行；强度设计值不应提高。

（5）当验算模板及支承系统在自重与风荷载作用下抗倾覆的稳定性时，抗倾覆系数不应小于1.15。风荷载应按现行国家标准《建筑结构荷载规范》（GB 50009）的有关规定执行。

3）配板设计。

（1）配板时，宜选用大规格的钢模板为主板，其他规格的钢模板应作补充。

（2）绘制配板图时，应标出钢模板的位置、规格、型号和数量。对于预组装的大模板，应标绘出其分界线。有特殊构造时，应加以标明。

（3）预埋件和预留孔洞的位置，应在配板图上标明，并应注明其固定方法。

（4）钢模板的配板，应根据配模面的形状和几何尺寸，以及支撑形式确定。

（5）钢模板短向缝宜采用错开布置。

（6）设置对拉螺栓或其他拉筋时，应采取减少和避免在钢模板上钻孔的措施。需要在钢模板上钻孔时，使钻孔的模板能多次周转使用。

（7）柱、梁、墙、板的各种模板面的交接部分，应采用连接简便、结构牢固的专用模板。

（8）相邻钢模板的边肋，均应用U形卡插卡牢固，U形卡的间距不应大于300mm，端头接缝上的卡孔，应插上U形卡或L形插销。

4）支承系统的设计与计算。

（1）支承系统的设计与计算，应符合现行国家规范《混凝土结构工程施工质量验收规范》（GB 50204）和《混凝土结构工程施工规范》（GB 50666）的有关规定。

（2）模板支承系统应根据设计承受的荷载，按部件的强度和刚度要求进行布置。内钢楞的配置方向应与钢模板长度的方向相垂直，内钢楞的间距应按荷载数值和钢模板的力学性能计算确定。外钢楞的配置方向应与内钢楞相垂直。

（3）内钢楞悬挑部分的端部挠度应与跨中挠度相等，悬挑长度不宜大于400mm，支柱应着力在外钢楞上。

（4）一般柱、梁模板，宜采用柱箍和梁卡具作支承件；断面较大的柱、梁、剪力墙，宜采用对拉螺栓和钢楞。

（5）模板端缝齐平布置时，每块钢模板应有两个支承点，错开布置时，其间距可不受端缝位置的限制。

（6）在同一工程中可多次使用的预组装模板宜采用钢模板和支承系统连成整体的模

架。整体模架可按结构部位及施工方式，采取不同的构造型式。

9.3.3 固定式模板设计与施工

常用的固定式模板有土胎膜、砖胎膜、预制混凝土板胎膜。砖胎模一般用在地下室下翻地梁、基础梁、承台以及一些大型筏板基础侧面，用砖砌成挡墙代替模板的形式，可以减少土方开挖，加快施工进度。它是在基础构件支撑模板时无法实施拆除时，在基础构件的外侧用砖砌的墙起到了模板的作用。

1. 土胎膜

一般用在基础梁、承台部分施工中采用土胎模，可以减少土方开挖量，减少对原有土体的扰动，且可减少后期土方回填量和压实步数，同时不需要肥槽回填，基坑开挖尺寸小，加快施工进度。土胎膜基本上不需要具体计算，施工时按照实际情况编制施工方案，承台和基础梁土胎膜施工工艺通常如下：

灰土压实换填→施工准备→放线定位→机械挖坑→人工修坡→清槽及槽底测量放线→桩头处理（对于承台施工）→基坑侧壁铺雨布→混凝土垫层浇筑→放线→钢筋绑扎→混凝土浇筑→短柱钢筋绑扎（依设计情况确定）→短柱模板支设→短柱混凝土浇筑→短柱模板拆除→土方回填。

2. 砖胎膜

基础（承台、地梁、底板）根据工程具体情况有时模板采用砖胎模，砖胎膜采用砖砌筑。

1）砖胎膜设计。

通常根据施工图纸、施工组织设计和工程实际情况确定是否采用砖胎膜（砖胎膜示意如图 9-18 所示），承台和基础梁等的侧模采用砖胎膜，因砖模在砌好后要承受回填土的侧压力，砖胎膜的选型及厚度应根据承台、挡墙侧模深度进行计算，防止回填土施工中或回填后由于地表水侵蚀而发生边坡滑移甚至垮塌。砖模基本选型和厚度如下：

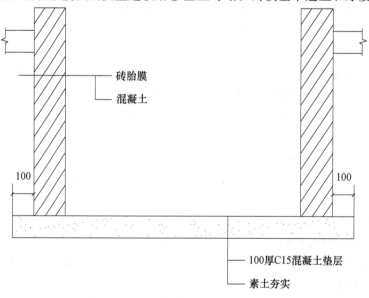

图 9-18 砖胎膜示意图（单位：mm）

（1）当砌筑高度 $h \leqslant 500$mm 时，用厚度为 180mm 的砖墙；

（2）当砌筑高度 500mm$<h \leqslant 1500$mm 时，用厚度为 240mm 的墙；

（3）当砌筑高度 1500mm$<h \leqslant 2500$mm 时，下部 1500mm 的部分用厚度为 370mm 的墙，上部用厚度为 240mm 的墙；

（4）当砌筑高度 $h>2500$mm 时，下部 1500mm 部分用厚度 490mm 墙，超过 1500mm 小于 2500mm 部分用厚度 370mm 的墙，最上部大于 2500mm 部分用厚度为 240mm 的墙；

（5）当砌筑长度大于 3000mm 的砖模，在沿墙长中间必须增设（墙厚+120）mm×（墙厚+120）mm 的附墙砖柱；

（6）当砌筑高度大于 800mm 的砖模，在沿墙长中间每隔 2.0m 增设 370mm×370mm（240 墙时）或 490mm×490mm（370 墙时）的附墙砖柱予以加强；

（7）砖胎膜高度超过 1.5m 必须在中部增加一道钢筋混凝土圈梁，圈梁大小为厚度同墙厚，高度为 240mm，内配 4ϕ10 钢筋，箍筋设置为 ϕ6@250，混凝土等级为 C20，以加大砖模侧向抗压能力。

开挖后如果承台底土质较差，如淤泥、流砂，需进行换填后再进入下一道工序，换填完成后在承台底部是否增加一道地圈梁应与设计人员商议确定（圈梁尺寸配筋又设计确定）。

砖模砌筑砂浆、砖的强度等级由设计确定或有施工单位确定后设计人员认可。砌筑 24h 后方才可填土打夯。

砖模高度超过 1800mm，必须增加斜撑回顶后方可进行回填。

2）砖胎膜砌筑工艺流程。

拌制砂浆→施工准备（放线、立皮数杆）→排砖摆底→砌砖墙→自检、验收。

3. 预制混凝土板胎膜

传统建筑基础施工时，基础地梁、独立承台、集水坑等侧模不易拆除部位，一般单独挖土，常采用砖胎模，砖胎膜的砌筑工程量较大，施工工序投入较多，成本较高，极易污染环境，不利于保证工期。

预制钢筋混凝土板材是一种代替砖胎膜施工的预制混凝土板，克服砖胎膜的不足，提供一种结构简单、工艺简洁、施工进度快、施工质量好和现场一次性安装而成的施工方法。它包含垫层、混凝土预制板、吊装拉结件、连接孔、连接件、对撑件、固定件等。混凝土预制板的下部均插设固定在固定件中，混凝土预制板的前后端面上设有数个连接孔，连接孔内插设有连接件，同一侧相邻的混凝土预制板之间通过连接件拼接固定，左右两侧的数个混凝土预制板之间均夹设固定有对撑件，数个混凝土预制板的背面上均固定有吊装拉结件，吊装拉结件的另一端与地面插接固定拉结。具有节省成本、运输方便、拼装简单、零损耗、节约工期、优化工序、作业环境要求低、质量达标率高、绿色环保轻质等特性。因此，采用预制混凝土板代替承台砖胎膜施工技术，相比较传统砖砌体砖胎膜施工技术可有效提高施工效率，缩短工期，同时该混凝土预制板不需进行抹灰，大大降低施工成本，达到降本增效的项目，预制装配式符合建筑行业发展的方向。

1）预制混凝土承台胎膜的设计与制作。

（1）预制混凝土承台胎膜的设计。

根据施工图纸要求，进行深化设计，因胎模在安装好后要承受回填土的侧压力，胎膜的选型及厚度应根据承台（等构件）深度进行计算，防止土回填过程中或回填后由于地表水侵蚀而发生边坡滑移甚至垮塌。对胎模进行选型和厚度确定，通常情况下：

承台高在 1.5m 以下（不含 1.5m）采用厚度为 100mm 的混凝土预制板。承台高度大于 1.5m，采用厚度为 120mm 混凝土预制板。预制混凝土胎膜高度超过 3m 必须在中部增加一道钢筋混凝土圈梁，圈梁大小为厚度同墙厚，高度为 240mm，内配 4φ10 钢筋，箍筋设置为 φ6@250，混凝土等级为 C20，以加大胎模侧向抗压能力。

胎膜面密度不大于 160kg/m²；抗弯荷载不小于 3G；抗冲击强度满足 100kg 砂袋落差 1m 冲击三次不出现裂纹；内置铁件满足使用要求。

（2）预制混凝土承台胎膜的制作。

胎膜采用工厂预制制作，根据深化的胎膜设计图纸制作模具，模具采用型钢制作。按照胎膜设计要求制作胎膜。胎膜养护需满足 14d，胎膜的码放层数不得超过 6 层。强度等级达到设计等级的 75％方可运输至安装现场。

（3）施工顺序。

测量放线、定标高→机械土方开挖至承台底以上→人工清土、平整→浇筑承台混凝土垫层→放预制混凝土板胎膜线→试摆预制混凝土板样→安装预制混凝土板→胎模周边土方回填→基础底板垫层。

2）混凝土预制板胎膜设计制作。

混凝土预制板胎膜（预制板模板示意图如图 9-19 所示）通过钢丝绳和木楔固定胎膜形式可以有效缩短传统砌筑砖胎模的施工时间，减少筏板做防水时砌筑砖胎模、砖胎模抹灰等施工工序，减少劳动力投入，避免基础下反梁、承台木模板拆除时拆除困难的问题。

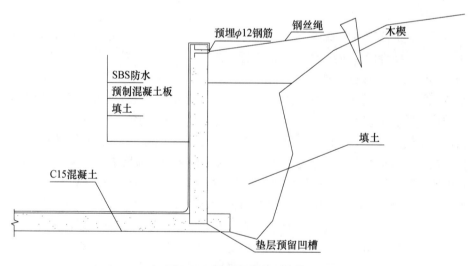

图 9-19 预制板模板示意图

9.3.4 移动式模板设计与计算

1. 移动式模板介绍

移动式模板是根据建筑物外形轮廓特征，做一段定型模板，在支撑钢架上装上行驶轮,沿建筑物长度方向铺设轨道分段移动,分段浇筑混凝土。

移动式模板移动时,只需顶推模板的花篮螺丝或千斤顶收缩,使模板与混凝土面脱开,模板即可随同钢架移动到拟浇筑部位,在用花篮螺丝或千斤顶调整模板至设计浇筑尺寸。移动式模板多用钢模板作为浇筑混凝土墙和隧洞混凝土衬砌使用。

目前主要使用的移动式模板有组合式可移动钢模板、移动式模板台车。组合式可移动钢模板中可移动组合式单侧大模板在建筑工程中应用较多。

可移动组合式单侧大模板结构包括大模板、斜撑系统、桁架系统、锚固系统。大模板通过大模板背部与斜撑系统,桁架系统连成一体,用于整体保证大模板的稳定性。桁架系统为可移动桁架,可移动桁架与模板体系的根部混凝土预埋件锚固,斜撑系统中的大模板斜撑上端与大模板围檩螺栓式锚固连接,大模板斜撑下端与地板预理地脚螺栓锚固连接。通过桁架支撑和杆件斜撑的共同支撑的连接方式,提高了大模板的稳定性,可移动式桁架支撑为施工带来便利。

组合式可移动钢模板,包括由第一侧模板、前封头板,第二侧模板和后封头板以及侧边依次相接的方式围成的框体;多个液压行走机构,设置在每个液压行走机构邻侧的花篮螺丝,以及设置在框体上的牵引块。多个液压行走机构采用对称设置的方式装配在第一侧模板和第二侧模板的外侧,液压行走机构包括液压千斤顶和滚轮;液压千斤顶的液压缸筒的筒口朝下,使设置在液压缸筒内的活塞杆能够沿轴向往复运动,滚轮安装在每个活塞杆的底端;花篮螺丝竖直设置,使其底端挂钩能够钩挂在地面固定位置上的地栓上;牵引块设置在前封头板的外壁上。该组合式可移动钢模板具有强度高,行走方便的特点,极大提高现浇大型混凝土的施工效率及质量。

移动式模板台车,包括行走系统和用于连接模板的车架系统,所述车架系统安装在行走系统上,且该车架系统上设置有用于支撑模板的连接结构,还包括用于驱动台车移动的动力系统,通过行走系统的移动,完成车架系统的移动,从而完成了在不同部位支设模板的目的,避免了对车架系统的反复拆卸和安装,大大提高了作业效率,并且在组装牢固的情况下,保持整体移动,保证了施工过程中的安全性及质量可靠性,具有较好的经济效益和推广价值。

2. 可移动组合式单侧大模板及支架设计与计算

1)设计主要原则。

模板及支架应满足强度、刚度和稳定性要求,施工缝应设置在弯矩最小处。根据工程的侧墙最大高度,施工流水分段作业长度及各结构层高情况,要求模板及支架体系既具有快速拆装、灵活多变、适应性强的功能,又具有在施工场地内快速运输模板和安装支承单侧墙模的功能。

2)材料选择。

(1)模板:首先,可采用小钢模板拼装(需注意的是,要做好缝的连接和缝隙漏浆措施),也可采用整块大钢模;其次,在事先已拼装好的大模板顶部上口用螺栓与等边角钢连接,使每张模板上口边在同一直线上;最后,使用定制的"L"型螺栓配蝴蝶扣将每大张模板通过双 $\phi48\times3$ 钢管横梁反背固定在事先已拼装好的混合支架上。

(2)支架:经常采用 [10 型钢双拼焊接定型支架和 $\phi48\times3$ 钢管扣件式支架间隔混

合组装，确定支架间距。

（3）模板支架固定、调节及移动系统：由预埋地脚螺杆、连接螺母、外连杆、外螺母和压横梁、调节杠和移动杆件组成。确定预埋地脚螺杆、外连杆、连接螺母、外螺母等材料及规格；预埋地脚螺栓、外连杆长度和预埋件间距、螺杆与地面的角度依实际情况确定；选用确定压横梁、调节杠、双螺母全丝杆、下垫钢板、移动杆件以及每段组装支架的个数。

（4）端头模板：为保证环向施工缝的质量，同时避免普通堵头方式焊伤侧墙主筋，并便于拆装，在端头模板上钉衬垫板，衬垫板垂直设置，并支撑牢固，不跑模。

3）计算。

（1）基本参数：确定目标计算断面宽度、高度。模板面板采用组合小钢模时确定小钢模主要类型宽度、板面厚度；模板龙骨间距。面板厚度、剪切强度、抗弯强度、弹性模量。

（2）荷载标准值验算：①强度验算要考虑新浇混凝土侧压力和倾倒混凝土时产生的荷载设计值；②挠度验算只考虑新浇混凝土侧压力产生荷载标准值；③计算方法见前面模板设计与计算。

（3）模板面板的验算。

面板为受弯结构，需要验算其抗弯强度和刚度。模板面板得按照简支梁计算。

（4）墙模板龙骨的验算。

龙骨承受模板传递的荷载，进行抗弯强度和挠度计算，按照集中荷载下多跨连续梁计算。

（5）支架验算。

单侧支架依布置间距，分析支架受力情况：单侧支架杆件受力和单侧支架受压杆件的稳定性验算、单侧支撑体系杆件受力分析判断所选杆件是否满足要求。

9.4 模板制作与安装、质量检查验收

模板的制作与安装、检查与验收有共同的要求，也因模板的类型不同、材质各异等有不同的规定，因此在使用时应视情况不同遵照执行。

9.4.1 模板制作、构造与安装的一般要求

1）模板应按图加工、制作。通用性强的模板宜制作成定型模板。安装模板应保证工程结构和构件各部分形状、尺寸和相互位置的正确，防止漏浆，构造应符合模板设计要求。模板应具有足够的承载能力、刚度和稳定性，应能可靠承受新浇混凝土自重和侧压力以及施工过程中所产生的荷载。

2）模板安装前必须做好下列安全技术准备工作：

（1）应审查模板结构设计与施工方案中的荷载、计算方法、节点构造和安全措施等，设计审批手续应齐全。

（2）应进行全面的安全技术交底，操作班组应熟悉设计与施工说明书，并应做好模板安装作业的分工准备。采用爬模、飞模、隧道模等特殊模板施工时，所有参加作业人

员必须经过专门技术培训，考核合格后方可上岗。

(3) 应对模板和配件进行挑选、检测，不合格者应剔除，并应运至工地指定地点堆放。

(4) 备齐操作所需的一切安全防护设施和器具。

3) 模板面板背楞的截面高度宜统一。模板制作与安装时，面板拼缝应严密。有防水要求的墙体，其模板对拉螺栓中部应设止水片，止水片应与对拉螺栓环焊。

4) 与通用钢管支架匹配的专用支架，应按图加工、制作。搁置于支架顶端可调托座上的主梁，可采用木方、木工字梁或截面对称的型钢制作。模板安装应按设计与施工方案的顺序拼装。木杆、钢管、门架等支架立柱不得混用。

5) 支架立柱和竖向模板安装在土层上时，应符合下列规定：

(1) 应设置具有足够强度和支承面积的垫板，且应中心承载；

(2) 土层应坚实，并应有排水措施；对湿陷性黄土、膨胀土，应有防水措施；对冻胀性土，对冻胀性土应有防冻融措施；对软土地基，必要时可采用堆载预压的方法调整模板面板安装高度。

(3) 对特别重要的结构工程可采用混凝土、打桩等措施防止支架柱下沉。

(4) 当满堂脚手架或共享空间模板支架立柱高度超过 8m 时，若地基土达不到承载要求，无法防止立柱下沉，则应先施工地面下的工程，再分层回填夯实基土，浇筑地面混凝土垫层，达到强度后方可支模。

6) 安装模板时，应进行测量放线，并应采取保证模板位置准确的定位措施。

7) 模板及其支架在安装过程中，必须设置有效防倾覆的临时固定设施。

8) 对竖向构件的模板及支架，应根据混凝土一次浇筑高度和浇筑速度，采取竖向模板抗侧移、抗浮和抗倾覆措施。对水平构件的模板及支架，应结合不同的支架和模板面板形式，采取支架间、模板间及模板与支架间的有效拉结措施。对可能承受较大风荷载的模板，应采取防风措施。

9) 对跨度不小于 4m 的梁、板，模板应起拱；当设计无具体要求时，起拱高度宜为梁、板跨度的 1/1000～3/1000，起拱不得减少构件的截面高度。

10) 现浇多层或高层房屋和构筑物，安装上层模板及其支架应符合下列规定：

(1) 下层楼板应具有承受上层施工荷载的承载能力，否则应加设支撑支架；

(2) 上层支架立柱应对准下层支架立柱，并应在立柱底铺设垫板；

(3) 当采用悬臂吊模板、桁架支模方法时，其支撑结构的承载能力和刚度必须符合设计构造要求。

(4) 当层间高度大于 5m 时，应选用桁架支模或钢管立柱支模。当层间高度小于或等于 5m 时，可采用木立柱支模。

11) 采用扣件式钢管作模板支架时，支架搭设应符合下列规定：

(1) 模板支架搭设所采用的钢管、扣件规格，应符合设计要求；立杆纵距、立杆横距、支架步距以及构造要求，应符合专项施工方案的要求。

(2) 立杆纵距、立杆横距不应大于 1.5m，支架步距不应大于 2.0m；立杆纵向和横向宜设置扫地杆，纵向扫地杆距立杆底部不宜大于 200mm，横向扫地杆宜设置在纵向扫地杆的下方；立杆底部宜设置底座或垫板。

(3) 立杆接长除顶层步距可采用搭接外，其余各层步距接头应采用对接扣件连接，两个相邻立杆的接头不应设置在同一步距内。

（4）立杆步距的上下两端应设置双向水平杆，水平杆与立杆的交错点应采用扣件连接，双向水平杆与立杆的连接扣件之间的距离不应大于150mm。

（5）支架周边应连续设置竖向剪刀撑。支架长度或宽度大于6m时，应设置中部纵向或横向的竖向剪刀撑，剪刀撑的间距和单幅剪刀撑的宽度均不宜大于8m，剪刀撑与水平杆的夹角宜为45°～60°；支架高度大于3倍步距时，支架顶部宜设置一道水平剪刀撑，剪刀撑应延伸至周边。

（6）立杆、水平杆、剪刀撑的搭接长度，不应小于0.8m，且不应少于2个扣件连接，扣件盖板边缘至杆端不应小于100mm。

（7）扣件螺栓的拧紧力矩不应小于40N·m，且不应大于65N·m。

（8）支架立杆搭设的垂直偏差不宜大于1/200。

12）采用扣件式钢管作高大模板支架时，支架搭设除应符合上一条的规定外，尚应符合下列规定：

（1）宜在支架立杆顶端插入可调托座，可调托座螺杆外径不应小于36mm，螺杆插入钢管的长度不应小于150mm，螺杆伸出钢管的长度不应大于300mm，可调托座伸出顶层水平杆的悬臂长度不应大于500mm。

（2）立杆纵距、横距不应大于1.2m，支架步距不应大于1.8m。

（3）立杆顶层步距内采用搭接时，搭接长度不应小于1m，且不应少于3个扣件连接。

（4）立杆纵向和横向应设置扫地杆，纵向扫地杆距立杆底部不宜大于200mm。

（5）宜设置中部纵向或横向的竖向剪刀撑，剪刀撑的间距不宜大于5m；沿支架高度方向搭设的水平剪刀撑的间距不宜大于6m。

（6）立杆的搭设垂直偏差不宜大于1/200，且不宜大于100mm。

（7）应根据周边结构的情况，采取有效的连接措施加强支架整体稳固性。

13）采用碗扣式、盘扣式或盘销式钢管架作模板支架时，支架搭设应符合下列规定：

（1）碗扣架、盘扣架或盘销架的水平杆与立柱的扣接应牢靠，不应滑脱。

（2）立杆上的上、下层水平杆间距不应大于1.8m。

（3）插入立杆顶端可调托座伸出顶层水平杆的悬臂长度不应大于650mm，螺杆插入钢管的长度不应小于150mm，其直径应满足与钢管内径间隙不大于6mm的要求。架体最顶层的水平杆步距应比标准步距缩小一个节点间距。

（4）立柱间应设置专用斜杆或扣件钢管斜杆加强模板支架。

14）采用门式钢管架搭设模板支架时，应符合现行行业标准《建筑施工门式钢管脚手架安全技术标准》（JGJ/T 128）的有关规定。当支架高度较大或荷载较大时，主立杆钢管直径不宜小于48mm，并应设水平加强杆。

15）支架的竖向斜撑和水平斜撑应与支架同步搭设，支架应与成型的混凝土结构拉结。钢管支架的竖向斜撑和水平斜撑的搭设，应符合国家现行有关钢管脚手架标准的规定。

16）拼装高度为2m以上的竖向模板，不得站在下层模板上拼装上层模板。安装过程中应设置临时固定设施。

17）对现浇多层、高层混凝土结构，上、下楼层模板支架的立杆宜对准。模板及支架杆件等应分散堆放。

18) 模板安装应与钢筋安装配合进行，梁柱节点的模板宜在钢筋安装后安装。当承重焊接钢筋骨架和模板一起安装时，应符合下列规定：

(1) 梁的侧模、底模必须固定在承重焊接钢筋骨架的节点上。

(2) 安装钢筋模板组合体时，吊索应按模板设计的吊点位置绑扎。

19) 除设计图另有规定者外，所有垂直支架柱应保证其垂直。当支架立柱成一定角度倾斜，或其支架立柱的顶表面倾斜时，应采取可靠措施确保支点稳定，支撑底脚必须有防滑移的可靠措施。

20) 对梁和板安装二次支撑前，其上不得有施工荷载，支撑的位置必须正确。安装后所传给支撑或连接件的荷载不应超过其允许值。

21) 支撑梁、板的支架立柱构造与安装应符合下列规定：

(1) 梁和板的立柱，其纵横向间距应相等或成倍数。

(2) 木立柱底部应设垫木，顶部应设支撑头。钢管立柱底部应设垫木和底座，顶部应设可调支托，U形支托与楞梁两侧间如有间隙，必须搂紧，其螺杆伸出钢管顶部不得大于 200mm，螺杆外径与立柱钢管内径的间隙不得大于 3mm，安装时应保证上下同心。

(3) 在立柱底距地面 200mm 高处，沿纵横水平方向应按纵下横上的程序设扫地杆。可调支托底部的立柱顶端应沿纵横向设置一道水平拉杆。扫地杆与顶部水平拉杆之间的间距，在满足模板设计所确定的水平拉杆步距要求条件下，进行平均分配确定步距后，在每一步距处纵横向应各设一道水平拉杆。当层高在 8～20m 时，在最顶步距两水平拉杆中间应加设一道水平拉杆；当层高大于 20m 时，在最顶两步距水平拉杆中间应分别增加一道水平拉杆。所有水平拉杆的端部均应与四周建筑物顶紧顶牢。无处可顶时，应在水平拉杆端部和中部沿竖向设置连续式剪刀撑。

(4) 木立柱的扫地杆、水平拉杆、剪刀撑应采用尺寸为 40mm×50mm 的木条或 25mm×80mm 的木板条与木立柱钉牢。钢管立柱的扫地杆、水平拉杆、剪刀撑应采用尺寸为 48mm×3.5mm 的钢管，用扣件与钢管立柱扣牢。木扫地杆、水平拉杆、剪刀撑应采用搭接，并应采用铁钉钉牢。钢管扫地杆、水平拉杆应采用对接，剪刀撑应采用搭接，搭接长度不得小于 500mm，并应采用 2 个旋转扣件分别在离杆端不小于 100mm 处进行固定。

22) 模板与混凝土接触面应清理干净并涂刷脱模剂，脱模剂不得污染钢筋和混凝土接槎处。

23) 后浇带的模板及支架应独立设置。

24) 固定在模板上的预埋件、预留孔和预留洞，均不得遗漏，且应安装牢固、位置准确。

25) 施工时，在已安装好的模板上的实际荷载不得超过设计值。已承受荷载的支架和附件，不得随意拆除或移动。

26) 组合钢模板、滑升模板等的构造与安装，尚应符合现行国家标准《组合钢模板技术标准》(GB/T 50214) 和《滑动模板工程技术标准》(GB/T 50113) 的相应规定。

27) 安装模板时，安装所需各种配件应置于工具箱或工具袋内，严禁散放在模板或脚手板上；安装所用工具应系挂在作业人员身上或置于所佩带的工具袋中，不得掉落。

28) 当模板安装高度超过 3.0m 时，必须搭设脚手架，除操作人员外，脚手架下不得站其他人。

29) 吊运模板时，必须符合下列规定：

（1）作业前应检查绳索、卡具、模板上的吊环，必须完整有效，在升降过程中应设专人指挥，统一信号，密切配合。

（2）吊运大块或整体模板时，竖向吊运不应少于 2 个吊点，水平吊运不应少于 4 个吊点。吊运必须使用卡环连接，并应稳起稳落，待模板就位连接牢固后，方可摘除卡环。

（3）吊运散装模板时，必须码放整齐，待捆绑牢固后方可起吊。

（4）严禁起重机在架空输电线路下面工作。

（5）遇 5 级及以上大风时，应停止一切吊运作业。

（6）木料应堆放在下风向，离火源不得小于 30m，且料场四周应设置灭火器材。

9.4.2 支架立柱构造与安装

1）梁式或桁架式支架的构造与安装应符合下列规定：

（1）采用伸缩式桁架时，其搭接长度不得小于 500mm，上、下弦连接销钉规格、数量应按设计规定，并应采用不少于 2 个 U 形卡或钢销钉销紧，2 个 U 形卡距或销距不得小于 400mm。

（2）安装的梁式或桁架式支架的间距设置应与模板设计图一致。

（3）支承梁式或桁架式支架的建筑结构应具有足够强度，否则，应另设立柱支撑。

（4）若桁架采用多榀成组排放，在下弦折角处必须加设水平撑。

2）工具式立柱支撑的构造与安装应符合下列规定：

（1）工具式钢管单立柱支撑的间距应符合支撑设计的规定。

（2）立柱不得接长使用。

（3）所有夹具、螺栓、销子和其他配件应处在闭合或拧紧的位置。

（4）立杆及水平拉杆构造应符合现行行业标准《建筑施工模板安全技术规范》（JGJ 162）第 6.1.9 条的规定。

3）木立柱支撑的构造与安装应符合下列规定：

（1）木立柱宜选用整料，当不能满足要求时，立柱的接头不宜超过 1 个，并应采用对接夹板接头方式。立柱底部可采用垫块垫高，但不得采用单码砖垫高，垫高高度不得超过 300mm。

（2）木立柱底部与垫木之间应设置硬木对角楔调整标高，并应用铁钉将其固定在垫木上。

（3）木立柱间距、扫地杆、水平拉杆、剪刀撑的设置应符合现行行业标准《建筑施工模板安全技术规范》（JGJ 162）中第 6.1.9 条的规定，严禁使用板皮替代规定的拉杆。

（4）所有单立柱支撑应在底垫木和梁底模板的中心，并应与底部垫木和顶部梁底模板紧密接触，且不得承受偏心荷载。

（5）当仅为单排立柱时，应在单排立柱的两边每隔 3m 加设斜支撑，且每边不得少于 2 根，斜支撑与地面的夹角应为 60°。

4）当采用扣件式钢管作立柱支撑时，其构造与安装应符合现行行业标准《建筑施工模板安全技术规范》（JGJ 162）中的下列强制性规定：

（1）钢管规格、间距、扣件应符合设计要求。每根立柱底部应设置底座及垫板，垫板厚度不得小于 50mm。

（2）钢管支架立柱间距、扫地杆、水平拉杆、剪刀撑的设置应符合现行行业标准《建筑施工模板安全技术规范》（JGJ 162）第 6.1.9 条的规定。当立柱底部不在同一高度时，高处的纵向扫地杆应向低处延长不少于 2 跨，高低差不得大于 1m，立柱距边坡上方边缘不得小于 0.5m。

（3）立柱接长严禁搭接，必须采用对接扣件连接，相邻两立柱的对接接头不得在同一步内，且对接接头沿竖向错开的距离不宜小于 500mm，各接头中心距主节点不宜大于步距的 1/3。

（4）严禁将上段的钢管立柱与下段钢管立柱错开固定在水平拉杆上。

（5）满堂模板和共享空间模板支架立柱，在外侧周圈应设由下至上的竖向连续式剪刀撑；中间在纵横向应每隔 10m 左右设由下至上的竖向连续式剪刀撑，其宽度宜为 4～6m，并在剪刀撑部位的顶部、扫地杆处设置水平剪刀撑，如图 9-20 所示。剪刀撑杆件的底端应与地面顶紧，夹角宜为 45°～60°。当建筑层高在 8～20m 时，除应满足上述规定外，还应在纵横向相邻的两竖向连续式剪刀撑之间增加之字斜撑，在有水平剪刀撑的部位，应在每个剪刀撑中间处增加一道水平剪刀撑，如图 9-21 所示。当建筑层高超过 20m 时，在满足以上规定的基础上，应将所有之字斜撑全部改为连续式剪刀撑，如图 9-22 所示。

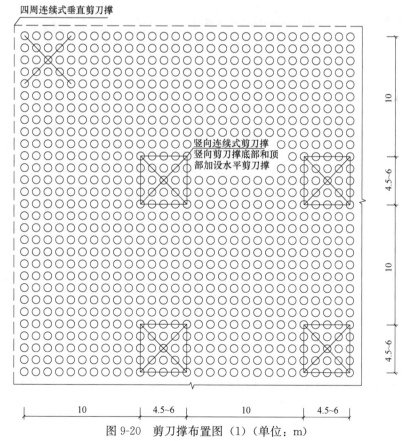

图 9-20 剪刀撑布置图（1）（单位：m）

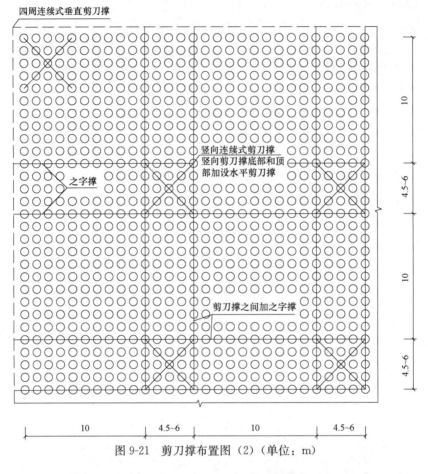

图 9-21　剪刀撑布置图（2）（单位：m）

（6）当支架立柱高度超过 5m 时，应在立柱周圈外侧和中间有结构柱的部位，按水平间距 6～9m、竖向间距 2～3m 与建筑结构设置一个固结点。

5）当采用标准门架作支撑时，其构造与安装应符合下列规定：

（1）门架的跨距和间距应按设计规定布置，间距宜小于 1.2m；支撑架底部垫木上应设固定底座或可调底座。门架、调节架及可调底座，其高度应按其支撑的高度确定。

（2）门架支撑可沿梁轴线垂直和平行布置。当垂直布置时，在两门架间的两侧应设置交叉支撑；当平行布置时，在两门架间的两侧也应设置交叉支撑，交叉支撑应与立杆上的锁销锁牢，上下门架的组装连接必须设置连接棒及锁臂。

（3）当门架支撑宽度为 4 跨及以上或 5 个间距及以上时，应在周边底层、顶层、中间每 5 列、5 排在每门架立杆根部设 $\phi48\times3.5$ 通长水平加固杆，并应采用扣件与门架立杆扣牢。

（4）当门架支撑高度超过 8m 时，应按现行行业标准《建筑施工模板安全技术规范》（JGJ 162）第 6.2.4 条的规定执行，剪刀撑不应大于 4 个间距，并应采用扣件与门架立杆扣牢。

（5）顶部操作层应采用挂扣式脚手板满铺。

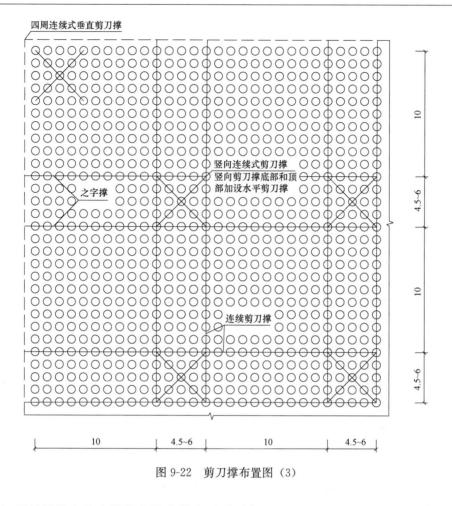

图 9-22 剪刀撑布置图（3）

6）悬挑结构立柱支撑的安装应符合下列要求：

（1）多层悬挑结构模板的上下立柱应保持在同一条垂直线上。

（2）多层悬挑结构模板的立柱应连续支撑，并不得少于 3 层。

9.4.3 普通模板构造与安装

1）基础及地下工程模板应符合下列规定：

（1）地面以下支模应先检查土壁的稳定情况，当有裂纹及塌方危险迹象时，应采取安全防范措施后，方可下人作业。当深度超过 2m 时，操作人员应设梯上下。

（2）距基槽（坑）上口边缘 1m 内不得堆放模板。向基槽（坑）内运料应使用起重机、溜槽或绳索；运下的模板严禁立放在基槽（坑）土壁上。

（3）斜支撑与侧模的夹角不应小于 45°，支在土壁的斜支撑应加设垫板，底部的对角楔木应与斜支撑连牢。高大长脖基础若采用分层支模时，其下层模板应经就位校正并支撑稳固后，方可进行上一层模板的安装。

（4）在有斜支撑的位置，应在两侧模间采用水平撑连成整体。

2）柱模板应符合下列规定：

（1）现场拼装柱模时，应适时地安设临时支撑进行固定，斜撑与地面的倾角宜为

60°，严禁将大片模板系在柱子钢筋上。

（2）待 4 片柱模就位组拼经对角线校正无误后，应立即自下而上安装柱箍。

（3）若为整体预组合柱模，吊装时应采用卡环和柱模连接，不得采用钢筋钩代替。

（4）柱模校正（用 4 根斜支撑或用连接在柱模顶四角带花篮螺栓的揽风绳，底端与楼板钢筋拉环固定进行校正）后，应采用斜撑或水平撑进行四周支撑，以确保整体稳定。当高度超过 4m 时，应群体或成列同时支模，并应将支撑连成一体，形成整体框架体系。当需单根支模时，柱宽大于 500mm 应每边在同一标高上设置不得少于 2 根斜撑或水平撑。斜撑与地面的夹角宜为 45°~60°，下端尚应有防滑移的措施。

（5）角柱模板的支撑，除满足上款要求外，还应在里侧设置能承受拉力和压力的斜撑。

3）墙模板应符合下列规定：

（1）当采用散拼定型模板支模时，应自下而上进行，必须在下一层模板全部紧固后，方可进行上一层安装。当下层不能独立安设支撑件时，应采取临时固定措施。

（2）当采用预拼装的大块墙模板进行支模安装时，严禁同时起吊 2 块模板，并应边就位、边校正、边连接，固定后方可摘钩。

（3）安装电梯井内墙模前，必须在板底下 200mm 处牢固地满铺一层脚手板。

（4）模板未安装对拉螺栓前，板面应向后倾一定角度。

（5）当钢楞长度需接长时，接头处应增加相同数量和不小于原规格的钢楞，其搭接长度不得小于墙模板宽或高的 15%~20%。

（6）拼接时的 U 形卡应正反交替安装，间距不得大于 300mm；2 块模板对接接缝处的 U 形卡应满装。

（7）对拉螺栓与墙模板应垂直，松紧应一致，墙厚尺寸应正确。

（8）墙模板内外支撑必须坚固、可靠，应确保模板的整体稳定。当墙模板外面无法设置支撑时，应在里面设置能承受拉力和压力的支撑。多排并列且间距不大的墙模板，当其与支撑互成一体时，应采取措施，防止灌筑混凝土时引起临近模板变形。

4）独立梁和整体楼盖梁结构模板应符合下列规定：

（1）安装独立梁模板时应设安全操作平台，并严禁操作人员站在独立梁底模或柱模支架上操作及上下通行。

（2）底模与横楞应拉结好，横楞与支架、立柱应连接牢固。

（3）安装梁侧模时，应边安装边与底模连接，当侧模高度多于 2 块时，应采取临时固定措施。

（4）起拱应在侧模内外楞连固前进行。

（5）单片预组合梁模，钢楞与板面的拉结应按设计规定制作，并应按设计吊点试吊无误后，方可正式吊运安装，侧模与支架支撑稳定后方准摘钩。

5）楼板或平台板模板应符合下列规定：

（1）当预组合模板采用桁架支模时，桁架与支点的连接应固定牢靠，桁架支承应采用平直通长的型钢或木方。

（2）当预组合模板块较大时，应加钢楞后方可吊运。当组合模板为错缝拼配时，板下横楞应均匀布置，并应在模板端穿插销。

（3）单块模就位安装，必须待支架搭设稳固、板下横楞与支架连接牢固后进行。

（4）U形卡应按设计规定安装。

6）其他结构模板应符合下列规定：

（1）安装圈梁、阳台、雨篷及挑檐等模板时，其支撑应独立设置，不得支搭在施工脚手架上。

（2）安装悬挑结构模板时，应搭设脚手架或悬挑工作台，并应设置防护栏杆和安全网。作业处的下方不得有人通行或停留。

（3）烟囱、水塔及其他高大构筑物的模板，应编制专项施工设计和安全技术措施，并应详细地向操作人员进行交底后方可安装。

（4）在危险部位进行作业时，操作人员应系好安全带。

9.4.4 特殊模板构造与安装的要求

1. 爬升模板构造与安装要求

1）进入施工现场的爬升模板系统中的大模板、爬升支架、爬升设备、脚手架及附件等，应按施工组织设计及有关图纸验收，合格后方可使用。

2）爬升模板安装时，应统一指挥，设置警戒区与通信设施，做好原始记录。并应符合下列规定：

（1）检查工程结构上预埋螺栓孔的直径和位置，并应符合图纸要求。

（2）爬升模板的安装顺序应为底座、立柱、爬升设备、大模板、模板外侧吊脚手。

3）施工过程中爬升大模板及支架时，应符合下列规定：

（1）爬升前，应检查爬升设备的位置、牢固程度、吊钩及连接杆件等，确认无误后，拆除相邻大模板及脚手架间的连接杆件，使各个爬升模板单元彻底分开。

（2）爬升时，应先收紧千斤钢丝绳，吊住大模板或支架，然后拆卸穿墙螺栓，并检查再无任何连接，卡环和安全钩无问题，调整好大模板或支架的重心，保持垂直，开始爬升。爬升时，作业人员应站在固定件上，不得站在爬升件上爬升，爬升过程中应防止晃动与扭转。

（3）每个单元的爬升不宜中途交接班，不得隔夜再继续爬升。每单元爬升完毕应及时固定。

（4）大模板爬升时，新浇混凝土的强度不应低于 $1.2N/mm^2$。支架爬升时的附墙架穿墙螺栓受力处的新浇混凝土强度应达到 $10N/mm^2$ 以上。

（5）爬升设备每次使用前均应检查，液压设备应由专人操作。

4）作业人员应背工具袋，以便存放工具和拆下的零件，防止物件跌落。且严禁高空向下抛物。

5）每次爬升组合安装好的爬升模板、金属件应涂刷防锈漆，板面应涂刷脱模剂。

6）爬模的外附脚手架或悬挂脚手架应满铺脚手板，脚手架外侧应设防护栏杆和安全网。爬架底部也应满铺脚手板和设置安全网。

7）每步脚手架间应设置爬梯，作业人员应由爬梯上下，进入爬架应在爬架内上下，严禁攀爬模板、脚手架和爬架外侧。

8）脚手架上不应堆放材料，脚手架上的垃圾应及时清除。如需临时堆放少量材料或机具，必须及时取走，且不得超过设计荷载的规定。

9）所有螺栓孔均应安装螺栓，螺栓应采用 50～60N·m 的扭矩紧固。

2. 飞模构造与安装要求

（1）飞模的制作组装必须按设计图进行。运到施工现场后，应按设计要求检查合格后方可使用安装。安装前应进行一次试压和试吊，检验确认各部件无隐患。对利用组合钢模板、门式脚手架、钢管脚手架组装的飞模，所用的材料、部件应符合现行国家规范《组合钢模板技术规范》（GB/T 50214）、《冷弯薄壁型钢结构技术规范》（GB 50018）以及其他专业技术规范的要求。凡属采用铝合金型材、木或竹塑胶合板组装的飞模，所用材料及部件应符合有关专业标准的要求。

（2）飞模起吊时，应在吊离地面 0.5m 后停下，待飞模完全平衡后再起吊。吊装应使用安全卡环，不得使用吊钩。

（3）飞模就位后，应立即在外侧设置防护栏，其高度不得小于 1.2m，外侧应另加设安全网，同时应设置楼层护栏。并应准确、牢固地搭设出模操作平台。

（4）当飞模在不同楼层转运时，上下层的信号人员应分工明确、统一指挥、统一信号，并应采用步话机联络。

（5）当飞模转运采用地滚轮推出时，前滚轮应高出后滚轮 10～20mm，并应将飞模重心标画在旁侧，严禁外侧吊点在未挂钩前将飞模向外倾斜。

（6）飞模外推时，必须用多根安全绳一端牢固拴在飞模两侧，另一端围绕在飞模两侧建筑物的可靠部位上，并应设专人掌握；缓慢推出飞模，并松放安全绳，飞模外端吊点的钢丝绳应逐渐收紧，待内外端吊钩挂牢后再转运起吊。

（7）在飞模上操作的挂钩作业人员应穿防滑鞋，且应系好安全带，并应挂在上层的预埋铁环上。

（8）吊运时，飞模上不得站人和存放自由物料，操作电动平衡吊具的作业人员应站在楼面上，并不得斜拉歪吊。

（9）飞模出模时，下层应设安全网，且飞模每运转一次后应检查各部件的损坏情况，同时应对所有的连接螺栓重新进行紧固。

3. 大体积混凝土模板要求

（1）大体积混凝土模板和支架设计时应进行承载力、刚度和整体稳固性验算，并应根据大体积混凝土采用的养护方法进行保温构造设计。

（2）模板和支架系统安装、使用和拆除过程中，必须采取安全稳定措施。

（3）对后浇带或跳仓法留置的竖向施工缝，宜采用钢板网、铁丝网或快易收口网等材料支挡；后浇带竖向支架系统宜与其他部位分开。

4. 组合钢模板模板制作要求

（1）钢模板的槽板制作应采用专用设备冷轧冲压整体成型的生产工艺，沿槽板向两侧的凸棱倾角，应按标准图尺寸控制。

（2）钢模板槽板边肋上的 U 形卡孔和凸鼓，应采用机械一次冲孔和压鼓成型的生产工艺。

（3）钢模板所有横肋均宜冲连接孔。

（4）宽度大于或等于400mm的钢模板纵肋，宜采用矩形管或冷弯型钢。

（5）钢模板的组装焊接，应采用组装胎具定位及按焊接工艺要求焊接。

（6）钢模板组装焊接后，对模板的变形处理，应采用模板整形机校正。当采用手工校正时，不得损伤模板棱角，且板面不得留有锤痕。

（7）钢模板及配件的焊接，宜采用二氧化碳气体保护焊，当采用手工电弧焊时应按现行国家标准《非合金钢及细晶粒钢焊条》（GB/T 5117）的有关规定，焊缝外形应光滑、均匀，不得有漏焊、焊穿、裂纹等缺陷；并不应产生咬肉、夹渣、气孔等缺陷。

（8）选用焊条的材质、性能及直径的大小，应与被焊物的材质性能及厚度相适应。

（9）U形卡应采用冷作工艺成型，其卡口弹性夹紧力不应小于1500N，经50次夹松试验后，卡口胀大不应大于1.2mm。

（10）U形卡、L形插销等配件的圆弧弯曲半径，应符合设计图的要求，且不得出现非圆弧形的折角皱纹。

（11）连接件宜采用镀锌表面处理，镀锌厚度不应小于0.05mm，镀层厚度和色彩应均匀，表面应光亮细致，不得有漏镀缺陷。

5. 组合钢模板的施工安装要求

1）施工准备：

（1）组合钢模板安装前，应向施工班组进行施工技术交底及安全技术交底，并应履行签字手续。有关施工及操作人员应熟悉施工图及模板工程的施工设计。

（2）施工现场应有可靠的能满足模板安装和检查需用的测量控制点。

（3）施工单位应对进场的模板、连接件、支承件等配件的产品合格证、生产许可证、检测报告进行复核，并应对其表面观感、重量等物理指标进行抽检。

（4）现场使用的模板及配件应对其规格、数量逐项清点检查。损坏未经修复的部件不得使用。

（5）采用预组装模板施工时，模板的预组装应在组装平台或经平整处理过的场地上进行。组装完毕后应予编号，并应按组装质量标准逐块检验后进行试吊，试吊完毕后应进行复查，并应再检查配件的数量、位置和紧固情况。

（6）经检查合格的组装模板，应按安装程序进行堆放和装车。平行叠放时应稳当妥帖，并应避免碰撞，每层之间应加垫木，模板与垫木均应上下对齐，底层模板应垫离地面不小于100mm。立放时，应采取防止倾倒并保证稳定的措施，平装运输时，应整堆捆紧。

（7）钢模板安装前，应涂刷脱模剂，但不得采用影响结构性能或妨碍装饰工程施工的脱模剂，在涂刷模板脱模剂时，不得沾污钢筋和混凝土接槎处，不得在模板上涂刷废机油。

（8）模板安装时的准备工作，应符合下列要求：

①梁和楼板模板的支柱支设在土壤地面，遇松软土、回填土等时，应根据土质情况进行平整、夯实，并应采取防水、排水措施，同时应按规定在模板支撑立柱底部采用具有足够强度和刚度的垫板；②竖向模板的安装底面应平整坚实、清理干净，并应采取定位措施；③竖向模板应按施工设计要求预理支承锚固件。

（9）在钢模板施工中，不得用钢板替代扣件、钢筋替代对拉螺栓，以及木方替代柱箍。

2）现场安装组合钢模板时，应符合下列规定：

（1）应按配板图与施工说明书循序拼装。

（2）配件应装插牢固。支柱和斜撑下的支承面应平整垫实，并应有足够的受压面积，支撑件应着力于外钢楞。

（3）预埋件与预留孔洞应位置准确，并应安设牢固。

（4）基础模板应支拉牢固，侧模斜撑的底部应加设垫木。墙和柱子模板的底面应找平，下端应与事先做好的定位基准靠紧垫平，在墙、柱上继续安装模板时，模板应有可靠的支承点，其平直度应进行校正。楼板模板支模时，应先完成一个格构的水平支撑及斜撑安装，再逐渐向外扩展。墙柱与梁板同时施工时，应先支设墙柱模板调整固定后再在其上架设梁、板模板。当墙柱混凝土已经浇筑完毕时，可利用已灌筑的混凝土结构来支承梁、板模板。

（5）预组装墙模板吊装就位后，下端应垫平，并应紧靠定位基准；两侧模板均应利用斜撑调整和固定其垂直度。

（6）支柱在高度方向所设的水平撑与剪力撑，应按构造与整体稳定性布置。

（7）多层及高层建筑中，上、下层对应的模板支柱应设置在同一竖向中心线上。

（8）模板支承系统应为独立的系统，不得与物料提升机、施工升降机、塔式起重机等起重设备钢结构架体机身及附着设施相连接；不得与施工脚手架、物料周转材料平台等架体相连接。

（9）模板、钢筋及其他材料等施工荷载应均匀堆置，并应放平放稳。施工总荷载不得超过模板支承系统设计荷载要求。

3）模板工程的安装应符合下列要求：

（1）同一条拼缝上的U形卡，不宜向同一方向卡紧。

（2）墙两侧模板的对拉螺栓孔应平直相对，穿插螺栓时不得斜拉硬顶。钻孔应采用机具，不得用电、气焊灼孔。

（3）钢楞宜取用整根杆件，接头应错开设置，搭接长度不应少于200mm。

（4）模板安装的起拱、支模的方法、焊接钢筋骨架的安装、预埋件和预留孔洞的允许偏差、预组装模板安装的允许偏差，以及预制构件模板安装的允许偏差等，均应按模板制作、构造与安装的一般要求的有关规定执行。

（5）曲面结构可用双曲可调模板，采用平面模板组装时，应使模板面与设计曲面的最大差值不超过设计的允许值。

6. 大模板制作与安装要求

1）大模板零部件下料的尺寸应准确，切口应平整；面板、肋和背楞等部件组拼、组焊前应调平和调直。

2）大模板组焊应采用减小内应力的焊接顺序和方法。

3）钢吊环、操作平台架挂钩等构件应采用热加工成型。

4）大模板的焊接部位应牢固，焊缝应均匀，焊缝尺寸应符合设计要求，焊渣应清除干净，质量应符合现行国家标准《钢结构焊接规范》（GB 50661）的规定。

5）模板板面应涂刷隔离剂，其余部位金属表面应除锈并涂刷防锈漆，构件活动部位应涂油润滑。大模板加工完成后，应按配板设计的编号在背面进行标识。

6）大模板安装要求：

（1）大模板安装前应进行施工技术交底。模板进场后逐项检查符合要求后进行安装。

（2）大模板安装不得扰动工程结构及设施。

（3）浇筑混凝土前应对大模板的安装进行专项检查，并应记录。浇筑混凝土时应监控大模板的使用情况，发现问题应及时处理。

（4）大模板吊装应符合下列规定：吊装大模板应设专人指挥，模板起吊应平稳，不得偏斜和大幅度摆动；操作人员应站在安全可靠处，严禁施工人员随同大模板一同起吊；被吊模板上不得有未固定的零散件；当风速 v_f 达到或超过 15m/s 时，应停止吊装；应确认大模板固定或放置稳固后方可摘钩。

（5）当已浇筑的混凝土强度未达到 $1.2N/mm^2$ 时，不得进行大模板安装施工；当混凝土结构强度未达到设计要求时，不得拆除大模板；当设计无具体要求时，拆除大模板时不得损坏混凝土表面及棱角。

（6）拼装式大模板现场组拼时，应符合下列规定：①应选择在平整坚实、排水流畅的场地上进行；②拼装精度应符合允许偏差的要求；③拼装完成后，应采用醒目字体按模位对模板重新编号。

（7）宜进行样板间的试安装，验证模板几何尺寸、接缝处理、零部件等的准确性后方可正式安装。

（8）面板与混凝土接触面应清理干净，涂刷隔离剂。刷过隔离剂的模板遇雨淋或其他因素失效后应补刷。使用的隔离剂不应影响结构工程及装修工程质量。墙体根部模板安装部位楼板面应清理干净并找平。

（9）模板安装前应放出模板内侧线及外侧控制线作为安装基准。大模板起吊前应进行试吊，当确认模板起吊平衡、吊环及吊索安全可靠后，方可正式起吊。

（10）大模板安装时宜按模板编号，按内侧、外侧及横墙、纵墙的顺序安装就位。

（11）大模板安装调整合格后应固定，混凝土浇筑时不得移位。

（12）大模板应支撑牢固、稳定。支撑点应设在坚固可靠处，不得与作业脚手架拉结。

（13）当紧固对拉螺栓时，用力应得当，不得使模板表面产生局部变形。

（14）大模板安装就位后，对缝隙及连接部位可采取堵缝措施，防止出现漏浆、错台现象。

（15）安装检查：大模板安装完成后，应经验收合格，方可进行混凝土浇筑。大模板安装验收时，应对下列项目进行复查确认：模板支撑系统的固定；操作平台系统的固定；拼装模板的接缝；模板竖向支撑的固定。

（16）当混凝土浇筑完成前风速 v_f 达到或超过 20m/s 时，应对已安装模板进行全面检查，合格后方可进行后续工作。

7. 钢框胶合板模板的制作安装要求

1）钢框制作：

（1）制作前应对型材的品种、规格进行质量验收。钢框制作应在专用工装中进行。

（2）钢框焊接时应采取措施，减少焊接变形。焊缝应满足设计要求，焊缝表面应均匀，不得有漏焊、夹渣、咬肉、气孔、裂纹、移位等缺陷。

（3）钢框焊接后应整形，整形时不得损伤模板边肋。

（4）钢框应在平台上进行检验，其允许偏差应符合规定。

（5）检验合格后的钢框应及时进行表面防锈处理。

2）面板制作：

（1）面板制作前应对面板的品种、规格进行质量验收。面板制作宜在室内进行。

（2）裁板应采用专用机具，保证面板尺寸，且不得损伤面膜。

（3）面板开孔应有可靠的工艺措施，保证孔周边整齐和面膜无裂纹，不得损坏胶合板层间的黏结。

（4）面板的加工面应采用封边漆密封，对拉螺栓孔宜采用孔塞保护。

（5）面板安装前应按下列要求进行检验：面板规格应和钢框成品相对应；面板孔位与钢框上的孔位应一致；采用对拉螺栓时，模板相应孔位、孔径应一致；加工面和孔壁密封应完整可靠。

（6）制作后的非标准尺寸面板，应按设计要求注明编号。

（7）面板制作允许偏差与检验方法应符合规定。

3）模板制作：

（1）模板应在钢框和面板质量验收合格后制作。

（2）面板安装质量应符合下列规定：螺钉或铆接应牢固可靠；沉头螺钉的平头应与板面平齐；不得损伤面板面膜；面板周边接缝严密不应漏浆。

（3）模板应在平台上进行检验，其允许偏差与检验方法应符合规定。

4）模板安装：

（1）模板安装前应编制模板施工方案，并应向操作人员进行技术交底。

（2）对进场模板、支撑及零配件的品种、规格与数量，应按本规程进行质量验收。

（3）当改变施工工艺及安全措施时，应经有关技术部门审核批准。

（4）堆放模板的场地应密实平整，模板支撑下端的基土应坚实，并应有排水措施。

（5）对模板进行预拼装时，应按现行国家标准《混凝土结构工程施工质量验收规范》（GB 50204）的有关规定进行组装质量验收。

（6）对于清水混凝土工程，应按设计图纸规定的清水混凝土范围、类型和施工工艺要求编制施工方案。

（7）对于早拆模板应绘制配模图及支撑系统图。应用早拆模板技术时，支模前应在楼地面上标出支撑位置。

（8）安装应按施工方案进行，并应保证模板在安装与拆除过程中的稳定和安全。模板安装前应均匀涂刷隔离剂，校对模板和配件的型号、数量，检查模板内侧附件连接情况，复核模板控制线和标高。模板的支撑及固定措施应便于校正模板的垂直度和标高，应保证其位置准确、牢固。立柱布置应上下对齐、纵横一致，并应设置剪刀撑和水平撑。立柱和斜撑两端的着力点应可靠，并应有足够的受压面。支撑两端不得同时垫楔片。

（9）模板应按编号进行安装，模板拼接缝处应有防漏浆措施，对拉螺栓安装应保证位置正确、受力均匀。模板的连接应可靠。当采用 U 形卡连接时，不宜沿同一方向设置。

（10）模板吊装前应进行试吊，确认无疑后方可正式吊装。吊装过程中模板板面不得与坚硬物体摩擦或碰撞。模板安装后应检查验收，钢筋及混凝土施工时不得损坏面板。

8. 高层建筑混凝土模板安装要求

1）脚手架及模板支架。

（1）模板支架应编制施工方案，经审批后实施。高、大脚手架及模板支架施工方案宜进行专门论证。

（2）模板支架的荷载取值及组合、计算方法及架体构造和施工要求应满足行业现行标准《建筑施工安全检查标准》（JGJ 59）、《建筑施工扣件式钢管脚手架安全技术规范》（JGJ 130）、《建筑施工门式钢管脚手架安全技术标准》（JGJ/T 128）、《建筑施工碗扣式钢管脚手架安全技术规范》（JGJ 166）、《建筑施工模板安全技术规范》（JGJ 162）等有关规定。

（3）外脚手架应根据建筑物的高度选择合理的形式：低于 50m 的建筑，宜采用落地脚手架或悬挑脚手架；高于 50m 的建筑，宜采用附着式升降脚手架、悬挑脚手架。

（4）落地脚手架宜采用双排扣件式钢管脚手架、门式钢管脚手架、承插式钢管脚手架。

（5）悬挑脚手架应符合下列规定：悬挑构件宜采用工字钢，架体宜采用双排扣件式钢管脚手架或碗扣式、承插式钢管脚手架；分段搭设的脚手架，每段高度不得超过 20m；悬挑构件可采用预埋件固定，预埋件应采用未经冷处理的钢材加工；当悬挑支架放置在阳台、悬挑梁或大跨度梁等部位时，应对其安全性进行验算。

（6）卸料平台应符合下列规定：应对卸料平台结构进行设计和验算，并编制专项施工方案；卸料平台应与外脚手架脱开；卸料平台严禁超载使用。

（7）模板支架宜采用工具式支架，并应符合相关标准的规定。

2）模板工程。

（1）模板工程应进行专项设计，并编制施工方案。模板方案应根据平面形状、结构形式和施工条件确定。对模板及其支架应进行承载力、刚度和稳定性计算。

（2）模板的设计、制作和安装应符合国家现行标准《混凝土结构工程施工质量验收规范》（GB 50204）、《组合钢模板技术规范》（GB/T 50214）、《滑动模板工程技术标准》（GB/T 50113）、《钢框胶合板模板技术规程》（JGJ 96）、《清水混凝土应用技术规程》（JGJ 169）等的有关规定。

（3）模板选型应符合下列规定：墙体宜选用大模板、倒模、滑动模板和爬升模板等工具式模板施工；柱模宜采用定型模板。圆柱模板可采用玻璃钢或钢板成型；梁、板模板宜选用钢框胶合板、组合钢模板或不带框胶合板等，采用整体或分片预制安装；楼板模板可选用飞模（台模、桌模）、密肋楼板模壳、永久性模板等；电梯井筒内模宜选用铰接式筒形大模板；核心筒宜采用爬升模板；清水混凝土、装饰混凝土模板应满足设计对混凝土造型及观感的要求。

（4）现浇楼板模板宜采用早拆模板体系。后浇带应与其两侧梁、板结构的模板及支架分开设置。

（5）大模板板面可采用整块薄钢板，也可选用钢框胶合板或加边框的钢板、胶合板拼装。挂装三角架支承上层外模荷载时，现浇外墙混凝土强度应达到 7.5MPa。大模板拆除和吊运时，严禁挤撞墙体。大模板的安装允许偏差应符合规定。

3）高层建筑用滑动模板及其操作平台应进行整体的承载力、刚度和稳定性设计，并应满足建筑造型要求。滑升模板施工前应按连续施工要求，统筹安排提升机具和配件等。劳动力配备、工序协调、垂直运输和水平运输能力均应与滑升速度相适应。模板应有上口小、下口大的倾斜度，其单面倾斜度宜取为模板高度的 1/1000～2/1000。混凝土出模强度应达到出模后混凝土不塌、不裂。支承杆的选用应与千斤顶的构造相适应，长度宜为 4m～6m，相邻支承杆的接头位置应至少错开 500mm，同一截面高度内接头不宜超过总数的 25%。宜选用额定起重量为 60kN 以上的大吨位千斤顶及与之配套的钢管支撑杆。

4）高层建筑爬升模板宜采用由钢框胶合板等组合而成的大模板。其高度应为标准层层高加 100～300mm。模板及爬架背面应附有爬升装置。爬架可由型钢组成，高度应为 3.0～3.5 个标准层高度，其立柱宜采取标准节分段组合，并用法兰盘连接；其底座固定于下层墙体时，穿墙螺栓不应少于 4 个，底部应设有操作平台和防护设施。爬升装置可选用液压穿心千斤顶、电动设备、倒链等。爬升工艺可选用模板与爬架互爬、模板与模板互爬、爬架与爬架互爬及整体爬升等。各部件安装后，应对所有连接螺栓和穿墙螺栓进行紧固检查，并应试爬升和验收。爬升时，穿墙螺栓受力处的混凝土强度不应小于 10MPa；应稳起、稳落和平稳就位，不应被其他构件卡住；每个单元的爬升，应在一个工作台班内完成，爬升完毕应及时固定。

爬升模板组装允许偏差应符合相关规定。穿墙螺栓的紧固扭矩为 40～50N·m 时，可采用扭力扳手检测。

5）现浇空心楼板模板施工时，应采取防止混凝土浇筑时预制芯管及钢筋上浮的措施。

9.4.5　模板的质量检查要求

1. 模板的质量检查的一般要求

1）模板、支架杆件和连接件的进场检查，应符合下列规定：

（1）模板表面应平整；胶合板模板的胶合层不应脱胶、翘角；支架杆件应平直，应无严重变形和锈蚀；连接件应无严重变形和锈蚀，并不应有裂纹。

（2）模板的规格和尺寸，支架杆件的直径和壁厚，及连接件的质量，应符合设计要求。

（3）施工现场组装的模板，其组成部分的外观和尺寸，应符合设计要求。

（4）必要时，应对模板、支架杆件和连接件的力学性能进行抽样检查。

（5）应在进场时和周转使用前全数检查外观质量。

2）模板安装后应检查尺寸偏差。固定在模板上的预埋件、预留孔和预留洞，应检查其数量和尺寸。

3）采用扣件式钢管作模板支架时，质量检查应符合下列规定：

（1）梁下支架立杆间距的偏差不宜大于 50mm，板下支架立杆间距的偏差不宜大于 100mm；水平杆间距的偏差不宜大于 50mm。

（2）应检查支架顶部承受模板荷载的水平杆与支架立杆连接的扣件数量，采用双扣件构造设置的抗滑移扣件，其上下应顶紧，间隙不应大于 2mm。

（3）支架顶部承受模板荷载的水平杆与支架立杆连接的扣件拧紧力矩，不应小于 40N·m，且不应大于 65N·m；支架每步双向水平杆应与立杆扣接，不得缺失。

4）采用碗扣式、盘扣式或盘销式钢管架作模板支架时，质量检查应符合下列规定：

（1）插入立杆顶端可调托座伸出顶层水平杆的悬臂长度，不应超过 650mm。

（2）水平杆杆端与立杆连接的碗扣、插接和盘销的连接状况，不应松脱。

（3）按规定设置的竖向和水平斜撑。

2. 组合钢模板制作检验要求

（1）成品出厂应经检验被评定为合格、签发产品合格证后再出厂，并应附说明书。

（2）生产厂应加强产品质量管理、健全质量管理制度和质量检查机构，应做好班组自检、车间抽检和厂级质检部门终检原始记录，并应根据抽样检查的数据，评定出合格品和优质品。

（3）生产厂应进行产品质量检验。检验设备和量具，应符合国家三级及其以上计量标准要求。

（4）钢模板在工厂成批投产后都应进行荷载试验，并应检验模板的强度、刚度和焊接质量等综合性能，当模板的材质或生产工艺等有较大变动时，均应抽样进行荷载试验。

（5）钢模板成品的质量检验，应包括单件检验和组装检验，其质量标准应符合相关规定。

（6）配件的强度、刚度及焊接质量等综合性能，在成批投产前和投产后均应按设计要求进行荷载试验。当配件的材质或生产工艺有变动时，也应进行荷载试验。

（7）配件合格品应符合产品抽样方法，应按现行国家标准《组合钢模板技术规范》（GB/T 50214）要求执行。

（8）钢模板及配件的表面应先除油、除锈，再按表 9.4.5-5 的要求做防锈处理。

（9）对产品质量有争议时，应按国家现行有关项目的质量标准及检验方法进行复检。

3. 大模板的安装与检验

1）大模板进场后项目检查，见表 9-28。

表 9-28　大模板进场检查项目

项目	内容
面板系统	数量、型号、编号、外形尺寸、焊缝、表面处理、吊环连接
支撑系统	数量、质量和连接
操作平台	平台、栏杆、爬梯质量和连接
对拉螺栓	质量、数量、规格

2）大模板安装的允许偏差及检验方法，见表 9-29。

表 9-29　大模板安装的允许偏差及检验方法

项目		允许偏差（mm）	检验方法
轴线位置		4	尺量检查
截面内部尺寸		±2	尺量检查
层高垂直度	全高≤5m	3	线坠及尺量检查
	全高＞5m	5	线坠及尺量检查
相邻模板面阶差		2	平尺及塞尺量检查
平直度		＜4（20m 内）	上口尺量检查、下口以模板定位线为基准检查

4. 钢框胶合板模板检查

（1）钢框应在加工平台上进行检验，其允许偏差应符合相关规定。

（2）面板制作检查长度、宽度、对角线差尺寸等。

（3）模板制作检查长度、宽度、对角线差、平整度、边肋平直度、相邻面板拼缝高低差、相邻面板拼缝间距、板面与板肋高低差、连接孔中心距、孔中心与板面间距、对拉螺栓孔间距等应符合相关要求。

5. 高层建筑用模板安装要求

（1）大模板的安装检查模板位置、标高、上口高度、垂直度。

（2）滑模装置组装检查模板结构轴线与相应结构轴线位置、围圈位置偏差提升架的垂直偏差、安放千斤顶的提升架横梁相对标高偏差、考虑倾斜度后模板尺寸偏差、千斤顶安装位置偏差、圆模直径及方模边长的偏差、相邻两块模板平面平整偏差等。

（3）高层建筑爬升模板组装检查墙面留穿墙螺栓孔位置、穿墙螺栓孔直径、大模板、爬升支架（标高、垂直度）等。

9.4.6　模板的验收要求

1. 一般规定

（1）模板工程应编制施工方案。爬升式模板工程、工具式模板工程及高大模板支架工程的施工方案，应按有关规定进行技术论证。

（2）模板及支架应根据安装、使用和拆除工况进行设计，并应满足承载力、刚度和整体稳固性要求。

（3）模板及其支架拆除的顺序及安全措施应符合现行国家标准《混凝土结构工程施工规范》（GB 50666）的规定和施工方案的要求。

2. 模板安装主控项目

1）模板及支架用材料的技术指标应符合国家现行有关标准的规定。进场时应抽样检验模板和支架材料的外观、规格和尺寸。

（1）检查数量：按国家现行相关标准的规定确定。

（2）检验方法：检查质量证明文件，观察，尺量。

2）现浇混凝土结构模板及支架的安装质量，应符合国家现行有关标准的规定和施工方案的要求。

（1）检查数量：按国家现行相关标准的规定确定。

（2）检验方法：按国家现行有关标准的规定执行。

3）后浇带处的模板及支架应独立设置。

（1）检查数量：全数检查。

（2）检验方法：观察。

4）支架竖杆和竖向模板安装在土层上时，应符合下列规定：

（1）土层应坚实、平整，其承载力或密实度应符合施工方案的要求。

（2）应有防水、排水措施；对冻胀性土，应有预防冻融措施。

（3）支架竖杆下应有底座或垫板。

①检查数量：全数检查。

②检验方法：观察；检查土层密实度检测报告、土层承载力验算或现场检测报告。

3. 模板安装一般项目

1）模板安装应符合下列规定：

（1）模板的接缝应严密。

（2）模板内不应有杂物、积水或冰雪等。

（3）模板与混凝土的接触面应平整、清洁。

（4）用作模板的地坪、胎膜等应平整、清洁，不应有影响构件质量的下沉、裂缝、起砂或起鼓。

（5）对清水混凝土及装饰混凝土构件，应使用能达到设计效果的模板。

①检查数量：全数检查。

②检验方法：观察。

2）脱模剂的品种和涂刷方法应符合施工方案的要求。脱模剂不得影响结构性能及装饰施工；不得沾污钢筋、预应力筋、预埋件和混凝土接槎处；不得对环境造成污染。

（1）检查数量：全数检查。

（2）检验方法：检查质量证明文件；观察。

3）模板的起拱应符合现行国家标准《混凝土结构工程施工规范》（GB 50666）的规定，并应符合设计及施工方案的要求。

（1）检查数量：在同一检验批内，对梁，跨度大于 18m 时应全数检查，跨度不大于 18m 时应抽查构件数量的 10%，且不应少于 3 件；对板，应按有代表性的自然间抽查 10%，且不应少于 3 间；对大空间结构，板可按纵、横轴线划分检查面，抽查 10%，且不应少于 3 面。

（2）检验方法：水准仪或尺量。

4）现浇混凝土结构多层连续支模应符合施工方案的规定。上、下层模板支架的竖杆宜对准。竖杆下垫板的设置应符合施工方案的要求。

（1）检查数量：全数检查。

（2）检验方法：观察。

5）固定在模板上的预埋件和预留孔洞不得遗漏，且应安装牢固。有抗渗要求的混凝土结构中的预埋件，应按设计及施工方案的要求采取防渗措施。

预埋件和预留孔洞的位置应满足设计和施工方案的要求。当设计无具体要求时，其位置偏差应符合表 9-30 的规定。

表 9-30 预埋件和预留孔洞的安装允许偏差

项目		允许偏差（mm）
预埋板中心线位置		3
预埋管、预留孔中心线位置		3
插筋	中心线位置	5
	外露长度	+10 0
预埋螺栓	中心线位置	2
	外露长度	+10 0
预留洞	中心线位置	10
	尺寸	+10 0

注：检查中心线位置时，沿纵、横两个方向量测，并取其中偏差的较大值。

（1）检查数量：在同一检验批内，对梁、柱和独立基础，应抽查构件数量的 10%，且不应少于 3 件；对墙和板，应按有代表性的自然间抽查 10%，且不应少于 3 间；对大空间结构墙可按相邻轴线间高度 5m 左右划分检查面，板可按纵、横轴线划分检查面，抽查 10%，且均不应少于 3 面。

（2）检验方法：观察、尺量。

6）现浇结构模板安装的尺寸偏差及检验方法应符合表 9-31 的规定。

检查数量：在同一检验批内，对梁、柱和独立基础，应抽查构件数量的 10%，且不应少于 3 件；对墙和板，应按有代表性的自然间抽查 10%，且不应少于 3 间；对大空间结构，墙可按相邻轴线间高度 5m 左右划分检查面，板可按纵、横轴线划分检查面，抽查 10%，且均不应少于 3 面。

表 9-31 现浇结构模板安装的允许偏差及检验方法

项目		允许偏差（mm）	检验方法
轴线位置		5	尺量检查
底模上表面标高		±5	水准仪或拉线、尺量
模板内部尺寸	基础	±10	尺量
	柱、墙、梁	±5	尺量
	楼梯相邻踏步高差	±5	尺量

续表

项目		允许偏差（mm）	检验方法
垂直度	柱、墙层高≤6m	8	经纬仪或吊线、尺量
	柱、墙层高＞6m	10	经纬仪或吊线、尺量
相邻两块模板表面高差		2	尺量
表面平整度		5	2m靠尺和塞尺量测

注：检查轴线位置当有纵横两个方向时，沿纵、横两个方向量测，并取其中偏差的较大值。

7）预制构件模板安装的偏差及检验方法应符合表9-32的规定。

检查数量：首次使用及大修后的模板应全数检查；使用中的模板应抽查10%，且不应少于5件，不足5件时应全数检查。

表 9-32　预制构件模板安装的允许偏差及检验方法

项目		允许偏差（mm）	检验方法
长度	梁、板	±4	尺量两侧边，取其中较大值
	薄腹梁、桁架	±8	
	柱	0 −10	
	墙板	0 −5	
宽度	板、墙板	0 −5	尺量两端及中部，取其中较大值
	梁、薄腹梁、桁架	+2 −5	
高（厚）度	板	+2 −3	尺量两端及中部，取其中较大值
	墙板	0 −5	
	梁、薄腹梁、桁架、柱	+2 −5	
侧向弯曲	梁、板、柱	$L/1000$ 且不大于15	拉线、尺量最大弯曲处
	墙板、薄腹梁、桁架	$L/1500$ 且不大于15	
板的表面平整度		3	2m靠尺和塞尺量测
相邻两板表面高低差		1	尺量
对角线差	板	7	尺量两对角线
	墙板	5	
翘曲	板、墙板	$L/1500$	水平尺在两端量测
设计起拱	薄腹梁、桁架、梁	±3	拉线、尺量跨中

注：L 为构件长度，mm。

9.5 模板的拆除、运输、维护、贮存、保管要求

9.5.1 模板拆除

模板的拆除时间取决于混凝土的强度、各类型模板的用途、结构的性质、混凝土硬化时的气温等。为了加快模板周转的速度，减少模板的总用量，降低工程造价，模板应尽早拆除，提高模板的使用效率。但过早拆除模板，混凝土会因强度不足以承担本身自重，或受到外力作用而变形甚至断裂，造成重大的质量事故。因此模板拆除时不得损伤混凝土结构构件，确保混凝土板混凝土结构达到安全要求的强度。在进行模板设计时，还要考虑模板的拆除顺序和拆除时间；不承重的侧模拆除时间，应在混凝土强度能保证其表面及棱角不因拆除模板而受损坏时，方可拆除。一般当混凝土强度达到 2.5MPa 后，就能保证混凝土不因拆除模板而损坏。承重模板的拆除时间，在混凝土强度达到规定强度（按设计强度标准值的百分率计）后方能拆除。模板拆除时混凝土强度应符合相关规定。

拆除顺序一般是"先支的后拆，后支的先拆，先拆除非承重部分，后拆除承重部分，自上而下"。重大复杂模板的拆除，事先应制订拆模方案。对于肋形楼板的拆除顺序，首先是柱模板，然后楼板底模板、梁侧模板、最后梁底模板。对框架结构模板的拆除顺序一般是柱—楼板—梁侧模—梁底模。多层楼板模板支架的拆除，应按下列要求进行：上层楼板正在浇筑混凝土时，下一层楼板的模板支架不得拆除，再下层的楼板模板的支架，仅可拆除一部分，即跨度4m及以上梁下均应保留支架，其间距不得大于3m。拆模时应尽量避免混凝土表面及棱角或模板受到损坏，以致整块下落伤人。拆下的模板，应及时加以清理、修理，按种类及尺寸分别堆放，以便下次使用，有钉子的，要使钉尖向下，以免扎脚。对定型模板，若其背面油漆脱落，应补刷防锈漆。在拆模过程中，如发现混凝土质量问题，应暂停拆除，经研究确认情况并处理后，方可继续拆除。

1. 模板拆除要求

（1）模板拆除应按施工方案进行，并应保证模板在安装与拆除过程中的稳定和安全。拆模的顺序和方法应按模板的设计规定进行。当设计无规定时，可采取先支的后拆、后支的先拆、先拆非承重模板、后拆承重模板，并应从上而下进行拆除。拆下的模板不得抛扔，应按指定地点堆放。

（2）底模及支架应在混凝土强度达到设计要求后再拆除；当设计无具体要求时，同条件养护的混凝土立方体试件抗压强度应符合表 9-33 的规定。当混凝土未达到规定强度或已达到设计规定强度，需提前拆模或承受部分超设计荷载时，必须经过计算和技术主管确认其强度能足够承受此荷载后，方可拆除。

表 9-33 同条件养护的混凝土立方体试件抗压强度

构件类型	构件跨度（m）	达到设计混凝土强度等级值的百分率（%）
板	≤2	≥50
	>2	≥75
	≤8	
	>8	≥100

构件类型	构件跨度（m）	达到设计混凝土强度等级值的百分率（%）
梁、拱、壳	≤8	≥75
	>8	≥100
悬臂结构		≥100

（3）冬期拆模与保温应满足混凝土抗冻临界强度的要求；悬挑构件拆模时，混凝土强度应达到设计强度的100%；后浇带拆模时，混凝土强度应达到设计强度的100%。当混凝土强度能保证其表面及棱角不受损伤时，方可拆除侧模。

（4）多个楼层间连续支模的底层支架拆除时间，应根据连续支模的楼层间荷载分配和混凝土强度的增长情况确定。

（5）快拆支架体系的支架立杆间距不应大于2m。拆模时，应保留立杆并顶托支承楼板，拆模时的混凝土强度可按上表中构件跨度为2m的规定确定。

（6）后张预应力混凝土结构构件，侧模宜在预应力筋张拉前拆除；底模及支架不应在结构构件建立预应力前拆除。

（7）拆下的模板及支架杆件不得抛掷，应分散堆放在指定地点，并应及时清运。

（8）模板拆除后应将其表面清理干净，对变形和损伤部位应进行修复。

（9）模板和支架系统拆除过程中，必须采取安全稳定措施。

（10）大体积混凝土拆模时间应满足混凝土的强度要求，当模板作为保温养护措施的一部分时，其拆模时间应根据温控要求确定。大体积混凝土宜适当延迟拆模时间。拆模后，应采取预防寒流袭击、突然降温和剧烈干燥等措施。

（11）大体积混凝土的拆模时间除应满足混凝土强度要求外，还应使混凝土内外温差降低到25℃以下时方可拆模。否则应采取有效措施防止产生温度裂缝。

（12）在承重焊接钢筋骨架作配筋的结构中，承受混凝土重量的模板，应在混凝土达到设计强度的25%后方可拆除承重模板。当在已拆除模板的结构上加置荷载时，应另行核算。

（13）后张预应力混凝土结构的侧模宜在施加预应力前拆除，底模应在施加预应力后拆除。当设计有规定时，应按规定执行。

（14）拆模前应检查所使用的工具有效和可靠，扳手等工具必须装入工具袋或系挂在身上，并应检查拆模场所范围内的安全措施。

（15）模板的拆除工作应设专人指挥。作业区应设围栏，其内不得有其他工种作业，并应设专人负责监护。拆下的模板、零配件严禁抛掷。

（16）多人同时操作时，应明确分工、统一信号或行动，应具有足够的操作面，人员应站在安全处。

（17）高处拆除模板时，应符合有关高处作业的规定。严禁使用大锤和撬棍，操作层上临时拆下的模板堆放不能超过3层。

（18）在提前拆除互相搭连并涉及其他后拆模板的支撑时，应补设临时支撑。拆模时，应逐块拆卸，不得成片撬落或拉倒，不得撬砸面板。模板安装与拆除过程中应对模板面板和边角进行保护。

（19）拆模如遇中途停歇，应将已拆松动、悬空、浮吊的模板或支架进行临时支撑牢固或相互连接稳固。对活动部件必须一次拆除。

（20）已拆除了模板的结构，应在混凝土强度达到设计强度值后方可承受全部设计荷载。若在未达到设计强度以前，需在结构上加置施工荷载时，应另行核算，强度不足时，应加设临时支撑。

（21）遇6级或以上大风时，应暂停室外的高处作业。雨、雪、霜后应先清扫施工现场，方可进行工作。

（22）拆除有洞口模板时，应采取防止操作人员坠落的措施。洞口模板拆除后，应按行业现行标准《建筑施工高处作业安全技术规范》（JGJ 80）的有关规定及时进行防护。

2. 支架立柱拆除

（1）当拆除钢楞、木楞、钢桁架时，应在其下面临时搭设防护支架，使所拆楞梁及桁架先落在临时防护支架上。

（2）当立柱的水平拉杆超出2层时，应首先拆除2层以上的拉杆。当拆除最后一道水平拉杆时，应和拆除立柱同时进行。

（3）当拆除4～8m跨度的梁下立柱时，应先从跨中开始，对称地分别向两端拆除。拆除时，严禁采用连梁底板向旁侧一片拉倒的拆除方法。

（4）对于多层楼板模板的立柱，当上层及以上楼板正在浇筑混凝土时，下层楼板立柱的拆除，应根据下层楼板结构混凝土强度的实际情况，经过计算确定。

（5）拆除平台、楼板下的立柱时，作业人员应站在安全处。

（6）对已拆下的钢楞、木楞、桁架、立柱及其他零配件应及时运到指定地点。对有芯钢管立柱运出前应先将芯管抽出或用销卡固定。

3. 普通模板拆除

1）拆除条形基础、杯形基础、独立基础或设备基础的模板时，应符合下列规定：

（1）拆除前应先检查基槽（坑）土壁的安全状况，发现有松软、龟裂等不安全因素时，应在采取安全防范措施后，方可进行作业。

（2）模板和支撑杆件等应随拆随运，不得在离槽（坑）上口边缘1m以内堆放。

（3）拆除模板时，施工人员必须站在安全地方。应先拆内外木楞、再拆木面板；钢模板应先拆钩头螺栓和内外钢楞，后拆U形卡和L形插销，拆下的钢模板应妥善传递或用绳钩放置地面，不得抛掷。拆下的小型零配件应装入工具袋内或小型箱笼内，不得随处乱扔。

2）拆除柱模应符合下列规定：

（1）常温施工时，柱混凝土拆模强度不应低于1.5MPa。

（2）柱模拆除应分别采用分散拆和分片拆2种方法。分散拆除的顺序应为：

拆除拉杆或斜撑、自上而下拆除柱箍或横楞、拆除竖楞，自上而下拆除配件及模板、运走分类堆放、清理、拔钉、钢模维修、刷防锈油或脱模剂、入库备用。

（3）分片拆除的顺序应为：拆除全部支撑系统、自上而下拆除柱箍及横楞、拆掉柱角U形卡、分2片或4片拆除模板、原地清理、刷防锈油或脱模剂、分片运至新支模地点备用。

（4）柱子拆下的模板及配件不得向地面抛掷。

3）拆除墙模应符合下列规定：

（1）墙体拆模强度不应低于 1.2MPa。

（2）墙模分散拆除顺序应为：

拆除斜撑或斜拉杆、自上而下拆除外楞及对拉螺栓、分层自上而下拆除木楞或钢楞及零配件和模板、运走分类堆放、拔钉清理或清理检修后刷防锈油或脱模剂、入库备用。

（3）预组拼大块墙模拆除顺序应为：

拆除全部支撑系统、拆卸大块墙模接缝处的连接型钢及零配件、拧去固定埋设件的螺栓及大部分对拉螺栓、挂上吊装绳扣并略拉紧吊绳后，拧下剩余对拉螺栓，用方木均匀敲击大块墙模立楞及钢模板，使其脱离墙体，用撬棍轻轻外撬大块墙模板使全部脱离，指挥起吊、运走、清理、刷防锈油或脱模剂备用。

（4）拆除每一大块墙模的最后 2 个对拉螺栓后，作业人员应撤离大模板下侧，以后的操作均应在上部进行。个别大块模板拆除后产生局部变形者应及时整修好。

（5）大块模板起吊时，速度要慢，应保持垂直，严禁模板碰撞墙体。

4）拆除梁、板模板应符合下列规定：

（1）梁、板底模拆模时，跨度不大于 8m 时混凝土强度应达到设计强度的 75%，跨度大于 8m 时混凝土强度应达到设计强度的 100%。

（2）梁、板模板应先拆梁侧模，再拆板底模，最后拆除梁底模，并应分段分片进行，严禁成片撬落或成片拉拆。

（3）拆除时，作业人员应站在安全的地方进行操作，严禁站在已拆或松动的模板上进行拆除作业。

（4）拆除模板时，严禁用铁棍或铁锤乱砸，已拆下的模板应妥善传递或用绳钩放至地面。

（5）严禁作业人员站在悬臂结构边缘敲拆下面的底模。

（6）待分片、分段的模板全部拆除后，方允许将模板、支架、零配件等按指定地点运出堆放，并进行拔钉、清理、整修、刷防锈油或脱模剂，入库备用。

5）现场拆除组合钢模板时应符合下列规定：

（1）拆模前应制订拆模顺序、拆模方法及安全措施。

（2）应先拆除侧面模板，再拆除承重模板。

（3）组合大模板宜大块整体拆除。

（4）支承件和连接件应逐件拆卸，模板应逐块拆卸传递，拆除时不得损伤模板和混凝土。

（5）拆下的模板和配件均应分类堆放整齐，附件应放在工具箱内。

6）组合钢模板装拆安全要求。

（1）组合钢模板装拆时，上、下应有人接应，钢模板应随装拆随转运，不得堆放在脚手板上，不得抛掷踩撞，中途停歇时，应将活动部件固定牢靠。

（2）装拆模板应有稳固的登高工具或脚手架，高度超过 3.5m 时，应搭设脚手架。装拆过程中，除操作人员外，脚手架下面不得站人，高处作业时，操作人员应系安全带，地面应设置安全通道、围栏和警戒标志，并应派专人看守，非操作人员不得进入作业范围内。

（3）安装墙、柱模板时，应随时支撑固定。

（4）安装预组装成片模板时，应边就位、边校正和安设连接件，并应加设临时支撑稳固。

（5）预组装模板装拆时，垂直吊运应采取2个以上的吊点，水平吊运应采取4个吊点，吊点应合理布置并进行受力计算。

（6）预组装模板拆除时，宜整体拆除，并应先挂好吊索，然后拆除支撑及拼接两片模板的配件，待模板离开结构表面后再起吊，吊钩不得脱钩。

（7）拆除承重模板时，应先设立临时支撑，然后进行拆卸。

（8）模板支承系统在使用过程中，立柱底部不得松动悬空，不得任意拆除任何杆件，不得松动扣件，且不得用作缆风绳的拉接。

7）大模板的拆除应符合下列规定：

（1）大模板的拆除应按先支后拆、后支先拆的顺序。

（2）当拆除对拉螺栓时，应采取措施防止模板倾覆。

（3）严禁操作人员站在模板上口晃动、撬动或锤击模板。

（4）拆除的对拉螺栓、连接件及拆模用工具应妥善保管和放置，不得散放在操作平台上。

（5）起吊大模板前应确认模板和混凝土结构及周边设施之间无任何连接。

（6）移动模板时不得碰撞墙体。

4. 特殊模板拆除

（1）对于拱、薄壳、圆穹屋顶和跨度大于8m的梁式结构，应按设计规定的程序和方式从中心沿环圈对称向外或从跨中对称向两边均匀放松模板支架立柱。

（2）拆除圆形屋顶、筒仓下漏斗模板时，应从结构中心处的支架立柱开始，按同心圆层次对称地拆向结构的周边。

（3）拆除带有拉杆拱的模板时，应在拆除前先将拉杆拉紧。

5. 爬升模板拆除

（1）拆除爬模应有拆除方案，且应由技术负责人签署意见，应向有关人员进行安全技术交底后，方可实施拆除。

（2）拆除时应先清除脚手架上的垃圾杂物，并应设置警戒区由专人监护。

（3）拆除时应设专人指挥，严禁交叉作业。拆除顺序应为：悬挂脚手架和模板、爬升设备、爬升支架。

（4）已拆除的物件应及时清理、整修和保养，并运至指定地点备用。

（5）遇5级以上大风应停止拆除作业。

6. 飞模拆除

（1）脱模时，梁、板混凝土强度等级不得小于设计强度的75%。

（2）飞模的拆除顺序、行走路线和运到下一个支模地点的位置，均应按飞模设计的有关规定进行。

（3）拆除时应先用千斤顶顶住下部水平连接管，再拆去木楔或砖墩（或拔出钢套管连接螺栓，提起钢套管）。推入可任意转向的四轮台车，松千斤顶使飞模落在台车上，随后推运至主楼板外侧搭设的平台上，用塔式起重机吊至上层重复使用。若不需重复使用时，应按普通模板的方法拆除。

（4）飞模拆除必须有专人统一指挥，飞模尾部应绑安全绳，安全绳的另一端应套在坚固的建筑结构上，且在推运时应徐徐放松。

（5）飞模推出后，楼层外边缘应立即绑好护身栏。

7. 隧道模拆除

（1）拆除前应对作业人员进行安全技术交底和技术培训。

（2）拆除导墙模板时，应在新浇混凝土强度达到 $1.0N/mm^2$ 后，方准拆模。

（3）拆除隧道模应按下列顺序进行：

①新浇混凝土强度应在达到承重模板拆模要求后，方准拆模。

②应采用长柄手摇螺帽杆将连接顶板的连接板上的螺栓松开，并应将隧道模分成2个半隧道模。

③拔除穿墙螺栓，并旋转垂直支撑杆和墙体模板的螺旋千斤顶，让滚轮落地，使隧道模脱离顶板和墙面。

④放下支卸平台防护栏杆，先将一边的半隧道模推移至支卸平台上，然后再推另一边半隧道模。

⑤为使顶板不超过设计允许荷载，经设计核算后，应加设临时支撑柱。

（4）半隧道模的吊运方法，可根据具体情况采用单点吊装法、两点吊装法、多点吊装法或鸭嘴形吊装法。

9.5.2　运输、维修与保管

1. 运输

（1）模板运输应根据模板的长度、高度、重量选用适当的车辆。

（2）模板在运输车辆上的支点、伸出的长度及绑扎方法均应使模板不发生变形，不得损伤表面涂层。

（3）短途运输时，钢模板可采用散装运输；长途运输时，钢模板应用简易集装，支承件应捆扎，连接件应分类装箱。

（4）钢模板运输时，不同规格的模板不宜混装，当超过车厢侧板高度时，应采取防止模板滑动的措施。

（5）运输同规格模板应成捆包装。平面模板包装时应将两块模板的面板相对，并将边肋牢固连接。

（6）运输过程中应有防水保护措施，必要时可采用集装箱。

（7）非平面横板的包装、运输，应采取防止面板损伤和钢框变形的措施。

（8）装卸模板及零配件时应轻装轻卸，不得抛掷，并应采取措施防止碰撞损坏模板。

（9）预组装模板运输时，可根据预组装模板的结构、规格尺寸和运输条件等，采取分层平放运输或分格竖直运输，并应分隔垫实、支撑牢固。

（10）装卸模板和配件可用起重设备成捆装卸或人工单块搬运，均应轻装轻卸，不得抛掷，并应防止碰撞损坏。

2. 维修、存放与保管

（1）钢模板和配件拆除后，应及时清除黏结的砂浆杂物和板面涂刷防锈油，对变形及损坏的钢模板及配件，应及时整形和修补，修复后的钢模板和配件应达到表 9-34 的要求，并宜采用机械整形和清理。

表 9-34　钢模板及配件修复后的主要质量标准

	项目	允许偏差
钢模板	表面平整度	≤2.00
	凸棱直线度	≤1.00
	边肋不直度	不得超过凸棱高度
	肋板	有少量损伤，已修补
	U 形卡孔	无开裂
	焊缝	开焊处已补焊
	防锈油漆	基本完好，板面涂防锈油
U 形卡	卡口宽度	±0.50
	卡口残余变形	≤1.20
	弹性孔直径	±1.00
	表面质量	黏附灰浆和锈蚀已清除
扣件	螺栓孔	不允许破裂
	外观	延续少量变形，不得影响使用
	表面质量	黏附灰浆和锈蚀已清除
钢支柱	直线度	≤$L/1000$
	钢管、套管外观	所有凹坑应修复
	焊缝	开焊处应补焊
	调解螺栓壁厚	≥3.50
	插销	不允许有折弯
	底板、顶部	应平整

注：U 形卡试件试验后，不得有裂纹、脱皮等疵病。

（2）模板使用后应及时清理，不得用坚硬物敲击板面。对暂不使用的钢模板，板面应涂刷脱模剂或防锈油，背面油漆脱落处，应补涂防锈漆，焊缝开裂时应补焊，并应按规格分类堆放。

（3）对钢框应适时除锈刷漆保养。当板面有划痕、碰伤时应及时维修。对废弃的预留孔可使用配套的塑料孔塞封堵。维修质量达不到要求的钢模板和配件应报废处理，并不得将报废的钢模板改制成小规格钢模板。

（4）钢模板宜放在室内或敞棚内，模板的底面应垫离地面 100mm 以上；露天堆放时，地面应平整、坚实，并应采取排水措施，模板底面应垫离地面 150mm 以上，两支点离模板两端的距离不应大于模板长度的 1/6。

（5）配件入库保存时，应分类存放，小件应点数装箱入袋，大件应整数成垛。

（6）使用后的大模板应按现行国家标准《租赁模板脚手架维修保养技术规范》（GB 50829）的要求进行维修保养，合格后方可再次使用。

（7）大模板的存放应符合下列规定：

①大模板现场存放区应在起重机的有效工作范围之内，大模板现场存放场地应坚实平整，不得存放在松土、冻土或凹凸不平的场地上。

②大模板存放时，有支撑架的大模板应满足自稳角要求；当不能满足要求时，应采取稳定措施。无支撑架的大模板，应存放在专用的存放架上。

③当大模板在地面存放时，应采取两块大模板板面相对放置的方法，且应在模板中间留置不小于 600mm 的操作间距；当长时间存放时，应将模板连接成整体。

④当大模板临时存放在施工楼层上时，应采取防倾覆措施；不得沿外墙周边放置，应垂直于外墙存放。

⑤当大模板采用高架存放时，应对存放架进行专项设计。

（8）贮存：

①大模板连接件应码放整齐，小型件应装箱、装袋或捆绑，避免发生碰撞，连接件的重要连接部位不得受到破坏。

②大模板贮存应分类码放。零、配件入库保存时，应分类存放。

③大模板存放场地地面应平整、坚实，并应有排水措施。

④当大模板叠层平放时，在模板的底部及层间应加垫木。垫木应上下对齐，垫点应使模板不产生弯曲变形。大模板叠放高度不宜超过 2m，并应稳固。

10 脚手架工程

脚手架的使用与管理应符合国家法律法规《建设工程安全生产管理条例》《危险性较大的分部分项工程安全管理规定》（中华人民共和国住建部令第 37 号）《住房城乡建设部办公厅关于实施〈危险性较大的分部分项工程安全管理规定〉有关问题的通知》（建办质〔2018〕31 号文）《建筑施工附着式升降脚手架管理暂行规定》，及标准规范《建筑施工脚手架安全技术统一标准》《建筑施工扣件式钢管脚手架安全技术规范》《建筑施工门式钢管脚手架安全技术标准》《建筑施工工具式脚手架安全技术规范》等国家、行业现行规范标准的相关规定。房屋建筑施工过程中的作业脚手架的安全搭设、拆卸及使用，是作业脚手架安全管控的重要节点，需要通过对脚手架材料、构配件的选择、方案的编制与审核、受力计算、搭设质量、日常使用维护管理和保养、拆卸等各个环节加以管控，才能确保脚手架安全施工。

10.1 基本要求

10.1.1 《建设工程安全生产管理条例》的要求

第十七条 在施工现场安装、拆卸施工起重机械和整体提升脚手架、模板等自升式架设设施，必须由具有相应资质的单位承担。

安装、拆卸施工起重机械和整体提升脚手架、模板等自升式架设设施，应当编制拆装方案、制订安全施工措施，并由专业技术人员现场监督。施工起重机械和整体提升脚手架、模板等自升式架设设施安装完毕后，安装单位应当自检，出具自检合格证明，并向施工单位进行安全使用说明，办理验收手续并签字。

第十八条 施工起重机械和整体提升脚手架、模板等自升式架设设施的使用达到国家规定的检验检测期限的，必须经具有专业资质的检验检测机构检测。经检测不合格的，不得继续使用。

第十九条 检验检测机构对检测合格的施工起重机械和整体提升脚手架、模板等自升式架设设施，应当出具安全合格证明文件，并对检测结果负责。

第二十六条 施工单位应当在施工组织设计中编制安全技术措施和施工现场临时用电方案，对下列达到一定规模的危险性较大的分部分项工程编制专项施工方案，并附具安全验算结果，经施工单位技术负责人、总监理工程师签字后实施，由专职安全生产管理人员进行现场监督：

（一）基坑支护与降水工程；

（二）土方开挖工程；

（三）模板工程；

（四）起重吊装工程；

（五）脚手架工程；

（六）拆除、爆破工程；

（七）国务院建设行政主管部门或者其他有关部门规定的其他危险性较大的工程。

对前款所列工程中涉及深基坑、地下暗挖工程、高大模板工程的专项施工方案，施工单位还应当组织专家进行论证、审查。

本条第一款规定的达到一定规模的危险性较大工程的标准，由国务院建设行政主管部门会同国务院其他有关部门制定。

第二十八条　施工单位应当在施工现场入口处、施工起重机械、临时用电设施、脚手架、出入通道口、楼梯口、电梯井口、孔洞口、桥梁口、隧道口、基坑边沿、爆破物及有害危险气体和液体存放处等危险部位，设置明显的安全警示标志。安全警示标志必须符合国家标准。

第三十五条　施工单位在使用施工起重机械和整体提升脚手架、模板等自升式架设设施前，应当组织有关单位进行验收，也可以委托具有相应资质的检验检测机构进行验收；使用承租的机械设备和施工机具及配件的，由施工总承包单位、分包单位、出租单位和安装单位共同进行验收。验收合格的方可使用。

《特种设备安全监察条例》规定的施工起重机械，在验收前应当经有相应资质的检验检测机构监督检验合格。

施工单位应当自施工起重机械和整体提升脚手架、模板等自升式架设设施验收合格之日起 30 日内，向建设行政主管部门或者其他有关部门登记。登记标志应当置于或者附着于该设备的显著位置。

第六十一条　违反本条例的规定，施工起重机械和整体提升脚手架、模板等自升式架设设施安装、拆卸单位有下列行为之一的，责令限期改正，处 5 万元以上 10 万元以下的罚款；情节严重的，责令停业整顿，降低资质等级，直至吊销资质证书；造成损失的，依法承担赔偿责任：

（一）未编制拆装方案、制订安全施工措施的；

（二）未由专业技术人员现场监督的；

（三）未出具自检合格证明或者出具虚假证明的；

（四）未向施工单位进行安全使用说明，办理移交手续的。

施工起重机械和整体提升脚手架、模板等自升式架设设施安装、拆卸单位有前款规定的第（一）项、第（三）项行为，经有关部门或者单位职工提出后，对事故隐患仍不采取措施，因而发生重大伤亡事故或者造成其他严重后果，构成犯罪的，对直接责任人员，依照刑法有关规定追究刑事责任。

第六十二条　违反本条例的规定，施工单位有下列行为之一的，责令限期改正；逾期未改正的，责令停业整顿，依照《中华人民共和国安全生产法》的有关规定处以罚款；造成重大安全事故，构成犯罪的，对直接责任人员，依照刑法有关规定追究刑事责任：

（一）未设立安全生产管理机构、配备专职安全生产管理人员或者分部分项工程施工时无专职安全生产管理人员现场监督的；

（二）施工单位的主要负责人、项目负责人、专职安全生产管理人员、作业人员或者特种作业人员，未经安全教育培训或者经考核不合格即从事相关工作的；

（三）未在施工现场的危险部位设置明显的安全警示标志，或者未按照国家有关规定在施工现场设置消防通道、消防水源、配备消防设施和灭火器材的；

（四）未向作业人员提供安全防护用具和安全防护服装的；

（五）未按照规定在施工起重机械和整体提升脚手架、模板等自升式架设设施验收合格后登记的；

（六）使用国家明令淘汰、禁止使用的危及施工安全的工艺、设备、材料的。

第六十五条 违反本条例的规定，施工单位有下列行为之一的，责令限期改正；逾期未改正的，责令停业整顿，并处 10 万元以上 30 万元以下的罚款；情节严重的，降低资质等级，直至吊销资质证书；造成重大安全事故，构成犯罪的，对直接责任人员，依照刑法有关规定追究刑事责任；造成损失的，依法承担赔偿责任：

（一）安全防护用具、机械设备、施工机具及配件在进入施工现场前未经查验或者查验不合格即投入使用的；

（二）使用未经验收或者验收不合格的施工起重机械和整体提升脚手架、模板等自升式架设设施的；

（三）委托不具有相应资质的单位承担施工现场安装、拆卸施工起重机械和整体提升脚手架、模板等自升式架设设施的；

（四）在施工组织设计中未编制安全技术措施、施工现场临时用电方案或者专项施工方案的。

10.1.2 《危险性较大的分部分项工程安全管理规定》《住房城乡建设部办公厅关于实施〈危险性较大的分部分项工程安全管理规定〉有关问题的通知》的要求

附件 1 危险性较大的分部分项工程

四、脚手架工程

（一）搭设高度 24m 及以上的落地式钢管脚手架工程（包括采光井、电梯井脚手架）。

（二）附着式升降脚手架工程或附着式升降操作平台工程。

（三）悬挑式脚手架工程。

（四）高处作业吊篮工程。

（五）卸料平台、操作平台工程。

（六）异型脚手架工程。

附件 2 超过一定规模的危险性较大的分部分项工程范围

四、脚手架工程

（一）搭设高度 50m 及以上的落地式钢管脚手架工程。

（二）提升高度在 150m 及以上的附着式升降脚手架工程或附着式升降操作平台工程。

（三）分段架体搭设高度 20m 及以上的悬挑式脚手架工程。

10.1.3　住房城乡建设部《建筑施工附着式升降脚手架管理暂行规定》

第六章　管理

第五十五条　住房城乡建设部对从事附着升降脚手架工程的施工单位实行资质管理，未取得相应资质证书的不得施工；对附着升降脚手架实行认证制度，即所使用的附着升降脚手架必须经过国务院建设行政主管部门组织鉴定或者委托具有资格的单位进行认证。

第五十六条　附着升降脚手架工程的施工单位应当根据资质管理有关规定到当地建设行政主管部门办理相应的审查手续。

第五十七条　新研制的附着升降脚手架应符合本规定的各项技术要求，并到当地建设行政主管部门办理试用手续，经审查合格后，只可批在一个工程上试用，试用期间必须随时接受当地建设行政主管部门的指导和监督。

试用成功后，再按照第五十五条的规定取得认证资格，方可投入正式使用。

第五十八条　对已获得附着升降脚手架资质证书的施工单位实行年检管理制度，有下列情况之一者，一律注销资质证书：

1. 使用与其资质证书所载明的附着升降脚手架名称和型号不一致者；

2. 有出借，出租资质证书、转包行为者；

3. 严重违反本规定，多次整改仍不合格者；

4. 发生一次死亡3人以上重大事故或事故累计死亡达3人以上者；

第五十九条　异地使用附着升降脚手架的，使用前应向当地住房城乡建设行政主管部门或建筑安全监督机构办理备案手续，接受其监督管理。

第六十条　工程项目的总承包单位必须对施工现场的安全工作实行统一监督管理，对使用的附着升降脚手架要进行监督检查，发现问题，及时采取解决措施。

附着升降脚手架组装完毕，总承包单位必须根据本规定以及施工组织设计等有关文件的要求进行检查，验收合格后，方可进行升降作业。分包单位对附着升降脚手架的使用安全负责。

第六十一条　附着升降脚手架发生重大事故后，应当严格保护事故现场，采取有效措施防止事故扩大和组织抢救工作，并立即向当地建设行政主管部门和有关部门报告。抢救人员需移动现场物件时，应做出标志，绘制现场简图并做出书面记录，保存现场重要痕迹、物证，有条件的应拍照或录像。

第六十二条　各级建设行政主管部门或建筑安全监督机构应当加强对附着升降脚手架工程的监督检查，确保安全生产。

第六十三条　本规定由住房城乡建设部建筑管理司负责解释。

10.1.4　住房城乡建设部《关于印发起重机械、基坑工程等五项危险性较大的分部分项工程施工安全要点的通知》

1. 脚手架施工安全要点

（1）脚手架工程必须按照规定编制、审核专项施工方案，超过一定规模的要组织专家论证。

（2）脚手架搭设、拆除单位必须具有相应的资质和安全生产许可证，严禁无资质从事脚手架搭设、拆除作业。

（3）脚手架搭设、拆除人员必须取得建筑施工特种作业人员操作资格证书。

（4）脚手架搭设、拆除前，应当向现场管理人员和作业人员进行安全技术交底。

（5）脚手架材料进场使用前，必须按规定进行验收，未经验收或验收不合格的严禁使用。

（6）脚手架搭设、拆除要严格按照专项施工方案组织实施，相关管理人员必须在现场进行监督，发现不按照专项施工方案施工的，应当要求立即整改。

（7）脚手架外侧以及悬挑式脚手架、附着升降脚手架底层应当封闭严密。

（8）脚手架必须按专项施工方案设置剪刀撑和连墙件。落地式脚手架搭设场地必须平整坚实。严禁在脚手架上超载堆放材料，严禁将模板支架、缆风绳、泵送混凝土和砂浆的输送管等固定在架体上。

（9）脚手架搭设必须分阶段组织验收，验收合格的，方可投入使用。

（10）脚手架拆除必须由上而下逐层进行，严禁上下同时作业。连墙件应当随脚手架逐层拆除，严禁先将连墙件整层或数层拆除后再拆脚手架。

10.1.5 相关技术标准

与脚手架工程相关的主要技术标准见表 10-1。

表 10-1　与脚手架工程相关的主要技术标准

序号	规范名称	规范号及现行版本
1	《建筑工程施工质量验收统一标准》	GB 50300—2013
2	《建筑施工脚手架安全技术统一标准》	GB 51210—2016
3	《建筑施工安全检查标准》	JGJ 59—2011
4	《建筑施工模板安全技术规范》	JGJ 162—2008
5	《建筑施工工具式脚手架安全技术规范》	JGJ 202—2010
6	《建筑施工木脚手架安全技术规范》	JGJ 164—2008
7	《碗扣式钢管脚手架构件》	GB 24911—2010
8	《建筑施工门式钢管脚手架安全技术标准》	JGJ/T 128—2019
9	《建筑施工扣件式钢管脚手架安全技术规范》	JGJ 130—2011
10	《建筑施工模板安全技术规范》	JGJ 162—2008
11	《建筑施工碗扣式钢管脚手架安全技术规范》	JGJ 166—2016
12	《建筑施工模板和脚手架试验标准》	JGJ/T 414—2018
13	《建筑结构可靠性设计统一标准》	GB 50068—2018
14	《建筑结构荷载规范》	GB 50009—2012
15	《建筑地基基础设计规范》	GB 50007—2011
16	《钢结构设计标准》	GB 50017—2017
17	《混凝土结构设计规范（2015 年版）》	GB 50010—2010

10.2 落地式作业脚手架

落地式作业脚手架是指由杆件或结构单元、配件通过可靠连接而组成，支撑于地面、建筑物上或附着于工程结构上，为建筑施工提供作业平台和安全防护的脚手架，简称作业架。

落地式作业脚手架包括以各类不同杆件（构件）和节点形式构成的落地作业脚手架、悬挑脚手架、工具式脚手架（包括附着式脚手架、吊篮）等。

10.2.1 扣件式作业脚手架安全技术管理规定

1. 构造要求

1）纵向水平杆的构造应符合下列规定：

纵向水平杆应设置在立杆内侧，单根杆长度不应小于 3 跨。

2）纵向水平杆接长应采用对接扣件连接或搭接，并应符合下列规定：

（1）两根相邻纵向水平杆的接头不应设置在同步或同跨内；不同步或不同跨两个相邻接头在水平方向错开的距离不应小于 500mm；各接头中心至最近主节点的距离不应大于纵距 l_a 的 1/3，如图 10-1 所示。

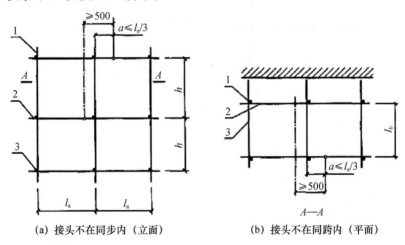

(a) 接头不在同步内（立面）   (b) 接头不在同跨内（平面）

图 10-1 纵向水平杆对接接头布置（单位：mm）

1—立杆；2—纵向水平杆；3—横向水平杆；a—接头中心至主节点的距离；l_a—立杆纵距；l_b—立杆横距；h—步距

（2）搭接长度不应小于 1m，应等间距设置 3 个旋转扣件固定；端部扣件盖板边缘至搭接纵向水平杆杆端的距离不应小于 100mm。

（3）当使用冲压钢脚手板、木脚手板、竹串片脚手板时，纵向水平杆应作为横向水平杆的支座，用直角扣件固定在立杆上；当使用竹笆脚手板时，纵向水平杆应采用直角扣件固定在横向水平杆上，并应等间距设置，间距 s 不应大于 400mm，如图 10-2 所示。

（4）横向水平杆的构造应符合下列规定：

①作业层上非主节点处的横向水平杆，宜根据支承脚手板的需要等间距设置，最大间距不应大于纵距的 1/2。

②当使用冲压钢脚手板、木脚手板、竹串片脚手板时，双排脚手架的横向水平杆两端均应采用直角扣件固定在纵向水平杆上；单排脚手架的横向水平杆的一端应用直角扣件固定在纵向水平杆上，另一端应插入墙内，插入长度不应小于 180mm；

③当使用竹笆脚手板时，双排脚手架的横向水平杆的两端，应用直角扣件固定在立杆上；单排脚手架的横向水平杆的一端，应用直角扣件固定在立杆上，另一端插入墙内，插入长度不应小于 180mm。

3）主节点处必须设置一根横向水平杆，用直角扣件扣接且严禁拆除。

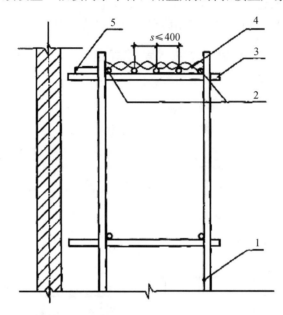

图 10-2　铺竹笆脚手板时纵向水平杆的构造（单位：mm）

1—立杆；2—纵向水平杆；3—横向水平杆；4—竹笆脚手板；5—其他脚手板；s—纵向水平杆间距

4）脚手板的设置应符合下列规定：

（1）作业层脚手板应铺满、铺稳、铺实。

（2）冲压钢脚手板、木脚手板、竹串片脚手板等，应设置在三根横向水平杆上。当脚手板长度小于 2m 时，可采用两根横向水平杆支承，但应将脚手板两端与横向水平杆可靠固定，严防倾翻。脚手板的铺设应采用对接平铺或搭接铺设。脚手板对接平铺时，接头处应设两根横向水平杆，脚手板外伸长度应取 130～150mm，两块脚手板外伸长度的和 l_1 不应大于 300mm，如图 10-3（a）所示；脚手板搭接铺设时，接头应支在横向水平杆上，搭接长度 l_2 不应小于 200mm，其伸出横向水平杆的长度不应小于 100mm，如图 10-3（b）所示。

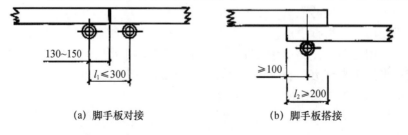

（a）脚手板对接　　　　　　　（b）脚手板搭接

图 10-3　脚手板对接、搭接构造（单位：mm）

（3）竹笆脚手板应按其主竹筋垂直于纵向水平杆方向铺设，且应对接平铺，4个角应用直径不小于1.2mm的镀锌钢丝固定在纵向水平杆上。

（4）作业层端部脚手板探头长度应取150mm，其板的两端均应固定于支承杆件上。

（5）每根立杆底部宜设置底座或垫板。

（6）脚手架必须设置纵、横向扫地杆。纵向扫地杆应采用直角扣件固定在距钢管底端不大于200mm处的立杆上。横向扫地杆应采用直角扣件固定在紧靠纵向扫地杆下方的立杆上。

（7）脚手架立杆基础不在同一高度上时，必须将高处的纵向扫地杆向低处延长两跨与立杆固定，高低差不应大于1m。靠边坡上方的立杆轴线到边坡的距离不应小于500mm，如图10-4所示。

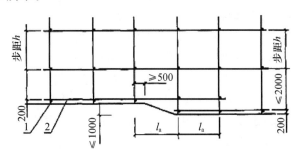

图 10-4　纵、横向扫地杆构造（单位：mm）
1—横向扫地杆；2—纵向扫地杆

（8）单排、双排脚手架底层步距均不应大于2m。

（9）单排、双排与满堂脚手架立杆接长除顶层顶部外，其余各层各步接头必须采用对接扣件连接。

（10）脚手架立杆的对接、搭接应符合下列规定：

①当立杆采用对接接长时，立杆的对接扣件应交错布置，两根相邻立杆的接头不应设置在同步内，同步内隔一根立杆的两个相隔接头在高度方向错开的距离不宜小于500mm；各接头中心至主节点的距离不宜大于步距的1/3；

②当立杆采用搭接接长时，搭接长度不应小于1m，并应采用不少于2个旋转扣件固定。端部扣件盖板的边缘至杆端距离不应小于100mm。

（11）脚手架立杆顶端栏杆宜高出女儿墙上端1m，宜高出檐口上端1.5m。

（12）脚手架连墙件设置的位置、数量应按专项施工方案确定。

（13）脚手架连墙件数量的设置除应满足规范的计算要求外，其布置间距还应符合表10-2的规定。

表 10-2　连墙件布置最大间距

搭设方法	高度	竖向间距（h）	水平间距（l_a）	每根连墙件覆盖面积（m²）
双排落地	≤50m	3h	$3l_a$	≤40
双排悬挑	>50m	2h	$3l_a$	≤27
单排	≤24m	3h	$3l_a$	≤40

注：h—步距；l_a—纵距。

（14）连墙件的布置应符合下列规定：

①应靠近主节点设置，偏离主节点的距离不应大于 300mm；

②应从底层第一步纵向水平杆处开始设置，当该处设置有困难时，应采用其他可靠措施固定；

③应优先采用菱形布置，或采用方形、矩形布置；

④开口型脚手架的两端必须设置连墙件，连墙件的垂直间距不应大于建筑物的层高，并且不应大于 4m。

（15）连墙件中的连墙杆应呈水平设置，当不能水平设置时，应向脚手架一端下斜连接。

（16）连墙件必须采用可承受拉力和压力的构造。对高度 24m 以上的双排脚手架，应采用刚性连墙件与建筑物连接。

（17）当脚手架下部暂不能设连墙件时应采取防倾覆措施。当搭设抛撑时，抛撑应采用通长杆件，并用旋转扣件固定在脚手架上，与地面的倾角应在 $45°\sim60°$ 之间；连接点中心至主节点的距离不应大于 300mm。抛撑应在连墙件搭设后方可拆除。

（18）架高超过 40m 且有风涡流作用时，应采取抗上升翻流作用的连墙措施。

（19）单、双排脚手架门洞宜采用上升斜杆、平行弦杆桁架结构形式如图 10-5 所示，斜杆与地面的倾角 α 应在 $45°\sim60°$。门洞桁架的形式宜按下列要求确定：

①当步距（h）小于纵距（l_a）时，应采用 A 型；

②当步距（h）大于纵距（l_a）时，应采用 B 型，并应符合下列规定：

$h=1.8m$ 时，纵距不应大于 1.5m；

$h=2.0m$ 时，纵距不应大于 1.2m。

（20）单、双排脚手架门洞桁架的构造应符合下列规定：

①单排脚手架门洞处，应在平面桁架（图 10-5 中的 ABCD）的每一节间设置一根斜腹杆；双排脚手架门洞处的空间桁架，除下弦平面外，应在其余 5 个平面内的图示节间设置一根斜腹杆（图 10-5 中 1-1、2-2、3-3 剖面）。

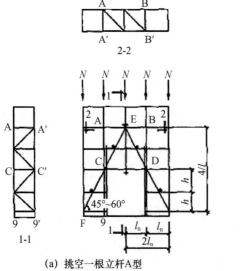

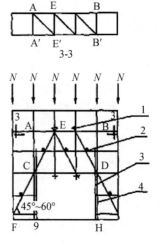

(a) 挑空一根立杆 A 型　　　　　　　　　(b) 挑空二根立杆 A 型

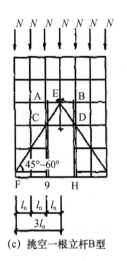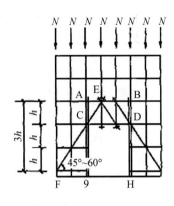

(c) 挑空一根立杆B型　　　　　　　　　(d) 挑空二根立杆B型

图 10-5　门洞处上升斜杆、平行弦杆桁架
1—防滑扣件；2—增设的横向水平杆；3—副立杆；4—主立杆

②斜腹杆宜采用旋转扣件固定在与之相交的横向水平杆的伸出端上，旋转扣件中心线至主节点的距离不宜大于 150mm。当斜腹杆在 1 跨内跨越 2 个步距时，宜在相交的纵向水平杆处，增设一根横向水平杆，将斜腹杆固定在其伸出端上，如图 10-5（a）所示。

③斜腹杆宜采用通长杆件，当必须接长使用时，宜采用对接扣件连接，也可采用搭接，搭接构造应符合规范规定。

（21）单排脚手架过窗洞时应增设立杆或增设一根纵向水平杆如图 10-6 所示。

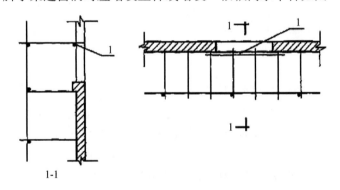

图 10-6　单排脚手架过窗洞构造
1—增设的纵向水平杆

（22）门洞桁架下的两侧立杆应为双管立杆，副立杆高度应高于门洞口 1～2 步。

（23）门洞桁架中伸出上下弦杆的杆件端头，均应增设一个防滑扣件，如图 10-5 所示，该扣件宜紧靠主节点处的扣件。

（24）双排脚手架应设置剪刀撑与横向斜撑，单排脚手架应设置剪刀撑。

（25）单、双排脚手架剪刀撑的设置应符合下列规定：

①每道剪刀撑跨越立杆的根数应按表 10-3 的规定确定。每道剪刀撑宽度不应小于 4 跨，且不应小于 6m，斜杆与地面的倾角应在 45°～60°；

表 10-3　剪刀撑跨越立杆的最多根数

剪刀撑斜杆与地面的倾角 α	45°	50°	60°
剪刀撑跨越立杆最多根数 n	7	6°	5

②剪刀撑斜杆的接长应采用搭接或对接，搭接应符合规范规定；

③剪刀撑斜杆应用旋转扣件固定在与之相交的横向水平杆的伸出端或立杆上，旋转扣件中心线至主节点的距离不应大于 150mm。

（26）高度在 24m 及以上的双排脚手架应在外侧全立面连续设置剪刀撑；高度在 24m 以下的单、双排脚手架，均必须在外侧两端、转角及中间间隔不超过 15m 的立面上，各设置一道剪刀撑，并应由底至顶连续设置，如图 10-7 所示。

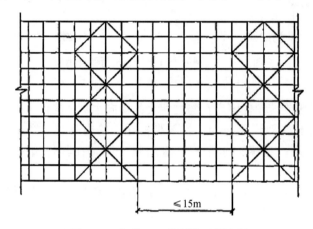

≤15m

图 10-7　高度 24m 以下剪刀撑布置

（27）双排脚手架横向斜撑的设置应符合下列规定：

①横向斜撑应在同一节间，由底至顶层呈之字形连续布置，斜撑的固定应符合规范规定；

②高度在 24m 以下的封闭型双排脚手架可不设横向斜撑，高度在 24m 以上的封闭型脚手架，除拐角应设置横向斜撑外，中间应每隔 6 跨距设置一道。

（28）开口型双排脚手架的两端均必须设置横向斜撑。

（29）人行并兼作材料运输的斜道的形式宜按下列要求确定：

①高度不大于 6m 的脚手架，宜采用一字形斜道；

②高度大于 6m 的脚手架，宜采用之字形斜道；

③斜道的构造应符合下列规定：

a. 斜道应附着外脚手架或建筑物设置；

b. 运料斜道宽度不应小于 1.5m，坡度不应大于 1：6；人行斜道宽度不应小于 1m，坡度不应大于 1：3；

c. 拐弯处应设置平台，其宽度不应小于斜道宽度；

d. 斜道两侧及平台外围均应设置栏杆及挡脚板；栏杆高度应为 1.2m，挡脚板高度不应小于 180mm；

e. 运料斜道两端、平台外围和端部均应按规范规定设置连墙件；每两步应加设水平斜杆；应按规范规定设置剪刀撑和横向斜撑。

④斜道脚手板构造应符合下列规定：

a. 脚手板横铺时，应在横向水平杆下增设纵向支托杆，纵向支托杆间距不应大于 500mm；

b. 脚手板顺铺时，接头应采用搭接，下面的板头应压住上面的板头，板头的凸棱处应采用三角木填顺；

c. 人行斜道和运料斜道的脚手板上应每隔 250～300mm 设置一根防滑木条，木条厚度应为 20～30mm。

2. 搭设与拆除

1）脚手架搭设前，应按专项施工方案向施工人员进行交底。

2）应按规范的规定和脚手架专项施工方案要求对钢管、扣件、脚手板、可调托撑等进行检查验收，不合格产品不得使用。

3）经检验合格的构配件应按品种、规格分类，堆放整齐、平稳，堆放场地不得有积水。

4）应清除搭设场地杂物，平整搭设场地，并应使排水畅通。

（1）脚手架地基与基础的施工，应根据脚手架所受荷载、搭设高度、搭设场地土质情况与现行国家标准《建筑地基基础工程施工质量验收标准》（GB 50202）的有关规定进行。

（2）压实填土地基应符合现行国家标准《建筑地基基础设计规范》（GB 50007）的相关规定；灰土地基应符合现行国家标准《建筑地基基础工程施工质量验收标准》（GB 50202）的相关规定。

（3）立杆垫板或底座底面标高宜高于自然地坪 50～100mm。

（4）脚手架基础经验收合格后，应按施工组织设计或专项方案的要求放线定位。

①单、双排脚手架必须配合施工进度搭设，一次搭设高度不应超过相邻连墙件以上两步；如果超过相邻连墙件以上两步，无法设置连墙件时，应采取撑拉固定等措施与建筑结构拉结。

②每搭完一步脚手架后，应按规范规定校正步距、纵距、横距及立杆的垂直度。

③底座安放应符合下列规定：

a. 底座、垫板均应准确地放在定位线上；

b. 垫板应采用长度不少于 2 跨、厚度不小于 50mm、宽度不小 200mm 的木垫板。

④立杆搭设应符合下列规定：

a. 相邻立杆的对接连接应符合规范规定；

b. 脚手架开始搭设立杆时，应每隔 6 跨设置一根抛撑，直至连墙件安装稳定后，方可根据情况拆除；

c. 当架体搭设至有连墙件的主节点时，在搭设完该处的立杆、纵向水平杆、横向水平杆后，应立即设置连墙件。

（5）脚手架纵向水平杆的搭设应符合下列规定：

①脚手架纵向水平杆应随立杆按步搭设，并应采用直角扣件与立杆固定；

②纵向水平杆的搭设应符合规范规定；

③在封闭型脚手架的同一步中，纵向水平杆应四周交圈设置，并应用直角扣件与内外角部立杆固定。

（6）脚手架横向水平杆搭设应符合下列规定：

①搭设横向水平杆应符合规范规定；

②双排脚手架横向水平杆的靠墙一端至墙装饰面的距离不应大于 100mm；

③单排脚手架的横向水平杆不应设置在下列部位：

a. 设计上不允许留脚手眼的部位；

b. 过梁上与过梁两端成 60°角的三角形范围内及过梁净跨度 1/2 的高度范围内；

c. 宽度小于 1m 的窗间墙；

d. 梁或梁垫下及其两侧各 500mm 的范围内；

e. 砖砌体的门窗洞口两侧 200mm 和转角处 450mm 的范围内，其他砌体的门窗洞口两侧 300mm 和转角处 600mm 的范围内；

f. 墙体厚度小于或等于 180mm；

g. 独立或附墙砖柱，空斗砖墙、加气块墙等轻质墙体；

h. 砌筑砂浆强度等级小于或等于 M2.5 的砖墙。

（7）脚手架纵向、横向扫地杆搭设应符合规范规定。

（8）脚手架连墙件安装应符合下列规定：

①连墙件的安装应随脚手架搭设同步进行，不得滞后安装；

②当单排、双排脚手架施工操作层高出相邻连墙件以上两步时，应采取确保脚手架稳定的临时拉结措施，直到上一层连墙件安装完毕后再根据情况拆除。

（9）脚手架剪刀撑与双排脚手架横向斜撑应随立杆、纵向和横向水平杆等同步搭设，不得滞后安装。

（10）脚手架门洞搭设应符合规范规定。

（11）扣件安装应符合下列规定：

①扣件规格应与钢管外径相同；

②螺栓拧紧扭力矩不应小于 40N·m，且不应大于 65N·m；

③在主节点处固定横向水平杆、纵向水平杆、剪刀撑、横向斜撑等用的直角扣件、旋转扣件的中心点的相互距离不应大于 150mm；

④对接扣件开口应朝上或朝内；

⑤各杆件端头伸出扣件盖板边缘的长度不应小于 100mm。

（12）作业层、斜道的栏杆和挡脚板的搭设应符合下列规定，如图 10-8 所示。

①栏杆和挡脚板均应搭设在外立杆的内侧；

②上栏杆上皮高度应为 1.2m；

③挡脚板高度不应小于 180mm；

④中栏杆应居中设置。

（13）脚手板的铺设应符合下列规定：

①脚手板应铺满、铺稳，离墙面的距离不应大于 150mm；

②采用对接或搭接时均应符合规范规定；

脚手板探头应用直径 3.2mm 的镀锌钢丝固定在支承杆件上；

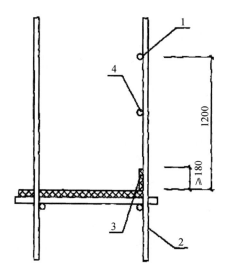

图 10-8　栏杆与挡脚板构造（单位：mm）
1—上栏杆；2—外立杆；3—挡脚板；4—中栏杆

③在拐角、斜道平台口处的脚手板，应用镀锌钢丝固定在横向水平杆上，防止滑动。

（14）脚手架拆除应按专项方案施工，拆除前应做好下列准备工作：

①应全面检查脚手架的扣件连接、连墙件、支撑体系等是否符合构造要求；

②应根据检查结果补充完善脚手架专项方案中的拆除顺序和措施，经审批后方可实施；

③拆除前应对施工人员进行交底；

④应清除脚手架上杂物及地面障碍物。

（15）单排、双排脚手架拆除作业必须由上而下逐层进行，严禁上下同时作业；连墙件必须随脚手架逐层拆除，严禁先将连墙件整层或数层拆除后再拆脚手架；分段拆除高差大于两步时，应增设连墙件加固。

（16）当脚手架拆至下部最后一根长立杆的高度（约 6.5m）时，应先在适当位置搭设临时抛撑加固后，再拆除连墙件。当单、双排脚手架采取分段、分立面拆除时，对不拆除的脚手架两端，应先按规范有关规定设置连墙件和横向斜撑加固。

（17）架体拆除作业应设专人指挥，当有多人同时操作时，应明确分工、统一行动，且应具有足够的操作面。

（18）卸料时各构配件严禁抛掷至地面。

（19）运至地面的构配件应按规范的规定及时检查、整修与保养，并应按品种、规格分别存放。

3. 检查与验收

1）应根据下列技术文件进行脚手架检查、验收：

（1）专项施工方案及变更文件。

（2）技术交底文件。

（3）构配件质量检查表。

（4）相关规范。

2）脚手架使用中，应定期检查下列要求内容：

（1）杆件的设置和连接，连墙件、支撑、门洞桁架等的构造应符合规范和专项施工方案的要求。

（2）地基应无积水，底座应无松动，立杆应无悬空。

（3）扣件螺栓应无松动。

（4）高度在24m以上的双排、满堂脚手架，其立杆的沉降与垂直度的偏差应符合规范规定；高度在20m以上的满堂支撑架，其立杆的沉降与垂直度的偏差应符合规范规定。

（5）安全防护措施应符合规范要求。

（6）应无超载使用。

3）安装后的扣件螺栓拧紧扭力矩应采用扭力扳手检查，抽样方法应按随机分布原则进行。

4. 安全管理

1）扣件式钢管脚手架安装与拆除人员必须是经考核合格的专业架子工。架子工应持证上岗。

2）搭拆脚手架人员必须戴安全帽、系安全带、穿防滑鞋。

3）脚手架的构配件质量与搭设质量，应按规范规定进行检查验收，并应确认合格后使用。

4）钢管上严禁打孔。

5）作业层上的施工荷载应符合设计要求，不得超载。不得将模板支架、缆风绳、泵送混凝土和砂浆的输送管等固定在架体上；严禁悬挂起重设备，严禁拆除或移动架体上安全防护设施。

6）满堂支撑架在使用过程中，应设有专人监护施工，当出现异常情况时，应立即停止施工，并应迅速撤离作业面上人员。应在采取确保安全的措施后，查明原因、做出判断和处理。

7）满堂支撑架顶部的实际荷载不得超过设计规定。

8）当有6级及以上风、浓雾、雨或雪天气时应停止脚手架搭设与拆除作业。雨、雪后上架作业应有防滑措施，并应扫除积雪。

9）夜间不宜进行脚手架搭设与拆除作业。

10）脚手架的安全检查与维护，应按规范规定进行。

11）脚手板应铺设牢靠、严实，并应用安全网双层兜底。施工层以下每隔10m应用安全网封闭。

12）单排、双排脚手架、悬挑式脚手架沿架体外围应用密目式安全网全封闭，密目式安全网宜设置在脚手架外立杆的内侧，并应与架体绑扎牢固。

13）在脚手架使用期间，严禁拆除下列杆件：

（1）主节点处的纵、横向水平杆，纵、横向扫地杆。

（2）连墙件。

14）当在脚手架使用过程中开挖脚手架基础下的设备基础或管沟时，必须对脚手架采取加固措施。

15）满堂脚手架与满堂支撑架在安装过程中，应采取防倾覆的临时固定措施。

16）临街搭设脚手架时，外侧应有防止坠物伤人的防护措施。

17）在脚手架上进行电、气焊作业时，应有防火措施和专人看守。

18）工地临时用电线路的架设及脚手架接地、避雷措施等，应按现行行业标准《施工现场临时用电安全技术规范》（JGJ 46）的有关规定执行。

19）搭拆脚手架时，地面应设围栏和警戒标志，并应派专人看守，严禁非操作人员入内。

10.2.2 门式作业脚手架安全技术管理规定

1. 构造要求

1）配件应与门架配套，在不同架体结构组合工况下，均应使门架连接可靠、方便，不同型号的门架与配件严禁混合使用。

2）上下榀门架立杆应在同一轴线位置上，门架立杆轴线的对接偏差不应大于 2mm。

3）门式脚手架设置的交叉支撑应与门架立杆上的锁销锁牢，交叉支撑的设置应符合下列规定：

（1）门式作业脚手架的外侧应按步满设交叉支撑，内侧宜设置交叉支撑；当门式作业脚手架的内侧不设交叉支撑时，应符合下列规定：

①在门式作业脚手架内侧应按步设置水平加固杆；

②当门式作业脚手架按步设置挂扣式脚手板或水平架时，可在内侧的门架立杆上每 2 步设置一道水平加固杆。

（2）门式支撑架应按步在门架的两侧满设交叉支撑。

4）上下榀门架的组装必须设置连接棒，连接棒插入立杆的深度不应小于 30mm，连接棒与门架立杆配合间隙不应大于 2mm。

5）门式脚手架上下榀门架间应设置锁臂。当采用插销式或弹销式连接棒时，可不设锁臂。

6）底部门架的立杆下端可设置固定底座或可调底座。

7）可调底座和可调托座插入门架立杆的长度不应小于 150mm，调节螺杆伸出长度不应大于 200mm。

8）门式脚手架应设置水平加固杆，水平加固杆的构造应符合下列规定：

（1）每道水平加固杆均应通长连续设置；

（2）水平加固杆应靠近门架横杆设置，应采用扣件与相关门架立杆扣紧；

（3）水平加固杆的接长应采用搭接，搭接长度不宜小于 1000mm，搭接处宜采用 2 个及以上旋转扣件扣紧。

9）门式脚手架应设置剪刀撑，剪刀撑的构造应符合下列规定：

（1）剪刀撑斜杆的倾角应为 45°～60°；

（2）剪刀撑应采用旋转扣件与门架立杆及相关杆件扣紧；

（3）每道剪刀撑的宽度不应大于 6 个跨距，且不应大于 9m；也不宜小于 4 个跨距，且不宜小于 6m，如图 10-9 所示；

（4）每道竖向剪刀撑均应由底至顶连续设置。

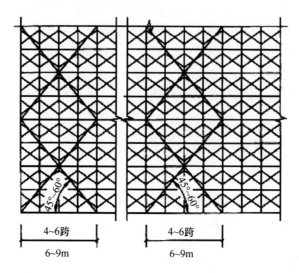

图 10-9　剪刀撑布置示意

10）作业人员上下门式脚手架的斜梯宜采用挂扣式钢梯，并宜采用之字形设置，一个梯段宜跨越两步或三步门架再行转折。当采用垂直挂梯时，应采用护圈式挂梯，并应设置安全锁。

11）钢梯规格应与门架规格配套，并应与门架挂扣牢固。钢梯应设栏杆扶手和挡脚板。

12）水平架可由挂扣式脚手板或在门架两侧立杆上设置的水平加固杆代替。

13）当架上总荷载大于 3kN/m² 时，门式支撑架宜在顶部门架立杆上设置托座和楞梁，如图 10-10 所示，楞梁应具有足够的强度和刚度。当架上总荷载小于或等于 3kN/m² 时，门式支撑架可通过门架横杆承担和传递荷载。

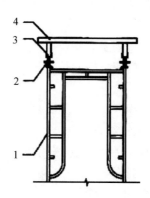

图 10-10　门式支撑架上部设置示意
1—门架；2—托座；3—楞梁；4—小楞

14）门式作业脚手架的搭设高度除应满足设计计算条件外，尚不宜超过表 10-4 的规定。

表 10-4　门式作业脚手架搭设高度

序号	搭设方式	施工荷载标准值（kN/m²）	搭设高度（m）
1	落地、密目式安全立网全封闭	≤2.0	≤60
2		>2.0且≤4.0	≤45
3	悬挑、密目式安全立网全封闭	≤2.0	≤30
4		>2.0且≤4.0	≤24

注：表内数据适用于 10 年重现期基本风压值 $w_0 \leqslant 0.4\text{kN/m}^2$ 的地区，对于 10 年重现期基本风压值 $w_0 >$ 0.4kN/m² 的地区应按实际计算确定。

15）当门式作业脚手架的内侧立杆离墙面净距大于 150mm 时，应采取内设挑架板或其他隔离防护的安全措施。

16）门式作业脚手架顶端防护栏杆宜高出女儿墙上端或檐口上端 1.5m。

17）门式作业脚手架应在门架的横杆上扣挂水平架，水平架设置应符合下列规定：

（1）应在作业脚手架的顶层、连墙件设置层和洞口处顶部设置。

（2）当作业脚手架安全等级为Ⅰ级时，应沿作业脚手架高度每步设置一道水平架；当作业脚手架安全等级为Ⅱ级时，应沿作业脚手架高度每两步设置一道水平架。

（3）每道水平架均应连续设置。

18）门式作业脚手架应在架体外侧的门架立杆上设置纵向水平加固杆，应符合下列规定：

（1）在架体的顶层、沿架体高度方向不超过 4 步设置一道，宜在有连墙件的水平层设置。

（2）在作业脚手架的转角处、开口型作业脚手架端部的两个跨距内，按步设置。

19）门式作业脚手架作业层应连续满铺挂扣式脚手板，并应有防止脚手板松动或脱落的措施。当脚手板上有孔洞时，孔洞的内切圆直径不应大于 25mm。

20）门式作业脚手架外侧立面上剪刀撑的设置应符合下列规定：

（1）当作业脚手架安全等级为Ⅰ级时，剪刀撑应按下列要求设置：

①宜在作业脚手架的转角处、开口型端部及中间间隔不超过 15m 的外侧立面上各设置一道剪刀撑，如图 10-11 所示；

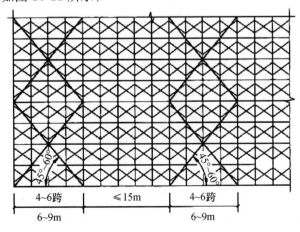

图 10-11　安全等级为Ⅰ级时的门式作业脚手架的剪刀撑构造要求

②当在作业脚手架的外侧立面上不设剪刀撑时，应沿架体高度方向每间隔 2～3 步在门架内外立杆上分别设置一道水平加固杆。

（2）当作业脚手架安全等级为 Ⅱ 级时，门式作业脚手架外侧立面可不设置剪刀撑。

21）门式作业脚手架的底层门架下端应设置纵横向扫地杆。纵向通长扫地杆应固定在距门架立杆底端不大于 200mm 处的门架立杆上，横向扫地杆宜固定在紧靠纵向扫地杆下方的门架立杆上。

22）在建筑物的转角处，门式作业脚手架内外两侧立杆上应按步水平设置连接杆和斜撑杆，应将转角处的两榀门架连成一体，如图 10-12 所示，并应符合下列规定：

（1）连接杆和斜撑杆应采用钢管，其规格应与水平加固杆相同。

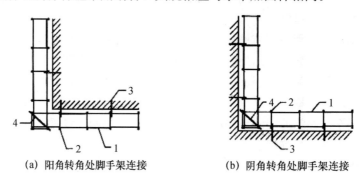

（a）阳角转角处脚手架连接　　（b）阴角转角处脚手架连接

图 10-12　转角处脚手架连接
1—连接杆；2—门架；3—连墙件；4—斜撑杆

（2）连接杆和斜撑杆应采用扣件与门架立杆或水平加固杆扣紧。

（3）当连接杆与水平加固杆平行时，连接杆的一端应采用不少于 2 个旋转扣件与平行的水平加固杆扣紧，另一端应采用扣件与垂直的水平加固杆扣紧。

23）门式作业脚手架应按设计计算和构造要求设置连墙件与建筑结构拉结，连墙件设置的位置和数量应按专项施工方案确定，应按确定的位置设置预埋件，并应符合下列规定：

（1）连墙件应采用能承受压力和拉力的构造，并应与建筑结构和架体连接牢固。

（2）连墙件应从作业脚手架的首层首步开始设置，连墙点之上架体的悬臂高度不应超过 2 步。

（3）应在门式作业脚手架的转角处和开口型脚手架端部增设连墙件，连墙件的竖向间距不应大于建筑物的层高，且不应大于 4.0m。

24）门式作业脚手架连墙件的设置除应满足规范的计算要求外，其最大间距或最大覆盖面积尚应满足表 10-5 的要求。

表 10-5　连墙件最大间距或最大覆盖面积

序号	脚手架搭设方式	脚手架高度（m）	连墙件间距（m）		每根连墙件覆盖面积（m²）
			竖向	水平	
1	落地、密目式安全立网全封闭	≤40	3h	3l	≤33
2			2h	3l	
3		>40			≤22

序号	脚手架搭设方式	脚手架高度（m）	连墙件间距（m）		每根连墙件覆盖面积（m²）
			竖向	水平	
4	悬挑、密目式安全立网全封闭	≤40	3h	3l	≤33
5		>40～≤60	2h	3l	≤22
6		>60	2h	2l	≤15

注：1. 序号4～6为架体位于地面上高度；

　　2. 按每根连墙件覆盖面积设置连墙件时，连墙件的竖向间距不应大于6m；

　　3. 表中h为步距；1为跨距。

25）连墙件应靠近门架的横杆设置，并应固定在门架的立杆上，如图10-13所示。

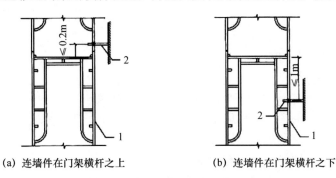

(a) 连墙件在门架横杆之上　　　　(b) 连墙件在门架横杆之下

图 10-13　连墙件与门架连接示意

1—门架；2—连墙件

26）连墙件宜水平设置；当不能水平设置时，与门式作业脚手架连接的一端，应低于与建筑结构连接的一端，连墙杆的坡度宜小于1：3。

27）门式作业脚手架通道口高度不宜大于2个门架高度，对门式作业脚手架通道口应采取加固措施，如图10-14所示，并应符合下列规定：

（1）当通道口宽度为一个门架跨距时，在通道口上方的内外侧应设置水平加固杆，水平加固杆应延伸至通道口两侧各一个门架跨距。

（2）当通道口宽度为多个门架跨距时，在通道口上方应设置托架梁，并应加强洞口两侧的门架立杆，托架梁及洞口两侧的加强杆应经专门设计和制作。

（3）应在通道口内上角设置斜撑杆。

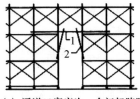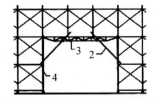

(a) 通道口宽度为一个门架跨距　　　(b) 通道口宽度为多个门架跨距

图 10-14　通道口加固示意图

1—水平加固杆；2—斜撑杆；3—托架梁；4—加强杆

28）根据不同地基土质和搭设高度条件，门式脚手架的地基要求应符合表10-6的规定。

表 10-6　门式脚手架的地基要求

搭设高度（m）	地基土质		
	中低压缩性且压缩性均匀	回填土	高压缩性或压缩性不均匀
≤24	夯实原土，干重力密度要求大于或等于 15.5kN/m²。立杆底座置于面积不小于 0.075m² 的垫木上	土夹石或素土回填夯实，立杆底座置于面积不小于 0.10m² 垫木上	夯实原土，铺设通长垫木
>24 且 ≤40	夯实原土，干重力密度要求大于或等于 15.5kN/m²，立杆底座置于面积不小于 0.10m² 的垫木上	砂夹石回填夯实，立杆底置于面积不小于 0.10m² 垫木上	夯实原土，在搭设地面满铺 C15 混凝土，厚度不小于 150mm
>40 且 ≤60	夯实原土，干重力密度要求大于或等于 15.5kN/m²，立杆底座置于面积不小于 0.15m² 的垫木或铺通长垫木上	砂夹石回填夯实，立杆底座置于面积不小于 0.15m² 的垫木或铺通长垫木上	夯实原土，在搭设地面满铺 C15 混凝土，厚度不小于 200mm

注：垫木厚度不小于 50mm，宽度不小于 200mm；通长垫木的长度不小于 1500mm。

29）门式脚手架的搭设场地应平整坚实，并应符合下列规定：

（1）回填土应分层回填，逐层夯实。

（2）场地排水应顺畅，不应有积水。

（3）搭设门式作业脚手架的地面标高宜高于自然地坪标高 50～100mm。

（4）当门式脚手架搭设在楼面等建筑结构上时，门架立杆下宜铺设垫板。

2. 搭设与拆除

1）搭设。

（1）门式脚手架的搭设程序应符合下列规定：

①作业脚手架的搭设应与施工进度同步，一次搭设高度不宜超过最上层连墙件两步，且自由高度不应大于 4m。

②门式脚手架的组装应自一端向另一端延伸，应自下而上按步架设，并应逐层改变搭设方向。

③每搭设完两步门式脚手架后，应校验其水平度及立杆的垂直度。

④安全网、挡脚板和栏杆应随架体的搭设及时安装。

（2）搭设门式脚手架及配件应符合下列规定：

①交叉支撑、水平架、脚手板应与门式脚手架同时安装。

②连接门式脚手架的锁臂、挂钩应处于锁住状态。

③钢梯的设置应符合专项施工方案组装布置图的要求，底层钢梯底部应加设钢管，并应采用扣件与门式脚手架立杆扣紧。

④在施工作业层外侧周边应设置 180mm 高的挡脚板和两道栏杆，上道栏杆高度应为 1.2m，下道栏杆应居中设置。挡脚板和栏杆均应设置在门式脚手架立杆的内侧。

（3）加固杆的搭设应符合下列规定：

①水平加固杆、剪刀撑斜杆等加固杆件应与门式脚手架同步搭设。

②水平加固杆应设于门式脚手架立杆内侧，剪刀撑斜杆应设于门式脚手架立杆外侧。

（4）门式作业脚手架连墙件的安装应符合下列规定：

①连墙件应随作业脚手架的搭设进度同步进行安装。

②当操作层高出相邻连墙件以上2步时，在上层连墙件安装完毕前，应采取临时拉结措施，直到上一层连墙件安装完毕后方可根据实际情况拆除。

（5）当加固杆、连墙件等杆件与门式脚手架采用扣件连接时，应符合下列规定：

①扣件规格应与所连接钢管的外径相匹配。

②扣件螺栓拧紧扭力矩值应为40～65N·m。

③杆件端头伸出扣件盖板边缘长度不应小于100mm。

（6）门式作业脚手架通道口的斜撑杆、托架梁及通道口两侧门式脚手架立杆的加强杆件应与其同步搭设。

2）拆除。

（1）架体拆除应按专项施工方案实施，并应在拆除前做好下列准备工作：

①应对拆除的架体进行拆除前检查，当发现有连墙件、加固杆缺失，拆除过程中架体可能倾斜失稳的情况时，应先行加固后再拆除。

②应根据拆除前的检查结果补充完善专项施工方案。

③应清除架体上的材料、杂物及作业面的障碍物。

（2）门式脚手架拆除作业应符合下列规定：

①架体的拆除应从上而下逐层进行。

②同层杆件和构配件应按先外后内的顺序拆除，剪刀撑、斜撑杆等加固杆件应在拆卸至该部位杆件时再拆除。

③连墙件应随门式作业脚手架逐层拆除，不得先将连墙件整层或数层拆除后再拆架体。拆除作业过程中，当架体的自由高度大于2步时，应加设临时拉结。

（3）当拆卸连接部件时，应先将止退装置旋转至开启位置，然后拆除，不得硬拉、敲击。拆除作业中，不应使用手锤等硬物击打、撬、别。

（4）当门式作业脚手架分段拆除时，应先对不拆除部分架体的两端加固后再进行拆除作业。

（5）门式脚手架与配件应采用机械或人工运至地面，严禁抛掷。

（6）拆卸的门式脚手架与配件、加固杆等不得集中堆放在未拆架体上，并应及时检查、整修和保养，宜按品种、规格分别存放。

3. 检查与验收

1）构配件检查与验收

（1）门式脚手架搭设前，应按现行行业标准《门式钢管脚手架》（JG 13）的规定对门式脚手架与配件的基本尺寸、质量和性能进行检查，确认合格后方可使用。

（2）施工现场使用的门式脚手架与配件应具有产品质量合格证，应标志清晰，并应符合下列规定：

①门式脚手架与配件表面应平直光滑，焊缝应饱满，不应有裂缝、开焊、焊缝错位、硬弯、凹痕、毛刺、锁柱弯曲等缺陷；

②门式脚手架与配件表面应涂刷防锈漆或镀锌；

③门式脚手架与配件上的止退和锁紧装置应齐全、有效。

（3）周转使用的门式脚手架与配件，应按规范规定执行。

（4）在施工现场每使用一个安装拆除周期后，应对门式脚手架和配件采用目测、尺量的方法检查一次。当进行锈蚀深度检查时，应按规范规定抽取样品，在每个样品锈蚀严重的部位宜采用测厚仪或横向截断的方法取样检测，当锈蚀深度超过规定值时不得使用。

（5）加固杆、连接杆等所用钢管和扣件的质量应符合下列规定：

①当钢管壁厚的负偏差超过 0.2mm 时，不得使用。

②不得使用有裂缝、变形的扣件，出现滑丝的螺栓应进行更换。

③钢管和扣件宜涂有防锈漆。

（6）底座和托座在使用前应对调节螺杆与门式脚手架立杆配合间隙进行检查。

（7）连墙件、型钢悬挑梁、U 形钢筋拉环或锚固螺栓，在使用前应进行外观质量检查。

2）搭设检查与验收。

（1）在门式脚手架搭设质量验收时，应具备下列文件：

①专项施工方案。

②构配件与材料质量的检验记录。

③安全技术交底及搭设质量检验记录。

（2）门式脚手架搭设质量验收应进行现场检验，在进行全数检查的基础上，应对下列项目进行重点检验，并应记入搭设质量验收记录：

①构配件和加固杆的规格、品种应符合设计要求，质量应合格，构造设置应齐全，连接和挂扣应紧固可靠。

②基础应符合设计要求，应平整坚实。

③门式脚手架跨距、间距应符合设计要求。

④连墙件设置应符合设计要求，与建筑结构、架体连接应可靠。

⑤加固杆的设置应符合设计要求。

⑥门式作业脚手架的通道口、转角等部位搭设应符合构造要求。

⑦架体垂直度及水平度应经检验合格。

⑧悬挑脚手架的悬挑支承结构及与建筑结构的连接固定应符合设计要求，U 形钢筋拉环或锚固螺栓的隐蔽验收应合格。

⑨安全网的张挂及防护栏杆的设置应齐全、牢固。

（3）门式脚手架扣件拧紧力矩的检查与验收，应符合现行行业标准《建筑施工扣件式钢管脚手架安全技术规范》（JGJ 130）的规定。

4. 安全管理

1）搭拆门式脚手架应由架子工担任，并应经岗位作业能力培训考核合格后，持证上岗。

2）当搭拆架体时，施工作业层应临时铺设脚手板，操作人员应站在临时设置的脚手板上进行作业，并应按规定使用安全防护用品，穿防滑鞋。

3）门式脚手架使用前，应向作业人员进行安全技术交底。

4）门式脚手架作业层上的荷载不得超过设计荷载，门式作业脚手架同时满载作业的层数不应超过 2 层。

5）严禁将支撑架、缆风绳、混凝土输送泵管、卸料平台及大型设备的支承件等固定在作业脚手架上；严禁在门式作业脚手架上悬挂起重设备。

6）6级或以上强风天气应停止架上作业；雨、雪、雾天应停止门式脚手架的搭拆作业；雨、雪、霜后上架作业应采取有效的防滑措施，并应扫除积雪。

7）门式脚手架在使用期间，当预见可能有强风天气所产生的风压值超出设计的基本风压值时，应对架体采取临时加固等防风措施。

8）在门式脚手架使用期间，立杆基础下及附近不宜进行挖掘作业；当因施工需进行挖掘作业时，应对架体采取加固措施。

9）门式脚手架的交叉支撑和加固杆，在施工期间严禁拆除。

10）门式作业脚手架在使用期间，不应拆除加固杆、连墙件、转角处连接杆、通道口斜撑杆等加固杆件。

11）门式作业脚手架临街及转角处的外侧立面应按步采取硬防护措施，硬防护的高度不应小于1.2m，转角处硬防护的宽度应为作业脚手架宽度。

12）门式作业脚手架外侧应设置密目式安全网，网间应严密。

13）门式作业脚手架与架空输电线路的安全距离、工地临时用电线路架设及作业脚手架接地、防雷措施，应按现行行业标准《施工现场临时用电安全技术规范》（JGJ 46）的有关规定执行。

14）在门式脚手架上进行电气焊和其他动火作业时，应符合现行国家标准《建设工程施工现场消防安全技术规范》（GB 50720）的规定，应采取防火措施，并应设专人监护。

15）不得攀爬门式作业脚手架。

16）当搭拆门式脚手架作业时，应设置警戒线、警戒标志，并应派专人监护，严禁非作业人员入内。

17）对门式脚手架应进行日常性的检查和维护，架体上的建筑垃圾或杂物应及时清理。

18）通行机动车的门式作业脚手架洞口，门洞口净空尺寸应满足既有道路通行安全界线的要求，应设置导向、限高、限宽、减速、防撞等设施及标志。

19）门式脚手架在施加荷载的过程中，架体下面严禁有人。当门式脚手架在使用过程中出现安全隐患时，应及时排除；当出现可能危及人身安全的重大隐患时，应停止架上作业，撤离作业人员，并应由专业人员组织检查、处置。

10.3 悬挑式作业脚手架

10.3.1 扣件式悬挑脚手架安全技术管理规定

1）一次悬挑高度不宜超过20m。

2）型钢悬挑梁宜采用双轴对称截面的型钢。悬挑钢梁型号及锚固件应按设计确定，钢梁截面高度不应小于160mm。悬挑梁尾端应在两处及以上固定于钢筋混凝土梁板结构上。锚固型钢悬挑梁的U形钢筋拉环或锚固螺栓直径不宜小于16mm，型钢悬挑脚手架构造如图 10-15 所示。

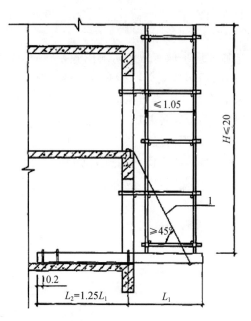

图 10-15　型钢悬挑脚手架构造（单位：m）

1—钢丝绳或钢拉杆；H—悬挑脚手架高度；L_1—悬挑段长度；L_2—固定段长度

　　3）用于锚固的 U 形钢筋拉环或螺栓应采用冷弯成型。U 形钢筋拉环、锚固螺栓与型钢间隙应用钢楔或硬木楔搂紧。

　　4）每个型钢悬挑梁外端宜设置钢丝绳或钢拉杆与上一层建筑结构斜拉结。钢丝绳、钢拉杆不参与悬挑钢梁受力计算；钢丝绳与建筑结构拉结的吊环应使用 HPB235 级钢筋，其直径不宜小于 20mm，吊环预埋锚固长度应符合现行国家标准《混凝土结构设计规范》（GB 50010）中钢筋锚固的规定，如图 10-16、图 10-17、图 10-18 所示。

　　5）悬挑钢梁悬挑长度应按设计确定，固定段长度不应小于悬挑段长度的 1.25 倍。型钢悬挑梁固定端应采用 2 个（对）及以上 U 形钢筋拉环或锚固螺栓与建筑结构梁板固定，U 形钢筋拉环或锚固螺栓应预埋至混凝土梁、板底层钢筋位置，并应与混凝土梁、板底层钢筋焊接或绑扎牢固，其锚固长度应符合现行国家标准《混凝土结构设计规范》（GB 50010）中钢筋锚固的规定，如图 10-16、图 10-17、图 10-18 所示。

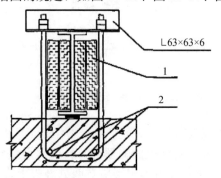

图 10-16　悬挑钢梁 U 形螺栓固定构造（单位：mm）

1—木楔侧向搂紧；2—两根 1.5m 长直径 18mm 的 HRB335 钢筋

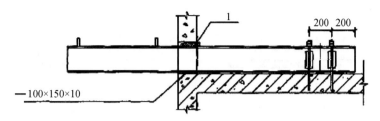

图 10-17　悬挑钢梁穿墙构造（单位：mm）
1—木楔揳紧

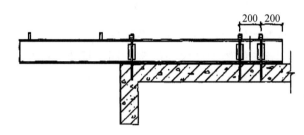

图 10-18　悬挑钢梁楼面构造（单位：mm）

6）当型钢悬挑梁与建筑结构采用螺栓钢压板连接固定时，钢压板尺寸不应小于 100mm×10mm（宽×厚）；当采用螺栓角钢压板连接时，角钢的规格不应小于 63mm×63mm×6mm。

7）型钢悬挑梁悬挑端应设置能使脚手架立杆与钢梁可靠固定的定位点，定位点离悬挑梁端部不应小于 100mm。

8）锚固位置设置在楼板上时，楼板的厚度不宜小于 120mm。如果楼板的厚度小于 120mm 应采取加固措施。

9）悬挑梁间距应按悬挑架架体立杆纵距设置，每一纵距设置一根。

10）悬挑架的外立面剪刀撑应自下而上连续设置。剪刀撑设置应符合规范规定，横向斜撑设置应符合规范规定。

11）连墙件设置应符合规范规定。

12）锚固型钢的主体结构混凝土强度等级不得低于 C20。

10.3.2　门式悬挑脚手架安全技术管理规定

1）门式悬挑脚手架的悬挑支撑结构应根据施工方案布设，其位置宜与门式脚手架立杆位置对应，每一跨距宜设置一根型钢悬挑梁，并应按确定的位置设置预埋件。

2）型钢悬挑梁锚固段长度不宜小于悬挑段长度的 1.25 倍，悬挑支撑点应设置在建筑结构的梁板上，并应根据混凝土的实际强度进行承载能力验算，不得设置在外伸阳台或悬挑楼板上，如图 10-19 所示。

3）型钢悬挑梁宜采用双轴对称截面的型钢，型钢截面型号应经设计确定。

4）对锚固型钢悬挑梁的楼板应进行设计验算，当承载力不能满足要求时，应采取在楼板内增配钢筋、对楼板进行反支撑等措施。型钢悬挑梁的锚固段压点宜采用不少于 2 个（对）预埋 U 形钢筋拉环或螺栓固定；锚固位置的楼板厚度不应小于 100mm，混

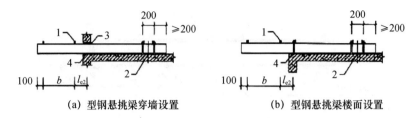

（a）型钢悬挑梁穿墙设置　　　　　（b）型钢悬挑梁楼面设置

图 10-19　型钢悬挑梁在主体结构上的设置（单位：mm）

1—短钢管与钢梁焊接；2—锚固段压点；3—木楔；4—钢垫板（150mm×100mm×10mm）

b—门架宽度；l_{e2}—门架内立杆至建筑物结构外边缘支撑点距离

凝土强度不应低于 20MPa。U 形钢筋拉环或螺栓应埋设在梁板下排钢筋的上边，用于锚固 U 形钢筋拉环或螺栓的锚固钢筋应与结构钢筋焊接或绑扎牢固，其锚固长度应符合现行国家标准《混凝土结构设计规范》（GB 50010）中钢筋锚固的规定，型钢悬挑梁与楼板固定如图 10-20 所示。

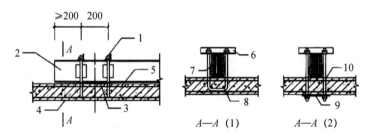

图 10-20　型钢悬挑梁与楼板固定（单位：mm）

1—锚固螺栓；2—工字钢；3—钢垫板；4—建筑结构楼板；5—负弯矩钢筋；

6—角钢；7—木楔；8—锚固钢筋（2φ18 长 1500mm）；9—锚固垫板；10—PVC 套管

5）用于型钢悬挑梁锚固的 U 形钢筋拉环或螺栓应采用冷弯成型，钢筋直径不应小于 16mm。

6）当型钢悬挑梁与建筑结构采用螺栓钢压板连接固定时，钢压板宽厚尺寸不应小于 100mm×10mm；当压板采用角钢时，角钢的规格不应小于 63mm×63mm×6mm。

7）型钢悬挑梁与 U 形钢筋拉环或螺栓连接应紧固。当采用钢筋拉环连接时，应采用钢楔或硬木楔塞紧；当采用螺栓钢压板连接时，应采用双螺帽拧紧。

8）门式悬挑脚手架底层门式脚手架立杆与型钢悬挑梁应可靠连接，门式脚手架立杆不得滑动或窜动。型钢梁上应设置定位销，定位销的直径不应小于 30mm，长度不应小于 100mm，并应与型钢梁焊接牢固。门式脚手架立杆插入定位销后与门式脚手架立杆的间隙不宜大于 3mm。

9）门式悬挑脚手架的底层门式脚手架立杆上应设置纵向通长扫地杆，并应在脚手架的转角处、开口处和中间间隔不超过 15m 的底层门式脚手架上各设置一道单跨距的水平剪刀撑，剪刀撑斜杆应与门式脚手架立杆底部扣紧。

10）在建筑平面转角处，如图 10-21 所示，型钢悬挑梁应经单独设计后设置；架体应按规范规定设置水平连接杆和斜撑杆。

11）每个型钢悬挑梁外端宜设置钢拉杆或钢丝绳与上部建筑结构斜拉结，如 10-22

所示，并应符合下列规定：

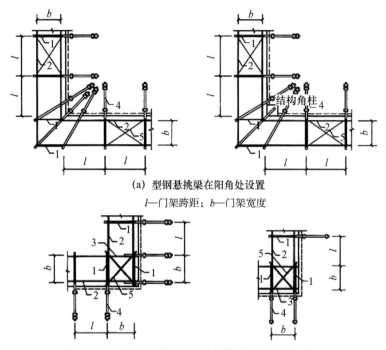

(a) 型钢悬挑梁在阳角处设置

l—门架跨距；b—门架宽度

(b) 型钢悬挑梁在阴角处设置

1—门式脚手架；2—水平加固杆；3—连接杆；4—型钢悬挑梁；5—水平剪刀撑；

l_c—锚固点中心至结构外边缘支撑点的距离；l_{c1}—门架外立杆至结构外边缘支撑点的距离

图 10-21 建筑平面转角处型钢悬挑梁设置

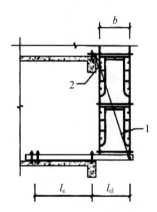

图 10-22 型钢悬挑梁端钢丝绳与建筑结构拉结

1—钢拉杆或钢丝绳；2—花篮螺栓

　　(1) 刚性拉杆可参与型钢悬挑梁的受力计算，钢丝绳不宜参与型钢悬挑梁的受力计算，刚性拉杆与钢丝绳应有张紧措施。刚性拉杆的规格应经设计确定，钢丝绳的直径不宜小于 15.5mm。

　　(2) 刚性拉杆或钢丝绳与建筑结构拉结的吊环宜采用 HPB300 级钢筋制作，其直径不宜小于 18mm，吊环预埋锚固长度应符合现行国家标准《混凝土结构设计规范》（GB

50010）的规定。

（3）钢丝绳绳卡的设置应符合现行国家标准《钢丝绳夹》（GB/T 5976）的规定，钢丝绳与型钢悬挑梁的夹角不应小于 45°。

12）悬挑脚手架的架体结构和构造应符合规范规定。

13）悬挑脚手架在底层应满铺脚手板，并应将脚手板固定。

10.4　工具式作业脚手架

10.4.1　附着式升降作业脚手架安全技术管理规定

1. 安装与升降

1）安装。

（1）安装前，应根据现场需要搭设安装平台。安装平台应有保障施工人员安全的防护设施，安装平台的精度和承载能力应满足架体安装的要求。

（2）竖向主框架安装时应符合下列规定：

①相邻竖向主框架的高差应不大于 20mm。

②竖向主框架和防倾导向装置的垂直偏差应不大于 5‰，且不得大于 60mm。

（3）水平支撑结构安装时应符合下列规定：

①内外水平桁架的上弦杆之间应设置水平支撑构件，当上弦平面设有定型金属脚手板，并与上弦杆可靠连接，能够起到水平支撑作用时，可以替代水平支撑。

②水平支撑结构不能连续设置时，局部可采用扣件式钢管脚手架连接，但其长度不得大于 2.0m，且应采取不低于水平支撑结构强度和刚度的加强措施。

（4）架体构架的立杆、纵向水平杆和横向水平杆应相交于主节点，纵向水平杆应与竖向主框架连接，立杆应与水平支撑结构连接，形成具有足够强度和适度刚度的空间体系稳定结构。

（5）附着支撑安装时应符合下列规定：

①预留连接螺栓孔和预埋件应垂直于建筑结构外表面，预留孔中心到建筑结构梁底的距离不得小于 150mm，中心误差应小于 15mm。

②连接处所需要的建筑结构混凝土龄期抗压强度应由计算确定，但不应小于 15MPa。

③附着支撑应采用不少于 2 个螺栓与建筑结构连接。

④附着支撑应安装在竖向主框架所覆盖的每个已建楼层。当在建楼层无法安装附着支撑时，应设置防止架体倾覆的刚性拉结措施。

（6）附着支撑上应有防倾、导向装置。防倾、导向装置应有足够的强度，其与导轨的间隙应不大于 5mm。在升降工况下，最上和最下防倾装置的竖向间距不得小于 2.8m 或架体高度的 1/4；在使用工况下，最上和最下防倾装置的竖向间距不得小于 5.6m 或架体高度的 1/2。

（7）每个升降机构都应有防坠落装置，防坠落装置应设置在竖向主框架处。

（8）升降机构安装时应符合下列规定：

①升降机构应设置在竖向主框架处。

②升降机构应与附着支撑、竖向主框架可靠连接。

③固定升降机构的建筑结构应安全可靠。

④升降机构应运转正常。

⑤单独设置的升降支座应采用不少于2个螺栓与建筑结构连接。

（9）架体外立面应沿全高连续布置剪刀撑，并应将竖向主框架、水平支承结构和架体构架连成一体，剪刀撑斜杆水平夹角应为45°～60°；连接方式应符合相关现行标准的规定。

（10）架体的安全防护安装时应符合下列规定：

①架体外侧防护网应与架体主要受力杆件可靠连接。当采用金属防护网兼起剪刀撑作用时，防护网应设有金属边框和斜杆，且斜杆应满布并应与架体杆件紧固连接。金属防护网应能承受1.0kN偶然水平荷载的作用不被破坏。

②作业层应设置固定牢靠的脚手板，脚手板探头长度不得大于150mm，与建筑结构的间距应满足现行行业标准《建筑施工扣件式钢管脚手架安全技术规范》（JGJ 130）的规定。

③架体底部脚手板应与建筑结构全封闭，应设置翻转或抽拉式的硬质密封板。

④当作业层距楼面高度大于2.0m时，架体内侧应安装1.2m高的防护栏杆。

（11）同步控制装置的安装和试运行效果应符合设计要求。

（12）升降动力设备、控制系统、防坠落装置等应采取防雨、防砸、防尘等措施。

（13）架体结构应在以下部位采取可靠的加强构造措施：

①架体临时固定点设置处。

②架体平面的转角处。

③架体因碰到塔式起重机、施工升降机、物料平台等设施而需要断开或开洞处。

④其他有加强要求的部位。

（14）物料平台等设施不得与附着升降脚手架相连。

（15）当架体遇到塔式起重机、施工升降机、物料平台等需断开或开洞时，断开处应加设栏杆和封闭，开口处应有可靠的防止人员及物料坠落的措施。

（16）安全装置应全部合格，安全防护设施应齐备，且应符合设计要求，并应设置必要的消防设施。

2）升降。

（1）升降前，附着支撑应与建筑结构可靠连接。连接处混凝土龄期抗压强度应符合专项施工方案的要求，且不得小于15MPa。螺栓露出螺母端部的长度不应少于3倍螺距，且不得小于10mm。垫板尺寸应由设计确定，且不得小于100mm×100mm×10mm。

（2）附着式升降脚手架的升降操作应符合下列规定：

①任何人员不得停留在架体上。

②架体上不得有施工荷载。

③所有妨碍升降的障碍物应已拆除。

④所有影响升降作业的约束已解除。

⑤各相邻提升点间的高差不得大于30mm，整体架最大升降差不得大于80mm。

⑥架体悬臂高度不得大于架体高度的 2/5，且不得大于 6m。

（3）升降过程中应实行统一指挥、规范指令。升、降指令应由总指挥一人下达；当有异常情况出现时，任何人均应及时发出停止指令。

（4）升降时，同步控制装置应实时显示和储存监测数据，数据采样周期不得高于 0.02s，储存时长不得少于 6 个月；宜具备远程监测功能。

（5）架体升降到位后，应及时按使用状况要求进行附着固定。在没有完成架体固定工作前，施工人员不得擅自离岗或下班。

（6）动力设备不得在升降前后反复移动或周转。

2. 检查与验收

1）附着式升降脚手架应在下列阶段进行检查与验收：

（1）首次安装完毕。

（2）提升或下降前。

（3）提升或下降到位，投入使用前。

（4）停用超过 1 个月。

（5）遇 6 级或以上大风，大雨或大雪后。

2）附着式升降脚手架首次安装完毕使用前，应按行业现行标准《建筑施工工具式脚手架安全技术标准》（JGJ 202）附录 A 表 A.0.1 进行检验，合格后方可使用。

3）附着式升降脚手架升降作业前应按行业现行标准《建筑施工工具式脚手架安全技术标准》（JGJ 202）附录 A 表 A.0.2 进行检验，合格后方能升降作业。

4）附着式升降脚手架提升或下降到位后，投入使用前应按行业现行标准《建筑施工工具式脚手架安全技术标准》（JGJ 202）附录 A 表 A.0.1 进行检验，合格后方可使用。

5）附着式升降脚手架停用超过 1 个月或遇 6 级或以上大风，大雨或大雪后应参照行业现行规范《建筑施工工具式脚手架安全技术标准》（JGJ 202）附录 A 表 A.0.2 进行检验。

3. 安全管理

1）竖向主框架处的卸荷装置不得少于 2 道，不得采用扣件或钢丝绳作为卸荷装置。

2）架体上的建筑垃圾和杂物应及时清理。

3）使用过程中，不得在架体上进行下列作业：

（1）利用架体吊运物料。

（2）拉结吊装缆绳（或缆索）。

（3）推车。

（4）拆除结构件或松动连结件。

（5）拆除或移动架体上的安全防护设施。

（6）利用架体支撑模板或设置与架体相连的卸料平台。

（7）其他影响架体安全的作业。

4）螺栓连接件、升降设备、防倾装置、防坠落装置、电控设备同步控制装置等应每月进行维护保养。

5）使用过程中，应将架体连接至结构避雷系统。

6）附着式升降脚手架的拆除工作应按专项施工方案及安全操作规程的有关要求进行。

7）拆除作业时，不得抛、扔、拆除材料及设备。

10.4.2　吊篮安全技术管理规定

1. 安装

1）吊篮安装前，应确认零件、部件、构件、电气控制系统及安全装置完好、齐全、匹配。

2）应采用与原厂配套紧固件的规格及强度等级相同的紧固件进行安装。

3）应确认安全锁在有效标定期内，方可进行安装。

4）吊篮应在专业人员指挥下进行安装。

5）配重悬挂装置应安装在扎实稳定的水平支撑面上，且与支撑面垂直，脚轮不得受力。

6）当受工程施工条件限制，悬挂装置需要放置在女儿墙、建筑物外挑檐边缘等位置时，应采取防止其倾翻或移动的措施，且满足支撑结构承载要求。

7）配重悬挂装置的支撑立柱与前支架的安装应符合产品使用说明书，且宜安装在同一铅垂线上。

8）预紧悬挂装置钢丝绳的索具螺旋扣应使用 OO 型。

9）配重悬挂装置的横梁应水平设置，其偏差不应超过横梁长度的 4%，且不应前低后高。

10）悬挂装置吊点安装后的水平间距与悬吊平台吊点间距的尺寸偏差不应大于 50mm。

11）相邻安装的吊篮，其悬吊平台端部的水平间距应大于 0.5m。

12）配重应稳定地固定在配重架上，且应设有防止可移动配重的措施。

13）工作钢丝绳与安全钢丝绳应分别安装在独立的悬挂点上，且在悬吊平台下降至下极限位置时，其尾端分别距离提升机与安全锁出绳口的长度不应小于 2m。

14）提升机、安全锁与悬吊平台的连接，以及工作钢丝绳、安全钢丝绳与吊点的连接螺栓应有防松措施；销轴应有效锁止。

15）安全钢丝绳下端必须安装重量不小于 5kg 的重锤，其底部距地面 100～200mm。

16）安装在钢丝绳上端的限位触发元件应牢固地安装在使用说明书指定的钢丝绳上，且与钢丝绳吊点处的安全距离应大于 0.5m。

17）垂放钢丝绳时，作业人员应有防坠落安全措施。钢丝绳应沿建筑结构立面缓慢放至地面，不得抛掷。

18）安全绳应固定在建筑物的可承载结构构件上，且应采取防松脱措施；在转角处应设有效保护措施。不得以吊篮的任何部位作为安全绳的拴结点；尾部垂放在地面上的长度不应小于 2m。

19）对悬挂高度超过 100m 的电源电缆，应有辅助抗拉措施。

20）在吊篮安装及运行范围 10m 内，有高压输电线路时应采取有效隔离措施。

21）若需在悬吊平台上设置照明时，应使用 36V 及以下安全电压。

22）特殊悬挂装置、超长悬吊平台或异型平台，应由专业单位进行设计、提供定制构件，并按照专项方案指导安装与加载试验。

23）吊篮应在专业人员指挥下进行拆除。

24）拆除前应将悬吊平台降落至地面或建筑平台上，并将钢丝绳从提升机、安全锁中退出，切断总电源。

25）拆除悬挂装置时，应对作业人员和设备采取相应的安全措施。

26）拆卸、分解后的零部件不得放置在建筑物边缘，应采取防止坠落的措施；零散物品应放置在容器中。不得将任何物体从高处抛下。

27）拆卸后的结构件和配重等应码放稳妥，不得堆放过高或过于集中。

2. 检查与验收

1）吊篮检查与验收的内容应包括进场查验、安装（包括跨楼层移位）后检查和使用前验收。

2）吊篮进场时应按《高处作业吊篮检查验收表》的项目进行查验，可参考现行标准《建筑工程施工现场安全资料管理规程》（DB 11/383）表 AQ-C9-4-1 格式进行查验。

3）应按吊篮进场批次进行进场查验并记录。

4）吊篮安装后和使用前，应按现行行业标准《建筑施工升降设备设施检验标准》（JGJ 305）进行检测，且按附录 B 填写检验报告。检验判定规则和检验结果处理方法应符合《建筑施工升降设备设施检验标准》（JGJ 305）中 3.0.5 和 3.0.6 的规定。

3. 安全管理

1）每班首次使用吊篮前，应检查悬挂装置（含配重）、钢丝绳、制动器、手动滑降装置、安全绳、安全锁和限位装置及其连接、紧固状态。

2）悬吊平台上的人员必须使用安全绳进行人身安全防护。每根安全绳悬挂人数不得超过 2 名。

3）吊篮作业人员必须遵守下列规定：

（1）进入吊篮人员的身体条件必须符合高处作业规定。

（2）必须从地面或建筑平台进出悬吊平台；进入平台时必须先系好安全带，将自锁器扣牢在安全绳上；下平台前必须确认安全后，再解除自锁器，脱离安全绳。

（3）多吊点吊篮禁止单人操作。

（4）当悬吊平台上的作业人数超过 2 人时，必须每人配备 1 根独立悬挂的安全绳。

（5）不得将吊篮作为垂直运输设备使用。

（6）不得在悬吊平台内用梯子或垫脚物增加作业高度；所载物体的重心不得超出护栏高度。

（7）不得将易燃、易爆品及电焊机等机电设备放置在悬吊平台上。

（8）电焊作业时，不得使用悬吊平台或钢丝绳作为接地线，且应采取防止电弧灼伤钢丝绳的措施。

（9）不得歪拉斜拽悬吊平台。

（10）不得固定安全锁开启手柄、摆臂或人为使安全锁失效。

4）提升机发生卡绳故障时，应立即停机并按照产品使用说明书规定的方法排除故障。不得反复按动升降按钮强行排险。

5）在运行中发现异响、异味或过热等情况时，应立即停机检查；故障未排除之前不得开机。

6）当吊篮使用过程中发生故障时，应由专业维修人员排除；安全锁必须由制造商进行维修。

7）当突遇大风或雨、雪等恶劣天气时，应及时将悬吊平台降至地面或建筑平台上固定稳妥，固定钢丝绳和电缆，切断电源，将提升机、安全锁和电控箱遮盖严实后，方可离开。

8）吊篮使用完毕，应做好下列工作：

（1）将悬吊平台停放在地面或建筑平台上，必要时进行固定。

（2）切断电源，锁好电控箱。

（3）检查各部位安全技术状况。

（4）妥善遮盖提升机、安全锁和电控箱。

9）对出厂年限超过 5 年的提升机，每年应进行一次安全评估。评估合格后，可继续使用。

10）对出厂年限超过 3 年的安全锁，应当报废，不得继续使用。

10.5　作业脚手架设计与计算范例

10.5.1　作业脚手架设计

1）作业脚手架设计应采用以概率理论为基础的极限状态设计方法，以分项系数设计表达式进行计算。

2）作业脚手架承重结构应按承载能力极限状态和正常使用极限状态进行设计，并应符合下列规定：

（1）当作业脚手架出现下列状态之一时，应判定为超过承载能力极限状态：

①结构件或连接件因超过材料强度而破坏，或因连接节点产生滑移而失效，或因过度变形而不适于继续承载；

②整个脚手架结构或其一部分失去平衡；

③脚手架结构转变为机动体系；

④脚手架结构整体或局部杆件失稳；

⑤地基失去继续承载的能力。

（2）当脚手架出现下列状态之一时，应判定为超过正常使用极限状态：

①影响正常使用的变形；

②影响正常使用的其他状态。

3）作业脚手架应按正常搭设和正常使用条件进行设计，可不计入短暂作用、偶然作用、地震荷载作用。

4）作业脚手架应根据架体构造、搭设部位、使用功能、荷载等因素确定设计计算内容；落地作业脚手架和支撑脚手架计算应包括下列内容：

（1）落地作业脚手架：

①水平杆件抗弯强度、挠度，节点连接强度；

②立杆稳定承载力；

③地基承载力；

④连墙件强度、稳定承载力、连接强度；

⑤缆风绳承载力及连接强度。

（2）支撑脚手架：

①水平杆件抗弯强度、挠度，节点连接强度；

②立杆稳定承载力；

③架体抗倾覆能力；

④地基承载力；

⑤连墙件强度、稳定承载力、连接强度；

⑥缆风绳承载力及连接强度。

5）作业脚手架结构设计时，应先对脚手架结构进行受力分析，明确荷载传递路径，选择具有代表性的最不利杆件或构配件作为计算单元。计算单元的选取应符合下列要求：

（1）应选取受力最大的杆件、构配件。

（2）应选取跨距、间距增大和几何形状、承力特性改变部位的杆件、构配件。

（3）应选取架体构造变化处或薄弱处的杆件、构配件。

（4）当作业脚手架上有集中荷载作用时，尚应选取集中荷载作用范围内受力最大的杆件、构配件。

6）当按作业脚手架承载能力极限状态设计时，应采用荷载设计值和强度设计值进行计算；当按作业脚手架正常使用极限状态设计时，应采用荷载标准值和变形限值进行计算。基本变量的设计值宜符合下列规定：

（1）荷载设计值 N_{cd} 可按式 10-1 确定

$$N_{cd} = \gamma_n F_k \tag{10-1}$$

式中　N_{cd}——永久荷载、可变荷载的荷载设计值，kN；

　　　F_k——永久荷载、可变荷载的荷载标准值，kN；

　　　γ_n——荷载分项系数。

（2）材料强度设计值 f_d 可按式 10-2 确定

$$f_d = \frac{f_k}{\gamma_m} \tag{10-2}$$

式中　f_d——材料强度设计值，N/mm²；

　　　f_k——材料强度标准值，N/mm²；

　　　γ_m——材料抗力分项系数。

7）作业脚手架杆件连接节点的承载力设计值应符合下列规定：

（1）立杆与水平杆连接节点的承载力设计值不应小于表 10-7 的规定。

表 10-7 作业脚手架立杆与水平杆连接节点承载力设计值

节点类型	承载力设计值					
	转动刚度（kN·m/rad）	水平向抗拉（压）（kN）	竖向抗压（kN）		抗滑移（kN）	
扣件	30	8	单扣件	8	单扣件	8
			双扣件	12	双扣件	12
碗扣	20	30	25		—	
盘扣	20	30	40		—	
其他	根据试验确定					

注：表中数据是根据 $\phi48\times3.5$ 钢管和标准节点连接件经试验确定。

（2）作业脚手架立杆与立杆连接节点的承载力设计值不应小于表 10-8 的规定。

表 10-8 作业脚手架立杆与立杆连接节点承载力设计值

节点连接形式	节点受力形式		承载力设计值（kN）
承插式连接	压力	强度	与立杆抗压强度相同
		稳定	大于 1.5 倍立杆稳定承载力设计值
	拉力		15
对接扣件连接	压力	强度	大于 1.5 倍立杆稳定承载力设计值
		稳定	
	拉力		4

注：承插式连接锁销宜采用 $\phi10mm$ 以上钢筋。

8）钢管脚手架的钢材强度设计值等技术参数取值，应符合下列规定：

（1）型钢、钢构件应按现行国家标准《钢结构设计标准》（GB 50017）的规定取用。

（2）焊接钢管、冷弯成型的厚度小于 6mm 的钢构件，应按现行国家标准《冷弯薄壁型钢结构技术规范》（GB 50018）的规定取用。

（3）不应采用钢材冷加工效应的强度设计值，也不应采用钢材的塑性强度值。

9）木脚手架的木材设计强度值等技术参数取值，应按现行国家标准《木结构设计规范（2005 年版）》（GB 50005）的规定取用。

10）作业脚手架构配件强度应按构配件净截面计算；构配件稳定性和变形应按构配件毛截面计算。

11）荷载分项系数取值应符合表 10-9 的规定。

表 10-9 荷载分项系数

脚手架种类	验算项目	荷载分项系数	
		永久荷载（γ_G）	可变荷载（γ_Q）
作业脚手架	强度、稳定承载力	1.2	1.4
	地基承载力	1.2	1.4
	挠度	1.0	0

脚手架种类	验算项目	荷载分项系数				
				永久荷载（γ_G）		可变荷载（γ_Q）
支撑脚手架	强度、稳定承载力	可变荷载控制组合		1.2	1.4	
		永久荷载控制组合		1.35		
	地基承载力	1.2			1.4	
	挠度	1.0			0	
	倾覆	有利	0.9		有利	0
		不利	1.35		不利	1.4

10.5.2 承载能力极限状态

1) 当作业脚手架按承载能力极限状态设计时，应符合下列要求：

（1）作业脚手架结构或构配件的承载能力极限状态设计，应满足式 10-3 要求

$$\gamma_0 N_{ad} \leqslant R_d \tag{10-3}$$

式中　γ_0——结构重要性系数，按标准规定取用；

　　　N_{ad}——脚手架结构或构配件的荷载设计值，kN；

　　　R_d——脚手架结构或构配件的抗力设计值，kN。

（2）作业脚手架抗倾覆承载能力极限状态设计，应满足式 10-4 要求

$$\gamma_0 M_O \leqslant M_r \tag{10-4}$$

式中　M_O——作业脚手架的倾覆力矩设计值，kN·m；

　　　M_r——作业脚手架的抗倾覆力矩设计值，kN·m。

（3）地基承载能力极限状态可采用分项系数法进行设计，地基承载力值应取特征值，并应满足式 10-5 要求

$$p_k \leqslant f_a \tag{10-5}$$

式中　P_k——作业脚手架立杆基础底面的平均压力标准值，N/mm^2；

　　　f_a——修正后的地基承载力特征值，N/mm^2。

2) 作业脚手架杆件连接节点承载力应满足式 10-6 要求

$$\gamma_0 F_{Jd} \leqslant N_{RJd} \tag{10-6}$$

式中　F_{Jd}——作用于脚手架杆件连接节点的荷载设计值，kN；

　　　N_{RJd}——脚手架杆件连接节点的承载力设计值，kN，应按标准规定取用。

3) 作业脚手架受弯杆件的强度应按下列公式计算

$$\frac{\gamma_0 M_d}{W} \leqslant f_d \tag{10-7}$$

$$M_d = \gamma_G \sum M_{Gk} + \gamma_Q \sum M_{Qk} \tag{10-8}$$

式中　M_d——作业脚手架受弯杆件弯矩设计值，N·mm；

　　　W——受弯杆件截面模量，mm^3；

　　　f_d——杆件抗弯强度设计值，N/mm^2；

γ_G——永久荷载分项系数，按标准规定取值；

γ_Q——可变荷载分项系数，按标准规定取值；

$\sum M_{Gk}$——作业脚手架受弯杆件由永久荷载产生的弯矩标准值总和，N·mm；

$\sum M_{Qk}$——作业脚手架受弯杆件由可变荷载产生的弯矩标准值总和，N·mm。

4）作业脚手架立杆（门式脚手架立杆）稳定承载力计算，应符合下列规定：

（1）室内或无风环境搭设的作业脚手架立杆稳定承载力应按式（10-9）计算

$$\frac{\gamma_0 N_d}{\phi A} \leqslant f_d \tag{10-9}$$

（2）室外搭设的作业脚手架立杆稳定承载力应按式（10-10）计算

$$\frac{\gamma_0 N_d}{\phi A} + \gamma_0 \frac{M_{Wd}}{W} \leqslant f_d \tag{10-10}$$

式中　N_d——作业脚手架立杆的轴向力设计值，N；

　　　ϕ——立杆的轴心受压构件的稳定系数，应根据反映作业脚手架整体稳定因素的立杆长细比 λ（门式脚手架应根据立杆换算长细比）按现行国家标准《冷弯薄壁型钢结构技术规范》（GB 50018）的规定取用；

　　　A——作业脚手架立杆的毛截面面积，mm²，门式脚手架取双立杆的毛截面面积；

　　　M_{Wd}——作业脚手架立杆由风荷载产生的弯矩设计值，N·mm；

　　　W——作业脚手架立杆截面模量，mm³，门式脚手架取主立杆截面模量；

　　　f_d——立杆的抗压强度设计值，N/mm²。

5）作业脚手架立杆（门式脚手架为双立杆）的轴向力设计值，应按式 10-11 计算

$$N_d = \gamma_G \sum N_{Gk1} + \gamma_Q \sum N_{Qk1} \tag{10-11}$$

式中　$\sum N_{Gk1}$——作业脚手架立杆由结构件及附件自重产生的轴向力标准值总和，N；

　　　$\sum N_{Qk1}$——作业脚手架立杆由作业层施工荷载产生的轴向力标准值总和，N。

6）作业脚手架立杆由风荷载产生的弯矩设计值应按下列公式计算

$$M_{Wd} = \psi_W \gamma_Q M_{Wk} \tag{10-12}$$

$$M_{Wk} = 0.05 \xi_1 w_k l_a H_1^2 \tag{10-13}$$

式中　M_{Wk}——作业脚手架立杆由风荷载产生的弯矩标准值，N·mm；

　　　ψ_W——风荷载组合值系数，应按现行国家标准《建筑结构荷载规范》（GB 50009）的规定取值；

　　　l_a——立杆（门式脚手架）纵距，mm；

　　　H_1——连墙件竖向间距，mm；

　　　ξ_1——作业脚手架立杆由风荷载产生的弯矩折减系数，应按表 10-10 取用。

表 10-10　作业脚手架立杆由风荷载产生的弯矩折减系数

连墙件步距	扣件式	碗扣式	盘扣式	门式
二步距	0.6	0.6	0.6	0.3
三步距	0.4	0.4	0.4	0.2

7）作业脚手架连墙件杆件的强度及稳定应按下列公式计算：

强度：

$$\sigma = \frac{N_{Ld}}{A_c} \leqslant 0.85 f_d \qquad (10\text{-}14)$$

稳定：

$$\frac{N_{Ld}}{\phi A} \leqslant 0.85 f_d \qquad (10\text{-}15)$$

$$N_{Ld} = N_{WLd} + N_0 \qquad (10\text{-}16)$$

$$N_{WLd} = \gamma_Q w_k \cdot L_1 \cdot H_1 \qquad (10\text{-}17)$$

式中　σ——连墙件杆件应力值，N/mm^2；

　　　A_c——连墙件杆件的净截面面积，mm^2；

　　　A——连墙件杆件的毛截面面积，mm^2；

　　　N_{Ld}——连墙件杆件由风荷载及其他作用产生的轴向力设计值，N；

　　N_{WLd}——连墙件杆件由风荷载产生的轴向力设计值，N；

　　　ϕ——连墙件杆件的轴心受压构件的稳定系数，应根据其长细比 λ 按现行国家标准《冷弯薄壁型钢结构技术规范》（GB 50018）的规定取用；

　　　L_1——连墙件水平间距，mm；

　　　N_0——由于连墙件约束作业脚手架的平面外变形所产生的轴向力设计值，单排作业脚手架取 2kN；双排作业脚手架取 3kN。

8）作业脚手架连墙件与架体、连墙件与建筑结构连接的连接强度应符合式（10-18）要求

$$N_{Ld} \leqslant N_{RLd} \qquad (10\text{-}18)$$

式中　N_{RLd}——连墙件与作业脚手架、连墙件与建筑结构连接的抗拉（压）承载力设计值，N，应根据国家现行相关标准规定计算。

9）作业脚手架立杆地基承载力，应满足下式要求

$$P = \frac{N_d}{A_d} \leqslant \gamma_u f_a \qquad (10\text{-}19)$$

式中　P——作业脚手架立杆基础底面的平均压力设计值，N/mm^2；

　　　N_d——作业脚手架立杆的轴向力设计值，N；

　　　A_d——立杆底座底面积，mm^2；

　　　γ_u——永久荷载和可变荷载分项系数加权平均值，当按永久荷载控制组合时，取 1.363；当按可变荷载控制组合时，取 1.254；

　　　f_a——修正后的地基承载力特征值，N/mm^2。

10）地基承载力特征值可由荷载试验或其他原位测试、公式计算并结合工程实践经验等方法综合确定。

在作业脚手架地基验算时，应结合地基土的类别、状态等因素对地基承载力特征值进行修正。

11）作业脚手架所使用的钢丝绳应采用荷载标准值按容许应力法进行设计计算，钢丝绳的容许拉力值应按国家现行相关标准确定，安全系数应按标准规定取用。

12）当作业脚手架搭设在建筑结构上时，应按国家现行相关标准的规定对建筑结构

承载能力进行验算。

10.5.3 正常使用极限状态

1）当作业脚手架结构或构配件按正常使用极限状态设计时，应符合式（10-20）要求

$$v_{max} \leqslant [v] \qquad (10\text{-}20)$$

式中　v_{max}——永久荷载标准组合作用下作业脚手架结构或构配件的最大变形值，mm；应按作业脚手架相关的国家现行标准计算；

　　　$[v]$——作业脚手架结构或构配件的变形规定限值，mm，应按作业脚手架相关的国家现行标准规定采用。

2）按正常使用极限状态设计时，永久荷载的标准计算应符合下列要求：

（1）受弯杆件由永久荷载产生的弯矩标准值应按式（10-21）计算

$$M_{Gk} = \sum M_{Gk} \qquad (10\text{-}21)$$

式中　M_{Gk}——受弯杆件由永久荷载产生的弯矩标准值，N·mm。

（2）作业脚手架立杆由永久荷载产生的轴向力标准值应按式（10-22）计算

$$N_{Gk} = \sum N_{Gkl} \qquad (10\text{-}22)$$

式中　N_{Gkl}——作业脚手架立杆由永久荷载产生的轴向力标准值，N。

10.5.4 常见各类型脚手架计算范例

范例1 双排落地脚手架计算案例
依据规范：
《建筑施工扣件式钢管脚手架安全技术规范》（JGJ 130—2011）
《建筑结构荷载规范》（GB 50009—2012）
《钢结构设计标准》（GB 50017—2017）
《建筑地基基础设计规范》（GB 50007—2011）
计算参数：
钢管强度为 205.0 N/mm²，钢管强度折减系数取 1.00。
双排脚手架，搭设高度为 21.0m，立杆采用单立管。
立杆的纵距为 1.20m，立杆的横距为 1.05m，内排架距离结构 0.30m，立杆的步距为 1.50m。
钢管类型为 φ48.3×3.6，连墙件采用 2 步 3 跨，竖向间距为 3.00m，水平间距为 3.60m。
施工活荷载为 2.0kN/m²，同时考虑 2 层施工。
脚手板采用木板，荷载为 0.35kN/m²，按照铺设 2 层计算。
栏杆采用竹串片，荷载为 0.17kN/m，安全网荷载取 0.0100kN/m²。
脚手板下小横杆在大横杆上面，且小横杆全部在主结点。
基本风压为 0.30kN/m²，高度变化系数为 1.28，体型系数为 1.20。
地基承载力标准值为 170kN/m²，基础底面扩展面积为 0.250m²，地基承载力调整系数为 0.40。

钢管惯性矩计算采用 $I = \pi (D^4 - d^4)/64$，抵抗矩计算采用 $W = \pi (D^4 - d^4)/32D$。

一、小横杆的计算

小横杆按照简支梁进行强度和挠度计算，小横杆在大横杆的上面。

按照小横杆上面的脚手板和活荷载作为均布荷载计算小横杆的最大弯矩和变形。

1. 均布荷载值计算

小横杆的自重标准值 $P_1 = 0.040\mathrm{kN/m}$

脚手板的荷载标准值 $P_2 = 0.350 \times 1.200/1 = 0.420\mathrm{kN/m}$

活荷载标准值 $Q = 2.000 \times 1.200/1 = 2.400\mathrm{kN/m}$

荷载的计算值 $q = 1.20 \times 0.040 + 1.20 \times 0.420 + 1.40 \times 2.400 = 3.912\mathrm{kN/m}$

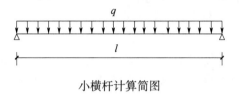

小横杆计算简图

2. 抗弯强度计算

最大弯矩考虑为简支梁均布荷载作用下的弯矩计算公式如下

$$M_{qmax} = ql^2/8$$

$$M = 3.912 \times 1.05^2/8 = 0.539\mathrm{kN \cdot m}$$

$$\sigma = M/W = 0.539 \times 10^6/5262.3 = 102.441\mathrm{N/mm^2}$$

小横杆的计算强度小于 $205.0\mathrm{N/m^2}$，满足要求。

3. 挠度计算

最大挠度考虑为简支梁均布荷载作用下的挠度计算公式如下

$$V_{qmax} = \frac{5ql^4}{384EI}$$

荷载标准值 $q = 0.040 + 0.420 + 2.400 = 2.860\mathrm{kN/m}$

简支梁均布荷载作用下的最大挠度

$V = 5.0 \times 2.860 \times 1050.0^4/(384 \times 2.06 \times 10^5 \times 127084.5) = 1.729\mathrm{mm}$

小横杆的最大挠度小于 $1050.0/150$ 与 $10\mathrm{mm}$，满足要求。

二、大横杆的计算

大横杆按照三跨连续梁进行强度和挠度计算，但没有小横杆直接作用在大横杆的上面，无需计算。

三、扣件抗滑力的计算

纵向或横向水平杆与立杆连接时，扣件的抗滑承载力按照下式计算［《建筑施工扣件式钢管脚手架安全技术规范》（JGJ 130—2011）第5.2.5规定］

$$R \leqslant R_c$$

式中 R_c——扣件抗滑承载力设计值，单扣件取 $8.0\mathrm{kN}$，双扣件取 $12.0\mathrm{kN}$；

R——纵向或横向水平杆传给立杆的竖向作用力设计值。

荷载值计算：

横杆的自重标准值　$P_1=0.040\times1.200=0.048$kN

脚手板的荷载标准值　$P_2=0.350\times1.050\times1.200/2=0.221$kN

活荷载标准值　$Q=2.000\times1.050\times1.200/2=1.260$kN

荷载的计算值　$R=1.20\times0.048+1.20\times0.220+1.40\times1.260=2.086$kN

单扣件抗滑承载力的设计计算满足要求。

当直角扣件的拧紧力矩达 40~65N·m 时，试验表明，单扣件在 12kN 的荷载下会滑动，其抗滑承载力可取 8.0kN。

双扣件在 20kN 的荷载下会滑动，其抗滑承载力可取 12.0kN。

四、脚手架荷载标准值

作用于脚手架的荷载包括恒荷载、活荷载和风荷载。恒荷载标准值包括以下内容：

(1) 每米立杆承受的结构自重标准值（kN/m）；本例为 0.1336，约 0.134。

$$N_{G1}=0.134\times21.000=2.814\text{kN}$$

(2) 脚手板的自重标准值（kN/m²）；本例采用木脚手板，标准值为 0.35。

$$N_{G2}=0.350\times2\times1.200\times（1.050+0.300）/2=0.567\text{kN}$$

(3) 栏杆与挡脚手板自重标准值（kN/m）；本例采用栏杆、竹串片脚手板挡板，标准值为 0.17。

$$N_{G3}=0.170\times1.200\times2=0.408\text{kN}$$

(4) 吊挂的安全设施荷载，包括安全网（kN/m²）；标准值为 0.010。

$$N_{G4}=0.010\times1.200\times21.000=0.252\text{kN}$$

经计算得到，恒荷载标准值 $N_G=N_{G1}+N_{G2}+N_{G3}+N_{G4}=4.041$kN。

活荷载为施工荷载标准值产生的轴向力总和，内、外立杆按一纵距内施工荷载总和的 1/2 取值。

经计算得到，活荷载标准值 $N_Q=2.000\times2\times1.200\times1.050/2=2.520$kN

风荷载标准值应按照以下公式计算

$$W_k=U_z\cdot U_s\cdot W_0$$

式中　W_0——基本风压，kN/m²，$W_0=0.300$；

U_z——风荷载高度变化系数，$U_z=1.280$；

U_s——风荷载体型系数：$U_s=1.200$。

经计算得到：$W_k=0.300\times1.280\times1.200=0.461$kN/m²。

考虑风荷载时，立杆的轴向压力设计值计算公式

$$N=1.2N_G+0.9\times1.4N_Q$$

经过计算得到，底部立杆的最大轴向压力：

$$N=1.20\times4.041+0.9\times1.40\times2.520=8.024\text{kN}$$

不考虑风荷载时，立杆的轴向压力设计值计算公式：

$$N=\gamma_G N_G+\gamma_Q N_Q$$

经过计算得到，底部立杆的最大轴向压力：

$$N=1.20\times4.041+1.40\times2.520=8.377\text{kN}$$

风荷载设计值产生的立杆段弯矩 M_W 计算公式：

$$M_W = 0.9 \times 1.40 W_k l_a h^2 / l_0$$

式中　W_k——风荷载标准值，kN/m^2；

l_a——立杆的纵距，m；

h——立杆的步距，m。

经过计算得到风荷载产生的弯矩：

$$M_W = 0.9 \times 1.40 \times 0.461 \times 1.200 \times 1.500 \times 1.500 / 10 = 0.157 kN \cdot m。$$

五、立杆的稳定性计算

1. 不考虑风荷载时，立杆的稳定性计算

$$\sigma = \frac{N}{\phi A} \leqslant [f]$$

式中　N——立杆的轴心压力设计值，$N = 8.377 kN$；

i——计算立杆的截面回转半径，$i = 1.59 cm$；

k——计算长度附加系数，取 1.155；

u——计算长度系数，由脚手架的构造参数确定，$u = 1.500$；

l_0——计算长度（m），由公式 $l_0 = kuh$ 确定，$l_0 = 1.155 \times 1.500 \times 1.500 = 2.599 m$；

A——立杆净截面面积，$A = 5.055 cm^2$；

W——立杆净截面模量（抵抗矩），$W = 5.262 cm^3$；

λ——长细比，为 2599/16 = 164；

λ_0——允许长细比（k 取 1），为 2250/16 = 142 < 210 长细比验算满足要求；

ϕ——轴心受压立杆的稳定系数，由长细比 l_0 / i 的结果得到 0.265；

σ——钢管立杆受压强度计算值，N/mm^2；

$[f]$——钢管立杆抗压强度设计值，$[f] = 205.00 N/mm^2$。

经计算得到：

$$\sigma = 8377 / (0.27 \times 506) = 61.316 N/mm^2$$

不考虑风荷载时，立杆的稳定性计算 $\sigma < [f]$，满足要求。

2. 考虑风荷载时，立杆的稳定性计算

$$\sigma = \frac{H}{\phi A} + \frac{M_W}{W} \leqslant [f]$$

式中　N——立杆的轴心压力设计值，$N = 8.377 kN$；

M_W——计算立杆段由风荷载设计值产生的弯矩，$M_W = 0.157 kN \cdot m$；

经计算得到 $\sigma = 8377 / (0.27 \times 506) + 157000 / 5262 = 89.537 N/mm^2$；

考虑风荷载时，立杆的稳定性计算 $\sigma < [f]$，满足要求。

六、最大搭设高度的计算

不考虑风荷载时，单排、双排脚手架允许搭设高度 $[H]$，按下式计算：

$$[H] = [\phi A \sigma - (\gamma_G N_{G2k} + \gamma_Q N_{Qk})] / \gamma_G g_k$$

式中　N_{G2k}——构配件自重标准值产生的轴向力，$N_{G2k} = 1.227 kN$；

N_{Qk}——活荷载标准值，$N_{Qk} = 2.520 kN$；

g_k——每米立杆承受的结构自重标准值，$g_k=0.134kN/m$；

σ——钢管立杆抗压强度设计值，$\sigma=205.00N/mm^2$；

经计算得到，不考虑风荷载时，按照稳定性计算的搭设高度 $[H]=140.331m$。

考虑风荷载时，单排、双排脚手架允许搭设高度 $[H]$，按下式计算：

$$[H]=\{\phi A\sigma-[\gamma_G N_{G2k}+0.9\times\gamma_Q(N_{Qk}+\phi AM_{wk}/W)]\}/\gamma_G g_k$$

式中　N_{G2k}——构配件自重标准值产生的轴向力，$N_{G2k}=1.227kN$；

N_{Qk}——活荷载标准值，$N_{Qk}=2.520kN$；

g_k——每米立杆承受的结构自重标准值，$g_k=0.134kN/m$；

M_{wk}——计算立杆段由风荷载标准值产生的弯矩，$M_{wk}=0.124kN\cdot m$；

σ——钢管立杆抗压强度设计值，$\sigma=205.00N/mm^2$。

经计算得到，考虑风荷载时，按照稳定性计算的搭设高度 $[H]=117.607m$。

取上面两式计算结果的最小值，作业脚手架允许搭设高度 $[H]=117.607m$。

七、连墙件的计算

连墙件的轴向力计算值应按照下式计算：

$$N_l=N_{lw}+N_o$$

式中　N_{lw}——风荷载产生的连墙件轴向力设计值，kN，应按照下式计算：$N_{lw}=1.40\times w_k\times A_w$；

w_k——风荷载标准值，$w_k=0.461kN/m^2$；

A_w——每个连墙件的覆盖面积内脚手架外侧的迎风面积：$A_w=3.00\times3.60=10.800m^2$；

N_o——连墙件约束脚手架平面外变形所产生的轴向力（kN）；$N_o=3.000$。

经计算得到 $N_{lw}=6.967kN$，连墙件轴向力计算值 $N_l=9.967kN$。

根据连墙件杆件强度要求，轴向力设计值 $N_{f1}=0.85A_c[f]$。

根据连墙件杆件稳定性要求，轴向力设计值 $N_{f2}=0.85\phi A[f]$。

式中　ϕ——轴心受压立杆的稳定系数，由长细比 $l/i=30.00/1.59$ 的结果查表得到 $\phi=0.95$；

净截面面积 $A_c=5.06cm^2$；毛截面面积 $A=18.32cm^2$；$[f]=205.00N/mm^2$。

经过计算得到 $N_{f1}=88.091kN$

$N_{f1}>N_l$，连墙件的设计计算满足强度设计要求。

经过计算得到 $N_{f2}=303.873kN$

$N_{f2}>N_l$，连墙件的设计计算满足稳定性设计要求。

连墙件采用双扣件与墙体连接。

经过计算得到 $N_l=9.967kN$，小于双扣件的抗滑力 12.0kN，连墙件双扣件满足要求。

八、立杆的地基承载力计算

立杆基础底面的平均压力应满足下式的要求

$$p_k\leqslant f_g$$

式中　p_k——脚手架立杆基础底面处的平均压力标准值，$p_k=N_k/A=26.21kPa$；

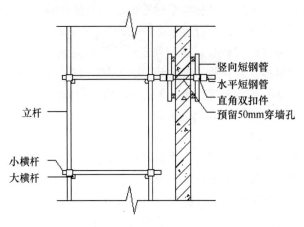

连墙件双扣件连接示意图

N_k——上部结构传至基础顶面的轴向力标准值 $N_k=4.03+2.52=6.55$kN；

A——基础底面面积，m^2；$A=0.25$；

f_g——地基承载力设计值，kN/m^2；$f_g=68.00$。

地基承载力设计值应按下式计算

$$f_g=k_c\times f_{gk}$$

式中 k_c——脚手架地基承载力调整系数；$k_c=0.40$；

f_{gk}——地基承载力标准值；$f_{gk}=170.00$。

地基承载力的计算满足要求。

范例 2 型钢悬挑脚手架计算案例

依据规范：

《建筑施工脚手架安全技术统一标准》（GB 51210—2016）

《建筑施工扣件式钢管脚手架安全技术规范》（JGJ 130—2011）

《建筑结构荷载规范》（GB 50009—2012）

《钢结构设计标准》（GB 50017—2017）

《混凝土结构设计规范》（GB 50010—2010）

计算参数：

钢管强度为 205.0N/mm^2，钢管强度折减系数取 1.00。

双排脚手架，搭设高度为 20.0m，立杆采用单立管。

立杆的纵距为 1.20m，立杆的横距为 1.05m，内排架距离结构 0.30m，立杆的步距为 1.50m。

采用的钢管类型为 $\phi48.3\times3.6$，连墙件采用 2 步 3 跨，竖向间距为 3.00m，水平间距为 3.60m。

施工活荷载为 3.0kN/m^2，同时考虑 2 层施工。

脚手板采用木板，荷载为 0.35kN/m^2，按照铺设 2 层计算。

栏杆采用冲压钢板，荷载为 0.16kN/m，安全网荷载取 0.0100kN/m^2。

脚手板下小横杆在大横杆上面，且主结点间增加一根小横杆。

基本风压 $0.30kN/m^2$，高度变化系数 1.2800，体型系数 1.2000。

卸荷吊点按照构造要求考虑，不进行受力计算。

悬挑水平钢梁采用 $18^{\#}$ 工字钢，建筑物外悬挑段长度为 $1.50m$。

建筑物内锚固段长度为 $2.00m$，支承点到锚固中心点距离为 $2.00m$。

悬挑水平钢梁采用悬臂式结构，没有钢丝绳或支杆与建筑物拉结。

钢管惯性矩计算采用 $I = \pi (D^4 - d^4)/64$，抵抗矩计算采用 $W = \pi (D^4 - d^4)/32D$。

一、小横杆的计算

小横杆按照简支梁进行强度和挠度计算，小横杆在大横杆的上面。

按照小横杆上面的脚手板和活荷载作为均布荷载计算小横杆的最大弯矩和变形。

1. 均布荷载值计算

小横杆的自重标准值 $P_1 = 0.040kN/m$

脚手板的荷载标准值 $P_2 = 0.350 \times 1.200/2 = 0.210kN/m$

活荷载标准值 $Q = 3.000 \times 1.200/2 = 1.800kN/m$

荷载的计算值 $q = 1.20 \times 0.040 + 1.20 \times 0.210 + 1.40 \times 1.800 = 2.820kN/m$

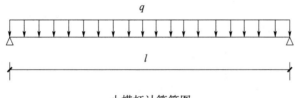

小横杆计算简图

2. 抗弯强度计算

最大弯矩考虑为简支梁均布荷载作用下的弯矩，计算公式如下：

$$M_{qmax} = ql^2/8$$

$$M_{qmax} = 2.820 \times 1.050^2/8 = 0.389kN \cdot m$$

$$\sigma = \gamma_0 M_{qmax}/W = 1.000 \times 0.389 \times 10^6/5262.3 = 73.922N/mm^2$$

小横杆的计算强度小于 $205.0N/mm^2$，满足要求。

3. 挠度计算

最大挠度考虑为简支梁均布荷载作用下的挠度，计算公式如下

$$V_{qmax} = \frac{5ql^4}{384EI}$$

荷载标准值 $q = 0.040 + 0.210 + 1.800 = 2.050kN/m$

简支梁均布荷载作用下的最大挠度

$V = 5.0 \times 2.050 \times 1050.0^4/(384 \times 2.06 \times 10^5 \times 127084.5) = 1.239mm$

小横杆的最大挠度小于 $1050.0/150$ 与 $10mm$，满足要求。

二、大横杆的计算

大横杆按照三跨连续梁进行强度和挠度计算，小横杆在大横杆的上面。

用小横杆支座的最大反力计算值，在最不利荷载布置下计算大横杆的最大弯矩和

变形。

1. 荷载值计算

小横杆的自重标准值　$P_1=0.040\times1.050=0.042kN$

脚手板的荷载标准值　$P_2=0.350\times1.050\times1.200/2=0.220kN$

活荷载标准值　$Q=3.000\times1.050\times1.200/2=1.890kN$

荷载的计算值　$P=(1.20\times0.042+1.20\times0.220+1.40\times1.890)/2=1.480kN$

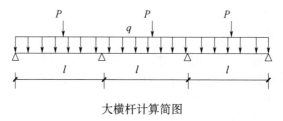

大横杆计算简图

2. 抗弯强度计算

最大弯矩考虑为大横杆自重均布荷载与荷载的计算值最不利分配的弯矩和均布荷载最大弯矩计算公式如下

$$M_{max}=0.08ql^2$$

集中荷载最大弯矩计算公式如下

$$M_{Pmax}=0.175Pl$$

$$M=0.08\times(1.20\times0.040)\times1.2002+0.175\times1.480\times1.200=0.316kN\cdot m$$

$$\sigma=\gamma_0M/W=1.000\times0.316\times10^6/5262.3=60.05N/mm^2$$

大横杆的计算强度小于$205.0N/mm^2$，满足要求。

3. 挠度计算

最大挠度考虑为大横杆自重均布荷载与荷载的计算值最不利分配的挠度和均布荷载最大挠度计算公式如下

$$V_{max}=0.677\frac{ql^4}{100EI}$$

集中荷载最大挠度计算公式如下

$$V_{Pmax}=1.146\times\frac{Pl^3}{100EI}$$

大横杆自重均布荷载引起的最大挠度

$V_1=0.677\times0.040\times1200.00^4/(100\times2.060\times10^5\times127084.500)=0.02mm$

集中荷载标准值　$P=(0.042+0.220+1.890)/2=2.152kN$

集中荷载标准值最不利分配引起的最大挠度

$V_1=1.146\times2152.185\times1200.00^3/(100\times2.060\times10^5\times127084.500)=1.63mm$

最大挠度之和为

$$V=V_1+V_2=1.65mm$$

大横杆的最大挠度小于1200.0/150与10mm，满足要求。

三、扣件抗滑力的计算

纵向或横向水平杆与立杆连接时，扣件的抗滑承载力按照下式计算

$$\gamma_0 R \leqslant R_c$$

式中　R_c——扣件抗滑承载力设计值，单扣件取 8.0kN，双扣件取 12.0kN；

　　　　R——纵向或横向水平杆传给立杆的竖向作用力设计值；

　　　　γ_0——结构重要性系数。

横杆的自重标准值 $P_1 = 0.040 \times 1.200 = 0.048kN$

脚手板的荷载标准值 $P_2 = 0.350 \times 1.050 \times 1.200/2 = 0.220kN$

活荷载标准值 $Q = 3.000 \times 1.050 \times 1.200/2 = 1.890kN$

荷载的计算值 $\gamma_0 R = 1.000 \times (1.20 \times 0.048 + 1.20 \times 0.220 + 1.40 \times 1.890) = 2.968kN$

单扣件抗滑承载力的设计计算满足要求。

当直角扣件的拧紧力矩达 40～65N·m 时，试验表明：单扣件在 12kN 的荷载下会滑动，其抗滑承载力可取 8.0kN。

双扣件在 20kN 的荷载下会滑动，其抗滑承载力可取 12.0kN。

四、脚手架荷载标准值

作用于脚手架的荷载包括恒荷载、活荷载和风荷载。

恒荷载标准值包括以下内容：

（1）每米立杆承受的结构自重标准值，kN/m；本例为 0.1336

$$N_{G1} = 0.134 \times 20.000 = 2.68kN$$

（2）脚手板的自重标准值，kN/m²；本例采用木脚手板，标准值为 0.35。

$$N_{G2} = 0.350 \times 2 \times 1.200 \times (1.050 + 0.300)/2 = 0.567kN$$

（3）栏杆与挡脚手板自重标准值，kN/m；本例采用栏杆、冲压钢脚手板挡板，标准值为 0.16。

$$N_{G3} = 0.160 \times 1.200 \times 2 = 0.384kN$$

（4）吊挂的安全设施荷载，包括安全网，kN/m²；标准值为 0.010。

$$N_{G4} = 0.010 \times 1.200 \times 20.000 = 0.240kN$$

经计算得到，恒荷载标准值 $N_G = N_{G1} + N_{G2} + N_{G3} + N_{G4} = 3.871kN$。

活荷载为施工荷载标准值产生的轴向力总和，内、外立杆按一纵距内施工荷载总和的 1/2 取值。

经计算得到，活荷载标准值 $N_Q = 3.000 \times 2 \times 1.200 \times 1.050/2 = 3.780kN$

风荷载标准值应按照以下公式计算

$$W_k = U_z \cdot U_s \cdot W_0$$

式中　W_0——基本风压，kN/m²，$W_0 = 0.300$；

　　　　U_z——风荷载高度变化系数，$U_z = 1.280$；

　　　　U_s——风荷载体型系数：$U_s = 1.200$。

经计算得到：$W_k = 0.300 \times 1.280 \times 1.200 = 0.461kN/m^2$。

考虑风荷载时，立杆的轴向压力设计值计算公式

$$N = 1.20N_G + 0.9 \times 1.40N_Q$$

底部立杆的最大轴向压力 $N = 1.20 \times 3.871 + 0.9 \times 1.40 \times 3.780 = 9.408kN$。

不考虑风荷载时，立杆的轴向压力设计值计算公式

$$N=1.20N_G+1.40N_Q$$

经过计算得到，底部立杆的最大轴向压力 $N=1.20\times3.871+1.40\times3.780=9.937$kN。

风荷载设计值产生的立杆段弯矩 M_W 计算公式

$$M_W=1.40\times0.6\times0.05\xi W_k l_a H_c^2$$

式中 W_k——风荷载标准值，kN/m^2；

l_a——立杆的纵距，m；

ξ——弯矩折减系数；取 0.6；

H_c——连墙件间竖向垂直距离，m。

经过计算得到风荷载产生的弯矩：

$M_W=1.40\times0.6\times0.05\times0.60\times0.461\times1.200\times3.000\times3.000=0.125$kN·m。

五、立杆的稳定性计算

卸荷吊点按照构造考虑，不进行计算。

1. 不考虑风荷载时，立杆的稳定性计算

$$\sigma=\frac{\gamma_0 N}{\varphi A}\leqslant f$$

式中 N——立杆的轴心压力设计值，$N=9.928$kN；

i——计算立杆的截面回转半径，$i=1.59$cm；

k——计算长度附加系数，取 1.155；

u——计算长度系数，由脚手架的构造参数确定，$u=1.500$；

l_0——计算长度，m，由公式 $l_0=kuh$ 确定，$l_0=1.155\times1.500\times1.500=2.599$m；

A——立杆净截面面积，$A=5.055$cm^2；

W——立杆净截面模量（抵抗矩），$W=5.262$cm^3；

λ——长细比，为 2599/16＝164；

λ_0——允许长细比（k 取 1），为 2250/16＝142＜210 长细比验算满足要求；

ϕ——轴心受压立杆的稳定系数，由长细比 l_0/i 的结果查表得到 0.265；

σ——钢管立杆受压强度计算值，N/mm^2；

$[f]$——钢管立杆抗压强度设计值，$[f]=205.00$N/mm^2。

经计算得到

$$\sigma=1.0\times9928/(0.27\times506)=72.669\text{N/mm}^2$$

不考虑风荷载时，立杆的稳定性计算 $\sigma<[f]$，满足要求。

2. 考虑风荷载时，立杆的稳定性计算

$$\sigma=\frac{\gamma_0 N}{\varphi A}+\frac{\gamma_0 M_W}{W}\leqslant f$$

式中 N——立杆的轴心压力设计值，$N=9.408$kN；

i——计算立杆的截面回转半径，$i=1.59$cm；

k——计算长度附加系数，取 1.155；

u——计算长度系数，由脚手架的构造参数确定，$u=1.500$；

l_0——计算长度（m），由公式 $l_0=kuh$ 确定，$l_0=1.155\times1.500\times1.500=2.599$m；

A——立杆净截面面积，$A=5.055\text{cm}^2$；

W——立杆净截面模量（抵抗矩），$W=5.262\text{cm}^3$；

λ——长细比，为 2599/16＝164；

λ_0——允许长细比（k 取 1），为 2250/16＝142＜210 长细比验算满足要求；

ϕ——轴心受压立杆的稳定系数，由长细比 l_0/i 的结果查表得到 0.265；

M_w——计算立杆段由风荷载设计值产生的弯矩，$M_w=0.125\text{kN}\cdot\text{m}$；

σ——钢管立杆受压强度计算值（N/mm^2）；

$[f]$——钢管立杆抗压强度设计值，$[f]=205.00\text{N/mm}^2$。

经计算得到

$$\sigma=1.0\times9408/\ (0.27\times506)\ +1.0\times125000/5262=92.618\text{N/mm}^2$$

考虑风荷载时，立杆的稳定性计算 $\sigma<[f]$，满足要求。

六、连墙件的计算

连墙件的轴向力计算值应按照下式计算：

$$N_1=N_{1w}+N_o$$

式中 N_{1w}——风荷载产生的连墙件轴向力设计值，kN，应按照下式计算：

$$N_{1w}=1.40\times w_k\times A_w$$

w_k——风荷载标准值，$w_k=0.461\text{kN/m}^2$；

A_w——每个连墙件的覆盖面积内脚手架外侧的迎风面积：$A_w=3.00\times3.60=10.800\text{m}^2$；

N_o——连墙件约束脚手架平面外变形所产生的轴向力，kN；$N_o=3.000$。

经计算得到 $N_{1w}=6.97\text{kN}$，连墙件轴向力计算值 $N_1=9.97\text{kN}$

根据连墙件杆件强度要求，轴向力设计值 $N_{f1}=0.85A_n[f]/\gamma_0$

根据连墙件杆件稳定性要求，轴向力设计值 $N_{f2}=0.85\phi A[f]/\gamma_0$

其中 ϕ 为轴心受压立杆的稳定系数，由长细比 $l/i=30.00/1.59$ 的结果查表得到 $\phi=0.95$；

净截面面积 $A_c=5.06\text{cm}^2$；毛截面面积 $A=18.32\text{cm}^2$；$[f]=205.00\text{N/mm}^2$。

经过计算得到 $N_{f1}=88.091\text{kN}$

$N_{f1}>N_1$ 连墙件的设计计算满足强度设计要求。

经过计算得到 $N_{f2}=303.873\text{kN}$

$N_{f2}>N_1$，连墙件的设计计算满足稳定性设计要求；连墙件采用双扣件与墙体连接。

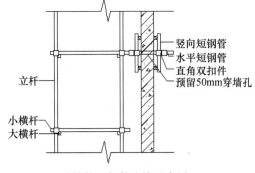

连墙件双扣件连接示意图

竖向短钢管
水平短钢管
直角双扣件
预留50mm穿墙孔
立杆
小横杆
大横杆

经过计算得到 $N_1=9.97\text{kN}$，小于双扣件的抗滑力 12.0kN，连墙件双扣件满足要求。

七、悬挑梁的受力计算

悬挑脚手架按照带悬臂的单跨梁计算。

悬出端 C 受脚手架荷载 N 的作用，里端 B 为与楼板的锚固点，A 为墙支点。

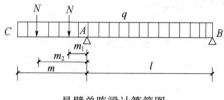

悬臂单跨梁计算简图

支座反力计算公式

$$R_A = N(2+k_2+k_1) + \frac{ql}{2}(1+k)^2$$

$$R_B = -N(k_2+k_1) + \frac{ql}{2}(1-k^2)$$

支座弯矩计算公式

$$M_A = -N(m_2+m_1) - \frac{qm^2}{2}$$

C 点最大挠度计算公式

$$V_{max} = \frac{Nm_2^2 l}{3EI}(1+k_2) + \frac{Nm_1^2 l}{3EI}(1+k_1) + \frac{ml}{3EI} \cdot \frac{ql^2}{8}(-1+4k^2+3k^3) +$$

$$\frac{Nm_1 l}{6EI}(2+3k_1)(m-m_1) + \frac{Nm_2 l}{6EI}(2+3k_2)(m-m_2)$$

其中 $k=m/l$，$k_1=m_l/l$，$k_2=m_2/l$。

本工程算例中，$m=1500mm$，$l=2000mm$，$m_1=300mm$，$m_2=1350mm$。

水平支撑梁的截面惯性矩 $I=1660.00cm^4$，截面模量（抵抗矩）$W=185.00cm^3$。

受脚手架作用集中强度计算荷载 $N=9.93kN$

水平钢梁自重强度计算荷载 $q=1.20 \times 30.60 \times 0.0001 \times 7.85 \times 10=0.29kN/m$

$$k=1.50/2.00=0.75$$

$$k_1=0.30/2.00=0.15$$

$$k_2=1.35/2.00=0.68$$

代入公式，经过计算得到

支座反力 $R_A=28.928kN$

支座反力 $R_B=-8.064kN$

最大弯矩 $M_A=16.705kN \cdot m$

抗弯计算强度

$$f=\gamma_0 M/\gamma W=1.0 \times 16.705 \times 10^6/(1.05 \times 185000.0)=85.997N/mm^2$$

水平支撑梁的抗弯计算强度小于 $215.0N/mm^2$，满足要求。

受脚手架作用集中计算荷载 $N=3.86+3.78=7.64kN$

水平钢梁自重计算荷载 $q=30.60 \times 0.0001 \times 7.85 \times 10=0.24kN/m$

最大挠度 $V_{max}=6.056mm$

按照行业现行标准《建筑施工扣件式钢管脚手架安全技术规范》（JGJ 130）规定：

水平支撑梁的最大挠度小于 3000.0/250＝12，满足要求。

八、悬挑梁的整体稳定性计算

水平钢梁采用 18# 工字钢，计算公式如下

$$\sigma=\frac{M}{\phi_b W_x}\leqslant[f]$$

式中　ϕ_b——均匀弯曲的受弯构件整体稳定系数，查现行国家标准《钢结构设计标准》（GB 50017）附录得到

$$\phi_b=2.00$$

由于 ϕ_b 大于 0.6，按照《钢结构设计标准》（GB 50017）附录 C

$$\phi_b{}'=1.07-0.282/\phi_b=0.929$$

经过计算得到强度 $\sigma=1.0\times16.71\times10^6/$（$0.929\times185000.00$）$=97.227\text{N/mm}^2$；水平钢梁的稳定性计算 $\sigma<[f]$，满足要求。

九、锚固段与楼板连接的计算

1. 水平钢梁与楼板压点如果采用钢筋拉环，拉环强度计算

水平钢梁与楼板压点的拉环受力 $R=8.064\text{kN}$

水平钢梁与楼板压点的拉环强度计算公式为

$$\sigma=\frac{N}{A}\leqslant[f]$$

其中 $[f]$ 为拉环钢筋抗拉强度，每个拉环按照两个截面计算，按照现行国家标准《混凝土结构设计规范》第 9.7.6 条 $[f]=65\text{N/mm}^2$。

压点处采用 2 个 U 形钢筋拉环连接，承载能力乘以 0.85 的折减系数；钢筋拉环抗拉强度为 110.50N/mm²。

所需要的水平钢梁与楼板压点的拉环最小直径 $D=$［8064×4/（3.1416×110.50×2）］1/2＝7（mm）

实际选用直径为 20mm 的拉环，满足要求。

值得注意的是，依据行业现行标准《建筑施工扣件式钢管脚手架安全技术规范》（JGJ 130），U 形钢筋拉环或锚固螺栓直径不宜小于 16mm。

水平钢梁与楼板压点的拉环一定要压在楼板下层钢筋下面，并要保证两侧 30cm 以上搭接长度。

2. 水平钢梁与楼板锚固压点部位楼板负弯矩配筋计算

锚固压点处楼板负弯矩数值为 $M=8.06\times2.00/2=8.06\text{kN}\cdot\text{m}$

根据国家现行标准《混凝土结构设计规范（2015 年版）》（GB 50010）第 10 条

$$\alpha_s=\frac{M}{\alpha_1 f_c b h_0^2}$$

$$\xi=1-\sqrt{1-2\alpha_s}$$

$$\gamma_s=1-\xi/2$$

$$A_s=\frac{M}{\gamma_s h_0 f_y}$$

式中　α_1——系数，当混凝土强度不超过 C50 时，α_1 取为 1.0，当混凝土强度等级为

C80 时，α_1 取为 0.94，期间按线性内插法确定；

f_c——混凝土抗压强度设计值；

h_0——截面有效高度；

f_y——钢筋受拉强度设计值。

截面有效高度 $h_0=100-15=85$（mm）；

$$\alpha_s=8.06\times10^6/（1.000\times14.300\times1.2\times1000\times85.2）=0.0650$$

$$\xi=1-（1-2\times0.0650）^{0.5}=0.0670$$

$$\gamma_s=1-0.0670/2=0.9660$$

楼板压点负弯矩配筋为

$$A_s=8.06\times10^6/（0.9660\times85.0\times210.0）=467.5mm^2。$$

范例3 门式脚手架计算案例

门式钢管脚手架的计算参照现行行业标准《建筑施工门式钢管脚手架安全技术规范》（JGJ 128）。

计算的脚手架搭设高度为 40.0m，门式脚手架型号采用 MF1217，钢材采用 Q235。门式架体安全等级选用二级，结构重要性系数取值为 1.0。

搭设尺寸为：门式脚手架的宽度 $b=1.20$m，门式脚手架的高度 $h_0=1.70$m，步距为 1.95m，跨距 $l=1.83$m。

门式脚手架 $h_1=1.54$m，$h_2=0.08$m，$b_1=0.75$m。

门式脚手架立杆采用 $\phi27.2\times1.9$ 钢管，立杆加强杆采用 $\phi48.0\times3.5$ 钢管，连墙件的竖向间距 5.85m，水平间距 5.49m。

施工均布荷载为 2.0kN/m²，同时施工 2 层。

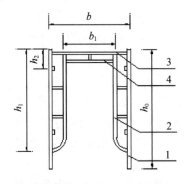

计算门式脚手架的几何尺寸图

1—立杆；2—立杆加强杆；3—横杆；4—横杆加强杆

钢管惯性矩计算采用 $I=\pi（D^4-d^4）/64$，抵抗矩计算采用 $W=\pi（D^4-d^4）/32D$。

一、脚手架荷载标准值

作用于脚手架的荷载包括恒荷载、活荷载和风荷载。

1. 恒荷载计算

恒荷载标准值包括以下内容：

（1）脚手架自重产生的轴向力，kN/m。

门式脚手架的每跨距内，每步架高内的构配件及其质量见下表：

序号	构配件	数量及单位	质量
1	门式脚手架（MF1217）	1 榀	0.205kN
2	交叉支撑	2 副	2×0.040=0.080kN
3	水平架	5 步 4 跨	0.165×4/5=0.132kN
4	连接棒	2 个	2×0.006=0.012kN
5	锁臂	2 副	2×0.009=0.017kN
	合计	—	0.446kN

经计算得到，每米高脚手架自重合计 $N_{Gk1}=0.446/1.950=0.229$kN/m

（2）加固杆、剪刀撑和附件等产生的轴向力计算 kN/m

剪刀撑采用 $\phi26.8×2.5$ 钢管，按照 4 步 4 跨设置，每米高的钢管重计算

$$\tan\alpha=（4×1.950）/（4×1.830）=1.066$$

$$2×0.015×（4×1.830）/\cos\alpha/（4×1.950）=0.041kN/m$$

水平加固杆采用 $\phi26.8×2.5$ 钢管，按照 4 步 1 跨设置，每米高的钢管重为

$$0.015×（1×1.830）/（4×1.950）=0.004kN/m$$

每跨内的直角扣件 1 个，旋转扣件 1 个，每米高的钢管重为 0.037kN/m

$$（1×0.014+4×0.014）/1.950=0.037kN/m$$

每米高的附件重量为 0.020kN/m。

每米高的栏杆重量为 0.010kN/m。

经计算得到，每米高脚手架加固杆、剪刀撑和附件等产生的轴向力合计 $N_{Gk2}=0.111$kN/m；

经计算得到，恒荷载标准值总计为 $N_G=0.340$kN/m。

2. 活荷载计算

活荷载为各施工层施工荷载作用于一榀门式脚手架产生的轴向力标准值总和。

经计算得到，活荷载标准值 $N_Q=8.784$kN。

3. 风荷载计算

风荷载标准值应按照以下公式计算

$$W_k=U_z \cdot U_s \cdot W_0$$

式中　W_0——基本风压，kN/m²，$W_0=0.300$；

　　　U_z——风荷载高度变化系数，$U_z=0.650$；

　　　U_s——风荷载体型系数，$U_s=1.000$

经计算得到，风荷载标准值 $W_k=0.195$kN/m²。

二、立杆的稳定性计算

作用于一榀门式脚手架的轴向力设计值计算公式（不组合风荷载）

$$N=1.2N_G \cdot H+1.4N_Q$$

式中　N_G——每米高脚手架的恒荷载标准值，$N_G=0.340$kN/m；

N_Q——每米高脚手架的活荷载标准值，$N_Q=8.784\text{kN/m}$；

H——脚手架的搭设高度，$H=40.0\text{m}$。

经计算得到，$N=28.620\text{kN}$。

作用于一榀门式脚手架的轴向力设计值计算公式（组合风荷载）

$$N=1.2N_G H+0.9\times1.4\times\left(N_Q+\frac{2q_k H_1^2}{10b}\right)$$

式中　q_k——风荷载标准值，$q_k=0.357\text{kN/m}$；

H_1——连墙件的竖向间距，$H_1=5.850\text{m}$。

经计算得到，$N=29.954\text{kN}$。

门式钢管脚手架的稳定性按照下列公式计算

$$N\leqslant N_d$$

式中　N——作用于一榀门式脚手架的轴向力设计值，取以上两式的较大者，$N=29.95\text{kN}$；

N_d——一榀门式脚手架的稳定承载力设计值，kN。

一榀门式脚手架的稳定承载力设计值公式计算

$$N_d=\varphi Af$$

$$i=\sqrt{I/A_1}$$

$$I=I_0+I_1\cdot h_1/h_0$$

式中　ϕ——门式脚手架立杆的稳定系数，由长细比 kh_0/i 查表得到，$\phi=0.779$；

k——调整系数，$k=1.17$；

i——门式脚手架立杆的换算截面回转半径，$i=2.85\text{cm}$；

I——门式脚手架立杆的换算截面惯性矩，$I=12.23\text{cm}^4$；

h_0——门式脚手架的高度，$h_0=1.70\text{m}$；

I_0——门式脚手架立杆的截面惯性矩，$I_0=1.22\text{cm}^4$；

A_1——门式脚手架立杆的截面面积，$A_1=1.51\text{cm}^2$；

h_1——门式脚手架加强杆的高度，$h_1=1.54\text{m}$；

I_1——门式脚手架加强杆的截面惯性矩，$I_1=12.19\text{cm}^4$；

A——一榀门式脚手架立杆的截面面积，$A_1=3.02\text{cm}^2$；

f——门式脚手架钢材的强度设计值，$f=205.00\text{N/mm}^2$。

N_d调整系数为 1.0。

经计算得到，$N_d=1.0\times48.228=48.228\text{kN}$。

立杆的稳定性计算 $N<N_d$，满足要求。

三、最大搭设高度的计算

组合风荷载时，脚手架搭设高度按照下式计算

$$H_d=\frac{\phi Af-1.4N_Q}{1.2N_G}$$

不组合风荷载时，脚手架搭设高度按照下式计算

$$H_d=\frac{\phi Af-0.85\times1.4(N_Q+2q_k H_1^2/10/b)}{1.2N_G}$$

经计算得到，按照稳定性计算的搭设高度 $H_s=82.6\text{m}$。

脚手架搭设高度 $H>60\text{m}$，取 60m。

四、连墙件的计算

连墙件的轴向力设计值应按照下式计算

$$N_c\leqslant N_f=0.85\phi Af$$
$$N_c=N_w+3.0\text{kN}$$

式中　N_w——风荷载产生的连墙件轴向力设计值（kN），应按照下式计算：$N_w=1.4\times w_k\times H_1\times L_1$

w_k——风荷载基本风压值，kN/m^2；$w_k=0.195$；

H_1——连墙件的竖向间距，m；$H_1=5.85$；

L_1——连墙件的水平间距，m；$L_1=5.49$；

经计算得到，$N_w=8.77\text{kN}$。

N_c——风荷载及其他作用对连墙件产生的拉、压力设计值，kN；

ϕ——连墙件的稳定系数；

A——连墙件的截面面积。

$$N_c=N_w+3.0=11.77\text{kN}$$

经计算得到，$N_f=49.41\text{kN}$。

连墙件的设计计算满足要求。

五、立杆的地基承载力计算

立杆基础底面的平均压力应满足下式的要求：

$$p\leqslant f_g$$

式中　p——立杆基础底面的平均压力，N/mm^2，$p=N/A$；$p=49.92\text{kPa}$；

N——上部结构传至基础顶面的轴向力设计值，kN；$N=29.95\text{kPa}$；

A——基础底面面积，m^2；$A=0.60$；

f_g——地基承载力设计值，N/mm^2；$f_g=72.00\text{kPa}$。

地基承载力设计值应按下式计算：

$$f_g=k_c\times f_{gk}$$

式中　k_c——脚手架地基承载力调整系数；$k_c=0.40$；

f_{gk}——地基承载力标准值；$f_{gk}=180.00\text{kPa}$；

地基承载力的计算满足要求。

范例4　高处作业吊篮计算案例

依据规范：

《建筑施工工具式脚手架安全技术规范》（JGJ 202—2010）

《建筑结构荷载规范》（GB 50009—2012）

《钢结构设计标准》（GB 50017—2017）

一、参数信息

高空电动吊篮长为 2.40m，宽为 0.70m，高为 1.20m。

吊篮前支架长为 1.20m，后支架长为 5.00m。

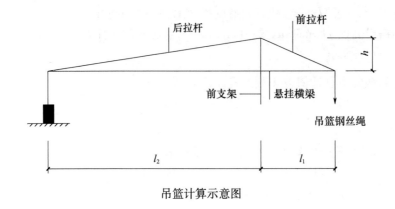

吊篮计算示意图

吊篮锚固类型采用配重悬挂，配重质量为 20.00kN。

吊篮支架悬挂横梁型钢选用工字钢，型钢型号为 22b# 工字钢。

吊篮钢丝绳选用 6mm×19mm，钢丝绳直径为 24.00mm。

吊篮自重为 4.80kN，钢丝绳自重为 1.30kN，悬挑支架自重为 1.60kN。

吊篮施工均布荷载为 1.20kN/m²，基本风压为 0.30kPa。

风荷载体型系数为 1.20，风荷载高度变化系数为 1.28。

动荷载冲击系数为 2.00。

二、荷载计算

风荷载标准值为 $W_k = W_0 \times U_s \times U_z = 0.30 \times 1.20 \times 1.28 = 0.46$ kN/m²。

吊篮风荷载为 $Q_{wk} = W_k \times F = 0.46 \times 2.40 \times 1.20 = 1.33$ kN。

其中 F 为吊篮受风面积。

施工活荷载标准值为 $Q_k = q \times l \times b = 1.20 \times 2.40 \times 0.70 = 2.02$ kN。

竖向荷载标准值为 $Q_1 = (G_k + Q_k)/2 = (4.80 + 1.30 + 2.02)/2 = 4.06$ kN。

式中　Q_1——吊篮动力钢丝绳竖向荷载标准值，kN；

　　　G_k——吊篮及钢丝绳自重标准值，kN；

　　　Q_k——施工活荷载标准值，kN；

水平荷载标准值为　　$Q_2 = Q_{wk}/2 = 1.33/2 = 0.66$ kN

式中　Q_2——吊篮动力钢丝绳水平荷载标准值，kN；

　　　Q_{wk}——吊篮风荷载标准值，kN。

吊篮使用时，动力钢丝绳所受拉力应按下式核算

$$Q_D = K (Q_1{}^2 + Q_2{}^2)^{0.5}$$

式中　Q_D——动力钢丝绳所受拉力的施工核算值，kN；

　　　K——安全系数，规范规定取 9，$Q_D = 9.0 \times (4.06^2 + 0.66^2)^{0.5} = 37.01$ kN。

吊篮使用时，吊点承受载荷按下式计算

$$Q_0 = K_0 (Q_1{}^2 + Q_2{}^2)^{0.5}$$

式中　Q_0——吊点处承受载荷，kN；

　　　K_0——动载荷冲击系数。

$$Q_0 = 2.00 \times (4.06^2 + 0.66^2)^{0.5} = 8.22 \text{kN}$$

支撑悬挂机构前支架的结构所承受的集中荷载应按下式计算

$$N_0 = Q_0 (1 + L_1/L_2) + G_0$$

式中　N_0——支撑悬挂机构前支架的结构所承受的集中荷载，kN；

Q_0——吊点处承受载荷，kN；

G_0——悬挂横梁自重，kN；

L_1——悬挂横梁前支架支撑点至吊篮吊点的长度，m；

L_2——悬挂横梁前支架支撑点至后支架支撑点之间的长度，m；

$$N_0 = 8.22 \times (1 + 1.20/5.00) + 1.60 = 11.80 \text{kN}$$

三、后支架配重验算

后支架采用加平衡重的形式，支撑后支架结构所受集中荷载为

$$T = 2 \times (Q_0 \times L_1/L_2) = 2 \times (8.22 \times 1.20/5.00) = 3.95 \text{kN}$$

实际配重为 $T_0 = 20.00 \text{kN}$

$T < T_0$，实际配重满足要求。

四、钢丝绳强度验算

钢丝绳破断拉力 $F_g = \sigma \pi d^2/4 = 1700.00 \times \pi \times 24.00^2/4 /1000 = 769.06 \text{kN}$

钢丝绳容许拉力 $[F_g] = n\alpha F_g = 2.00 \times 0.85 \times 769.06 = 1307.41 \text{kN}$

钢丝绳实际受拉力 $Q_D = 37.01 \text{kN}$

钢丝绳实际受拉力小于容许拉力 $[F_g]$，满足要求。

五、悬挂机构横梁验算

悬挂机构横梁抗压强度验算

横梁受轴向压力为 $N = Q_0/\tan\alpha = 8.22/0.83 = 9.87 \text{kN}$

其中 α 为前拉杆与横梁的夹角。

长细比 $\lambda = L/i = 1.20 \times 1000/(8.78 \times 10) = 13.67$

查表得 $\phi = 0.97$

压杆抗压强度 $\sigma = N/\phi A = 9.87 \times 10^3/(0.97 \times 46.40 \times 10^2) = 2.20 \text{N/mm}^2$

悬挂机构横梁抗压强度 $\sigma < [f] = 215$，满足要求；高处作业吊篮计算满足要求。

范例5　附着式升降脚手架计算案例

依据规范：

《建筑施工工具式脚手架安全技术规范》（JGJ 202—2010）

《建筑结构荷载规范》（GB 50009—2012）

《钢结构设计标准》（GB 50017—2017）

一、参数信息

本脚手架用途为结构脚手架，主框架采用 $\phi48.3 \times 3.6$ 钢管，水平支承桁架采用 $\phi48.3 \times 3.6$ 钢管，架体采用 $\phi48.3 \times 3.6$ 钢管，建筑物层高为 3.00m，建筑物高度为 30.00m，穿墙螺栓所在位置混凝土厚度为 300.00mm，混凝土强度等级为 C35。

二、架体构架计算

1. 构造参数

脚手架立杆横距 L 为 0.90m；小横杆伸出长度 a 为 0.25m。

2. 计算方法

（1）分别按内排脚手架、外排脚手架计算，然后进行荷载比较，选取最不利情况进行设计计算。

（2）内外排架操作层的脚手板恒荷载和活荷载，按短横杆内侧悬挑简支梁计算支座反力的方法进行分配。

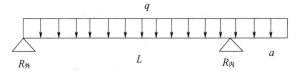

注：横距 L 为 0.90m；小横杆伸出长度 a 为 0.25m

经过计算得：

$$R_内 = q \times (L+a)^2 / (2L) = q \times (0.90+0.25)^2 / (2 \times 0.90) = 28.46q$$

$$R_外 = q \times (L+a) - R_内 = q \times (0.90+0.25) - 28.46q = 21.62q$$

计算分配系数得：

外排架分配系数 $M_外 = R_外 / (R_外 + R_内) = 21.62 / (21.62+28.46) = 0.36$

内排架分配系数 $M_内 = 1 - M_外 = 1 - 0.36 = 0.64$

3. 架体自重

钢管自重标准值为 0.04kN/m

（1）外排脚手架：

立杆自重 $G_{11} = 0.0397 \times 1.50 \times 8 \times (4+1-2) = 1.43$kN

大横杆自重 $G_{12} = 0.0397 \times 1.75 \times (1+1) \times 8 \times 4 = 4.45$kN

小横杆自重 $G_{13} = 0.0397 \times (0.90+0.25) \times (4-1) \times 8 \times 0.36 = 0.40$kN

脚手板自重 $G_{14} = 0.300 \times (1.75 \times 4 \times (0.90+0.25) \times 2 \times 0.36 = 1.74$kN

栏杆挡板自重 $G_{15} = 0.110 \times (1.75 \times 4) \times 2 = 1.54$kN

安全网自重 $G_{16} = 0.0100 \times (1.75 \times 4) \times (1.50 \times 8 + 1.20) = 0.92$kN

剪刀撑自重 $G_{17} = 0.0397 \times 43.00 = 1.71$kN

扣件自重 $G_{18} = 101 \times 13.50 + 102 \times 18.50 + 103 \times 14.60 = 4754.30$N $= 4.75$kN

外排架总重 $G_{1外} = 1.43 + 4.45 + 0.40 + 1.74 + 1.54 + 0.92 + 1.71 + 4.75 = 16.94$kN

（2）内排脚手架：

立杆自重 $G_{21} = 0.0397 \times 1.50 \times 8 \times (4+1-2) = 1.43$kN

大横杆自重 $G_{22} = 0.0397 \times 1.75 \times (1+1) \times 8 \times 4 = 4.45$kN

小横杆自重 $G_{23} = 0.0397 \times (0.90+0.25) \times (4-1) \times 8 \times 0.64 = 0.70$kN

脚手板自重 $G_{24} = 0.300 \times [1.75 \times 4 \times (0.90+0.25)] \times 2 \times 0.64 = 3.09$kN

扣件自重 $G_{25} = 91 \times 13.50 + 92 \times 18.50 + 93 \times 14.60 = 4288.30$N $= 4.29$kN

内排脚总重 $G_{2内} = 1.43 + 4.45 + 0.70 + 3.09 + 4.29 = 13.95$kN

4. 架体活荷载

（1）活荷载标准值：

活荷载标准值 q ＝跨距×跨数×（横距＋小横杆伸出长度）×同时作业层数×每层活荷载标准值

使用工况活荷载标准值 $q_{活使}$ ＝1.75×4×（0.90＋0.25）×2×3.00＝48.30kN

升降工况活荷载标准值 $q_{活升}$ ＝1.75×4×（0.90＋0.25）×2×0.50＝8.05kN

（2）内外排活荷载标准值：

内外排荷载标准值 q ＝活荷载标准值×内外排分配系数

外排架使用工况活荷载标准值 $q_{外活使}$ ＝48.30×0.36＝17.44kN

外排架升降工况活荷载标准值 $q_{外活升}$ ＝8.05×0.36＝2.91kN

内排架使用工况活荷载标准值 $q_{内活使}$ ＝48.30×0.64＝30.86kN

内排架升降工况活荷载标准值 $q_{内活升}$ ＝8.05×0.64＝5.14kN

三、水平支承桁架计算

1. 构造参数

水平支撑桁架跨距为1.75m，跨数为4，宽度为0.90m，高度为1.80m。

2. 水平支撑桁架自重计算

钢管自重标准值＝0.04kN/m

立杆自重 G_{31} ＝0.0397×1.80×（4＋1）×2＝0.71kN

大横杆自重 G_{32} ＝0.0397×1.75×4×4＝1.11kN

小横杆自重 G_{33} ＝0.0397×0.90×（4 ＋ 1）×2＝0.36kN

上下斜杆自重 G_{34} ＝0.0397×1.97×4×2＝0.62kN

前后斜杆自重 G_{35} ＝0.0397×2.51×4×2＝0.80kN

脚手板自重 G_{36} ＝0.300×（1.75×4×0.90））＝1.89kN

水平支撑桁架总重 G_3 ＝ G_{31} ＋ G_{32} ＋ G_{33} ＋ G_{34} ＋ G_{35} ＋ G_{36} ＝0.71＋1.11＋0.36＋0.62＋0.80＋1.89＝5.50kN

水平支撑桁架外排架自重 $G_{3外}$ ＝ G_3 ×0.5＝5.50×0.5＝2.75kN

水平支撑桁架内排架自重 $G_{3内}$ ＝ G_3 ×0.5＝5.50×0.5＝2.75kN

3. 水平支撑桁架荷载计算

1）荷载计算说明

（1）水平支撑桁架荷载计算，分别按内排桁架、外排桁架计算，然后进行荷载比较，选取最不利的情况进行设计计算。

（2）为简化起见，全部为上弦节点荷载。

（3）简图：

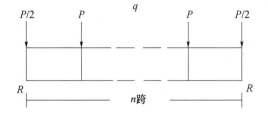

其中，q 水平支撑桁架受到的荷载设计值，P 为水平支撑桁架上弦每个节点受到的荷载，n 为水平支撑桁架跨数。

经过公式 $q=2\times0.5P+(n-1)P$ 计算得：

节点荷载 $P=q/n=q/4$

支座反力 $R=q/2=nP/2=4P/2=2.00\times P$

2）计算过程

（1）恒荷载：

外排桁架恒荷载 $q_{外恒}=16.94+2.75=19.69\text{kN}$

内排桁架恒荷载 $q_{内恒}=13.95+2.75=16.70\text{kN}$

所以，$P_{外恒}=19.69/4=4.92\text{kN}$

$P_{内恒}=16.70/4=4.17\text{kN}$

（2）活荷载标准值：

外排架使用工况 $P_{外活使}=q_{外活使}/n=17.44/4=4.36\text{kN}$

外排架升降工况 $P_{外活升}=q_{外活升}/n=2.91/4=0.73\text{kN}$

内排架使用工况 $P_{内活使}=q_{内活使}/n=30.86/4=7.71\text{kN}$

内排架升降工况 $P_{内活升}=q_{内活升}/n=5.14/4=1.29\text{kN}$

（3）上弦节点荷载设计值：

计算公式：$P_{设}=0.9\times(1.2P_{恒}+1.4P_{活})$

外排架使用工况 $P_{外设使}=0.9\times(1.2\times4.92+1.4\times4.36)=10.81\text{kN}$

外排架升降工况 $P_{外设升}=0.9\times(1.2\times4.92+1.4\times0.73)=6.23\text{kN}$

内排架使用工况 $P_{内设使}=0.9\times(1.2\times4.17+1.4\times7.71)=14.23\text{kN}$

内排架升降工况 $P_{内设升}=0.9\times(1.2\times4.17+1.4\times1.29)=6.13\text{kN}$

经比较得知最不利的情况是内排桁架在使用工况下，节点荷载为：$P=14.23\text{kN}$；以此作为水平支撑桁架的设计计算荷载支座反力为：$R=2.00\times14.23=28.46\text{kN}$。

4. 水平支撑桁架内力计算

（1）水平支撑桁架杆件编号，内力计算得各杆件轴力大小如下：

桁架杆件轴力最大拉力为 $N_{\max拉}=29.770\text{kN}$

桁架杆件轴力最大压力为 $N_{\max压}=-28.460\text{kN}$

（2）轴心受力杆件强度的计算

$$\sigma=\frac{N}{A_n}\leqslant f$$

式中　N ——杆件轴心压力大小；

A_n——轴心受力杆件的净截面面积。

桁架杆件最大轴向力为 29.770kN，截面面积为 5.055cm^2。

最不利拉杆强度 $\sigma=29.770\times1000/5.055\times100=58.887\text{N/mm}^2$

计算强度不大于强度设计值 205N/mm^2，满足要求。

（3）轴心受力杆件稳定性的验算

$$\sigma=\frac{N}{\phi A}\leqslant[f]$$

式中　N——杆件轴心压力大小；

　　　A——杆件的净截面面积；

　　　ϕ——受压杆件的稳定性系数。

轴心受力杆件稳定性验算结果列表：

杆件单元	长细比	稳定系数	轴向压力（kN）	计算强度（N/mm²）	是否满足要求
1	113.529	0.497	−28.46	113.347	满足要求
2	110.375	0.516	0	0	满足要求
3	158.34	0.28	29.77	−209.978	—
4	110.375	0.516	−20.752	79.552	满足要求
5	113.529	0.497	−14.23	56.674	满足要求
6	110.375	0.516	27.669	−106.069	—
7	158.34	0.28	−9.923	69.993	满足要求
8	110.375	0.516	−20.752	79.552	满足要求
9	113.529	0.497	0	0	满足要求
10	110.375	0.516	27.669	−106.069	—
11	158.34	0.28	−9.923	69.992	满足要求
12	110.375	0.516	−20.752	79.552	满足要求
13	113.529	0.497	−14.23	56.674	满足要求
14	110.375	0.516	0	0	满足要求
15	158.34	0.28	29.77	−209.977	—
16	110.375	0.516	−20.752	79.552	满足要求
17	113.529	0.497	−28.46	113.347	满足要求

注：杆件计算强度大于 205.00N/mm² 为不满足要求，小于 205.00N/mm² 为满足要求，当杆件受拉时，不用
　　计算稳定性，所以用"—"表示

四、主框架计算

1. 构造参数

主框架支撑跨度（即水平支撑桁架长度为）7.00m，主框架步高为 1.50m，步数
为 8。

2. 风荷载计算

（1）风荷载标准值计算公式如下

$$w_k = \beta_z \mu_z \mu_s w_0$$

式中　β_z——风振系数，$\beta_z = 1$；

　　　μ_z——风压高度变化系数，$\mu_z = 1.28$；

　　　μ_s——风荷载体型系数，$\mu_s = 1.20$；

　　　w_0——基本风压值，$w_0 = 0.30 \text{kN/m}^2$。

经过计算得：风荷载标准值 $w_k = 1 \times 1.28 \times 1.20 \times 0.30 = 0.46 \text{kN/m}^2$。

（2）风荷载设计值计算公式如下

$$w_设 = 0.9 \times 1.4 \times w_k \times 0.9$$

式中　φ——组合系数，0.9；

　　　γ_Q——分项系数，1.4；

　　　γ_0——结构重要性系数，0.9。

经过计算得：风荷载设计值 $w_设 = 0.9 \times 1.4 \times 0.46 \times 0.9 = 0.52 \text{kN/m}^2$。

（3）风荷载集中力计算

将风荷载设计值简化为作用在主框架外侧节点上的水平集中荷载。分为三个集中荷载（中部、顶部、底部，因挡风面积不同）。

中部 P_1 = 主框架步高×支撑跨度×$w_设$ = $1.50 \times 7.00 \times 0.52 = 5.49 \text{kN}$

顶部 P_2 = ［（主框架步高＋护身栏杆高）/2］×支撑跨度×$w_设$

　　　　 = $(1.50 + 1.20)/2 \times 7.00 \times 0.52 = 4.94 \text{kN}$

底部 P_3 = （主框架步高/2）×支撑跨度×$w_设$ = $(1.50/2) \times 7.00 \times 0.52 = 2.74 \text{kN}$

3. 主框架桁架内力计算

（1）主框架架杆件编号，内力计算得各杆件轴力大小如下：

桁架杆件轴力最大拉力为 $N_{\text{max拉}} = 25.617 \text{kN}$

桁架杆件轴力最大压力为 $N_{\text{max压}} = -25.617 \text{kN}$

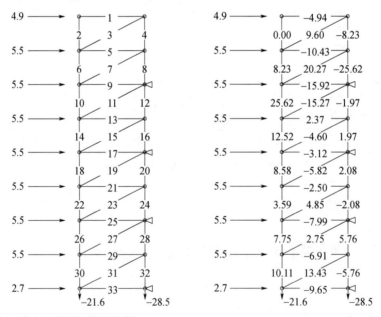

（2）轴心受力杆件强度的计算

$$\sigma = \frac{N}{A_n} \leqslant f$$

式中　N——杆件轴心压力大小；

　　　A_n——轴心受力杆件的净截面面积。

桁架杆件最大轴向力为 25.617kN，截面面积为 5.055cm^2

最不利拉杆强度 $\sigma = 25.617 \times 1000/5.055 \times 100 = 50.672 \text{N/mm}^2$

计算强度不大于强度设计值 205N/mm²，满足要求。

（3）轴心受力杆件稳定性的验算

$$\sigma=\frac{N}{\phi A}\leqslant [f]$$

式中　N——杆件轴心压力大小；

　　　A——杆件的净截面面积；

　　　ϕ——受压杆件的稳定性系数。

轴心受力杆件稳定性验算结果列表：

杆件单元	长细比	稳定系数	轴向压力（kN）	计算强度（N/mm²）	是否满足要求
1	56.764	0.832	−4.94	11.745	满足要求
2	94.607	0.632	0	0	满足要求
3	110.33	0.516	9.602	−36.808	—
4	94.607	0.632	−8.233	25.783	满足要求
5	56.764	0.832	−10.43	24.797	满足要求
6	94.607	0.632	8.233	−25.783	—
7	110.33	0.516	20.272	−77.713	—
8	94.607	0.632	−25.617	80.219	满足要求
9	56.764	0.832	−15.92	37.85	满足要求
10	94.607	0.632	25.617	−80.219	—
11	110.33	0.516	−15.271	58.542	满足要求
12	94.607	0.632	−1.973	6.177	满足要求
13	56.764	0.832	2.367	−5.628	—
14	94.607	0.632	12.522	−39.212	—
15	110.33	0.516	−4.601	17.636	满足要求
16	94.607	0.632	1.973	−6.177	—
17	56.764	0.832	−3.123	7.425	满足要求
18	94.607	0.632	8.577	−26.858	—
19	110.33	0.516	−5.82	22.31	满足要求
20	94.607	0.632	2.08	−6.513	—
21	56.764	0.832	−2.496	5.933	满足要求
22	94.607	0.632	3.586	−11.23	—
23	110.33	0.516	4.851	−18.595	—
24	94.607	0.632	−2.08	6.513	满足要求
25	56.764	0.832	−7.986	18.986	满足要求
26	94.607	0.632	7.746	−24.256	—
27	110.33	0.516	2.755	−10.56	—
28	94.607	0.632	5.756	−18.025	—

杆件单元	长细比	稳定系数	轴向压力（kN）	计算强度（N/mm²）	是否满足要求
29	56.764	0.832	-6.907	16.422	满足要求
30	94.607	0.632	10.108	-31.653	—
31	110.33	0.516	13.425	-51.465	—
32	94.607	0.632	-5.756	18.025	满足要求
33	56.764	0.832	-9.647	22.936	满足要求

五、附墙支撑结构强度验算

1. 计算附墙支撑结构的最不利集中荷载

（1）主框架自重 2.70kN。

（2）升降工况下发生坠落

$$P_{升设} = (6.23+6.13) \times 4 + 0.9 \times 1.2 \times 2.70 = 52.36kN$$

$$P_{升坠} = 52.36 \times 2 （冲击系数） = 104.71kN$$

（3）使用工况下发生坠落

$$P_{使设} = (10.81+14.23) \times 4 + 0.9 \times 1.2 \times 2.70 = 103.07kN$$

$$P_{使坠} = 103.07 \times 1.3 （荷载不均匀系数） = 133.99kN$$

（4）最不利荷载结果为：

使用工况下发生坠落的集中荷载，是附墙支承结构的最不利荷载。

2. 附墙支撑结构强度验算

计算简图如下图：

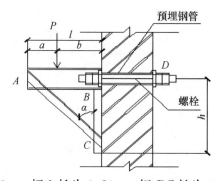

图中，杆 a 长为 0.10m，杆 b 长为 0.20m，杆 BC 长为 0.30m。

（1）AB 杆为拉弯杆，AB 杆为 16# 工字钢，共组合 2 根

截面面积 $A = 5220.00mm^2$

截面模量 $W = 282000.00mm^3$

$M_{max} = P \times (ab/l) = 133.99 \times (0.10 \times 0.20/0.30) = 8.93kN \cdot m$

$R_A = P \times (b/l) = 133.99 \times (0.20/0.30) = 89.33kN$

$N_{AB} = R_A \times \tan\alpha = 89.33 \times (0.30/0.30) = 89.33kN$

需满足以下公式要求

$$\sigma = \frac{N}{A} + \frac{M_{max}}{W_n} < f$$

其中，抗拉强度 $f=215\text{N}/\text{mm}^2$

$\sigma=89.33\times1000/5220.00+8.93\times1000000/282000.00=48.79\text{N}/\text{mm}^2$

附墙支承结构抗拉强度 $\sigma<f$，满足要求。

（2）AC 杆为中心受压杆，AC 杆为 $16^{\#}$ 工字钢，共组合 2 根

截面面积 $A=5220.00\text{mm}^2$

回转半径 $i=65.80\text{mm}$

$N_{AC}=R_A/\cos\alpha=89.33/(0.30/0.42)=126.33\text{kN}$

$$\sigma=\frac{N}{\phi k}\leqslant f$$

其中：钢管抗压强度设计值 $f=215\text{N}/\text{mm}^2$

长细比 $\lambda=l_0/i=424.26/65.80=6.45$

规范查表 JGJ 202—2010 附录表 A，轴心受压立杆的稳定系数 $\phi=0.986$

最不利压杆强度 $\sigma=126.33\times1000/(0.986\times5220.00)=24.55\text{N}/\text{mm}^2$

附墙支撑结构压杆强度 $\sigma<f$，满足要求。

（3）穿墙螺栓强度验算

需满足如下公式：

$$\sqrt{\left(\frac{N_{\text{v}}}{N_{\text{V}}^{\text{b}}}\right)^2+\left(\frac{N_{\text{t}}}{N_{\text{t}}^{\text{b}}}\right)^2}\leqslant1$$

$$N_{\text{V}}^{\text{b}}=\frac{\pi D^2}{4}f_{\text{V}}^{\text{b}}$$

$$N_{\text{t}}^{\text{b}}=\frac{\pi d_0^2}{4}f_{\text{t}}^{\text{b}}$$

螺杆直径 $D_{\text{螺}}=39.00\text{mm}$

螺栓螺纹处有效截面直径 $d_0=35.25\text{mm}$

螺栓数量 $N_{\text{螺}}=2$ 个

计算得到（一个螺栓）：

所承受的剪力 $N_{\text{v}}=(133.99-89.33)/2=22.33\text{kN}$

抗剪承载能力设计值 $N_{\text{V}}^{\text{b}}=167.24\text{kN}$

抗拉承载能力设计值 $N_{\text{t}}^{\text{b}}=165.90\text{kN}$

高度 $h=0.36\text{m}$

所承受的拉力 $N_{\text{t}}=126.33\times0.30/0.42=89.33\text{kN}$

计算得到：$N=0.55$

$N<1$，穿墙螺栓强度验算满足要求。

（4）穿墙螺栓孔处混凝土局部承压强度计算

需满足如下公式

$$N_{\text{v}}\leqslant1.35\beta_{\text{b}}\beta_{\text{l}}f_{\text{c}}bd$$

式中　　N_{v}——一个螺栓所承受的剪力设计值，N；

β_{b}——螺栓孔混凝土受荷计算系数，取 0.39；

β_{l}——混凝土局部承压强度提高系数，取 1.73；

f_{c}——上升时混凝土龄期试块轴心抗压强度设计值，N/mm^2；

b——混凝土外墙的厚度，mm；

d——穿墙螺栓的直径，mm。

混凝土型号为 C35，查表得到 f_c＝16.70N/mm^2

穿墙螺栓直径 d＝39.00mm

混凝土外墙的厚度 b＝300.00mm

一个螺栓承受剪力计算值 N＝177.97kN

一个螺栓承受剪力设计值 N_v＝22.33＜177.97，满足要求。

范例 6　悬挑式卸料平台计算案例

依据规范：

《建筑结构可靠性设计统一标准》（GB 50068—2018）

《建筑施工脚手架安全技术统一标准》（GB 51210—2016）

《建筑施工扣件式钢管脚手架安全技术规范》（JGJ 130—2011）

《建筑施工模板安全技术规范》（JGJ 162—2008）

《建筑结构荷载规范》（GB 50009—2012）

《钢结构设计标准》（GB 50017—2017）

《混凝土结构设计规范（2015 年版）》（GB 50010—2010）

《建筑地基基础设计规范》（GB 50007—2011）

《建筑施工安全检查标准》（JGJ 59—2011）

《建筑施工木脚手架安全技术规范》（JGJ 164—2008）

计算参数：

悬挂式卸料平台的计算参照连续梁的计算进行。

由于卸料平台的悬挑长度和所受荷载都很大，因此必须严格地进行设计和验算。

平台水平钢梁的悬挑长度为 2.50m，插入结构锚固长度为 0.10m，悬挑水平钢梁间距（平台宽度）为 3.00m。

水平钢梁插入结构端点部分按照铰接点计算。

次梁采用[12.6$^\#$ 槽钢 U 口水平，主梁采用[14a$^\#$ 槽钢 U 口水平。

次梁间距为 1.00m。

容许承载力均布荷载为 2.00kN/m^2，最大堆放材料荷载为 2.00kN。

脚手板采用竹笆片，脚手板自重荷载取 0.06kN/m^2。

栏杆采用竹笆片，栏杆自重荷载取 0.15kN/m。

选择 6×37＋1 钢丝绳，钢丝绳公称抗拉强度为 1400MPa。

外侧钢丝绳距离主体结构为 1.50m，两道钢丝绳距离为 0.50m，外侧钢丝绳吊点距离平台 5.00m。

结构重要性系数为 γ_0＝1.00。

永久荷载分项系数为 γ_G＝1.3，可变荷载分项系数为 γ_Q＝1.5。

一、次梁的计算

次梁选择 12.6$^\#$ 槽钢 U 口水平，间距 1.00m，其截面特性为：

面积 A＝15.69cm^2，惯性矩 I_x＝391.50cm^4，转动惯量 W_x＝62.14cm^3，回转半径 i_x＝4.95cm

截面尺寸 $b=53.0$mm，$h=126.0$mm，$t=9.0$mm

1. 荷载计算

(1) 面板自重标准值：标准值为 0.06kN/m²；

$$Q_1=0.06×1.00=0.06\text{kN/m}$$

(2) 最大容许均布荷载为 2.00kN/m²；

$$Q_2=2.00×1.00=2.00\text{kN/m}$$

(3) 型钢自重荷载 $Q_3=0.12$kN/m

经计算得到：

$$q=\gamma_0×[\gamma_G×(Q_1+Q_3)+\gamma_Q×Q_2]$$
$$=1.00×[1.30×(0.06+0.12)+1.50×2.00]=3.24\text{kN/m}$$

经计算得到，集中荷载计算值 $P=1.50×2.00=3.00$kN

2. 内力计算

内力按照集中荷载 P 与均布荷载 q 作用下的简支梁计算，内侧钢丝绳不计算，计算简图如下

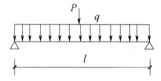

最大弯矩 M 的计算公式为

$$M=\frac{ql^2}{8}+\frac{Pl}{4}$$

经计算得到，最大弯矩计算值 $M=3.24×3.00^2/8+3.00×3.00/4=5.89$kN·m。

3. 抗弯强度计算

$$\sigma=\frac{M}{\gamma_x W_x}\leqslant[f]$$

式中　γ_x——截面塑性发展系数，取 1.05；

　　　$[f]$——钢材抗压强度设计值，$[f]=205.00$N/mm²；

经过计算得到强度 $\sigma=5.89×10^6/(1.05×62140.00)=90.27$N/mm²；

次梁的抗弯强度计算 $\sigma<[f]$，满足要求。

4. 整体稳定性计算（主次梁焊接成整体时此部分可以不计算）

$$\sigma=\frac{M}{\phi_b W_x}\leqslant[f]$$

式中　ϕ_b——均匀弯曲的受弯构件整体稳定系数，按照下式计算：

$$\phi_b=\frac{570tb}{lh}·\frac{235}{f_y}$$

经过计算得到 $\phi_b=570×9.0×53.0×235/(3000.0×126.0×235.0)=0.72$

由于 ϕ_b 大于 0.6，按照现行国家标准《钢结构设计标准》（GB 50017）附录其值用 ϕ_b' 查表得到其值为 0.676；

经过计算得到强度 $\sigma = 5.89 \times 10^6 / (0.676 \times 62140.00) = 140.22\text{N/mm}^2$；

次梁的稳定性计算 $\sigma < [f]$，满足要求。

二、主梁的计算

卸料平台的内钢绳按照现行行业标准《建筑施工安全检查标准》（JGJ 59）作为安全储备不参与内力的计算。

主梁选择 $\text{[} 14a^{\#}$ 槽钢 U 口水平，其截面特性为：

面积 $A = 18.51\text{cm}^2$，惯性矩 $I_x = 563.70\text{cm}^4$，转动惯量 $W_x = 80.50\text{cm}^3$，回转半径 $i_x = 5.52\text{cm}$

截面尺寸 $b = 58.0\text{mm}$，$h = 140.0\text{mm}$，$t = 9.5\text{mm}$

1. 荷载计算

（1）栏杆自重标准值：标准值为 0.15kN/m

$$Q_1 = 0.15\text{kN/m}$$

（2）型钢自重荷载 $Q_2 = 0.14\text{kN/m}$

经计算得到，恒荷载计算值

$$q = \gamma_0 \times \gamma_G \times (Q_1 + Q_2) = 1.00 \times 1.30 \times (0.15 + 0.14) = 0.38\text{kN/m}$$

经计算得到，各次梁集中荷载取次梁支座力，分别为

$$P_1 = 1.00 \times [(1.30 \times 0.06 + 1.50 \times 2.00) \times 0.50 \times 3.00/2 + 1.30 \times 0.12 \times 3.00/2] = 2.55\text{kN}$$

$$P_2 = 1.00 \times [(1.30 \times 0.06 + 1.50 \times 2.00) \times 1.00 \times 3.00/2 + 1.30 \times 0.12 \times 3.00/2] = 4.85\text{kN}$$

$$P_3 = 1.00 \times [(1.30 \times 0.06 + 1.50 \times 2.00) \times 1.00 \times 3.00/2 + 1.30 \times 0.12 \times 3.00/2] + 3.00/2 = 6.35\text{kN}$$

$$P_4 = 1.00 \times [(1.30 \times 0.06 + 1.50 \times 2.00) \times 0.25 \times 3.00/2 + 1.30 \times 0.12 \times 3.00/2] = 1.39\text{kN}$$

2. 内力计算

卸料平台的主梁按照集中荷载 P 和均布荷载 q 作用下的连续梁计算。

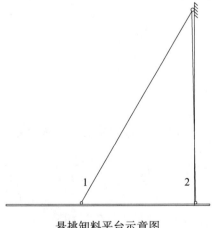

悬挑卸料平台示意图

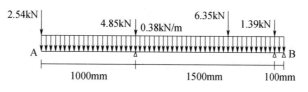

悬挑主梁受力示意图

经过连续梁的计算得到

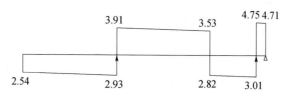

主梁支撑梁剪力图（单位：kN）

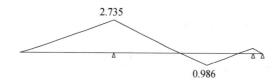

主梁支撑梁弯矩图（单位：kN·m）

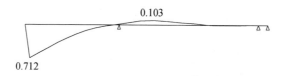

主梁支撑梁变形图（单位：mm）

外侧钢丝绳拉结位置支撑力为 11.69kN；

最大弯矩 $M_{max}=2.74$kN·m。

3. 抗弯强度计算

$$\sigma = \frac{M}{\gamma_x W_x} + \frac{N}{A} \leqslant [f]$$

式中　γ_x——截面塑性发展系数，取 1.05；

　　　$[f]$——钢材抗压强度设计值，$[f]=205.00$N/mm²。

经过计算得到强度 $\sigma=2.74\times10^6/1.05/80500.0+3.51\times1000/1851.0=34.25$N/mm²

主梁的抗弯强度计算强度小于 $[f]$，满足要求。

4. 整体稳定性计算（主次梁焊接成整体时此部分可以不计算）

$$\sigma = \frac{M}{\phi_b W_x} \leqslant [f]$$

式中　ϕ_b——均匀弯曲的受弯构件整体稳定系数，按照下式计算

$$\phi_b = \frac{570tb}{lh} \cdot \frac{235}{f_y}$$

经过计算得到 $\phi_b = 570 \times 9.5 \times 58.0 \times 235 / (2500.0 \times 140.0 \times 235.0) = 0.90$

由于 ϕ_b 大于 0.6，按照现行国家标准《钢结构设计标准》（GB 50017）附录其值用 ϕ'_b 查表得到其值为 0.743

经过计算得到强度 $\sigma = 2.74 \times 10^6 / (0.743 \times 80500.00) = 45.75 \text{N/mm}^2$；

主梁的稳定性计算 $\sigma < [f]$，满足要求。

三、钢丝拉绳的内力计算

水平钢梁的轴力 R_{AH} 和拉钢绳的轴力 R_{Ui} 按照下面计算

$$R_{AH} = \sum_{i=1}^{n} R_{Ui} \cdot \cos\theta_i$$

其中 $R_{Ui}\cos\theta_i$ 为钢绳的拉力对水平杆产生的轴压力。

各支点的支撑力 $R_{Ci} = R_{Ui}\sin\theta_i$

按照以上公式计算得到由左至右各钢绳拉力分别为 $R_{Ui} = 12.20 \text{kN}$。

四、钢丝拉绳的强度计算

钢丝拉绳（斜拉杆）的轴力 R_U 均取最大值进行计算，为

$$R_U = 12.204 \text{kN}$$

如果上面采用钢丝绳，钢丝绳的容许拉力按照下式计算

$$[F_g] = \frac{aF_g}{K}$$

式中　　$[F_g]$——钢丝绳的容许拉力，kN；

F_g——钢丝绳的钢丝破断拉力总和，kN；

计算中可以近似计算 $F_g = 0.5d^2$，d 为钢丝绳直径，mm；

a——钢丝绳之间的荷载不均匀系数，对 6mm×19mm、6mm×37mm、6mm×61mm 钢丝绳分别取 0.85、0.82 和 0.8；

K——钢丝绳使用安全系数。

选择拉钢丝绳的破断拉力要大于 $10.000 \times 12.204 / 0.820 = 148.830 \text{kN}$。

钢丝绳至少选择：选择 6×37＋1 钢丝绳，钢丝绳公称抗拉强度 1400MPa，直径 17.5mm。

实际选择钢丝绳直径为 20.000mm。

经计算，实际选用钢丝绳满足要求。

五、钢丝拉绳吊环的强度计算

钢丝拉绳（斜拉杆）的轴力 R_U 均取最大值进行计算作为吊环的拉力 N，为

$$N = R_U = 12.204 \text{kN}$$

钢板处吊环强度计算公式为

$$\sigma = \frac{N}{A} \leqslant [f]$$

其中 $[f]$ 为拉环钢筋抗拉强度，按照现行国家标准《混凝土结构设计规范（2015年版）》（GB 50010）中 9.7.6 规定 $[f] = 65 \text{N/mm}^2$；

所需要的吊环最小直径 $D=[12204\times4/(3.1416\times65\times2)]1/2=13mm$。

六、锚固段与楼板连接的计算

水平钢梁与楼板连接地锚螺栓计算如下:

$$\sqrt{\left(\frac{N_v}{N_v^b}\right)^2+\left(\frac{N_t}{N_t^b}\right)^2}\leqslant1$$

$$N_v^b=n_v\frac{\pi d^2}{4}f_v^b$$

$$N_t^b=\frac{\pi d_e^2}{4}f_t^b$$

地锚螺栓数量 $n=2$ 个。

根据主梁剪力图可得最大支座力 4.708kN,由地锚螺栓承受,所以每个地锚螺栓承受的拉力 $N_t=4.708/2=2.354$kN。

钢丝绳的拉力对水平杆产生轴压力 $R_U\cos\theta$,水平杆的轴压力由地锚螺栓的剪切力承受,所以:

每个地锚螺栓承受的剪力 $N_v=(R_U\cos\theta)/n=1.753$kN;

每个地锚螺栓受剪面数目 $n_v=1.0$;

每个地锚螺栓承受的直径 $d=20$mm;

每个地锚螺栓承受的直径 $d_e=16.93$mm;

地锚螺栓抗剪强度设计值 $f_{vb}=170.0$N/mm^2;

地锚螺栓抗拉强度设计值 $f_{tb}=170.0$N/mm^2。

经过计算得到:

每个地锚螺栓受剪承载力设计值 $N_{vb}=1.0\times3.1416\times20\times20\times170.0/4=53.407$kN。

每个地锚螺栓受拉承载力设计值 $N_{tb}=3.1416\times16.93\times16.93\times170.0/4=38.270$kN。

经过计算得到公式左边等于 0.070,每个地锚螺栓承载力计算满足要求。

11 起重机械与起重设备

在实际使用和实操过程中，涉及起重机械与起重设备的相关内容可参考下列法律法规、标准规范:《中华人民共和国安全生产法（2021 修正)》、《质检总局关于修订〈特种设备目录〉的公告》（2014 年第 114 号)、《特种设备安全监察条例》（中华人民共和国国务院令第 549 号)、《建筑起重机械安全监督管理规定》（中华人民共和国建设部令第 166 号)、《危险性较大的分部分项工程安全管理规定》（中华人民共和国住房和城乡建设部令第 37 号)、《关于实施〈危险性较大的分部分项工程安全管理规定〉有关问题的通知》（建办质〔2018〕31 号)、《建筑施工特种作业人员管理规定》（建质〔2008〕75 号)、《建筑施工安全检查标准》（JGJ 59—2011)、《施工现场机械设备检查技术规范》（JGJ 160—2016)、《建筑施工塔式起重机安装、使用、拆卸安全技术规程》（JGJ 196—2010)、《建筑施工升降机安装、使用、拆卸安全技术规程》（JGJ 215—2010)、《龙门架及井架物料提升机安全技术规范》（JGJ 88—2010)、《特种设备作业人员考核规则》（TSG Z6001—2019)、《起重机械安装改造重大修理监督检验规则》（TSG Q7016—2016)、《起重机械定期检验规则》（TSG Q7015—2016)、《特种设备使用管理规则》（TSG 08—2017)、《特种设备事故报告和调查处理导则》（TSG 03—2015)。

11.1 基本要求

建筑起重机械，是指用于垂直升降或者垂直升降并水平移动重物的机电设备，其范围规定为额定起重量不小于 0.5t 的升降机；额定起重量不小于 3t（或额定起重力矩不小于 40t·m 的塔式起重机，或生产率不小于 300t/h 的装卸桥)，且提升高度不小于 2m 的起重机；层数不小于 2 层的机械式停车设备。建筑起重机械应实现全过程管理：租赁→安装→自检→第三方检测→验收→登记备案→使用→日运行记录/月检/定期检验/维护保养，以确保全过程的安全。

起重设备主要是指汽车吊等用于垂直升降或者垂直升降并水平移动重物的机电设备。本书所述起重设备是指除起重机械以外用于垂直升降或者垂直升降并水平移动重物的其他机电设备，主要指汽车吊。

11.1.1 建筑起重机械定义与分类

《特种设备安全监察条例》（中华人民共和国国务院令第 549 号）第二条:"本条例所称特种设备是指涉及生命安全、危险性较大的锅炉、压力容器（含气瓶，下同)、压力管道、电梯、起重机械、客运索道、大型游乐设施和场（厂）内专用机动车辆。"故起重机械属于特种设备的一种。

依据《质检总局关于修订〈特种设备目录〉的公告》（2014 年第 114 号）要求，起重机械是指用于垂直升降或者垂直升降并水平移动重物的机电设备，其范围规定为额定起重量不小于 0.5t 的升降机；额定起重量不小于 3t（或额定起重力矩不小于 40t·m 的塔式起重机，或生产率不小于 300t/h 的装卸桥），且提升高度不小于 2m 的起重机；层数不小于 2 层的机械式停车设备。特种设备目录之起重机械分类见表 11-1。

表 11-1　起重机械分类

代码	类别	品种
4100	桥式起重机	—
4110	—	通用桥式起重机
4130	—	防爆桥式起重机
4140	—	绝缘桥式起重机
4150	—	冶金桥式起重机
4170	—	电动单梁起重机
4190	—	电动葫芦桥式起重机
4200	门式起重机	—
4210	—	通用门式起重机
4220	—	防爆门式起重机
4230	—	轨道式集装箱门式起重机
4240	—	轮胎式集装箱门式起重机
4250	—	岸边集装箱起重机
4260	—	造船门式起重机
4270	—	电动葫芦门式起重机
4280	—	装卸桥
4290	—	架桥机
4300	塔式起重机	—
4310	—	普通塔式起重机
4320	—	电站塔式起重机
4400	流动式起重机	—
4410	—	轮胎起重机
4420	—	履带起重机
4440	—	集装箱正面吊运起重机
4450	—	铁路起重机
4700	门座式起重机	—
4710	—	门座起重机
4760	—	固定式起重机
4800	升降机	—
4860	—	施工升降机
4870	—	简易升降机
4900	缆索式起重机	—
4A00	桅杆式起重机	—
4D00	机械式停车设备	—

对于上述常见起重机械的类别及实物可归纳分类见表 11-2。

表 11-2　常见起重机械的类别及实物一览表

序号	类别		实物图片
1	桥架式	桥式起重机	
2		门式起重机	
3		缆索式起重机	
4	臂架式	塔式起重机	
5		流动式起重机	
6		门座式起重机	

序号	类别		实物图片
7	其他	桅杆式起重机	
8	其他升降机	施工升降机	

依据《建筑起重机械安全监督管理规定》（中华人民共和国建设部令第166号）第二条："建筑起重机械的租赁、安装、拆卸、使用及其监督管理，适用本规定。本规定所称建筑起重机械，是指纳入特种设备目录，在房屋建筑工地和市政工程工地安装、拆卸、使用的起重机械。"结合《质检总局关于修订〈特种设备目录〉的公告》（2014年第114号），房屋建筑工地和市政工程常见的建筑起重机械包括：塔式起重机、流动式起重机（如履带起重机）、升降机（如施工升降机、简易升降机）、门式或桥式起重机等。

11.1.2　起重机械安拆作业安全管理

在建筑起重机械的租赁、安装、拆卸和使用过程中，出租单位（产权单位）、安装单位、使用单位、总承包单位和监理单位应当进行相应的管理。对于以下几种类型的设备不得出租和使用：

（1）属国家明令淘汰或者禁止使用的；

（2）超过安全技术标准或者制造厂家规定的使用年限的；

（3）经检验达不到安全技术标准规定的；

（4）没有完整安全技术档案的；

（5）没有齐全有效的安全保护装置的。

1. 出租单位的安全管理

出租单位应提供建筑起重机械特种设备制造许可证、产品合格证、备案证明和自检合格证明，提交安装使用说明书，并应当应在签订的建筑起重机械租赁合同中，明确租赁双方的安全责任。出租单位应建立安全技术档案，档案中应包括以下内容：

（1）购销合同、制造许可证、产品合格证、安装使用说明书、备案证明等原始资料。

（2）定期检验报告、定期自行检查记录、定期维护保养记录、维修和技术改造记录、运行故障和生产安全事故记录、累计运转记录等运行资料。

（3）历次安装验收资料。

2. 安装单位的安全管理

安装单位应当依法取得住房城乡建设主管部门颁发的相应资质和建筑施工企业安全生产许可证，并在其资质许可范围内承揽建筑起重机械安装、拆卸工程。安装单位应当在安装工作前与建筑起重机械使用单位签订的建筑起重机械安装、拆卸合同中明确双方的安全生产责任，对于实行施工总承包的情况应与施工总承包单位签订建筑起重机械安装、拆卸工程安全协议书。安装单位应当履行如下安全职责：

（1）按照安全技术标准及建筑起重机械性能要求，编制建筑起重机械安装、拆卸工程专项施工方案，并由本单位技术负责人签字。

（2）按照安全技术标准及安装使用说明书等检查建筑起重机械及现场施工条件。

（3）组织安全施工技术交底并签字确认。

（4）制订建筑起重机械安装、拆卸工程生产安全事故应急救援预案。

（5）将建筑起重机械安装、拆卸工程专项施工方案，安装、拆卸人员名单，安装、拆卸时间等材料报施工总承包单位和监理单位审核后，告知工程所在地县级以上地方人民政府建设主管部门。

安装单位在安装过程中应当按照专项施工方案及安全操作规程组织安装、拆卸作业。专业技术人员、专职安全生产管理人员应当进行现场监督，技术负责人应当定期巡查。在安装完毕后应当按照安全技术标准及安装使用说明书的有关要求对建筑起重机械进行自检、调试和试运转。自检合格的，应当出具自检合格证明，并向使用单位进行安全使用说明。

安装单位应当建立建筑起重机械安装、拆卸工程档案，档案中应包含以下内容：

（1）安装、拆卸合同及安全协议书。

（2）安装、拆卸工程专项施工方案。

（3）安全施工技术交底的有关资料。

（4）安装工程验收资料。

（5）安装、拆卸工程生产安全事故应急救援预案。

3. 使用单位的安全管理

使用单位应当在安装完成后组织出租、安装、监理等有关单位进行验收，或者委托具有相应资质的检验检测机构进行验收。建筑起重机械经验收合格后方可投入使用，未经验收或者验收不合格的不得使用。自建筑起重机械安装验收合格之日起 30d 内，使用单位向工程所在地县级以上地方人民政府建设主管部门办理建筑起重机械使用登记。登记标志置于或者附着于该设备的显著位置。

使用单位在建筑起重机械使用过程中应当履行如下安全职责：

（1）根据不同施工阶段、周围环境以及季节、气候的变化，对建筑起重机械采取相应的安全防护措施。

（2）制订建筑起重机械生产安全事故应急救援预案。

（3）在建筑起重机械活动范围内设置明显的安全警示标志，对集中作业区做好安全防护。

（4）设置相应的设备管理机构或者配备专职的设备管理人员。

（5）指定专职设备管理人员、专职安全生产管理人员进行现场监督检查。

（6）建筑起重机械出现故障或者发生异常情况的，立即停止使用，消除故障和事故隐患后，方可重新投入使用。

4. 总承包单位的安全管理

施工总承包单位应当履行下列安全职责：

（1）向安装单位提供拟安装设备位置的基础施工资料，确保建筑起重机械进场安装、拆卸所需的施工条件。

（2）审核建筑起重机械的特种设备制造许可证、产品合格证、备案证明等文件。

（3）审核安装单位、使用单位的资质证书、安全生产许可证和特种作业人员的特种作业操作资格证书。

（4）审核安装单位制订的建筑起重机械安装、拆卸工程专项施工方案和生产安全事故应急救援预案。

（5）审核使用单位制订的建筑起重机械生产安全事故应急救援预案。

（6）指定专职安全生产管理人员监督检查建筑起重机械安装、拆卸、使用情况。

（7）施工现场有多台塔式起重机作业时，应当组织制订并实施防止塔式起重机相互碰撞的安全措施。

对于依法发包给两个及两个以上施工单位的工程，不同施工单位在同一施工现场使用多台塔式起重机作业时，建设单位应当协调组织制订防止塔式起重机相互碰撞的安全措施。

5. 监理单位的安全管理

监理单位应当履行下列安全职责：

（1）审核建筑起重机械特种设备制造许可证、产品合格证、备案证明等文件。

（2）审核建筑起重机械安装单位、使用单位的资质证书、安全生产许可证和特种作业人员的特种作业操作资格证书。

（3）审核建筑起重机械安装、拆卸工程专项施工方案。

（4）监督安装单位执行建筑起重机械安装、拆卸工程专项施工方案情况。

（5）监督检查建筑起重机械的使用情况。

（6）发现存在生产安全事故隐患的，应当要求安装单位、使用单位限期整改，对安装单位、使用单位拒不整改的，及时向建设单位报告。

6. 住房城乡建设主管部门

住房城乡建设主管部门履行安全监督检查职责时，有权采取下措施：

（1）要求被检查的单位提供有关建筑起重机械的文件和资料。

（2）进入被检查单位和被检查单位的施工现场进行检查。

（3）对检查中发现的建筑起重机械生产安全事故隐患，责令立即排除；重大生产安全事故隐患排除前或者排除过程中无法保证安全的，责令从危险区域撤出作业人员或者暂时停止施工。

7. 建筑起重机械专业人员管理

建筑起重机械的相关特种作业人员（例如安装拆卸工、起重信号工、起重司机、司索工等）应当经建设主管部门考核合格，并取得特种作业操作资格证书后，方可上岗作业。特种作业人员的特种作业操作资格证书由住房城乡建设主管部门规定统一的样式。省、自治区、直辖市人民政府建设主管部门负责组织实施建筑施工企业特种作业人员的考核。

11.1.3　建筑起重机械特种作业人员

在阐述建筑起重机械涉及的特种人员之前，先简单介绍一下关于特种人员证件的说法与辨析："特种作业人员和特种作业操作证、特种设备作业人员和特种设备操作证、建筑施工特种作业。"目前在建筑施工领域并未明确区分特种作业人员和特种设备作业人员，两者统称为建筑施工特种作业人员。

1. 特种作业人员和特种作业操作证

（1）参考标准：《特种作业人员安全技术培训考核管理规定》（安监总局令第 80号）；《特种作业目录》。

（2）定义：特种作业是指容易发生事故，对操作者本人、他人的安全健康及设备、设施的安全可能造成重大危害的作业。特种作业的范围由特种作业目录规定。本规定所称特种作业人员，是指直接从事特种作业的从业人员。

特种作业人员所持证件为特种作业操作证。

（3）特种作业人员的范围（11 类）：电工作业（高压电工作业；低压电工作业；电力电缆作业；防爆电气作业；继电保护作业；电气试验作业）；焊接与热切割作业（熔化焊接与热切割作业；压力焊作业；钎焊作业）不含《特种设备安全监察条例》规定的有关作业；高处作业（一级高处作业；二级高处作业；三级高处作业；特级高处作业；登高架设作业；高处安装、维护、拆除作业）；制冷与空调作业；煤矿安全作业；金属非金属矿山安全作业；石油天然气安全作业；冶金（有色）生产安全作业；危险化学品安全作业；烟花爆竹安全作业；安全监管总局（现更名为"应急管理部门"）认定的其他作业。

（4）培训要求：特种作业人员应当接受与其所从事的特种作业相应的安全技术理论培训和实际操作培训。

（5）有效期与复审：特种作业操作证有效期为 6 年，在全国范围内有效。特种作业操作证每 3 年复审 1 次。特种作业人员在特种作业操作证有效期内，连续从事本工种 10年以上，严格遵守有关安全生产法律法规的，经原考核发证机关或者从业所在地考核发证机关同意，特种作业操作证的复审时间可以延长至每 6 年 1 次。特种作业操作证需要复审的，应当在期满前 60d 内，由申请人或者申请人的用人单位向原考核发证机关或者从业所在地考核发证机关提出申请特种作业操作证申请复审或者延期复审前，特种作业人员应当参加必要的安全培训并考试合格。

（6）证书样式。

特种作业操作证证书样式如图 11-1 所示。

2. 特种设备作业人员和特种设备作业人员证

（1）参考标准：《特种设备安全监察条例》（中华人民共和国国务院令第 549 号）。

（2）定义：《特种设备安全监察条例》（中华人民共和国国务院令第 549 号）第三十

图 11-1 特种作业操作证证书样式

八条规定特种设备作业人员是指锅炉、压力容器、压力管道、电梯、起重机械、客运索道、大型游乐设施、场（厂）内专用机动车辆的作业人员及其相关管理人员，特种设备作业人员应当按照国家有关规定经特种设备安全监督管理部门考核合格，取得国家统一格式的特种作业人员证书，方可从事相应的作业或者管理工作。

特种设备作业人员所持证件为特种设备作业人员证（或称"特种设备操作证"）。国家质检总局下属地方质量技术监督局颁发"特种设备作业人员证"。

（3）证书样式。

特种设备作业人员证证书样式如图 11-2 所示。

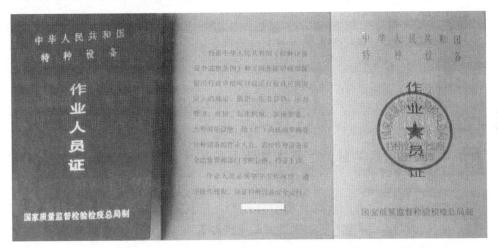

图 11-2 "特种设备作业人员证"证书样式

3. 建筑施工特种作业

《建筑施工特种作业人员管理规定》（建质〔2008〕75 号）规定了建筑施工特种作业人员的考核、发证、从业和监督管理。下列关于特种作业人员的内容除特殊说明外，均摘自《建筑施工特种作业人员管理规定》（建质〔2008〕75 号）。

建筑施工特种作业人员是指在房屋建筑和市政工程施工活动中，从事可能对本人、他人及周围设备设施的安全造成重大危害作业的人员。

建筑施工特种作业包括建筑电工、建筑架子工、建筑起重信号司索工、建筑起重机械司机、建筑起重机械安装拆卸工、高处作业吊篮安装拆卸工、经省级以上人民政府建设主管部门认定的其他特种作业（如电气焊工等）。其中前六种特种作业人员（即建筑施工特种作业包括建筑电工、建筑架子工、建筑起重信号司索工、建筑起重机械司机、建筑起重机械安装拆卸工、高处作业吊篮安装拆卸工）的岗位资格证书由省、自治区、直辖市人民政府建设主管部门或其委托的考核发证机构发证，电（气）焊工的岗位资格证书由应急管理部门发放。

事实上，建筑施工特种作业中涉及建筑起重机械的特种人员包括：建筑电工、建筑起重信号司索工、建筑起重机械司机、建筑起重机械安装拆卸工。其中既包括特种作业人员，也包括特种设备作业人员。

申请从事建筑施工特种作业的人员，应当具备下列基本条件：

（一）年满 18 周岁且符合相关工种规定的年龄要求；

（二）经医院体检合格且无妨碍从事相应特种作业的疾病和生理缺陷；

（三）初中及以上学历；

（四）符合相应特种作业需要的其他条件。

用人单位对于首次取得资格证书的人员，应当在其正式上岗前安排不少于 3 个月的实习操作。

建筑施工特种作业人员应当严格按照安全技术标准、规范和规程进行作业，正确佩戴和使用安全防护用品，并按规定对作业工具和设备进行维护保养。建筑施工特种作业人员应当参加年度安全教育培训或者继续教育，每年不得少于 24h。

特种作业人员岗位资格证书有效期为两年，有效期满需要延期的，建筑施工特种作业人员应当于期满前 3 个月内向原考核发证机关申请办理延期复核手续，延期复核合格的，资格证书有效期延期 2 年。

11.2　塔式起重机

11.2.1　塔式起重机的分类、基本构造及参数

1. 塔式起重机分类

塔式起重机的分类方法较多：

（1）按回转方式，分为上回转式塔式起重机和下回转式塔式起重机。

（2）按架设方式，分为快装式塔式起重机和非快装式塔式起重机。

（3）按变幅方式，分为小车变幅式塔式起重机和动臂变幅式塔式起重机。

（4）按起重臂支承方式，分为塔头式塔式起重机和平头式塔式起重机。

（5）按有无行走机构，分为固定式塔式起重机和移动式塔式起重机。

上回转式塔式起重机示意图如图 11-3 所示。

随着高层和超高层建筑的大量增加，上、下回转式塔式起重机已不能满足大高度吊装工作的需要，一般当建筑高度超过 50m 时，就需要依靠自身的专门装置，增、减塔身标准节或自行整体爬升的上回转式塔式起重机。这种塔式起重机的塔身依附在建筑物上，随建筑物的升高而沿着层高逐渐爬升，自身附着式塔式起重机可分为外部附着式和内部爬升式（简称内爬式）两种，如图 11-4、图 11-5 所示。

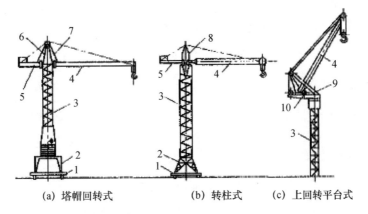

(a) 塔帽回转式　　　　　(b) 转柱式　　　(c) 上回转平台式

图 11-3　上回转式塔式起重机

1—行走台车及横梁；2—门架；3—塔身；4—臂架；5—平衡臂架；

6—塔顶；7—塔帽；8—转柱；9—人字架；10—转台

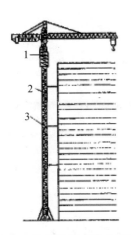

图 11-4　外部附着塔式起重机

1—套架；2—标准节；3—附着装置

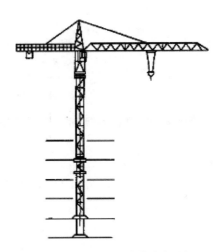

图 11-5　内部爬升式塔式起重机

2. 塔式起重机基本构造

塔式起重机属于非连续性搬运机械，在高层建筑施工中的幅度利用率比其他类型起重机高，其幅度利用率可达全幅度的 80%。

塔式起重机的基本构造主要包括：金属结构、工作机构、驱动控制系统和安全防护装置 4 个部分。

其中，工作机构是为实现塔式起重机不同的机械运动要求而设置的各种机械部分的总称，包括：起升机构、变幅机构、回转机构、大车运行机构、顶升机构。起升机构主要由驱动装置、传动装置、制动装置和工作装置 4 个部件组成。大车运行机构只适用于塔高 40~60m 以下；变幅机构可分为动臂变幅机构和小车变幅机构；回转机构由回转支承装置和回转驱动装置两部分组成。

3. 塔式起重机的主要参数

塔式起重机的参数包括：最大额定起重力矩、最大起重量、起升高度、起升速度、小车变幅速度、回转速度、慢降速度等。其中主参数是最大额定起重力矩，即最大额定起重量重力与其在设计确定的各种组合臂长中所能达到的最大工作幅度的乘积。

11.2.2 安全防护装置

塔式起重机的安全防护装置可分为：限位开关（限位器）、超载荷保险器（超载断电装置）、缓冲止挡装置、钢丝绳防脱装置、风速计、紧急安全开关、安全保护声响信号。塔式起重机的主要安全防护装置及含义理解详见表 11-3。

表 11-3　塔式起重机的主要安全防护装置

主要安全防护装置		安全防护装置理解
行程限位器	起升高度限位器	防止吊钩行程超越极限碰坏起重机臂架和出现钢丝绳乱绳现象
	回转限位器	限制塔式起重机的回转角度，防止扭断和损坏电缆，但不具备限制起重臂的回转角度的能力。其幅度限位的限制范围是 1080°（即可旋转 3 圈）
	幅度限位器	①使小车在到达臂架头部或臂架根端之前停车，防止小车越位事故的发生（小车变幅式）；②防止因误操作而使臂架向上仰起过度导致整个臂架向后翻倒事故的发生（动臂变幅式）
	行走限位器	防止大车越位行走造成出轨倾覆事故，限制大车行走范围
起重量限制器（又叫测力环）		当荷载超过额定起重量时，测力环外壳产生变形，测力环内的金属片与测力环壳体固接，并随壳体受力变形而延伸，此时，金属片起到凸轮作用压迫触头切断起升机构的电源
力矩限制器		力矩限制器大都装设在塔顶结构的主弦杆上。工作原理如下：塔式起重机负载时，塔顶结构主弦杆便会因负载而产生变形。当荷载过大超过额定值时，主弦杆就产生显著变形，此变形通过放大杆的作用而使螺钉压迫限位开关触头的压键，从而切断起升机构的电源

11.2.3 塔式起重机专项方案编制

塔式起重机安装、拆卸前应根据其使用说明书和作业场地实际情况编制专项施工方案，专项施工方案应由本单位技术、安全、设备等部门审核，本单位（安拆单位）技术负责人审批后，将相关文件资料报施工总承包单位和监理单位审核批准后实施，同时应告知工程所在地县级以上地方人民政府建设主管部门。

1. 塔式起重机安装专项施工方案编制的内容

（1）工程概况；

（2）安装位置平面和立面图；

（3）所选用的塔式起重机型号及性能技术参数；

（4）基础和附着装置的设置；

（5）爬升工况和附着节点详图；

(6) 安装顺序和安全质量要求；

(7) 主要安装部件的重量和吊点位置；

(8) 安装辅助设备的型号、性能及布置位置；

(9) 电源的设置；

(10) 施工人员配置；

(11) 吊索具和专用工具的配备；

(12) 安装工艺程序；

(13) 安全装置的调试；

(14) 重大危险源和安全技术措施；

(15) 应急预案等。

2. 塔式起重机拆卸专项方案编制的内容

(1) 工程概况；

(2) 塔式起重机位置的平面和立面图；

(3) 拆卸顺序；

(4) 部件的重量和吊点位置；

(5) 拆卸辅助设备的型号、性能和布置位置；

(6) 电源的设置；

(7) 施工人员配置；

(8) 吊索具和专用工具的配备；

(9) 重大危险源和安全技术措施。

11. 2. 4　塔式起重机安装、验收、使用

1. 塔式起重机的安装

(1) 安装前准备工作：①安装施工技术交底；②检查安装场地及施工现场环境条件；③检查安装工具设备及安全防护用具。

(2) 安装流程：基础的制作与安装→安装塔身→安装顶升套架→安装回转支承→安装塔司节和司机室→安装平衡臂→安装塔尖→安装起重臂→安装钢丝绳和电气装置→调试。

2. 塔式起重机的验收

塔式起重机安装完成后，验收程序包括：安装单位自检→委托第三方检验机构进行检验→资料审核→组织验收。

(1) 安装单位自检。安装单位安装完成后，应及时组织单位的技术人员、安全人员、安装组长对塔式起重机进行验收。验收内容包括：塔式起重机安装方案及交底、基础资料、金属结构、运转机构（起升、变幅、回转、行走）、安全装置、电气系统、绳轮钩部件。检查内容可参见现行行业标准《建筑施工塔式起重机安装、使用、拆卸安全技术规程》（JGJ 196）中的附录 A。

(2) 委托第三方检验机构进行检验。第三方检测单位完成检测后，出具的检测报告是整机合格。

(3) 资料审核。施工单位对上述资料原件进行审核，审核通过后，留存加盖单位公

章的复印件，并报监理单位审核。监理单位审核完成后，施工单位组织设备验收。

（4）组织验收（五方验收）。施工单位组织设备供应方（产权单位）、安装单位、使用单位、监理单位对塔式起重机联合验收。实行施工总承包的，由施工总承包单位组织验收。

3. 塔式起重机的使用

1）使用登记。

塔式起重机安装验收合格之日起 30d 内，施工单位（总承包单位）应向工程所在地县级以上地方人民政府建设主管部门办理建筑起重机械使用登记。

2）塔式起重机使用的安全操作要求。

（1）塔式起重机的安全使用环境：工作环境温度为−20～+40℃；平均瞬时风速不大于 12m/s，工作状态时不大于 20m/s；海拔高度在 1000m 以下；无易燃和（或）易爆气体、粉尘等非危险场所。

（2）塔式起重机起重司机、起重信号工等操作人员应取得特种作业人员资格证书，严禁无证上岗。

（3）塔式起重机使用前，应对起重司机、起重信号工等作业人员进行安全技术交底。

（4）塔式起重机要遵循"十不吊"原则：①信号指挥不明不准吊；②斜牵斜挂不准吊；③吊物重量不明或超负荷不准吊；④散物捆扎不牢或物料装放过满不准吊；⑤吊物上有人不准吊；⑥埋在地下物不准吊；⑦安全装置失灵或带病不准吊；⑧现场光线阴暗看不清吊物起落点不准吊；⑨棱刃物与钢丝绳直接接触无保护措施不准吊；⑩6 级或以上强风不准吊。

（5）塔式起重机应执行交接班制度；其重要部件和安全装置等应进行经常性检查，每月不得少于一次，并应留有记录，发现有安全隐患时应及时进行整改。

11.3 施工升降机

11.3.1 施工升降机的分类、基本构造及参数

施工升降机是平台、吊笼或其他载人、载物装置沿刚性导轨可上、下运行的施工机械。

施工升降机的分类方式包括：

（1）按传动型式，可分为齿轮齿条式（C）、钢丝绳式（S）、混合式（H）。

（2）按导轨架型式，可分为垂直式、倾斜式（Q）、曲线式（Q）。

（3）按导轨架截面形状，可分为三角形导轨架式（T）、矩形导轨架式、单片导轨架式。

（4）按吊笼的数量，分为单笼式、双笼式。

（5）按吊笼载荷种类，分为人货两用式、货用式。

（6）按工作机构的形状，分为吊笼式、平台式。

（7）按是否带对重，分为带对重式（D）、不带对重式。

11.3.2　施工升降机的基本构造

施工升降机通常包含：吊笼、外笼、导轨架节、附墙架、传动机构、吊杆、天轮及对重装置、电缆导向装置、电控系统、超载保护器、楼层呼叫系统、自动平层系统、安全层门装置。

11.3.3　施工升降机的参数及型号编制

（1）主参数代号：单吊笼施工升降机只标注一个数值，双吊笼施工升降机标注2个数值，用符号"/"分开，每个数值均为一个吊笼的额定载重量代号。

（2）特性代号：表示施工升降机两个主要特性的符号。对重代号：有对重时标注D，无对重时省略。

（3）标记示例：齿轮齿条式施工升降机，双吊笼有对重，一个吊笼的额定载重量为2000kg，另一个吊笼的额定载重量为2500kg，导轨架截面为矩形，表示为：施工升降机 SCD200/250。

11.3.4　施工升降机的安全防护装置

施工升降机的安全装置由各种安全开关及其他控制件组成。在升降机运行发生异常情况时，将自动切断升降机电源，使吊笼停止运行，以保证升降机的安全。

（1）安全开关：在吊笼的单开门、双开门、天窗门和外笼门、检修门及层门上均设有安全开关，如果任一门开启或未关闭，吊笼均不能运行。

（2）上、下限位开关和上、下极限开关：吊笼上装有上、下限位开关和极限开关，当吊笼行至上、下终端时，可自动停车，若此时因故不停车超过安全距离，极限开关动作切断总电源，使吊笼制动。

（3）冲顶限位开关：在传动小车顶部还装有防冲顶限位开关（如果传动机构在升降机上方，则安装在传动机构顶上；如果属于内置式传动机构，则安装在吊笼顶上），当吊笼运行至导轨架顶端时，限位开关动作切断电源，使吊笼不能继续向上运行。

（4）限速保护开关：也叫限速器或防坠安全器，在安全器尾端盖内设有限速保护开关，安全器动作时，通过机电连锁切断电源。

（5）超载保护器（重量限制器）：吊笼内配置有超载保护器，超载装置具有记忆功能，当吊笼超载时警铃报警，吊笼不能启动。

（6）松断绳保护开关：对于带对重的升降机，在对重装置的钢丝绳锚点处也设置有松断绳保护开关，一旦钢丝绳断裂或松开，松断绳保护开关将切断升降机电源。

（7）减速限位开关：针对变频升降机，设有该安全防护装置。

11.3.5　施工升降机专项方案编制

施工升降机安装作业前，安装单位应编制施工升降机安装、拆卸工程专项施工方案，由安装单位技术负责人签字后，将相关文件资料报施工总承包单位和监理单位审核批准后实施，同时应告知工程所在地县级以上地方人民政府建设主管部门。

对使用过程中需要附着或接高的，亦应制订相应的附着专项施工方案，并由使用单位应当委托原安装单位或者具有相应资质的安装单位按照专项施工方案实施。

11.3.6 施工升降机安装、验收、使用

1. 施工升降机的安装

（1）安装前准备工作：①安装施工技术交底；②检查安装场地及施工现场环境条件；③检查安装工具设备及安全防护用具。

（2）双笼不带对重升降机的安装程序：

基础表面清扫干净后安装底盘→安装 1 个基础节→安装 2 个标准节→安装左右两吊笼下的吊笼缓冲弹簧→安装吊笼→试运行→安装调试。

2. 施工升降机的验收

施工升降机安装完成后，验收程序包括：安装单位自检→委托第三方检验机构进行检验→资料审核→组织验收。

施工升降机的验收程序同塔式起重机一致，不同于之处在于验收内容。

施工升降机的验收内容包括：施工升降机安装方案及交底、基础资料、金属结构、运转机构、安全装置、电气系统、绳轮钩部件。检查内容可参见行业现行标准《建筑施工升降机安装、使用、拆卸安全技术规程》（JGJ 215）中附录 B 的要求。

3. 施工升降机的使用

1）使用登记。

施工升降机安装验收合格之日起 30d 内，施工单位（总承包单位）应向工程所在地县级以上地方人民政府建设主管部门办理建筑起重机械使用登记。

2）施工升降机使用的安全操作要求。

（1）施工升降机的司机必须经专门安全技术培训，考试合格，持证上岗。

（2）严禁酒后作业。

（3）每班首次运行时，必须空载及满载运行，梯笼升离地面 1m 左右停车，检查制动器灵敏性，然后继续上行楼层平台，检查安全防护门、上限位、前后门限位，确认正常方可投入运行。

（4）运行至最上层和最下层时仍应操纵按钮，严禁以行程限位开关自动碰撞的方法停机。

（5）作业后，将梯笼降到底层，各控制开关扳至零位，切断电源，锁好闸箱和梯门。

（6）梯笼乘人、载物时必须使载荷均匀分布，严禁超载作业。

（7）楼层平台安全防护门必须向内开启设计，乘坐人员卸货后必须插好安全防护门。

（8）乘坐人员不得在梯笼运行过程中将手指或杂物从梯笼门缝隙伸到外边。

（9）安全吊杆有悬挂物时不得开动梯笼。

11.4 物料提升机

11.4.1 物料提升机的定义、分类、构造

1. 物料提升机的定义

物料提升机是指起重量在 2000kg 以下，以卷扬机为动力，以底架、立柱及天梁为

架体，以钢丝绳为传动，以吊笼（吊篮）为工作装置，在架体上装设滑轮、导轨、导靴、吊笼、安全装置等和卷扬机配套构成的完整的垂直运输体系。

2. 物料提升机的分类

根据物料提升机的结构形式不同，可分为龙门架式和井架式；根据驱动方式不同，可分为卷扬式和曳引式；根据高度不同，可分为高架体（大于30m）和低架体（不大于30m）。

3. 物料提升机的构造

物料提升机主要由吊笼、架体、提升与传动机构、附着装置、安全保护装置和电气控制装置组成。

架体的主要构件有底架、立柱、导轨和天梁。

11.4.2　物料提升机的安全防护装置

物料提升机的安全保护装置主要包括：安全停靠装置、断绳保护装置，载重量限制装置、上极限限位器、下极限限位器、吊笼安全门、缓冲器和通信信号装置等。

11.4.3　物料提升机的安装与拆卸程序

（1）安装前准备工作：确定安装位置；安装施工技术交底；检查安装场地及施工现场环境条件；检查安装工具设备及安全防护用具。

（2）井架式物料提升机的安装，一般按以下顺序：将底架按要求就位→将第一节标准节安装于标准节底架上→提升抱杆→安装卷扬机→利用卷扬机和抱杆安装标准节→安装导轨架→安装吊笼→穿绕起升钢丝绳→安装安全保护装置。

物料提升机的拆卸，按安装架设的反程序进行。

11.4.4　物料提升机的验收

物料提升机安装完成后，验收程序包括：安装单位自检→委托第三方检验机构进行检验→资料审核→组织验收。

物料提升机的验收程序同塔式起重机、施工升降机一致，不同于之处在于验收内容。

物料提升机的验收内容包括：物料提升机安装方案及交底、基础资料、金属结构、运转机构、安全装置、电气系统。

11.5　桥式、门式起重机

11.5.1　桥式、门式起重机的主要机构

桥式、门式起重机主要机构一般包含：起升机构、小车行走（牵引）机构、大车运行机构。起升机构：由电动机、制动器、减速器、卷筒等装置组成。小车行走（牵引）机构：有自行式和牵引式，桥式起重机的小车行走（牵引）多为自行式，门式起重机的小车多为牵引式。

11.5.2　桥式、门式起重机的安全防护装置

起重量限制器、起升高度限位器、运行行程限位器、轨道清扫装置、缓冲器及端部止挡、防护罩、连锁保护、夹轨器、有特殊要求时的安全保护装置（例如防偏斜装置和偏斜指示装置、防碰撞装置等）、电气保护。

11.6　移动式起重机械

11.6.1　流动式起重机之履带起重机

流动式起重机之履带起重机的安装（包括新装、移装）、改造、重大修理、监督检验适用于现行行业规范《起重机械安装改造重大修理监督检验规则》（TSG Q7016），履带起重机的定期检验适用于《起重机械定期检验规则》（TSG Q7015），履带起重机的使用管理适用于《特种设备使用管理规则》（TSG 08）。

安装（包括新装、移装）、改造、重大修理、监督检验是指起重机械施工过程中，在施工单位自检合格的基础上，由中华人民共和国质量监督检验检疫总局（以下简称国家质检总局）核准的检验机构对施工过程进行的强制性、验证性检验。200t 以上的履带起重机应安装安全监控管理系统。

起重机械施工单位应当在施工前将拟进行的起重机械安装、改造、修理情况书面告知设备使用地的市级特种设备安全监督管理部门。

施工单位告知后，填写"起重机械安装改造重大修理监督检验申请表"（现行行业规范 TSG Q7016—2016 的附件 E），向检验机构申请检验，并且提交以下资料：

（1）特种设备制造许可证、安装改造维修许可证或者许可受理决定书等许可证明。

（2）安全保护装置和电动葫芦型式试验证明。

（3）整机型式试验证明或者样机型式试验申请表。

（4）特种设备安装改造修理告知书。

（5）施工合同和施工方案。

施工监检工作结束后，检验结论判定为合格的，检验机构应当在 15 个工作日内出具"起重机械安装改造重大修理监督检验证书"（现行行业规范 TSG Q7016—2016 的附件 J）和"起重机械安装改造重大修理监督检验报告"（现行行业规范 TSG Q7016—2016 的附件 K）。

监督检验报告至少包括以下内容：

（1）检验结论和具体项目及其内容、监检结果。

（2）设备基本情况，包括设备在安装、改造、重大修理前的基本情况。

（3）施工单位以及现场施工过程，包括施工单位及其现场的施工组织情况。

（4）现场进行无损检测等内容的单项报告（适用于实施现场无损检测）。

（5）其他情况说明。

监督检验证书、监督检验报告应当经检验、审核、批准人员签字，加盖检验机构检验专用章或者公章。监督检验证书、监督检验报告一式三份，一份送施工单位，一份由施工单位交使用单位，一份检验机构存档。

检验结论判定为不合格的，检验机构应当在 15 个工作日内出具"起重机械安装改造重大修理监督检验不合格通知书"（现行行业规范 TSG Q7016—2016 的附件 L）。

不合格的通知书应当经检验、审核、批准人员签字，加盖检验机构检验专用章或者公章。不合格通知书一式三份，一份送施工单位，一份检验机构存档，一份由检验机构报送使用地特种设备安全监督管理部门。

施工监督检验工作完成后，检验机构应当将以下资料汇总存档，长期保存：

（1）产品设计文件（总图、主要受力结构件图、电气原理图、液压或者气动系统原理图等）、安装及使用维护保养说明。

（2）产品质量合格证（含数据表）。

（3）监督检验记录、监督检验项目表。

（4）监督检验证书和监督检验报告，或者不合格通知书。

（5）A 类监检项目的相关工作见证资料（产品技术文件等原始资料除外）。

（6）监督检验联络单和监督检验意见书。

（7）其他与施工监检工作相关的资料。

11.6.2　汽车吊

根据《质检总局关于修订〈特种设备目录〉的公告》（2014 年第 114 号），汽车吊不属于特种设备目录范围内，但因施工现场使用频繁且存在的危险性较大，故本节特将汽车吊的相关安全管理做如下说明。

汽车吊，又叫汽车起重机，是装在普通汽车底盘或特制汽车底盘上的一种起重机，其行驶驾驶室与起重操纵室分开设置。其安全检查内容见表 11-4。

表 11-4　汽车吊安全检查内容

序号	检查项目		检查内容
1	保证项目	整机	各种灯光、信号、标志应齐全清晰，大灯光束应符合照明要求；后视镜安装应正确，喇叭音响应符合说明书规定
2			起重机的任何部位与架空输电线路之间的距离应符合规定，否则应采取有效的安全防护措施
3			各总成、零部件、附件及附属装置应齐全完整
4			金属结构件螺栓或铆钉连接不应松动，不应有缺件、损坏等缺陷；高强度螺栓连接的预紧力应符合说明书规定
5		钢丝绳与吊钩	起重机使用的钢丝绳的规格、型号应符合该机说明书要求
6			钢丝绳与滑轮和卷筒相匹配，穿绕正确，钢丝绳未达到报废标准，钢丝绳达到最大出绳量时，在卷筒上应保留 3 圈以上
7			吊钩严禁补焊，不得使用铸造的吊钩，吊钩表面应光洁、不应有剥裂、锐角、毛刺、裂纹，并设有防脱钩装置且工作可靠有效
8		卷筒与滑轮	卷筒两侧边缘的高度应超过最外层钢丝绳，其值不应小于钢丝绳直径的 2 倍
9			卷筒上钢丝绳尾端的固定装置，应有防松或自紧性能
10			滑轮应有防止钢丝绳跳出轮槽的装置

续表

序号	检查项目		检查内容
11	一般项目	电气系统	电控装置应灵敏，熔断器配置应合理、正确；各电气仪表指示数据应准确，绝缘应良好
12			启动装置反应灵敏，与发动机飞轮啮合应良好
13			照明装置应齐全、亮度应符合使用要求
14		制动系统	制动轮的摩擦面，不应有妨碍制动性能的缺陷或油污制动机构
15			制动片与制动轮之间的接触面应均匀，间隙调整应适宜，制动应平稳可靠
16		回转系统	回转机构各部间隙调整应适当，回转时不应有明显晃动或抖动，并具有滑转性能，行走时转台应能锁定
17		基础	基础起重机支腿应支在坚实的地面，严禁支腿下方有孔洞
18		安全装置	起重机报警装置灵敏可靠
19			起重机力矩限制器是否灵敏可靠
20			起重机重量限制器是否灵敏可靠
21			所有外露的传动部件均应装设防护罩且固定牢靠；制动器应装有防雨罩
22			起重机幅度限位和防止起重臂后倾装置且工作可靠有效
23			变幅指示器各限位装置应完好、齐全、灵敏可靠

12 施工机具

施工机具的使用与管理应符合《施工现场机械设备检查技术规范》(JGJ 160)、《建筑施工安全检查标准》(JGJ 59) 和《建筑机械使用安全技术规程》(JGJ 33) 等国家现行有关标准的规定。

施工机具操作中涉及的特种设备操作人员应经过专业培训、考核合格取得住房城乡建设行政主管部门颁发的操作证，并应经过安全技术交底后持证上岗。机械必须按出厂使用说明书规定的技术性能、承载能力和使用条件，正确操作，合理使用，严禁超载、超速作业或任意扩大使用范围。机械上的各种安全防护和保险装置及各种安全信息装置必须齐全有效。

作业前，施工单位应确保为机械提供道路、水电、作业棚及停放场地等作业条件，并应消除各种安全隐患。机械设备的地基基础承载力应满足安全使用要求。机械安装、试机、拆卸应按使用说明书的要求进行。使用前应经专业技术人员验收合格。夜间作业应提供充足的照明。施工技术人员应向操作人员进行安全技术交底。操作人员应熟悉作业环境和施工条件，并应听从指挥，遵守现场安全管理规定。机械使用前，应对机械进行检查、试运转。

作业过程中，相关操作人员应按规定使用劳动保护用品，高处作业时应系安全带。操作时应集中精力，正确操作，并应检查机械工况，不得擅自离开工作岗位或将机械交给其他无证人员操作。无关人员不得进入作业区或操作室内。操作人员应根据机械有关保养维修规定，认真及时做好机械保养维修工作，保持机械的完好状态，并应做好维修保养记录。实行多班作业的机械，应执行交接班制度，填写交接班记录，接班人员上岗前应认真检查。

作业完成，机械集中停放施工现场平面布置的相应场所及位置，应设置警戒区域，悬挂警示标志，并应按规定配备消防器材，周边不得堆放易燃、易爆物品，非工作人员不得入内。

停用一个月以上或封存的机械，应做好停用或封存前的保养工作，并应采取预防风沙、雨淋、水泡、锈蚀等措施。

机械不得带病运转。检修前，应悬挂"禁止合闸，有人工作"的警示牌。严禁带电或采用预约停送电时间的方式进行检修。清洁、保养、维修机械或电气装置前，必须先切断电源，等机械停稳后再进行操作。机械使用的润滑油（脂）的性能应符合出厂使用说明书的规定，并应按时更换。

新机械、经过大修或技术改造的机械，应按出厂使用说明书的要求和现行行业标准的规定进行测试和试运转。

当发生机械事故时应立即组织抢救，并应保护事故现场，应按国家有关事故报告和调查处理规定执行。

目前施工机具的管理存在以包代管、无专业管理人员、操作人员未经培训上岗作业、机械设备进场验收流于形式，不合格机械进场使用、设备安全保护装置不全或失效、未按规定搭设防护棚或设置警戒区域、电气设备不符合要求等主要问题。

本章主要介绍建筑工程施工现场常用的施工机具安全管理相关技术要求，并根据使用领域不同分别对土石方机械、桩工机械、混凝土机械、钢筋加工机械、木工机械、焊接机械、场内机动车辆和其他中小型机械进行阐述。

12.1　土石方机械

12.1.1　一般规定

机械进入现场前，应查明行驶路线上的桥梁、涵洞的上部净空和下部承载能力，确保机械安全通过。通过桥梁时，应采用低速挡慢行，在桥面上不得转向或制动。

作业前，必须查明施工场地内明、暗铺设的各类管线等设施，并应采用明显记号标识。严禁在离地下管线、承压管道 1m 距离以内进行大型机械作业。

作业中，应随时监视机械各部位的运转及仪表指示值，如发现异常，应立即停机检修。机械运行中，不得接触转动部位。在修理工作装置时，应将工作装置降到最低位置，并应将悬空工作装置垫上垫木。在电杆附近取土时，对不能取消的拉线、地垄和杆身，应留出土台，土台大小应根据电杆结构、掩埋深度和土质情况由技术人员确定。机械与架空输电线路的安全距离应符合现行行业标准《施工现场临时用电安全技术规范》（JGJ 46）的规定。

在施工中遇下列情况之一时应立即停工：①填挖区土体不稳定，土体有可能坍塌；②地面涌水冒浆，机械陷车，或因雨水机械在坡道打滑；③遇大雨、雷电、浓雾等恶劣天气；④施工标志及防护设施被损坏；⑤工作面安全净空不足。

机械回转作业时，配合人员必须在机械回转半径以外工作。当需在回转半径以内工作时，必须将机械停止回转并制动。

雨期施工时，机械应停放在地势较高的坚实位置。

机械作业不得破坏基坑支护系统。行驶或作业中的机械，除驾驶室外的任何地方不得有乘员。

12.1.2　单斗挖掘机

单斗挖掘机的作业和行走场地应平整坚实，松软地面应用枕木或垫板垫实，沼泽或淤泥场地应进行路基处理，或更换专用湿地履带。

轮胎式挖掘机使用前应支好支腿，并应保持水平位置，支腿应置于作业面的方向，转向驱动桥应置于作业面的后方。履带式挖掘机的驱动轮应置于作业面的后方。采用液压悬挂装置的挖掘机，应锁住两个悬挂液压缸。

作业前应重点检查下列项目：①照明、信号及报警装置等应齐全有效；②燃油、润滑油、液压油应符合规定；③各铰接部分应连接可靠；④液压系统不得有泄漏现象；⑤轮胎气压等应符合规定。

启动前，应将主离合器分离，各操纵杆放在空挡位置，并应发出信号，确认安全后启动设备。

启动后，应先使液压系统从低速到高速空载循环 10~20min，不得有吸空等不正常噪声，并应检查各仪表指示值，运转正常后再接合主离合器，再进行空载运转，顺序操纵各工作机构并测试各制动器，确认正常后开始作业。

作业时，挖掘机应保持水平位置，行走机构应制动，履带或轮胎应揳紧。平整场地时，不得用铲斗进行横扫或用铲斗对地面进行夯实。挖掘岩石时，应先进行爆破。挖掘冻土时，应采用破冰锤或爆破法使冻土层破碎。不得用铲斗破碎石块、冻土，或用单边斗齿硬啃。

挖掘机最大开挖高度和深度，不应超过机械本身性能规定。在拉铲或反铲作业时，履带式挖掘机的履带与工作面边缘距离应大于 1.0m，轮胎式挖掘机的轮胎与工作面边缘距离应大于 1.5m。

在坑边进行挖掘作业，当发现有塌方危险时，应立即处理险情，或将挖掘机撤至安全地带。坑边不得留有伞状边沿及松动的大块石。挖掘机应停稳后再进行挖土作业。当铲斗未离开工作面时，不得作回转、行走等动作。应使用回转制动器进行回转制动，不得用转向离合器反转制动。作业时，各操纵过程应平稳，不宜紧急制动。铲斗升降不得过猛，下降时，不得撞碰车架或履带。斗臂在抬高及回转时，不得碰到坑、沟侧壁或其他物体。挖掘机向运土车辆装车时，应降低卸落高度，不得偏装或砸坏车厢。回转时，铲斗不得从运输车辆驾驶室顶上越过。

作业中，当液压缸将伸缩到极限位置时，应动作平稳，不得冲撞极限块。当需要制动时，应将变速阀置于低速挡位置。当发现挖掘力突然变化，应停机检查，不得在未查明原因前调整分配阀的压力，不得打开压力表开关，且不得将工况选择阀的操纵手柄放在高速挡位置。挖掘机应停稳后再反铲作业，斗柄伸出长度应符合规定要求，提斗应平稳。履带式挖掘机短距离行走时，主动轮应在后面，斗臂应在正前方与履带平行，并应制动回转机构。坡道坡度不得超过机械允许的最大坡度。下坡时应慢速行驶。不得在坡道上变速和空挡滑行。

轮胎式挖掘机行驶前，应收回支腿并固定可靠，监控仪表和报警信号灯应处于正常显示状态。轮胎气压应符合规定，工作装置应处于行驶方向，铲斗宜离地面 1m。长距离行驶时，应将回转制动板踩下，并应采用固定销锁定回转平台。

挖掘机在坡道上行走时熄火，应立即制动，并应揳住履带或轮胎，重新发动后，再继续行走。

作业后，挖掘机不得停放在高边坡附近或填方区，应停放在坚实、平坦、安全的位置，并应将铲斗收回平放在地面，所有操纵杆置于中位，关闭操作室和机棚。履带式挖掘机转移工地应采用平板拖车装运。短距离自行转移时，应低速行走。

保养或检修挖掘机时，应将内燃机熄火，并将液压系统卸荷，铲斗落地。

利用铲斗将底盘顶起进行检修时，应使用垫木将抬起的履带或轮胎垫稳，用木楔将落地履带或轮胎锁牢，然后再将液压系统卸荷，否则不得进入底盘下工作。

12.1.3 挖掘装载机

挖掘作业前应先将装载斗翻转，使斗口朝地，并使前轮稍离开地面，踏下并锁住制动踏板，然后伸出支腿，使后轮离地并保持水平位置。挖掘装载机在边坡卸料时，应有专人指挥，挖掘装载机轮胎距边坡缘的距离应大于1.5m。动臂后端的缓冲块应保持完好，损坏时应修复后使用。

作业时，应平稳操纵手柄；支臂下降时不宜中途制动。挖掘时不得使用高速挡。应平稳回转挖掘装载机，并不得用装载斗砸实沟槽的侧面。挖掘装载机移位时，应将挖掘装置处于中间运输状态，收起支腿，提起提升臂。装载作业前，应将挖掘装置的回转机构置于中间位置，并应采用拉板固定。在装载过程中，应使用低速挡。铲斗提升臂在举升时，不应使用阀的浮动位置。前四阀用于支腿伸缩和装载的作业与后四阀用于回转和挖掘的作业不得同时进行。行驶时，不应高速和急转弯。下坡时不得空挡滑行。行驶时，支腿应完全收回，挖掘装置应固定牢靠，装载装置宜放低，铲斗和斗柄液压活塞杆应保持完全伸张位置。

掘装载机停放时间超过1小时，应支起支腿，使后轮离地；停放时间超过1天时，应使后轮离地，并应在后悬架下面用垫块支撑。

12.1.4 推土机

推土机在坚硬土壤或多石土壤地带作业时，应先进行爆破或用松土器翻松。在沼泽地带作业时，应更换专用湿地履带板。不得用推土机推石灰、烟灰等粉尘物料，不得进行碾碎石块的作业。牵引其他机构设备时，应有专人负责指挥。钢丝绳的连接应牢固可靠。在坡道或长距离牵引时，应采用牵引杆连接。

作业前应重点检查下列项目：各部件不得松动，应连接良好；燃油、润滑油、液压油等应符合规定；各系统管路不得有裂纹或泄漏；各操纵杆和制动踏板的行程、履带的松紧度或轮胎气压等应符合要求。

启动前，应将主离合器分离，各操纵杆放在空挡位置，并应按照规定启动内燃机，不得用拖、顶方式启动。

启动后，应检查各仪表指示值、液压系统，并确认运转正常，当水温达到55℃、机油温度达到45℃时，全载荷作业。

推土机机械四周不得有障碍物，并确认安全后开动，工作时不得有人站在履带或刀片的支架上。

采用主离合器传动的推土机接合应平稳，起步不得过猛，不得使离合器处于半接合状态下运转；液力传动的推土机，应先解除变速杆的锁紧状态，踏下减速器踏板，变速杆应在低挡位，然后缓慢释放减速踏板。

在块石路面行驶时，应将履带张紧。当需要原地旋转或急转弯时，应采用低速挡。当行走机构夹入块石时，应采用正、反向往复行驶使块石排除。在浅水地带行驶或作业时，应查明水深，冷却风扇叶不得接触水面。下水前和出水后，应对行走装置加注润滑脂。

推土机上、下坡或超过障碍物时应采用低速挡。推土机上坡坡度不得超过25°，下坡坡度不得大于 35°，横向坡度不得大于 10°。在 25°以上的陡坡上不得横向行驶，并不得急转弯。上坡时不得换挡，下坡不得空挡滑行。当需要在陡坡上推土时，应先进行填挖，使机身保持平衡。在上坡途中，当内燃机突然熄灭，应立即放下铲刀，并锁住制动踏板。在推土机停稳后，将主离合器脱开，把变速杆放到空挡位置，并应用木块将履带或轮胎揳死后，重新启动内燃机。下坡时，当推土机下行速度大于内燃机传动速度时，转向操纵的方向应与平地行走时操纵的方向相反，并不得使用制动器。

填沟作业驶近边坡时，铲刀不得越出边缘。后退时，应先换挡，后提升铲刀进行倒车。在深沟、基坑或陡坡地区作业时，应有专人指挥，垂直边坡高度应小于 2m，当大于 2m 时，应放出安全边坡，同时禁止用推土刀侧面推土。

推土或松土作业时，不得超载，各项操作应缓慢平稳，不得损坏铲刀、推土架、松土器等装置；无液力变矩器装置的推土机，在作业中有超载趋势时，应稍微提升刀片或变换低速挡。不得顶推与地基基础连接的钢筋混凝土桩等建筑物。顶推树木等物体不得倒向推土机及高空架设物。两台以上推土机在同一地区作业时，前后距离应大于 8.0m；左右距离应大于 1.5m。在狭窄道路上行驶时，未得前机同意，后机不得超越。

作业完毕后，宜将推土机开到平坦安全的地方，并应将铲刀、松土器落到地面。在坡道上停机时，应将变速杆挂低速挡，接合主离合器，锁住制动踏板，并将履带或轮胎揳住。

停机时，应先降低内燃机转速，变速杆放在空挡，锁紧液力传动的变速杆，分开主离合器，踏下制动踏板并锁紧，在水温降到 75℃以下、油温降到 90℃以下后熄火。

推土机长途转移工地时，应采用平板拖车装运。短途行走转移距离不宜超过 10km，铲刀距地面宜为 400mm，不得用高速挡行驶和进行急转弯，不得长距离倒退行驶。在推土机下面检修时，内燃机应熄火，铲刀应落到地面或垫稳。

12.1.5 拖式铲运机

铲运机行驶道路应平整坚实，路面宽度应比铲运机宽度大 2m。铲运机作业时，应先采用松土器翻松。铲运作业区内不得有树根、大石块和大量杂草等。

启动前，应检查钢丝绳、轮胎气压、铲土斗及卸土板回缩弹簧、拖把万向接头、撑架以及各部滑轮等，并确认处于正常工作状态；液压式铲运机铲斗和拖拉机连接叉座与牵引连接块应锁定，各液压管路应连接可靠。开动前，应使铲斗离开地面，机械周围不得有障碍物。

作业中，严禁人员上下机械，传递物件，以及在铲斗内、拖把或机架上坐立。多台铲运机联合作业时，各机之间前后距离应大于 10m（铲土时应大于 5m），左右距离应大于 2m，并应遵守下坡让上坡、空载让重载、支线让干线的原则。

在狭窄地段运行时，未经前机同意，后机不得超越。两机交会或超车时应减速，两机左右间距应大于 0.5m。

铲运机上、下坡道时，应低速行驶，不得中途换挡，下坡时不得空挡滑行，行驶的横向坡度不得超过 6°，坡宽应大于铲运机宽度 2m。在新填筑的土堤上作业时，离堤坡边缘应大于 1m。当需在斜坡横向作业时，应先将斜坡挖填平整，使机身保持平衡。

在坡道上不得进行检修作业。在陡坡上不得转弯、倒车或停车。在坡上熄火时，应将铲斗落地、制动牢靠后再启动。下陡坡时，应将铲斗触地行驶，辅助制动。

铲土时，铲土与机身应保持直线行驶。助铲时应有助铲装置，并应正确开启斗门，不得切土过深。两机动作应协调配合，平稳接触，等速助铲。在下陡坡铲土时，铲斗装满后，在铲斗后轮未达到缓坡地段前，不得将铲斗提离地面，应防铲斗快速下滑冲击主机。

在不平地段行驶时，应放低铲斗，不得将铲斗提升到高位。拖拉陷车时，应有专人指挥，前后操作人员应配合协调，确认安全后起步。

作业后，应将铲运机停放在平坦地面，并应将铲斗落在地面上。液压操纵的铲运机应将液压缸缩回，将操纵杆放在中间位置，进行清洁、润滑后，锁好门窗。

非作业行驶时，铲斗应用锁紧链条挂牢在运输行驶位置上；拖式铲运机不得载人或装载易燃、易爆物品。修理斗门或在铲斗下检修作业时，应将铲斗提起后用销子或锁紧链条固定，再采用垫木将斗身顶住，并应采用木楔揳住轮胎。

12.1.6 自行式铲运机

自行式铲运机的行驶道路应平整坚实，单行道宽度不宜小于5.5m。多台铲运机联合作业时，前后距离不得小于20m，左右距离不得小于2m。

作业前，应检查铲运机的转向和制动系统，并确认灵敏可靠。

作业时，铲土或在利用推土机助铲时，应随时微调转向盘，铲运机应始终保持直线前进，不得在转弯情况下铲土。下坡时，不得空挡滑行，应踩下制动踏板辅助以内燃机制动，必要时可放下铲斗，以降低下滑速度。转弯时，应采用较大回转半径低速转向，操纵转向盘不得过猛；当重载行驶或在弯道上、下坡时，应缓慢转向。不得在大于15°的横坡上行驶，也不得在横坡上铲土。沿沟边或填方边坡作业时，轮胎离路肩不得小于0.7m，并应放低铲斗，降速缓行。

在坡道上不得进行检修作业。遇在坡道上熄火时，应立即制动，下降铲斗，把变速杆放在空挡位置，然后启动内燃机。

穿越泥泞或松软地面时，铲运机应直线行驶，当一侧轮胎打滑时，可踩下差速器锁止踏板。当离开不良地面时，应停止使用差速器锁止踏板，不得在差速器锁止时转弯。

夜间作业时，前后照明应齐全完好，前大灯应能照至30m；非作业行驶时，应符合相关规定。

12.1.7 静作用压路机

压路机碾压的工作面，应经过适当平整，对新填的松软土，应先用羊足碾或打夯机逐层碾压或夯实后，再用压路机碾压。

工作地段的纵坡不应超过压路机最大爬坡能力，横坡不应大于20°。应根据碾压要求选择机种。当光轮压路机需要增加机重时，可在滚轮内加砂或水。当气温降至0℃或0℃以下时，不得用水增重。轮胎压路机不宜在大块石基层上作业。

作业前，应检查并确认滚轮的刮泥板应平整良好，各紧固件不得松动；轮胎压路机应检查轮胎气压，确认正常后启动。

启动后，应检查制动性能及转向功能并确认灵敏可靠。开动前，压路机周围不得有障碍物或人员。不得用压路机拖拉任何机械或物件。碾压时应低速行驶。速度宜控制在 3~4km/h 范围内，在一个碾压行程中不得变速。碾压过程中应保持正确的行驶方向，碾压第二行时应与第一行重叠半个滚轮压痕。变换压路机前进、后退方向应在滚轮停止运动后进行，不得将换向离合器当作制动器使用。在新建场地上进行碾压时，应从中间向两侧碾压。碾压时，距场地边缘不应少于 0.5m。在坑边碾压施工时，应由里侧向外侧碾压，距坑边不应少于 1m。上下坡时，应事先选好挡位，不得在坡上换挡，下坡时不得空挡滑行。两台以上压路机同时作业时，前后间距不得小于 3m，在坡道上不得纵队行驶。

在行驶中，不得进行修理或加油。需要在机械底部进行修理时，应将内燃机熄火，刹车制动，并揳住滚轮。

对有差速器锁定装置的三轮压路机，当只有一只轮子打滑时，可使用差速器锁定装置，但不得转弯。

作业后，应将压路机停放在平坦坚实的场地，不得停放在软土路边缘及斜坡上，并不得妨碍交通，并应锁定制动。严寒季节停机时，宜采用木板将滚轮垫离地面，应防止滚轮与地面冻结。压路机转移距离较远时，应采用汽车或平板拖车装运。

12.1.8 振动压路机

作业时，压路机应先起步后起振，内燃机应先置于中速，然后再调至高速。

压路机换向时应先停机，变速时应降低内燃机转速。压路机不得在坚实的地面上进行振动。压路机碾压松软路基时，应先碾压 1~2 遍后再振动碾压。压路机碾压时，压路机振动频率应保持一致。换向离合器、起振离合器和制动器的调整，应在主离合器脱开后进行。上下坡时或急转弯时不得使用快速挡。铰接式振动压路机在转弯半径较小绕圈碾压时不得使用快速挡。压路机在高速行驶时不得接合振动。

停机时应先停振，然后将换向机构置于中间位置，变速器置于空挡，最后拉起手制动操纵杆。

12.1.9 轮胎式装载机

作业前应按规定进行检查。装载机行驶前，应先鸣笛示意，铲斗宜提升离地 0.5m。装载机行驶过程中应测试制动器的可靠性。装载机搭乘人员应符合规定。装载机铲斗不得载人。

装载机与汽车配合装运作业时，自卸汽车的车厢容积应与装载机铲斗容量相匹配。作业场地坡度应符合使用说明书的规定。作业区内不得有障碍物及无关人员。轮胎式装载机作业场地和行驶道路应平坦坚实。在石块场地作业时，应在轮胎上加装保护链条。装载机高速行驶时应采用前轮驱动；低速铲装时，应采用四轮驱动。铲斗装载后升起行驶时，不得急转弯或紧急制动。装载机下坡时不得空挡滑行。装载机的装载量应符合使用说明书的规定。装载机铲斗应从正面铲料，铲斗不得单边受力。装载机应低速缓慢举臂翻转铲斗卸料。装载机操纵手柄换向应平稳。装载机满载时，铲臂应缓慢下降。在松散不平的场地作业时，应把铲臂放在浮动位置，使铲斗平稳地推进；当推进阻力增大时，可稍微提升铲臂。当铲臂运行到上下最大限度时，应立即将操纵杆回到空挡位置。

装载机运载物料时，铲臂下铰点宜保持离地面 0.5m，并保持平稳行驶。铲斗提升到最高位置时，不得运输物料。铲装或挖掘时，铲斗不应偏载。铲斗装满后，应先举臂，再行走、转向、卸料。铲斗行走过程中不得收斗或举臂。当铲装阻力较大，出现轮胎打滑时，应立即停止铲装，排除过载后再铲装。在向汽车装料时，铲斗不得在汽车驾驶室上方越过。如汽车驾驶室顶无防护，驾驶室内不得有人。向汽车装料，宜降低铲斗高度，减小卸落冲击。汽车装料不得偏载、超载。装载机在坡、沟边卸料时，轮胎离边缘应保留安全距离，安全距离宜大于 1.5m；铲斗不宜伸出坡、沟边缘。在大于 3°的坡面上，装载机不得朝下坡方向俯身卸料。作业时，装载机变矩器油温不得超过 110℃，超过时，应停机降温。

作业后，装载机应停放在安全场地，铲斗应平放在地面上，操纵杆应置于中位，制动应锁定。装载机转向架未锁闭时，严禁站在前后车架之间进行检修保养。装载机铲臂升起后，在进行润滑或检修等作业时，应先装好安全销，或先采取其他措施支住铲臂。停车时，应使内燃机转速逐步降低，不得突然熄火，应防止液压油因惯性冲击而溢出油箱。

12.1.10　蛙式夯实机

蛙式夯实机宜适用于夯实灰土和素土。蛙式夯实机不得冒雨作业。

作业前应重点检查下列项目，并应符合相应要求：①漏电保护器应灵敏有效，接零或接地及电缆线接头应绝缘良好；②传动皮带应松紧合适，皮带轮与偏心块应安装牢固；③转动部分应安装防护装置，并应进行试运转，确认正常；④负荷线应采用耐气候型的四芯橡皮护套软电缆。电缆线长不应大于 50m。

作业时，夯实机启动后，应检查电动机旋转方向，错误时应倒换相线。夯实机扶手上的按钮开关和电动机的接线应绝缘良好。当发现有漏电现象时，应立即切断电源，进行检修。夯实机作业时，应一人扶夯，一人传递电缆线，不得夯击电缆线，并应戴绝缘手套和穿绝缘鞋。递线人员应跟随夯机后或两侧调顺电缆线。电缆线不得扭结或缠绕，并应保持 3~4m 的余量。作业时应保持夯实机平衡，不得用力压扶手。转弯时应用力平稳，不得急转弯。夯实填高松软土方时，应先在边缘以内 100~150mm 夯实 2~3 遍后，再夯实边缘。不得在斜坡上夯行，以防夯头后折。夯实房心土时，夯板应避开钢筋混凝土基础及地下管道等地下物。在建筑物内部作业时，夯板或偏心块不得撞击墙壁。夯实机作业时，夯实机四周 2m 范围内，不得有非夯实机操作人员。多机作业时，其平行间距不得小于 5m，前后间距不得小于 10m。夯实机电动机温升超过规定时，应停机降温。当夯实机有异常响声时，应立即停机检查。

作业后，应切断电源、卷好电缆线、清理夯实机。夯实机保管应防水防潮。

12.1.11　振动冲击夯

振动冲击夯适用于压实黏性土、砂及砾石等散状物料，不得在水泥路面和其他坚硬地面作业。

内燃机冲击夯作业前，应检查并确认有足够的润滑油，油门控制器应转动灵活。内燃机冲击夯启动后，应逐渐加大油门，夯机跳动稳定后开始作业。

振动冲击夯作业时，应正确掌握夯机，不得倾斜，手把不宜握得过紧，能控制夯机前进速度即可。

正常作业时，不得使劲往下压手把，以免影响夯机跳起高度。夯实松软土或上坡时，可将手把稍向下压，并应能增加夯机前进速度。根据作业要求，内燃冲击夯应通过调整油门的大小，在一定范围内改变夯机振动频率。内燃冲击夯不宜在高速下连续作业。当短距离转移时，应先将冲击夯手把稍向上抬起，将运转轮装入冲击夯的挂钩内，再压下手把，使重心后倾，再推动手把转移冲击夯。

12.2 桩工机械

12.2.1 一般规定

桩工机械类型应根据桩的类型、桩长、桩径、地质条件、施工工艺等综合考虑选择。施工现场应按桩机使用说明书的要求进行整平压实，地基承载力应满足桩机的使用要求。在基坑和围堰内打桩，应配置足够的排水设备。

桩机作业区内不得有妨碍作业的高压线路、地下管道和埋设电缆。作业区应有明显标志或围栏，非工作人员不得进入。桩机电源供电距离宜在 200m 以内，工作电源电压的允许偏差为其公称值的±5％。电源容量与导线截面应符合设备施工技术要求。

作业前，应由项目负责人向作业人员作详细的安全技术交底，桩机的安装、试机、拆除应严格按设备使用说明书的要求进行，应检查并确认桩机各部件连接牢靠，各传动机构、齿轮箱、防护罩、吊具、钢丝绳、制动器等应完好，起重机起升、变幅机构工作正常，润滑油、液压油的油位符合规定，液压系统无泄漏，液压缸动作灵敏，作业范围内不得有非工作人员或障碍物。安装桩锤时，应将桩锤运到立柱正前方 2m 以内，并不得斜吊。桩机的立柱导轨应按规定润滑。桩机的垂直度应符合使用说明书的规定。作业前，水上打桩时，应选择排水量比桩机重量大 4 倍以上的作业船或安装牢固的排架，桩机与船体或排架应可靠固定，并应采取有效的锚固措施。当打桩船或排架的偏斜度超过 3°时，应停止作业。

桩机吊桩、吊锤、回转、行走等动作不应同时进行。吊桩时，应在桩上拴好拉绳，避免桩与桩锤或机架碰撞。桩机吊锤（桩）时，锤（桩）的最高点离立柱顶部的最小距离应确保安全。轨道式桩机吊桩时应夹紧夹轨器。桩机在吊有桩和锤的情况下，操作人员不得离开岗位。

桩机不得侧面吊桩或远距离拖桩。桩机在正前方吊桩时，混凝土预制桩与桩机立柱的水平距离不应大于 4m，钢桩不应大于 7m，并应防止桩与立柱碰撞。使用双向立柱时，应在立柱转向到位，并应采用锁销将立柱与基杆锁住后起吊。施打斜桩时，应先将桩锤提升到预定位置，并将桩吊起，套入桩帽，桩尖插入桩位后再后仰立柱。履带三支点式桩架在后倾打斜桩时，后支撑杆应顶紧；轨道式桩架应在平台后增加支撑，并夹紧夹轨器。立柱后仰时，桩机不得回转及行走。桩机回转时，制动应缓慢，轨道式和步履式桩架同向连续回转不应大于一周。桩锤在施打过程中，监视人员应在距离桩锤中心 5m 以外。插桩后，应及时校正桩的垂直度。桩入土 3m 以上时，不得用桩机行走或回转动作来纠正桩的倾斜度。

拔送桩时，不得超过桩机起重能力；拔送载荷应符合下列规定：电动桩机拔送载荷不得超过电动机满载电流时的载荷；内燃机桩机拔送桩时，发现内燃机明显降速，应立即停止作业。

作业过程中，应经常检查设备的运转情况，当发生异响、吊索具破损、紧固螺栓松动、漏气、漏油、停电以及其他不正常情况时，应立即停机检查，排除故障。桩机作业或行走时，除本机操作人员外，不应搭载其他人员。桩机行走时，地面的平整度与坚实度应符合要求，并应有专人指挥。走管式桩机横移时，桩机距滚管终端的距离不应小于1m。桩机带锤行走时，应将桩锤放至最低位。履带式桩机行走时，驱动轮应置于尾部位置。在有坡度的场地上，坡度应符合桩机使用说明书的规定，并应将桩机重心置于斜坡上方，沿纵坡方向作业和行走。桩机在斜坡上不得回转。在场地的软硬边际，桩机不应横跨软硬边际。

遇风速12.0m/s及以上的大风和雷雨、大雾、大雪等恶劣气候时，应停止作业。当风速达到13.9m/s及以上时，应将桩机顺风向停置，并应按使用说明书的要求，增设缆风绳，或将桩架放倒。桩机应有防雷措施，遇雷电时，人员应远离桩机。冬期作业应清除桩机上积雪，工作平台应有防滑措施。

桩孔成型后，当暂不浇注混凝土时，孔口必须及时封盖。

作业中，当停机时间较长时，应将桩锤落下垫稳。检修时，不得悬吊桩锤。桩机在安装、转移和拆运时，不得强行弯曲液压管路。

作业后，应将桩机停放在坚实平整的地面上，将桩锤落下垫实，并切断动力电源。轨道式桩架应夹紧夹轨器。

12.2.2 柴油打桩锤

作业前，应检查导向板的固定与磨损情况，导向板不得有松动或缺件，导向面磨损不得大于7mm；应检查并确认起落架各工作机构安全可靠，启动钩与上活塞接触线距离应在5~10mm；应检查柴油锤与桩帽的连接，提起柴油锤，柴油像脱出砧座后，柴油锤下滑长度不应超过使用说明书的规定值，超过时应调整桩帽连接钢丝绳的长度；应检查缓冲胶垫，当砧座和橡胶垫的接触面小于原面积2/3时，或下汽缸法兰与砧座间隙小于使用说明书的规定值时，均应更换橡胶垫。

水冷式柴油锤应加满水箱，并应保证柴油锤连续工作时有足够的冷却水。冷却水应使用清洁的软水。冬期作业时应加温水。桩帽上缓冲垫木的厚度应符合要求，垫木不得偏斜。金属桩的垫木厚度应为100~150mm；混凝土桩的垫木厚度应为200~250mm。

柴油锤启动前，柴油锤、桩帽和桩应在同一轴线上，不得偏心打桩。在软土打桩时，应先关闭油门冷打，当每击贯入度小于100mm时，再启动柴油锤。柴油锤运转时，冲击部分的跳起高度应符合使用说明书的要求，达到规定高度时，应减小油门，控制落距。当上活塞下落而柴油锤未燃爆，上活塞发生短时间的起伏时，起落架不得落下，以防撞击碰块。打桩过程中，应有专人负责拉好曲臂上的控制绳，在意外情况下，可使用控制绳紧急停锤。柴油锤启动后，应提升起落架，在锤击过程中起落架与上汽缸顶部之间的距离不应小于2m。筒式柴油锤上活塞跳起时，应观察是否有润滑油从泄油孔中流出。下活塞的润滑油应按使用说明书的要求加注。柴油锤出现早燃时，应停止工作，并应按使用说明书的要求进行处理。

作业后，应将柴油锤放到最低位置，封盖上汽缸和吸排气孔，关闭燃料阀，将操作杆置于停机位置，起落架升至高于桩锤 1m 处，并应锁住安全限位装置。长期停用的柴油锤，应从桩机上卸下，放掉冷却水、燃油及润滑油，将燃烧室及上、下活塞打击面清洗干净，并应做好防腐措施，盖上保护套，入库保存。

12.2.3 振动桩锤

作业前，应检查并确认振动桩锤各部位螺栓、销轴的连接牢靠，减振装置的弹簧、轴和导向套完好；应检查各传动胶带的松紧度，松紧度不符合规定时应及时调整；应检查夹持片的齿形。当齿形磨损超过 4mm 时，应更换或用堆焊修复。使用前，应在夹持片中间放一块厚度为 10~15mm 的钢板进行试夹。试夹中液压缸应无渗漏，系统压力应正常，夹持片之间无钢板时不得试夹。应检查并确认振动桩锤的导向装置牢固可靠，导向装置与立柱导轨的配合间隙应符合使用说明书的规定。悬挂振动桩锤的起重机吊钩应有防松脱的保护装置。振动桩锤悬挂钢架的耳环应加装保险钢丝绳。振动桩锤启动时间不应超过使用说明书的规定。当启动困难时，应查明原因，排除故障后继续启动。启动时应监视电流和电压，当启动后的电流降到正常值时，开始作业。

夹桩时，夹紧装置和桩的头部之间不应有空隙。当液压系统工作压力稳定后，才能启动振动桩锤。

沉桩前，应以桩的前端定位，并按使用说明书的要求调整导轨与桩的垂直度。

沉桩时，应根据沉桩速度放松吊桩钢丝绳。沉桩速度、电机电流不得超过使用说明书的规定。沉桩速度过慢时，可在振动桩锤上按规定增加配重。当电流急剧上升时，应停机检查。

拔桩时，当桩身埋入部分被拔起 1.0~1.5m 时，应停止拔桩，在拴好吊桩用钢丝绳后，再起振拔桩。当桩尖离地面只有 1.0~2.0m 时，应停止振动拔桩，由起重机直接拔桩。桩拔出后，吊桩钢丝绳未吊紧前，不得松开夹紧装置。

拔桩应按沉桩的相反顺序起拔。夹紧装置在夹持板桩时，应靠近相邻一根。对工字桩应夹紧腹板的中央。当钢板桩和工字桩的头部有钻孔时，应将钻孔焊平或将钻孔以上割掉，或应在钻孔处焊接加强板，防止桩断裂。振动桩锤在正常振幅下仍不能拔桩时，应停止作业，改用功率较大的振动桩锤。拔桩时，拔桩力不应大于桩架的负荷能力。

振动桩锤作业时，减振装置各摩擦部位应具有良好的润滑。减振器横梁的振幅超过规定时，应停机查明原因。

作业中，当遇液压软管破损、液压操纵失灵或停电时，应立即停机，并应采取安全措施，不得让桩从夹紧装置中脱落。停止作业时，在振动桩锤完全停止运转前不得松开夹紧装置。

作业后，应将振动桩锤沿导杆放至低处，并采用木块垫实，带桩管的振动桩锤可将桩管沉入土中 3m 以上。振动桩锤长期停用时，应卸下振动桩锤。

12.2.4 静力压桩机

桩机纵向行走时，不得单向操作一个手柄，应两个手柄一起动作。短船回转或横向行走时，不应碰触长船边缘。

桩机升降过程中，4 个顶升缸中的 2 个一组，交替动作，每次行程不得超过 100mm。当单个顶升缸动作时，行程不得超过 50mm。压桩机在顶升过程中，船形轨道不宜压在已入土的单一桩顶上。

压桩作业时，应有统一指挥，压桩人员和吊桩人员应密切联系，相互配合。起重机吊桩进入夹持机构，进行接桩或插桩作业后，操作人员在压桩前应确认吊钩已安全脱离桩体。操作人员应按桩机技术性能作业，不得超载运行。操作时动作不应过猛，应避免冲击。

桩机发生浮机时，严禁起重机作业。如起重机已起吊物体，应立即将起吊物卸下，暂停压桩，在查明原因采取相应措施后，方可继续施工。

压桩时，非工作人员应离桩机 10m。起重机的起重臂及桩机配重下方严禁站人。操作人员的身体不得进入压桩台与机身的间隙之中。

压桩过程中，桩产生倾斜时，不得采用桩机行走的方法强行纠正，应先将桩拔起，清除地下障碍物后，重新插桩。当夹持的桩出现打滑现象时，应通过提高液压缸压力增加夹持力，不得损坏桩，并应及时找出打滑原因，排除故障。

桩机接桩时，上一节桩应提升 350~400mm，并不得松开夹持板。当桩的贯入阻力超过设计值时，增加配重应符合使用说明书的规定。当桩压到设计要求时，不得用桩机行走的方式，将超过规定高度的桩顶部分强行推断。

作业完毕，桩机应停放在平整地面上，短船应运行至中间位置，其余液压缸应缩进回程，起重机吊钩应升至最高位置，各部制动器应制动，外露活塞杆应清理干净。

作业后，应将控制器放在"零位"，并依次切断各部电源，锁闭门窗，冬期应放尽各部积水。转移工地时，应按规定程序拆卸桩机，所有油管接头处应加保护盖帽。

12.2.5 转盘钻孔机

钻架的吊重中心、钻机的卡孔和护进管中心应在同一垂直线上，钻杆中心偏差不应大于 20mm。钻头和钻杆连接螺纹应良好，滑扣的不得使用。钻头焊接应牢固可靠，不得有裂纹。钻杆连接处应安装便于拆卸的垫圈。

作业前，应先将各部操纵手柄置于空挡位置，人力盘动时不得有卡阻现象，然后空载运转，确认一切正常后方可作业。

开钻时，应先送浆后开钻；停机时，应先停钻后停浆。泥浆泵应有专人看管，对泥浆质量和浆面高度应随时测量和调整，随时清除沉淀池中杂物，出现漏浆现象时应及时补充。开钻时钻压应轻，转速应慢。在钻进过程中，应根据地质情况和钻进深度，选择合适的钻压和钻速，均匀给进。换挡时，应先停钻，挂上挡后再开钻。加接钻杆时，应使用特制的连接螺栓紧固，并应做好连接处的清洁工作。钻机下和井孔周围 2m 以内及高压胶管下，不得站人。钻杆不应在旋转时提升。发生提钻受阻时，应先设法使钻具活动后再慢慢提升，不得强行提升。当钻进受阻时，应采用缓冲击法解除，并查明原因，采取措施继续钻进。钻架、钻台平车、封口平车等的承载部位不得超载。使用空气反循环时，喷浆口应遮拦，管端应固定。钻进结束时，应把钻头略为提起，降低转速，空转 5~20min 后再停钻。停钻时，应先停钻后停风。

作业后，应对钻机进行清洗和润滑，并应将主要部位进行遮盖。

12.2.6 螺旋钻孔机

安装前，应检查并确认钻杆及各部件不得有变形；安装后，钻杆与动力头中心线的偏斜度不应超过全长的1%。

安装钻杆时，应从动力头开始，逐节往下安装。不得将所需长度的钻杆在地面上接好后一次起吊安装。钻机安装后，电源的频率与钻机控制箱的内频率应相同，不同时应采用频率转换开关予以转换。钻机应放置在平稳、坚实的场地上。汽车式钻机应将轮胎支起，架好支腿，并应采用自动微调或线锤调整挺杆，使之保持垂直。

启动前，应检查并确认钻机各部件连接应牢固，传动带的松紧度应适当，减速箱内油位应符合规定，钻深限位报警装置应有效；应将操纵杆放在空挡位置。启动后，应进行空载运转试验，检查仪表、制动等各项，温度、声响应正常。

钻孔时，应将钻杆缓慢放下，使钻头对准孔位，当电流表指针偏向无负荷状态时即可下钻。在钻孔过程中，当电流表超过额定电流时，应放慢下钻速度。钻机发出下钻限位报警信号时，应停钻并将钻杆稍稍提升，在解除报警信号后，方可继续下钻。

卡钻时，应立即停止下钻。查明原因前，不得强行启动。

作业中，当需改变钻杆回转方向时，应在钻杆完全停转后再进行。当发现阻力过大、钻进困难、钻头发出异响或机架出现摇晃、移动、偏斜时，应立即停钻，在排除故障后，继续施钻。钻机运转时，应有专人看护，防止电缆线被缠入钻杆。钻孔过程中，应经常检查钻头的磨损情况，当钻头磨损量超过使用说明书的允许值时，应予更换。作业中停电时，应将各控制器放置零位，切断电源，并应及时采取措施，将钻杆从孔内拔出。

作业后，应将钻杆及钻头全部提升至孔外，先清除钻杆和螺旋叶片上的泥土，再将钻头放下接触地面，锁定各部制动，将操纵杆放到空挡位置，切断电源。

12.2.7 全套管钻机

作业前，应检查并确认套管和浇注管内侧不得有损坏和明显变形，不得有混凝土粘结。

钻机内燃机启动后，应先怠速运转，再逐步加速至额定转速。钻机对位后，应进行试调，达到水平后，再进行作业。第一节套管入土后，应随时调整套管的垂直度。当套管入土深度大于5m时，不得强行纠偏。在套管内挖土碰到硬土层时，不得用锤式抓斗冲击硬土层，应采用十字凿锤将硬土层有效的破碎后，再继续挖掘。用锤式抓斗挖掘管内土层时，应在套管上加装保护套管接头的喇叭口。套管在对接时，接头螺栓应按出厂说明书规定的扭矩对称拧紧。接头螺栓拆下时，应立即洗净后浸入油中。起吊套管时，不得用卡环直接吊在螺纹孔内，损坏套管螺纹，应使用专用工具吊装。

挖掘过程中，应保持套管的摆动。当发现套管不能摆动时，应拔出液压缸，将套管上提，再用起重机助拔，直至拔起部分套管能摆动为止。浇注混凝土时，钻机操作应和灌注作业密切配合，应根据孔深、桩长适当配管，套管与浇注管保持同心，在浇注管埋入混凝土2～4m之间时，应同步拔管和拆管。上拔套管时，应左右摆动。套管分离时，下节套管头应用卡环保险，防止套管下滑。

作业后，应及时清除机体、锤式抓斗及套管等外表的混凝土和泥砂，将机架放回行走位置，将机组转移至安全场所。

12.2.8　旋挖钻机

作业地面应坚实平整，作业过程中地面不得下陷，工作坡度不得大于 $2°$。钻机驾驶员进出驾驶室时，应利用阶梯和扶手上下。在作业过程中，不得将操纵杆当扶手使用。

钻机行驶时，应将上车转台和底盘车架销住，履带式钻机还应锁定履带伸缩油缸的保护装置。

钻孔作业前，应检查并确认固定上车转台和底盘车架的销轴已拔出。履带式钻机应将履带的轨距伸至最大。

在钻机转移工作点、装卸钻具钻杆、收臂放塔和检修调试时，应有专人指挥，并确认附近不得有非作业人员和障碍。卷扬机提升钻杆、钻头和其他钻具时，重物应位于桅杆正前方。卷扬机钢丝绳与桅杆夹角应符合使用说明书的规定。开始钻孔时，钻杆应保持垂直，位置应正确，并应慢速钻进，在钻头进入土层后，再加快钻进。当钻斗穿过软硬土层交界处时，应慢速钻进。提钻时，钻头不得转动。

作业中，发生浮机现象时，应立即停止作业，查明原因并正确处理后，继续作业。钻机移位时，应将钻桅及钻具提升到规定高度，并应检查钻杆，防止钻杆脱落。作业中，钻机作业范围内不得有非工作人员进入。钻机短时停机，钻桅可不放下，动力头及钻具应下放，并宜尽量接近地面。长时间停机，钻桅应按使用说明书的要求放置。

钻机保养时，应按使用说明书的要求进行，并应将钻机支撑牢靠。

12.2.9　深层搅拌机

搅拌机就位后，应检查搅拌机的水平度和导向架的垂直度，并应符合使用说明书的要求。

作业前，应先空载试机，设备不得有异响，并应检查仪表、油泵等，确认正常后，正式开机运转。吸浆、输浆管路或粉喷高压软管的各接头应连接紧固。泵送水泥浆前，管路应保持湿润。

作业中，应控制深层搅拌机的入土切削速度和提升搅拌的速度，并应检查电流表，电流不得超过规定。发生卡钻、停钻或管路堵塞现象时，应立即停机，并应将搅拌头提离地面，查明原因，妥善处理后，重新开机施工。作业中，搅拌机动力头的润滑应符合规定，动力头不得断油。当喷浆式搅拌机停机超过 3h，应及时拆卸输浆管路，排除灰浆，清洗管道。

作业后，应按使用说明书的要求，做好清洁保养工作。

12.2.10　成槽机

作业前，应检查各传动机构、安全装置、钢丝绳等，并应确认安全可靠后，空载试车，试车运行中，应检查油缸、油管、油马达等液压元件，不得有渗漏油现象，油压应正常，油管盘、电缆盘应运转灵活，不得有卡滞现象，并应与起升速度保持同步。成槽机回转应平稳，不得突然制动。钢丝绳应排列整齐，不得松乱。成槽机起重性能参数应符合主机起重性能参数，不得超载。

安装时，成槽抓斗应放置在把杆铅垂线下方的地面上，把杆角度应为75°～78°。起升把杆时，成槽抓斗应随着逐渐慢速提升，电缆与油管应同步卷起，以防油管与电缆损坏。接油管时应保持油管的清洁。

工作场地应平坦坚实，在松软地面作业时，应在履带下铺设厚度在30mm以上的钢板，钢板纵向间距不应大于30mm。起重臂最大仰角不得超过78°，并应经常检查钢丝绳、滑轮，不得有严重磨损及脱槽现象，传动部件、限位保险装置、油温等应正常。成槽机行走履带应平行槽边，并应尽可能使主机远离槽边，以防槽段塌方。

成槽机工作时，把杆下不得有人员，人员不得用手触摸钢丝绳及滑轮；应检查成槽的垂直度，并应及时纠偏。

成槽机工作完毕，应远离槽边，抓斗应着地，设备应及时清洁。

拆卸成槽机时，应将把杆置于75°～78°位置，放落成槽抓斗，逐渐变幅把杆，同步下放起升钢丝绳、电缆与油管，并应防止电缆、油管拉断。

运输时，电缆及油管应卷绕整齐，并应垫高油管盘和电缆盘。

12.3 混凝土机械

12.3.1 一般规定

混凝土机械应安放在平坦坚实的地坪上，地基承载力应能承受工作荷载和振动荷载，场地周边应有良好的排水、供水、供电条件，道路应畅通。液压系统的溢流阀、安全阀应齐全有效，调定压力应符合说明书要求。系统应无泄漏，工作应平稳，不得有异响。

混凝土机械的工作机构、制动器、离合器、各种仪表及安全装置应齐全完好。

冬期施工，机械设备的管道、水泵及水冷却装置应采取防冻保温措施。

整机应符合下列规定：①主要工作性能应达到使用说明书规定的额定指标；②金属结构不应有开焊、裂纹、变形、严重锈蚀，各连接螺栓应紧固；③工作装置性能应可靠，附件应齐全完整；④整机应清洁，应无漏油、漏气、漏水等现象。

12.3.2 混凝土搅拌机

混凝土搅拌机必须搭设封闭式防雨、防砸操作棚。作业区要排水通畅，并应设置沉淀池及防尘设施。搅拌机要安装平稳、牢靠，不准以轮胎代替支撑。搅拌机限位装置应灵敏有效，开式齿轮等传动装置安全防护罩应齐全可靠。钢丝绳在卷筒上至少保留三圈，固接、使用、报废必须符合标准规定。

作业人员需进入搅拌筒内检修或清除剩料，必须先切断电源，锁好开关箱并在有专人监护的情况下，方能进入筒内。料斗提升时，人员严禁在料斗下停留或通过。当需在料斗下方进行清理或检修时，应将料斗提升至上止点，并必须用保险链挂牢或保险销锁牢。操作人员视线应良好，操作台应铺设绝缘垫板。各传动机构、工作装置应正常，齿轮箱、液压油箱内的油质和油量应符合要求。

作业前应进行空载运转，确认搅拌筒或叶片运转方向正确。反转出料的搅拌机应进行正、反转运转。空载运转时，不得有冲击现象和异常声响。供水系统的仪表计量应准确，水泵、管道等部件应连接可靠，不得有泄漏。搅拌机不宜带载启动，在达到正常转速后上料，上料量及上料程序应符合使用说明书的规定。

料斗提升时，人员严禁在料斗下停留或通过；当需在料斗下方进行清理或检修时，应将料斗提升至上止点，并必须用保险销锁牢或用保险链挂牢。

12.3.3 混凝土搅拌运输车

液压系统和气动装置的安全阀、溢流阀的调整压力应符合使用说明书的要求，卸料槽锁扣及搅拌筒的安全锁定装置应齐全完好。燃油、润滑油、液压油、制动液及冷却液应添加充足，质量应符合要求，不得有渗漏。搅拌筒及机架缓冲件应无裂纹或损伤，筒体与托轮应接触良好，搅拌叶片、进料斗、主辅卸料槽不得有严重磨损和变形。

装料前，应先启动内燃机空载运转，并低速旋转搅拌筒 3～5min，当各仪表指示正常、制动气压达到规定值时，并检查确认后装料，装载量不得超过规定值。

行驶前，应确认操作手柄处于"搅动"位置并锁定，卸料槽锁扣应扣牢。搅拌行驶时最高速度不得大于 50km/h。

出料作业时，应将搅拌运输车停靠在地势平坦处，应与基坑及输电线路保持安全距离，并应锁定制动系统。

进入搅拌筒维修、清理混凝土前，应将发动机熄火，操作杆置于空挡，将发动机钥匙取出，并应设专人监护，悬挂安全警示牌。

12.3.4 混凝土输送泵

混凝土泵应安放在平整、坚实的地面上，周围不得有障碍物，支腿应支设牢靠，机身应保持水平和稳定，轮胎应揳紧。

混凝土输送管道的敷设应符合下列规定：管道敷设前应检查并确认管壁的磨损量应符合使用说明书的要求，管道不得有裂纹、砂眼等缺陷。新管或磨损量较小的管道应敷设在泵出口处；管道应使用支架或与建筑结构固定牢固。泵出口处的管道底部应依据泵送高度、混凝土排量等设置独立的基础，并能承受相应荷载；敷设垂直向上的管道时，垂直管不得直接与泵的输出口连接，应在泵与垂直管之间敷设长度不小于 15m 的水平管，并加装逆止阀；敷设向下倾斜的管道时，应在泵与斜管之间敷设长度不小于 5 倍落差的水平管。当倾斜度大于 7°时，应加装排气阀。

作业前应检查并确认管道连接处管卡扣牢，不得泄漏。混凝土泵的安全防护装置应齐全可靠，各部位操纵开关、手柄等位置应正确，搅拌斗防护网应完好牢固。砂石粒径、水泥强度等级及配合比应符合出厂规定，并应满足混凝土泵的泵送要求。

混凝土泵启动后，应空载运转，观察各仪表的指示值，检查泵和搅拌装置的运转情况，并确认一切正常后作业，泵送前应向料斗加入清水和水泥砂浆润滑泵及管道。

混凝土泵在开始或停止泵送混凝土前，作业人员应与出料软管保持安全距离，作业人员不得在出料口下方停留，出料软管不得埋在混凝土中。

泵送混凝土的排量、浇注顺序应符合混凝土浇筑施工方案的要求。施工荷载应控制在允许范围内。

混凝土泵工作时，料斗中混凝土应保持在搅拌轴线以上，不应吸空或无料泵送，不得进行维修作业。

混凝土泵作业中，应对泵送设备和管路进行观察，发现隐患应及时处理。对磨损超过规定的管子、卡箍、密封圈等应及时更换。

混凝土泵作业后，应将料斗和管道内的混凝土全部排出，并对泵、料斗、管道进行清洗。清洗作业应按说明书要求进行，不宜采用压缩空气进行清洗。

12.3.5　混凝土输送泵车

混凝土泵车应停放在平整坚实的地方，与沟槽和基坑的安全距离应符合使用说明书的要求。臂架回转范围内不得有障碍物，与输电线路的安全距离应符合现行行业标准《施工现场临时用电安全技术规范》（JGJ 46）的有关规定。

混凝土泵车作业前，应将支腿打开，并应采用垫木垫平，车身的倾斜度不应大于3°。

作业前应重点检查下列项目，并应符合相应要求：①安全装置应齐全有效，仪表应指示正常；②液压系统、工作机构应运转正常；③料斗网格应完好牢固；④软管安全链与臂架连接应牢固。

伸展布料杆应按出厂说明书的顺序进行。布料杆在升离支架前不得回转，不得用布料杆起吊或拖拉物件。当布料杆处于全伸状态时，不得移动车身。当需要移动车身时，应将上段布料杆折叠固定，移动速度不得超过10km/h。得接长布料配管和布料软管，布料杆前段接软管处应有安全连接保护。

12.3.6　插入式振捣器

作业前，应检查电动机、软管、电缆线、控制开关等，并应确认处于完好状态。电缆线连接应正确。

作业中，操作人员作业时应穿戴符合要求的绝缘鞋和绝缘手套。电缆线应采用耐候型橡皮护套铜芯软电缆，并不得有接头。电缆线长度不应大于30m，不得缠绕、扭结和挤压，并不得承受任何外力。振捣器软管的弯曲半径不得小于500mm，操作时应将振捣器垂直插入混凝土，深度不宜超过600mm。振捣器不得在初凝的混凝土、脚手板和干硬的地面上进行试振。在检修或作业间断时，应切断电源。

作业完毕，应切断电源，并应将电动机、软管及振动棒清理干净。

12.3.7　附着式、平板式振捣器

作业前应检查电动机、电源线、控制开关等，并确认完好无破损。附着式振捣器的安装位置应正确，连接应牢固，并应安装减振装置。

操作人员穿戴应符合要求的绝缘鞋和绝缘手套。平板式振捣器应采用耐气候型橡皮护套铜芯软电缆，并不得有接头和承受任何外力，其长度不应超过30m。附着式、平板式振捣器的轴承不应承受轴向力，振捣器使用时，应保持振捣器电动机轴线在水平状

态。平板式振捣器作业时应使用牵引绳控制移动速度，不得牵拉电缆。在同一块混凝土模板上同时使用多台附着式振捣器时，各振捣器的振频应一致，安装位置宜交错设置。安装在混凝土模板上的附着式振捣器，每次作业时间应根据施工方案确定。

作业完毕，应切断电源，并应将振捣器清理干净。

12.3.8　混凝土振动台

作业前，应检查电动机、传动及防护装置，并确认完好有效，轴承座、偏心块及机座螺栓应紧固牢靠；应检查并确认润滑油不得有泄漏，油温、传动装置应符合要求。

振动台应设有可靠的锁紧夹，振动时应将混凝土槽锁紧，混凝土模板在振动台上不得无约束振动。振动台电缆应穿在电管内，并预埋牢固。

在作业过程中，不得调节预置拨码开关。振动台应保持清洁。

12.3.9　混凝土喷射机

喷射机风源、电源、水源、加料设备等应配套齐全。管道应安装正确，连接处应紧固密封。当管道通过道路时，管道应有保护措施。喷射机内部应保持干燥和清洁。应按出厂说明书规定的配合比配料，不得使用结块的水泥和未经筛选的砂石。

作业前应重点检查下列项目，并应符合相应要求：①安全阀应灵敏可靠；②电源线应无破损现象，接线应牢靠；③各部密封件应密封良好，橡胶结合板和旋转板上出现的明显沟槽应及时修复；④压力表指针显示应正常；⑤应根据输送距离，及时调整风压的上限值；⑥喷枪水环管应保持畅通。

启动时，应按顺序分别接通风、水、电，开启进气阀时，应逐步达到额定压力。启动电动机后，应空载试运转，确认一切正常后方可投料作业。

机械操作人员和喷射作业人员应有信号联系，送风、加料、停料、停风及发生堵塞时，应联系畅通密切配合。喷嘴前方不得有人员。发生堵管时，应先停止喂料，敲击堵塞部位，使物料松散，然后用压缩空气吹通。操作人员作业时，应紧握喷嘴，不得甩动管道。作业时，输送软管不得随地拖拉和折弯。

停机时，应先停止加料，再关闭电动机，然后停止供水，最后停送压缩空气，并应将仓内及输料管内的混合料全部喷出。

停机后，应将输料管、喷嘴拆下清洗干净，清除机身内外粘附的混凝土料及杂物，并应使密封件处于放松状态。

12.3.10　混凝土布料机

设置混凝土布料机前，应确认现场有足够的作业空间，混凝土布料机任意部位与其他设备及构筑物的安全距离不应小于0.6m。混凝土布料机的支撑面应平整坚实。固定式混凝土布料机的支撑应符合使用说明书的要求，支撑结构应经设计计算，并应采取相应加固措施。手动式混凝土布料机应有可靠的防倾覆措施。

混凝土布料机作业前应重点检查下列项目，并应符合相应要求：支腿应打开垫实，并应搂紧；塔架的垂直度应符合使用说明书要求；配重块应与臂架安装长度匹配；臂架回转机构润滑应充足，转动应灵活；机动混凝土布料机的动力装置、传动装置、安全及制动装置应符合要求；混凝土输送管道应连接牢固。

手动混凝土布料机回转速度应缓慢均匀，牵引绳长度应满足安全距离的要求。输送管出料口与混凝土浇筑面宜保持1m的距离，不得被混凝土掩埋。人员不得在臂架下方停留。

当风速达到 10.8m/s 及以上或大雨、大雾等恶劣天气应停止作业。

12.4 钢筋加工机械

12.4.1 一般规定

整机应符合下列规定：①机械的安装应坚实稳固，应采用防止设备意外移位的措施；②机身不应有破损、断裂及变形；③金属结构不应有开焊、裂纹；④各部位连接应牢固；⑤零部件应完整，随机附件应齐全；⑥外观应清洁，不应有油垢和锈蚀；⑦操作系统应灵敏可靠，各仪表指示数据应准确；⑧传动系统运转应平稳，不应有异常冲击、振动、爬行、窜动、噪声、超温、超压。

安全防护应符合下列规定：①安全防护装置应齐全可靠，防护罩或防护板安装应牢固，不应破损；②接零应符合用电规定；③漏电保护器参数应匹配，安装应正确，动作应灵敏可靠；④电气保护装置应齐全有效；⑤机械齿轮、皮带轮等高速运转部分，必须安装防护罩或防护板。

12.4.2 钢筋调直机

料架、料槽应安装平直，并应与导向筒、调直筒和下切刀孔的中心线一致。

切断机安装后，应用手转动飞轮，检查传动机构和工作装置，并及时调整间隙，紧固螺栓。在检查并确认电气系统正常后，进行空运转。切断机空运转时，齿轮应啮合良好，并不得有异响，确认正常后开始作业。

作业时，应按钢筋的直径，选用适当的调直块、曳引轮槽及传动速度。调直块的孔径应比钢筋直径大 2~5mm。曳引轮槽宽应和所需调直钢筋的直径相符合。大直径钢筋宜选用较慢的传动速度。在调直块未固定或防护罩未盖好前，不得送料。作业中，不得打开防护罩。送料前，应将弯曲的钢筋端头切除。导向筒前应安装一根长度为 1m 的钢管。钢筋送入后，手应与曳轮保持安全距离。当调直后的钢筋仍有慢弯时，可逐渐加大调直块的偏移量，直到调直为止。切断 3~4 根钢筋后，应停机检查钢筋长度，当超过允许偏差时，应及时调整限位开关或定尺板。

12.4.3 钢筋切断机

接送料的工作台面应和切刀下部保持水平，工作台的长度应根据加工材料长度确定。

启动前，应检查并确认切刀不得有裂纹，刀架螺栓应紧固，防护罩应牢靠。应用手转动皮带轮，检查齿轮啮合间隙，并及时调整。

启动后，应先空运转，检查并确认各传动部分及轴承运转正常后，开始作业。机械未达到正常转速前，不得切料。操作人员应使用切刀的中、下部位切料，应紧握钢筋对准刃口迅速投入，并应站在固定刀片一侧用力压住钢筋，防止钢筋末端弹出伤人，不得用双手分在刀片两边握住钢筋切料。操作人员不得剪切超过机械性能规定强度及直径的钢筋或烧红的钢筋，一次切断多根钢筋时，其总截面积应在规定范围内。剪切低合金钢筋时，应更换高硬度切刀，剪切直径应符合机械性能的规定。切断短料时，手和切刀之间的距离应大于 150mm，并应采用套管或夹具将切断的短料压住或夹牢。

机械运转中，不得用手直接清除切刀附近的断头和杂物，在钢筋摆动范围和机械周围，非操作人员不得停留。

当发现机械有异常响声或切刀歪斜等不正常现象时，应立即停机检修。

液压式切断机启动前，应检查并确认液压油位符合规定。切断机启动后，应空载运转，检查并确认电动机旋转方向应符合规定，并应打开放油阀，在排净液压缸体内的空气后开始作业。

手动液压式切断机使用前，应将放油阀按顺时针方向旋紧，作业完毕后，应立即按逆时针方向旋松。

12.4.4　钢筋弯曲机

工作台和弯曲机台面应保持水平。作业前应准备好各种芯轴及工具，并应按加工钢筋的直径和弯曲半径的要求，装好相应规格的芯轴和成型轴、挡铁轴。芯轴直径应为钢筋直径的 2.5 倍，挡铁轴应有轴套，挡铁轴的直径和强度不得小于被弯钢筋的直径和强度。

启动前，应检查并确认芯轴、挡铁轴、转盘等不得有裂纹和损伤，防护罩应有效，在空载运转并确认正常后，开始作业。

作业时，应将需弯曲的一端钢筋插入在转盘固定销的间隙内，将另一端紧靠机身固定销，并用手压紧，在检查并确认机身固定销安放在挡住钢筋的一侧后，启动机械。弯曲作业时，不得更换轴芯、销子和变换角度以及调速，不得进行清扫和加油。对超过机械铭牌规定直径的钢筋不得进行弯曲。在弯曲未经冷拉或带有锈皮的钢筋时，应戴防护镜。在弯曲高强度钢筋时，应进行钢筋直径换算，钢筋直径不得超过机械允许的最大弯曲能力，并应及时调换相应的芯轴。操作人员应站在机身设有固定销的一侧。成品钢筋应堆放整齐，弯钩不得朝上。转盘换向应在弯曲机停稳后进行。

12.4.5　钢筋冷拉机

根据冷拉钢筋的直径，合理选用冷拉卷扬机。卷扬钢丝绳应经封闭式导向滑轮，并应和被拉钢筋成直角，操作人员应能见到全部冷拉场地，卷扬机与冷拉中心线距离不得小于 5m。

冷拉场地应设置警戒区，并应安装防护栏及警告标志，非操作人员不得进入警戒区。作业时，操作人员与受拉钢筋的距离应大于 2m。

采用配重控制的冷拉机应有指示起落的记号或专人指挥，冷拉机的滑轮、钢丝绳应相匹配。配重提起时，配重离地高度应小于 300mm，配重架四周应设置防护栏杆及警告标志。

作业前，应检查冷拉机，夹齿应完好；滑轮、拖拉小车应润滑灵活；拉钩、地锚及防护装置应齐全牢固。

采用延伸率控制的冷拉机，应设置明显的限位标志，并应有专人负责指挥。照明设施宜设置在张拉警戒区外。当需设置在警戒区内时，照明设施安装高度应大于 5m，并应有防护罩。

作业后，应放松卷扬钢丝绳，落下配重，切断电源，并锁好开关箱。

12.4.6 钢筋冷拔机

启动机械前，应检查并确认机械各部连接应牢固，模具不得有裂纹，轧头与模具的规格应配套。

钢筋冷拔量应符合机械出厂说明书的规定。机械出厂说明书未作规定时，可按每次冷拔缩减模具孔径 0.5～1.0mm 进行。轧头时，应先将钢筋的一端穿过模具，钢筋穿过的长度宜为 100～150mm，再用夹具夹牢。

作业时，操作人员的手与轧碾应保持 300～500mm 的距离，不得用手直接接触钢筋和滚筒。冷拔模架中应随时加足润滑剂，润滑剂可采用石灰和肥皂水调和晒干后的粉末。当钢筋的末端通过冷拔模后，应立即脱开离合器，同时用手闸挡住钢筋末端。

冷拔过程中，当出现断丝或钢筋打结乱盘时，应立即停机处理。

12.4.7 钢筋螺纹成型机

在机械使用前，应检查并确认刀具安装应正确，连接应牢固，运转部位润滑应良好，不得有漏电现象，空车试运转并确认正常后作业。钢筋应先调直再下料。钢筋切口断面应与轴线垂直，不得用气割下料。

加工时，钢筋应夹持牢固，不得加工超过机械铭牌规定直径的钢筋。加工锥螺纹时，应采用水溶性切削润滑液。当气温低于 0℃时，可掺入 15％～20％亚硝酸钠。套丝作业时，不得用机油作润滑液或不加润滑液。

机械在运转过程中，不得清扫刀片上面的积屑杂物和进行检修。

12.4.8 钢筋除锈机

作业前应检查并确认钢丝刷应固定牢靠，传动部分应润滑充分，封闭式防护罩及排尘装置等应完好。

操作人员应束紧袖口，并应佩戴防尘口罩、手套和防护眼镜。带弯钩的钢筋不得上机除锈。弯度较大的钢筋宜在调直后除锈。

操作时，应将钢筋放平，并侧身送料，不得在除锈机正面站人，较长钢筋除锈时，应有 2 人配合操作。

12.4.9 钢筋套筒冷挤压连接机

超高压油管的弯曲半径不应小于 250mm，扣压接头处不应有扭转和死弯。压力表应定期检查测定，误差不应大于 5％。

12.5 木工机械

12.5.1 一般规定

机械操作人员应穿紧口衣裤，并束紧长发，不得系领带和戴手套。机械的电源安装和拆除及机械电气故障的排除，应由专业电工进行。机械应使用单向开关，不得使用倒顺双向开关。机械安全装置应齐全有效，传动部位应安装防护罩，各部件应连接紧固。

机械作业场所应配备齐全可靠的消防器材。在工作场所，不得吸烟和动火，并不得混放其他易燃易爆物品。工作场所的木料应堆放整齐，道路应畅通。

机械应保持清洁，工作台上不得放置杂物。机械的皮带轮、锯轮、刀轴、锯片、砂轮等高速转动部件的安装应平衡。各种刀具破损程度不得超过使用说明书的规定要求。

加工前，应清除木料中的铁钉、铁丝等金属物。装设除尘装置的木工机械作业前，应先启动排尘装置，排尘管道不得变形、漏气。机械运行中，不得测量工件尺寸和清理木屑、刨花和杂物；不得跨越机械传动部分。排除故障、拆装刀具应在机械停止运转，并切断电源后进行。

操作时，应根据木材的材质、粗细、湿度等选择合适的切削和进给速度。操作人员与辅助人员应密切配合，并应同步匀速接送料。使用多功能机械时，应只使用其中一种功能，其他功能的装置不得妨碍操作。

作业后，应切断电源，锁好闸箱，并应进行清理、润滑。

机械噪声不应超过建筑施工场界噪声限值；当机械噪声超过限值时，应采取降噪措施。机械操作人员应按规定佩戴个人防护用品。

12.5.2 带锯机

作业前，应对锯条及锯条安装质量进行检查。锯条齿侧或锯条接头处的裂纹长度超过10mm、连续缺齿两个和接头超过两处的锯条不得使用。当锯条裂纹长度在10mm以下时，应在裂纹终端冲一止裂孔。锯条松紧度应调整适当。带锯机启动后，应空载试运转，并应确认运转正常，无串条现象后，开始作业。

作业中，操作人员应站在带锯机的两侧，跑车开动后，行程范围内的轨道周围不应站人，不应在运行中跑车。原木进锯前，应调好尺寸，进锯后不得调整。进锯速度应均匀。倒车应在木材的尾端越过锯条500mm后进行，倒车速度不宜过快。平台式带锯作业时，送接料应配合一致。送料、接料时不得将手送进台面。锯短料时，应采用推棍送料，回送木料时，应离开锯条50mm及以上。带锯机运转中，当木屑堵塞吸尘管口时，不得清理管口。作业中，应根据锯条的宽度与厚度及时调节档位或增减带锯机的压泥（重锤）。当发生锯条口松或串条等现象时，不得用增加压砣（重锤）重量的办法进行调整。

12.5.3 圆盘锯

木工圆锯机上的旋转锯片必须设置防护罩。安装锯片时，锯片应与轴同心，夹持锯片的法兰盘直径应为锯片直径的1/4。锯片不得有裂纹。锯片不得有连续2个及以上的缺齿。被锯木料的长度不应小于500mm。作业时，锯片应露出木料10～20mm。送料时，不得将木料左右晃动或抬高；遇木节时，应缓慢送料；接近端头时，应采用推棍送料。当锯线走偏时，应逐渐纠正，不得猛扳，以防止损坏锯片。作业时，操作人员应戴防护眼镜，手臂不得跨越锯片，人员不得站在锯片的旋转方向。

12.5.4 平面刨（手压刨）

刨料时，应保持身体平稳，用双手操作。刨大面时，手应按在木料上面；刨小料时，手指不得低于料高一半，手不得在料后推料。

当被刨木料的厚度小于30mm，或长度小于400mm时，应采用压板或推棍推进。厚度小于15mm，或长度小于250mm的木料，不得在平刨上加工。

刨旧料前，应将料上的钉子、泥砂清除干净。被刨木料如有破裂或硬节等缺陷时，应处理后再施刨。遇木槎、节疤应缓慢送料。不得将手按在节疤上强行送料。

刀片、刀片螺钉的厚度和重量应一致，刀架与夹板应吻合贴紧，刀片焊缝超出刀头或有裂缝的刀具不应使用。刀片紧固螺钉应嵌入刀片槽内，并离刀背不得小于10mm，刀片紧固力应符合使用说明书的规定。

机械运转时，不得将手伸进安全挡板里侧去移动挡板或拆除安全挡板。

12.5.5 压刨床（单面和多面）

作业时，不得一次刨削两块不同材质或规格的木料，被刨木料的厚度不得超过使用说明书的规定。

操作者应站在进料的一侧。送料时应先进大头，接料人员应在被刨料离开料碾后接料。刨刀与刨床台面的水平间隙应在10～30mm之间。不得使用带开口槽的刨刀。每次进刀量宜为2～5mm。遇硬木或节疤，应减小进刀量，降低送料速度。刨料的长度不得小于前后压辊之间距离。厚度小于10mm的薄板应垫托板作业。

压刨床的逆止爪装置应灵敏有效。进料齿帽及托料光碾应调整水平，上下距离应保持一致，齿碾应低于工件表面1～2mm，光碾应高出台0.3～0.8mm，工作台面不得歪斜和高低不平。

刨削过程中，遇木料走横或卡住时，应先停机，再放低台面，取出木料，排除故障。

12.5.6 木工车床

车削前，应对车床各部装置及工具、卡具进行检查，并确认安全可靠。工件应卡紧，并应采用顶针顶紧。应进行试运转，确认正常后，方可作业。应根据工件木质的硬度，选择适当的进刀量和转速。

车削过程中，不得用手摸的方法检查工件的光滑程度。当采用砂纸打磨时，应先将刀架移开，车床转动时，不得用手来制动。

方形木料应先加工成圆柱体，再上车床加工。不得切削有节疤或裂缝的木料。

12.5.7 木工铣床（裁口机）

作业前，应对铣床各部件及铣刀安装进行检查，铣刀不得有裂纹或缺损，防护装置及定位止动装置应齐全可靠。

木料有硬节时，应低速送料。应在木料送过铣刀口150mm后，再进行接料。当木料铣切到端头时，应在已铣切的一端接料。送短料时，应用推料棍。铣切量应按使用说明书的规定执行。不得在木料中间插刀。卧式铣床的操作人员作业时，应站在刀刃侧面，不得面对刀刃。

12.5.8 开榫机

作业前，应紧固好刨刀、锯片，并试运转 3~5min，确认正常后作业。

作业时，应侧身操作，不得面对刀具。切削时，应用压料杆将木料压紧，在切削完毕前，不得松开压料杆。短料开榫时，应用垫板将木料夹牢，不得用手直接握料作业。不得上机加工有节疤的木料。

12.5.9 打眼机

作业前，应调整好机架和卡具，台面应平稳，钻头应垂直，凿心应在凿套中心卡牢，并应与加工的钻孔垂直。

打眼时，应使用夹料器，不得用手直接扶料。遇节疤时，应缓慢压下，不得用力过猛。

作业中，当凿心卡阻或冒烟时，应立即抬起手柄。不得用手直接清理钻出的木屑。更换凿心时，应先停车，切断电源，并应在平台上垫上木板后进行。

12.5.10 锉锯机

作业前，应检查并确认砂轮不得有裂缝和破损，并应安装牢固。

启动时，应先空运转，当有剧烈振动时，应找出偏重位置，调整平衡。

作业时，操作人员不得站在砂轮旋转时离心力方向一侧。当撑齿钩遇到缺齿或撑钩妨碍锯条运动时，应及时处理。锉磨锯齿的速度宜按下列规定执行：带锯应控制在40~70 齿/min；圆锯应控制在 26~30 齿/min。锯条焊接时应接合严密，平滑均匀，厚薄一致。

12.5.11 磨光机

作业前，应对下列项目进行检查，并符合相应要求：①盘式磨光机防护装置应齐全有效；②砂轮应无裂纹破损；③带式磨光机砂筒上砂带的张紧度应适当；④各部轴承应润滑良好，紧固连接件应连接可靠。

磨削小面积工件时，宜尽量在台面整个宽度内排满工件，磨削时，应渐次连续进给。带式磨光机作业时，压垫的压力应均匀。砂带纵向移动时，砂带应和工作台横向移动互相配合。

盘式磨光机作业时，工件应放在向下旋转的半面进行磨光。手不得靠近磨盘。

12.6 焊接机械

12.6.1 一般规定

焊接（切割）前，应先进行动火审查，确认焊接（切割）现场防火措施符合要求，并应配备相应的消防器材和安全防护用品，落实监护人员后，开具动火证。

焊接设备应有完整的防护外壳，一、二次接线柱处有保护罩。现场使用的电焊机应设有防雨、防潮、防晒、防砸的措施。

焊割现场及高空焊割作业下方，严禁堆放油类、木材、氧气瓶、乙炔瓶、保温材料等易燃、易爆物品。

电焊机绝缘电阻不得小于 0.5MΩ，电焊机导线绝缘电阻不得小于 1MΩ，电焊机接地电阻不得大于 4Ω。

电焊机导线和接地线不得搭在易燃、易爆、带有热源或有油的物品上；不得利用建（构）筑物的金属结构、管道、轨道或其他金属物体，搭接起来，形成焊接回路，并不得将电焊机和工件双重接地；严禁使用氧气、天然气等易燃易爆气体管道作为接地装置。

电焊机的一次侧电源线长度不应大于 5m，二次线应采用防水橡皮护套铜芯软电缆，电缆长度不应大于 30m，接头不得超过 3 个，并应双线到位。当需要加长导线时，应相应增加导线的截面积。当导线通过道路时，应架高，或穿入防护管内埋设在地下；当通过轨道时，应从轨道下面通过。当导线绝缘受损或断股时，应立即更换。

电焊钳应有良好的绝缘和隔热能力。电焊钳握柄应绝缘良好，握柄与导线连接应牢靠，连接处应采用绝缘布包好。操作人员不得用胳膊夹持电焊钳，并不得在水中冷却电焊钳。

对承压状态的压力容器和装有剧毒、易燃、易爆物品的容器，严禁进行焊接或切割作业。

当需焊割受压容器、密闭容器、粘有可燃气体和溶液的工件时，应先消除容器及管道内压力，清除可燃气体和溶液，并冲洗有毒、有害、易燃物质；对存有残余油脂的容器，宜用蒸汽、碱水冲洗，打开盖口，并确认容器清洗干净后，应灌满清水后进行焊割。

在容器内和管道内焊割时，应采取防止触电、中毒和窒息的措施。焊、割密闭容器时，应留出气孔，必要时应在进、出气口处装设通风设备，容器内照明电压不得超过 12V；容器外应有专人监护。

焊割铜、铝、锌、锡等有色金属时，应通风良好，焊割人员应戴防毒面罩或采取其他防毒措施。当预热焊件温度达 150～700℃时，应设挡板隔离焊件发出的辐射热，焊接人员应穿戴隔热的石棉服装和鞋、帽等。雨雪天不得在露天电焊。在潮湿地带作业时，应铺设绝缘物品，操作人员应穿绝缘鞋。

电焊机应按额定焊接电流和暂载率操作，并应控制电焊机的温升。当清除焊渣时，应戴防护眼镜，头部应避开焊渣飞溅方向。交流电焊机应安装防二次侧触电保护装置。

12.6.2 交（直）流焊机

使用前，应检查并确认初、次级线接线正确，输入电压符合电焊机的铭牌规定，接线螺母、螺栓及其他部件完好齐全，不得松动或损坏，直流焊机换向器与电刷接触应良好。

当多台焊机在同一场地作业时，相互间距不应小于 600mm，应逐台启动，并应使三相负载保持平衡，多台焊机的接地装置不得串联。移动电焊机或停电时，应切断电源，不得用拖拉电缆的方法移动焊机。调节焊接电流和极性开关应在卸除负荷后进行。硅整流直流电焊机主变压器的次级线圈和控制变压器的次级线圈不得用摇表测试。

长期停用的焊机启用时，应空载通电一定时间，进行干燥处理。

12.6.3 氩弧焊机

作业前，应检查并确认接地装置安全可靠，气管、水管应通畅，不得有外漏。工作场所应有良好的通风措施。先根据焊件的材质、尺寸、形状，确定极性，再选择焊机的电压、电流和氩气的流量。

安装氩气表、氩气减压阀、管接头等配件时，不得粘有油脂，并应拧紧丝扣（至少5扣）。开气时，严禁身体对准氧气表和气瓶节门，应防止氩气表和气瓶节门打开伤人。

水冷型焊机应保持冷却水清洁。在焊接过程中，冷却水的流量应正常，不得断水施焊。焊机的高频防护装置应良好；振荡器电源线路中的联锁开关不得分接。

使用氩弧焊时，操作人员应戴防毒面罩。应根据焊接厚度确定钨极粗细，更换钨极时，必须切断电源。磨削钨极端头时，应设有通风装置，操作人员应佩戴手套和口罩，磨削下来的粉尘，应及时清除。钍、铈、钨、铀、钙极不得随身携带，应贮存在铅盒内。

焊机附近不宜有振动。焊机上及周围不得放置易燃、易爆或导电物品。

氮气瓶和氩气瓶与焊接地点应相距 3m 以上，并应直立固定放置。

作业后，应切断电源，关闭水源和气源。焊接人员应及时脱去工作服，清洗外露的皮肤。

12.6.4 点焊机

作业前，应清除上下两电极的油污；应先接通控制线路的转向开关和焊接电流的开关，调整好极数，再接通水源、气源，最后接通电源。

焊机通电后，应检查并确认电气设备、操作机构、冷却系统、气路系统工作正常，不得有漏电现象。

作业时，气路、水冷系统应畅通。气体应保持干燥。排水温度不得超过 40℃，排水量可根据水温调节。严禁在引燃电路中加大熔断器。当负载过小，引燃管内电弧不能发生时，不得闭合控制箱的引燃电路。正常工作的控制箱的预热时间不得少于 5min。当控制箱长期停用时，每月应通电加热 30min，更换闸流管前，应预热 30min。

12.6.5 二氧化碳气体保护焊机

作业前，二氧化碳气体应按规定进行预热，应检查并确认焊丝的进给机构、电线的连接部分、二氧化碳气体的供应系统及冷却水循环系统符合要求，焊枪冷却水系统不得漏水。

开气时，操作人员必须站在瓶嘴的侧面。二氧化碳气瓶宜存放在阴凉处，不得靠近热源，并应放置牢靠。二氧化碳气体预热器端的电压，不得大于 36V。

12.6.6 埋弧焊机

作业前，应检查并确认各导线连接应良好；控制箱的外壳和接线板上的罩壳应完好；送丝滚轮的沟槽及齿纹应完好；滚轮、导电嘴（块）不得有过度磨损，接触应良好；减速箱润滑油应正常。软管式送丝机构的软管槽孔应保持清洁，并定期吹洗。本书12.6.3节在焊接的描述中，应保持焊剂连续覆盖，以免焊剂中断露出电弧。在焊机工作时，手不得触及送丝机构的滚轮。

作业时，应及时排走焊接中产生的有害气体，在通风不良的室内或容器内作业时，应安装通风设备。

12.6.7 对焊机

对焊机应安置在室内或防雨的工棚内，并应有可靠的接地或接零。当多台对焊机并列安装时，相互间距不得小于 3m，并应分别接在不同相位的电网上，分别设置各自的断路器。

焊接前，应检查并确认对焊机的压力机构应灵活，夹具应牢固，气压、液压系统不得有泄漏；应根据所焊接钢筋的截面，调整二次电压，不得焊接超过对焊机规定直径的钢筋。

断路器的接触点、电极应定期光磨，二次电路连接螺栓应定期紧固。冷却水温度不得超过 40℃；排水量应根据温度调节。焊接较长钢筋时，应设置托架。闪光区应设挡板，与焊接无关的人员不得入内。

冬期施焊时，温度不应低于 8°。作业后，应放尽机内冷却水。

12.6.8 竖向钢筋电渣压力焊机

根据施焊钢筋直径选择具有足够输出电流的电焊机。电源电缆和控制电缆连接应正确、牢固。焊机及控制箱的外壳应接地或接零。

作业前，应检查供电电压并确认正常，当一次电压降大于 8% 时，不宜焊接。焊接导线长度不得大于 30m；应检查并确认控制电路正常，定时应准确，误差不得大于5%，机具的传动系统、夹装系统及焊钳的转动部分应灵活自如，焊剂应已干燥，所需附件应齐全；应按所焊钢筋的直径，根据参数表，标定好所需的电流和时间。

起弧前，上下钢筋应对齐，钢筋端头应接触良好。对锈蚀或粘有水泥等杂物的钢筋，应在焊接前用钢丝刷清除，并保证导电良好。

每个接头焊完后，应停留 5～6min 保温，寒冷季节应适当延长保温时间。焊渣应在完全冷却后清除。

12.6.9 气焊（割）设备

气瓶每 3 年应检验一次，使用期不应超过 20 年。气瓶压力表应灵敏正常。操作者不得正对气瓶阀门出气口，不得用明火检验是否漏气。现场使用的不同种类气瓶应装有不同的减压器，未安装减压器的氧气瓶不得使用。

氧气瓶、压力表及其焊割机具上不得沾染油脂。氧气瓶安装减压器时，应先检查阀门接头，并略开氧气瓶阀门吹除污垢，然后安装减压器。开启氧气瓶阀门时，应采用专用工具，动作应缓慢。氧气瓶中的氧气不得全部用尽，应留 49kPa 以上的剩余压力。关闭氧气瓶阀门时，应先松开减压器的活门螺栓。乙炔钢瓶使用时，应设有防止回火的安全装置；同时使用两种气体作业时，不同气瓶都应安装单向阀，防止气体相互倒灌。

作业时，乙炔瓶与氧气瓶之间的距离不得少于 5m，气瓶与明火之间的距离不得少于 10m。乙炔软管、氧气软管不得错装。乙炔气胶管、防止回火装置及气瓶冻结时，应用 40℃以下热水加热解冻，不得用火烤。

点火时，焊枪口不得对人。正在燃烧的焊枪不得放在工件或地面上。焊枪带有乙炔和氧气时，不得放在金属容器内，以防止气体逸出，发生爆燃事故。点燃焊（割）炬时，应先开乙炔阀点火，再开氧气阀调整火。关闭时，应先关闭乙炔阀，再关闭氧气阀。

氢气和氧气并用时，应先开乙炔气，再开氢气，最后开氧气，再点燃。灭火时，应先关氧气，再关氢气，最后关乙炔气。操作时，氢气瓶、乙炔瓶应直立放置，且应安放稳固。

作业中，发现氧气瓶阀门失灵或损坏不能关闭时，应让瓶内的氧气自动放尽后，再进行拆卸修理。当氧气软管着火时，不得折弯软管断气，应迅速关闭氧气阀门，停止供氧。当乙炔软管着火时，应先关熄炬火，可弯折前面一段软管将火熄灭。

工作完毕，应将氧气瓶、乙炔瓶气阀关好，拧上安全罩，检查操作场地，确认无着火危险，方准离开。氧气瓶应与其他气瓶、油脂等易燃、易爆物品分开存放，且不得同车运输。氧气瓶不得散装吊运。运输时，氧气瓶应装有防振圈和安全帽。

12.6.10　等离子切割机

作业前，应检查并确认不得有漏电、漏气、漏水现象，接地或接零应安全可靠，应将工作台与地面绝缘，或在电气控制系统安装空载断路继电器。小车、工件位置应适当，工件应接通切割电路正极，切割工作面下应设有熔渣坑。

根据工件材质、种类和厚度选定喷嘴孔径，调整切割电源、气体流量和电极的内缩量。自动切割小车应经空车运转，并应选定合适的切割速度。操作人员应戴好防护面罩、电焊手套、帽子、滤膜防尘口罩和隔声耳罩。切割时，操作人员应站在上风处操作。可从工作台下部抽风，并宜缩小操作台上的敞开面积。切割时，当空载电压过高时，应检查电器接地或接零、割炬把手绝缘情况。高频发生器应设有屏蔽护罩，用高频引弧后，应立即切断高频电路。

作业后，应切断电源，关闭气源和水源。

12.6.11　仿形切割机

按出厂使用说明书要求接通切割机的电源，并应做好保护接地或接零。

作业前，应先空运转，检查并确认氧气、乙炔气和加装的仿形样板配合无误后，开始切割作业。

作业后，应清理保养设备，整理并保管好氧气带、乙炔气带及电缆线。

12.7 场内机动车辆

12.7.1 一般规定

各类运输机械应有完整的机械产品合格证以及相关的技术资料。

启动前应重点检查下列项目，并应符合相应要求：车辆的各总成、零件、附件应按规定装配齐全，不得有脱焊、裂缝等缺陷螺栓、铆钉连接紧固不得松动、缺损；各润滑装置应齐全并应清洁有效；离合器应结合平稳、工作可靠、操作灵活，踏板行程应符合规定；制动系统各部件应连接可靠，管路畅通；灯光、喇叭、指示仪表等应齐全完整；轮胎气压应符合要求；燃油、润滑油、冷却水等应添加充足；燃油箱应加锁；运输机械不得有漏水、漏油、漏气、漏电现象。

运输机械启动后，应观察各仪表指示值，检查内燃机运转情况，检查转向机构及制动器等性能，并确认正常，当水温达到40℃以上、制动气压达到安全压力以上时，应低挡起步，起步时应检查周边环境，并确认安全。

装载的物品应捆绑稳固牢靠，整车重心高度应控制在规定范围内，轮式机具和圆形物件装运时应采取防止滚动的措施。运输机械不得人货混装，运输过程中，料斗内不得载人。

运输超限物件时，应事先勘察路线，了解空中、地面上、地下障碍以及道路、桥梁等通过能力，并应制订运输方案，应按规定办理通行手续。在规定时间内按规定路线行驶。超限部分白天应插警示旗，夜间应挂警示灯，装卸人员及电工携带工具随行，保证运行安全。

运输机械水温未达到70℃时，不得高速行驶。行驶中变速应逐级增减挡位，不得强推硬拉，前进和后退交替时，应在运输机械停稳后换挡。

运输机械行驶中，应随时观察仪表的指示情况，当发现机油压力低于规定值，水温过高，有异响、异味等情况时，应立即停车检查，并应排除故障后继续运行。运输机械运行时不得超速行驶，并应保持安全距离。进入施工现场应沿规定的路线行进。车辆上、下坡应提前换入低速挡，不得中途换挡。下坡时，应以内燃机变速箱阻力控制车速，必要时，可间歇轻踏制动器，严禁空挡滑行。

在泥泞、冰雪道路上行驶时，应降低车速，并应采取防滑措施。车辆涉水过河时，应先探明水深、流速和水底情况，水深不得超过排气管或曲轴皮带盘，并应低速直线行驶，不得在中途停车或换挡。涉水后应缓行一段路程，轻踏制动器使浸水的制动片上的水分蒸发掉。通过危险地区时，应先停车检查，确认可以通过后，应由有经验人员指挥前进。

运载易燃易爆、剧毒、腐蚀性等危险品时，应使用专用车辆按相应的安全规定运输，并应有专业随车人员。

12.7.2 轮胎装载机

装载机作业场地坡度应符合使用说明书规定。作业区内不得有障碍物及无关人员。

装载机作业场地和行驶道路应平坦。在石块场地作业时，应在轮胎上加装保护链条。装载机严禁铲斗载人。

运载物料时，铲臂下校点宜保持离地面 0.5m，并保持平稳行驶，将铲斗提升到最高位置时不得运输物料。在向汽车装料时，铲斗不得在汽车驾驶室上方越过。装载机在坡、沟边卸料时，轮胎离边缘距离应大于 1.5m，铲斗不宜伸出坡、沟边缘。在大于 3°的坡面上，不得朝下坡方向前倾卸料。

装载机转向架未锁闭时，严禁站在前后车架之间进行检修保养。

12.7.3　机动翻斗车

行驶前，应检查锁紧装置并将料斗锁牢。不得用离合器处于半结合状态来控制车速。

上坡时，当路面不良或坡度较大时，应提前换入低挡行驶；下坡时严禁空挡滑行；转弯时应先减速；急转弯时应先换入低挡。在坑沟边缘卸料时，应设置安全挡块，车辆接近坑边时，应减速行驶，不得剧烈冲撞挡块。

严禁料斗内载人；料斗不得在卸料工况下行驶或进行平地作业；多台翻斗车纵队行驶时，前后车之间应保持安全间距。

12.7.4　自卸汽车

自卸汽车应保持顶升液压系统完好，工作平稳。操纵应灵活，不得有卡阻现象。各节液压缸表面应保持清洁。

非顶升作业时，应将顶升操纵杆放在空挡位置。顶升前，应拔出车箱固定锁。作业后，应及时插入车厢固定锁，固定锁应无裂纹，插入或拔出应灵活、可靠。在行驶过程中车箱挡板不得自行打开。

自卸汽车配合挖掘机、装载机装料时，就位后应拉紧手制动器。卸料时应听从现场专业人员指挥，车厢上方不得有障碍物，四周不得有人员来往，并应将车停稳。举升车箱时，应控制内燃机中速运转，当车箱升到顶点时，应降低内燃机转速，减少车箱振动。不得边卸边行驶。向坑洼地区卸料时，应和坑边保持安全距离。在斜坡上不得侧向倾卸。

卸完料，车箱应及时复位，自卸汽车应在复位后行驶。自卸汽车不得装运爆破器材。车箱举升状态下，应将车箱支撑牢靠后，进入车箱下面进行检修、润滑等作业。

装运混凝土或黏性物料后，应将车箱清洗干净。自卸汽车装运散料时，应有防止散落的措施。

12.7.5　平板拖车

拖车的制动器、制动灯、转向灯等应配备齐全，并应与牵引车的灯光信号同时起作用。

行车前，应检查并确认拖挂装置、制动装置、电缆接头等连接良好。

拖车装卸机械时，应停在平坦坚实处，拖车应制动并用三角木锁紧车胎。装车时应调整好机械在车厢上的位置，各轴负荷分配应合理。

平板拖车的跳板应坚实，在装卸履带式起重机、挖掘机、压路机时，跳板与地面夹角不宜大于15°；在装卸履带式推土机、拖拉机时，跳板与地面夹角不宜大于25°。装卸时应由熟练的驾驶人员操作，并应统一指挥。上、下车动作应平稳，不得在跳板上调整方向。

装运履带式起重机时，履带式起重机起重臂应拆短，起重臂向后，吊钩不得自由晃动。

推土机的铲刀宽度超过平板拖车宽度时，应先拆除铲刀后再装运。

机械装车后，机械的制动器应锁定，保险装置应锁牢，履带或车轮应掅紧，机械应绑扎牢固。

使用随车卷扬机装卸物件时，应有专人指挥，拖车应制动锁定，并应将车轮锁紧，防止在装卸时车辆移动。

拖车长期停放或重车停放时间较长时，应将平板支起，轮胎不应承压。

12.7.6 登高车

登高车进场前需进行验收，验收合格后方可投入使用：每日班前详细检查各部件情况并做好记录，经试车合格后再进行作业。登高车作业人员经体检合格并取得操作证后方可独立操作，同一登高车作业人员不得超过2人。

作业前应按照规定穿戴好劳保用品，安全带应挂在独立的固定点上。禁止将登高车任何部分作其他结构的支撑，不得将登高车作起重机械使用，不得随意增大平台面积，不得超载使用。

室外作业时，当风速达到或超过6级时，禁止使用登高车。

登高车作业区设警戒线，操作平台正下方不得作业、站人和行走，地面设置专人监护。

登高车应在使用说明书设计高度作业范围内使用。登高车使用和行驶过程中必须在平整坚实的地面，在临边、孔洞位置行走时应有防护措施。

登高车作业后应及时将平台收回，非作业时操作平台严禁长时间停留高空。

12.8 其他中小型机械

12.8.1 潜水泵

潜水泵宜先装在坚固的篮筐里再放入水中，也可在水中将泵的四周设立坚固的防护围网。潜水泵应直立于水中，水深不得小于0.5m，不得在含大量泥沙的水中使用。

潜水泵放入水中或提出水面时，应先切断电源，严禁拉拽电缆或出水管，悬挂和牵引水泵必须使用绝缘绳索。潜水泵应装设保护接零和漏电保护装置，额定漏电动作电流不应大于15mA。工作时泵周围30m以内水面，不得有人、畜进入。

潜水泵启动前应进行检查，并应符合下列规定：①水管绑扎应牢固；②放气、放水、注油等螺塞应旋紧；③叶轮和进水节不得有杂物；④电气绝缘应良好。

接通电源后，应先试运转，检查并确认旋转方向应正确，无水运转时间不得超过使用说明书规定。潜水泵的启动电压应符合使用说明书的规定，电动机电流超过铭牌规定的限值时，应停机检查，并不得频繁开关机。应经常观察水位变化，叶轮中心至水平距离应在 0.5～3.0m 之间，泵体不得陷入污泥或露出水面。电缆不得与井壁、池壁相擦。电动机定子绕组的绝缘电阻不得小于 0.5MΩ。

潜水泵不用时，不得长期浸没水中，应放置干燥通风处。

12.8.2　混凝土切割机

使用前，应检查并确认电动机接线正确，接零或接地应良好，安全防护装置应有效，锯片选用应符合要求，并安装正确。

启动后，应先空载运转，检查并确认锯片运转方向应正确，升降机构应灵活，一切正常后，开始作业。切割厚度应符合机械出厂铭牌的规定。切割时应匀速切割。切割小块料时，应使用专用工具送料，不得直接用手推料。

作业中，当发生跳动及异响时，应立即停机检查，排除故障后，继续作业。锯台上和构件锯缝中的碎屑应采用专用工具及时清除。

作业后，应清洗机身，擦干锯片，排放水箱余水，并存放在干燥处。

12.8.3　空气压缩机

空气压缩机作业区应保持清洁和干燥。贮气罐应放在通风良好处，距贮气罐 15m 以内不得进行焊接或热加工作业。

空气压缩机的进排气管较长时，应加以固定，管路不得有急弯，并应设伸缩变形装置。

贮气罐和输气管路每 3 年应作水压试验一次，试验压力应为额定压力的 150%。压力表和安全阀应每年至少校验一次。

空气压缩机作业前应重点检查下列项目，并应符合相应要求：①内燃机燃油、润滑油应添加充足；②电动机电源应正常；③各连接部位应紧固，各运动机构及各部阀门开闭应灵活，管路不得有漏气现象；④各防护装置应齐全良好，贮气罐内不得有存水；⑤电动空气压缩机的电动机及启动器外壳应接地良好，接地电阻不得大于 4Ω。

空气压缩机应在无载状态下启动，启动后应低速空运转，检视各仪表指示值并应确保符合要求；空气压缩机应在运转正常后，逐步加载。

输气胶管应保持畅通，不得扭曲，开启送气阀前，应将输气管道连接好，并应通知现场有关人员后再送气。在出气口前方不得有人。

作业中贮气罐内压力不得超过铭牌额定压力，安全阀应灵敏有效。进气阀、排气阀、轴承及各部件不得有异响或过热现象。

每工作 2h，应将液气分离器、中间冷却器、后冷却器内的油水排放一次。贮气罐内的油水每班应排放 1～2 次。

正常运转后，应经常观察各种仪表读数，并应随时按使用说明书进行调整。发现下列情况之一时应立即停机检查，并应在找出原因并排除故障后继续作业：①漏水、漏气、漏电或冷却水突然中断；②压力表、温度表、电流表、转速表指示值超过规定；③排气压力突然升高，排气阀、安全阀失效；④机械有异响或电动机电刷发生强烈火花；⑤安全防护、压力控制装置及电气绝缘装置失效。

运转中，因缺水而使气缸过热停机时，应待气缸自然降温至 60℃ 以下时，再进行加水作业。当电动空气压缩机运转中停电时，应立即切断电源，并应在无载荷状态下重新启动。空气压缩机停机时，应先卸去载荷，再分离主离合器，最后停止内燃机或电动机的运转。

空气压缩机停机后，在离岗前应关闭冷却水阀门，打开放气阀，放出各级冷却器和贮气罐内的油水和存气。

在潮湿地区及隧道中施工时，对空气压缩机外露摩擦面应定期加注润滑油，对电动机和电气设备应做好防潮保护工作。

12.8.4　手持电动工具

使用手持电动工具时，应穿戴劳动防护用品。施工区域光线应充足。刀具应保持锋利，并应完好无损；砂轮不得受潮、变形、破裂或接触过油、碱类，受潮的砂轮片不得自行烘干，应使用专用机具烘干。手持电动工具的砂轮和刀具的安装应稳固、配套，安装砂轮的螺母不得过紧。

在一般作业场所应使用Ⅰ类电动工具；在潮湿或金属构架等导电性能良好的作业场所应使用Ⅱ类电动工具；在锅炉、金属容器、管道内等作业场所应使用Ⅲ电动工具；Ⅱ、Ⅲ类电动工具开关箱、电源转换器应在作业场所外面；在狭窄作业场所操作时，应有专人监护。

使用Ⅰ类电动工具时，应安装额定漏电动作电流不大于 15mA、额定漏电动作时间不大于 0.1s 的防溅型漏电保护器。

在雨期施工前或电动工具受潮后，必须采用 500V 兆欧表检测电动工具绝缘电阻，且每年不少于 2 次。绝缘电阻不应小于表 12-1 的规定。

表 12-1　绝缘电阻

测量部位	绝缘电阻（MΩ）		
	Ⅰ类电动工具	Ⅱ类电动工具	Ⅲ类电动工具
带电零件与外壳之间	2	7	1

非金属壳体的电动机、电器，在存放和使用时不应受压、受潮，并不得接触汽油等溶剂。手持电动工具的负荷线应采用耐气候型橡胶护套铜芯软电缆，并不得有接头，水平距离不宜大于 3m，负荷线插头插座应具备专用的保护触头。

作业前应重点检查下列项目，并应符合相应要求：①外壳、手柄不得裂缝、破损；②电缆软线及插头等应完好无损，保护接零连接应牢固可靠，开关动作应正常；③各部防护罩装置应齐全牢固。

机具启动后，应空载运转，检查并确认机具转动应灵活无阻。

作业时，加力应平稳，不得超载使用。作业中应注意声响及温升，发现异常应立即停机检查。在作业时间过长，机具温升超过 60℃ 时，应停机冷却。

作业中，不得用手触摸刀具、模具和砂轮，发现其有磨钝、破损情况时，应立即停机修整或更换。

停止作业时，应关闭电动工具，切断电源，并收好工具。

使用电钻、冲击钻或电锤时，应符合下列规定：①机具启动后，应空载运转，应检查并确认机具联动灵活无阻；②钻孔时，应先将钻头抵在工作表面，然后开动，用力应适度，不得晃动；③转速急剧下降时，应减小用力，防止电机过载；④不得用木杠加压钻孔；⑤电钻和冲击钻或电锤实行40％断续工作制，不得长时间连续使用。

使用角向磨光机时，应符合下列要求：①砂轮应选用增强纤维树脂型，其安全线速度不得小于80m/s；②配用的电缆与插头应具有加强绝缘性能，并不得任意更换；③磨削作业时，应使砂轮与工件面保持15°～30°的倾斜位置；④切削作业时，砂轮不得倾斜，并不得横向摆动。

使用电剪时，应符合下列规定：①作业前，应先根据钢板厚度调节刀头间隙量，最大剪切厚度不得大于铭牌标定值；②作业时，不得用力过猛；当遇阻力，轴往复次数急剧下降时，应立即减少推力；③使用电剪时，不得用手摸刀片和工件边缘。

使用射钉枪时，应符合下列规定：不得用手掌推压钉管和将枪口对准人；击发时，应将射钉枪垂直压紧在工作面上。当两次扣动扳机，子弹不击发时，应保持原射击位置数秒钟后，再退出射钉弹；在更换零件或断开射钉枪之前，射枪内不得装有射钉弹。

使用拉铆枪时，应符合下列规定：被铆接物体上的铆钉孔应与铆钉相配合，过盈量不得太大；铆接时，可重复扣动扳机，直到铆钉被拉断为止，不得强行扭断或撬断；作业中，当接铆头子或并帽有松动时，应立即拧紧。

使用云（切）石机时，应符合下列规定：作业时应防止杂物、泥尘混入电动机内，并应随时观察机壳温度，当机壳温度过高及电刷产生火花时，应立即停机检查处理；切割过程中用力应均匀适当，推进刀片时不得用力过猛。当发生刀片卡死时，应立即停机，慢慢退出刀片，重新对正后再切割。

13 拆除与爆破

13.1 拆除与爆破基本管理要求

13.1.1 国家相关法律法规

1.《中华人民共和国安全生产法》（中华人民共和国主席令第88号）
2.《建设工程安全生产管理条例》（中华人民共和国国务院令第393号）
3.《民用爆炸物品安全管理条例》（中华人民共和国国务院令第466号）
4.《危险性较大的分部分项工程安全管理规定》（中华人民共和国住房和城乡建设部令第37号）
5.《住房城乡建设部办公厅关于实施〈危险性较大的分部分项工程安全管理规定〉有关问题的通知》（建办质〔2018〕31号）
6.《爆破作业人员资格条件和管理要求》（GA 53—2015）
7.《爆破作业单位资质条件和管理要求》（GA 990—2012）
8.《爆破作业项目管理要求》（GA 991—2012）
9.《建筑拆除工程安全技术规范》（JGJ 147—2016）
10.《爆破安全规程》（GB 6722—2014）
11.《爆破安全监理规范》（T/CSEB0010—2019）
12.《爆破安全评估规范》（T/CSEB0009—2019）

13.1.2 拆除与爆破基本要求

（1）对建设单位的要求：拆除工程的建设单位与施工单位在签订施工合同时，还应签订安全生产管理协议，明确双方的安全管理责任。建设单位、监理单位应对拆除工程施工安全负检查督促责任；施工单位应对拆除工程的安全技术管理负直接责任。

建设单位应将拆除工程发包给具有相应资质等级的施工单位。建设单位应在拆除工程开工前15d，将下列资料报送建设工程所在地的县级以上地方人民政府建设行政主管部门备案。施工单位资质登记证明，拟拆除建筑物、构筑物及可能危及毗邻建筑的说明，拆除施工组织方案或安全专项施工方案，堆放、清除废弃物的措施。

建设单位应向施工单位提供下列资料：拆除工程的有关图纸和资料，拆除工程涉及区域的地上、地下建筑及设施分布情况资料。

建设单位应负责做好影响拆除工程安全施工的各种管线的切断、迁移工作。当建筑外侧有架空线路或电缆线路时，应与有关部门取得联系，采取防护措施，确认安全后方可施工。当拆除工程对周围相邻建筑安全可能产生危险时，必须采取相应保护措施，对建筑内的人员进行撤离安置。

（2）对施工单位的要求：①建筑拆除工程必须由具备爆破或拆除专业承包资质的单位施工，严禁将工程非法转包；②施工单位应全面了解拆除工程的图纸和资料，进行现场勘察，编制施工组织设计或安全专项施工方案。

在拆除作业前，施工单位应检查建筑内各类管线情况，确认全部切断后方可施工，在拆除工程作业中，发现不明物体，应停止施工，采取相应的应急措施，保护现场，及时向有关部门报告。

项目经理必须对拆除工程的安全生产负全面领导责任。项目经理部应按有关规定设专职安全员，检查落实各项安全技术措施。

拆除工程施工区域应设置硬质封闭围挡及醒目警示标志，围挡高度必须按现行行业标准《建筑施工安全检查标准》（JGJ 59）的要求执行，市区主要路段的工地应设置高度不小于 2.5m 的封闭围挡；一般路段的工地应设置高度不小于 1.8m 的封闭围挡；围挡应坚固、稳定、整洁、美观。非施工人员不得进入施工区。当临街的被拆除建筑与交通道路的安全跨度不能满足要求时，必须采取相应的安全隔离措施。

①拆除工程必须制订生产安全事故应急救援预案；②施工单位应对从事拆除作业的人员办理意外伤害保险；③拆除施工严禁立体交叉作业；④作业人员使用手持机具时，严禁超负荷或带故障运转；⑤楼层内的施工垃圾，应采用封闭的垃圾道或垃圾袋运下，不得向下抛掷；⑥根据拆除工程施工现场作业环境，应制订相应的消防安全措施；⑦施工现场应设置消防车通道，保证充足的消防水源，配备足够的灭火器材。

（3）对安全监理的要求：经公安机关审批的爆破作业项目，实施爆破作业时，应由符合现行规范《爆破作业单位资质条件和管理要求》（GA 990）要求具有相应资质的爆破作业单位进行安全监理。

安全监理应包括下列主要内容：爆破作业单位是否按照设计方案施工，爆破有害效应是否控制在设计范围内，审验爆破作业人员的资格，制止无资格人员从事爆破作业，监督民用爆炸物品领取、清退制度的落实情况，监督爆破作业单位遵守国家有关标准和规范的落实情况，发现违章指挥和违章作业，有权停止其爆破作业，并向委托单位和公安机关报告。

13.2 人工拆除

人工拆除的特点：人工拆除主要是指用人力和简单的工具对建（构）筑物进行拆除、解体和破碎。通常拆除时间较长、进度较慢，拆除操作人员劳动强度较大，安全危险性较大，同时需要搭设一定的安全防护措施和操作平台，还要具备相应的垂直运输设备。其优点是对可利用的拆除物资、拆除保护建（构）筑物的损伤较小，对周围的影响也较少，适用于拆除施工现场较小、建（构）筑物的改造等，不适于机械和爆破拆除的工程。人工拆除如图 13-1 所示。

在进行人工拆除施工前，项目部安全技术管理人员必须对操作工人进行安全技术交底，履行签字手续。

拆除应从上至下逐层拆除，并应分段进行，不得垂直交叉作业。当框架结构采用人

(a) 人工拆除门窗　　　　　　　　　(b) 原有外墙拆除

图 13-1　人工拆除

工拆除施工时，应按楼板、次梁、主梁、结构柱的顺序依次进行。操作人员的手持电动工具必须满足相关要求。

当进行人工拆除作业时，水平构件上严禁人员聚集或集中堆放物料，作业人员应在稳定的结构或脚手架上操作，人工拆除建筑墙体时，严禁采用底部掏掘或推倒的方法，拆除建筑的栏杆、楼梯、楼板等构件时，应与建筑结构整体拆除进度相配合，不得先进行拆除。建筑的承重梁柱，应在其所承载的全部构件拆除后，再进行拆除，拆除梁或悬挑构件时，应采取有效的控制下落措施。

当采用牵引方式拆除结构柱时，应沿结构柱底部剔凿出钢筋，定向牵引后，保留牵引方向同侧的钢筋，切断结构柱其他钢筋后再进行后续作业。

当拆除管道或容器时，必须查清残留物的性质，并应采取相应措施，方可进行拆除施工。

拆除现场使用的小型机具，严禁超负荷或带故障运转。

对人工拆除施工作业面的孔洞，应采取防护措施。

13.3　机械拆除

在进行机械拆除施工前，项目部安全技术管理人员必须对现场指挥人员、机械操作人员进行安全技术交底，履行签字手续，机械管理人员要对机械设备进行检查，确保机械设备处于受控状态。机械拆除如图 13-2 所示。

拆除作业的起重机司机，必须执行吊装操作规程。信号指挥人员应按现行国家标准《起重吊运指挥信号》（GB 5082）的规定执行。

机械拆除应满足国家现行标准《建筑施工机械与设备 移动式拆除机械 安全要求》（GB/T 38270）要求，驾乘式拆除机械，其主机的安全要求应符合国家现行标准《土方机械 安全 第 1 部分：通用要求》（GB 25684.1）、《土方机械 安全 第 3 部分：装载机的要求》（GB 25684.3）、《土方机械 安全 第 4 部分：挖掘装载机的要求》（GB 25684.4）、《土方机械 安全 第 5 部分：液压挖掘机的要求》（GB 25684.5）、《土方机械 安全 第 12 部分：机械挖掘机的要求》（GB 25684.12）或《移动式道路施工机械 通用安全要求》

图 13-2　机械拆除

（GB 26504）的要求，移动式拆除机械可为配备了拆除作业专用装置和附属装置（例如撞球、破碎锥、破碎器、液压或自由落体锤、剪钳等）的土方机械或建筑施工机械，拆除施工使用的机械设备，应符合施工组织设计要求，严禁超载作业或任意扩大使用范围。供机械设备停放、作业的场地应具有足够的承载力，锤击破拆时，破拆锤必须保持在自由状态。

当采用机械拆除建筑时，应从上至下逐层拆除，并应分段进行；应先拆除非承重结构，再拆除承重结构，采用机械拆除建筑时，机械设备前端工作装置的作业高度应超过拟拆除物的高度，对拆除作业中较大尺寸的构件或沉重物料，应采用起重机具及时吊运。

当拆除作业采用双机同时起吊同一构件时，每台起重机载荷不得超过允许载荷的80%，且应对第一吊次进行试吊作业，施工中两台起重机应同步作业，当拆除屋架等大型构件时，必须采用吊索具将构件锁定牢固，待起重机吊稳后，方可进行切割作业。吊运过程中，应采用辅助措施使被吊物处于稳定状态，当拆除桥梁时，应先拆除桥面系及附属结构，再拆除主体。

当机械拆除需要人工拆除配合时，人员与机械不得在同一作业面上同时作业。

13.4 爆破拆除

13.4.1 基本规定

1）资质要求，爆破设计施工、安全评估与安全监理：由具备相应资质和从业范围的爆破作业单位承担，负责人及主要人员应具备相应的资格和作业范围，并承担相应的法律责任，爆破作业单位不得对本单位的设计进行安全评估，不得监理本单位施工的爆破工程。

2）营业性爆破执行双备案制度，即建设单位应当将拆除工程发包给具有相应资质等级的施工单位，且应当在拆除工程施工 15d 前，将下列资料报送建设工程所在地的县级以上地方人民政府建设行政主管部门或者其他有关部门备案；爆破作业单位接受委托实施爆破作业，应事先与委托单位签订爆破作业合同，并在签订爆破作业合同后 3d 内，将爆破作业合同向爆破作业所在地县级公安机关备案。对由公安机关审批的爆破作业项目，爆破作业单位应在实施爆破作业活动结束后 15d 内，将经爆破作业项目所在地公安机关批准确认的爆破作业设计施工、安全评估、安全监理的情况，向核发"爆破作业单位许可证"的公安机关备案。

3）在城市、风景名胜区和重要工程设施附近实施爆破作业的，爆破作业单位应向爆破作业所在地设区的市级人民政府公安机关提出申请，提交"爆破作业单位许可证"和具有相应资质的安全评估企业出具的爆破设计、施工方案评估报告。实施爆破作业时，应由具有相应资质的安全监理企业进行监理。

4）爆破工程设计与施工组织：爆破工程均应编制爆破技术设计文件，复杂环境爆破技术设计应制订应对复杂环境的方法、措施及应急预案。施工组织设计应依据爆破技术设计、招标文件、施工单位现场调查报告、业主委托书、招标答疑文件等进行编制。施工组织设计由施工单位编写，编写负责人所持爆破工程技术人员安全作业证的等级和作业范围应与施工工程相符合。设计施工由同一爆破作业单位承担的爆破工程，允许将施工组织设计与爆破技术设计合并。

5）安全评估：A、B 级爆破工程的安全评估应至少有 3 名具有相应作业级别和作业范围的持证爆破工程技术人员参加；环境十分复杂的重大爆破工程应邀请专家咨询，并在专家组咨询意见的基础上，编写爆破安全评估报告。经安全评估通过的爆破设计，施工时不得任意更改。经安全评估否定的爆破技术设计文件，应重新编写，重新评估。施工中如发现实际情况与评估时提交的资料不符，需修改原设计文件时，对重大修改部分应重新上报评估。

6）安全监理：

经公安机关审批的爆破作业项目，实施爆破作业时，应进行安全监理，爆破安全监理的主要内容：

（1）爆破作业单位是否按照设计方案施工。

（2）爆破有害效应是否控制在设计范围内。

（3）审验爆破作业人员的资格，制止无资格人员从事爆破作业。

（4）审验爆破作业人员的资格，制止无资格人员从事爆破作业。

（5）监督爆破作业单位遵守国家有关标准和规范的落实情况，发现违章指挥和违章作业，有权停止其爆破作业，并向委托单位和公安机关报告。

7）爆破监理：

（1）爆破安全监理单位应在详细了解安全技术规定、应急预案后认真编制监理规划和实施细则，并制定监理人员岗位职责。

（2）爆破安全监理人员应在爆破器材领用、清退、爆破作业、爆后安全检查及盲炮处理的各环节上实行旁站监理，并作出监理记录。

（3）每次爆破的技术设计均应经监理机构签认后，再组织实施。爆破工作的组织实施应与监理签认的爆破技术设计相一致。

（4）签发爆破暂停令的条件：爆破作业严重违规经制止无效时；施工中出现重大安全隐患，须停止爆破作业以消除隐患时。

（5）爆破安全监理单位应定期向委托单位提交安全监理报告，工程结束时提交安全监理总结和相关监理资料。

8）爆破作业环境：爆破前应对爆区周围的自然条件和环境状况进行调查，了解危及安全的不利环境因素，并采取必要的安全防范措施。

9）爆破工程施工准备：

（1）爆破工程要做好施工组织：A、B 级爆破工程，都应成立爆破指挥部，全面指挥和统筹安排爆破工程的各项工作。指挥部和各职能组的每个成员，都应分工明确，职责清楚，各尽其责。其他爆破应设指挥组或指挥人，指挥组应适应爆破类别、爆破工程等级、周围环境的复杂程度和爆破作业程序的要求，并严格按爆破设计与施工组织计划实施，确保工程安全。

（2）爆破工程是危险性较大的施工工作，在爆破工程开工前，必须做好施工公告：

a. 凡须经公安机关审批的爆破作业项目，爆破作业单位应于施工前 3d 发布公告，并在作业地点张贴，施工公告内容应包括：爆破作业项目名称、委托单位、设计施工单位、安全评估单位、安全监理单位、爆破作业时限等。

b. 装药前 1d 应发布爆破公告并在现场张贴，内容包括：爆破地点、每次爆破时间、安全警戒范围、警戒标识、起爆信号等。

c. 邻近交通要道的爆破需进行临时交通管制时，应预先申请并至少提前 3d 由公安交管部门发布爆破施工交通管制通知。

d. 爆破可能危及供水、排水、供电、供气、通信等线路以及运输交通隧道、输油管线等重要设施时，应事先准备好相应的应急措施、应向有关主管部门报告，做好协调工作并在爆破时通知有关单位到场。

（3）施工现场清理与准备是爆破工程施工准备的重要环节：爆破工程施工前，应根据爆破设计文件要求和场地条件，对施工场地进行规划，并开展施工现场清理与准备工作。施工场地规划内容应包括：

a. 爆破施工区段或爆破作业面划分及其程序编排；爆破与清运交叉循环作业时，应制订相关的安全措施；

b. 有碍爆破作业的障碍物或废旧建（构）筑物的拆除与处理方案；

c. 现场施工机械配置方案及其安全防护措施；

d. 进出场主通道及各作业面临时通道布置；

e. 夜间施工照明与施工用风、水、电供给系统敷设方案，施工器材、机械维修场地布置；

f. 施工用爆破器材现场临时保管、施工用药包现场制作与临时存放场所安排及其安全保卫措施；

g. 施工现场安全警戒岗哨、避炮防护设施与工地警卫值班设施布置等，并应制订施工安全与施工现场管理的各项规章制度。

(4) 要加强通信联络与装药前的施工验收：爆破指挥部应与爆破施工现场、起爆站、主要警戒哨建立并保持通信联络；不成立指挥部的爆破工程，在爆破组（人）、起爆站和警戒哨间应建立通信联络，保持畅通。

装药前的施工验收：

a. 装药前应对炮孔、硐室、爆炸处理构件逐个进行测量验收，做好记录并保存。

b. 凡须经公安机关审批的爆破作业项目施工验收，应有爆破设计人员参加。

c. 对验收不合格的炮孔、硐室、构件，应按设计要求进行施工纠正，或报告爆破技术负责人进行设计修改。

13.4.2 爆破器材现场检测、加工和起爆方法

1. 一般规定

爆破工程使用的炸药、雷管、导爆管、导爆索、电线、起爆器、量测仪表均应做现场检测，检测合格后方可使用。进行爆破器材检测、加工和爆破作业的人员，应穿戴防静电的衣物。在爆破工程中推广应用爆破新技术、新工艺、新器材、新仪表装备，应经有关部门或经授权的行业协会批准。在潮湿或有水环境中应使用抗水爆破器材或对不抗水爆破器材进行防潮、防水处理。

2. 爆破器材现场检测

1) 在实施爆破作业前，爆破器材现场检测应包括：

(1) 对所使用的爆破器材进行外观检查。

(2) 对电雷管进行电阻值测定。

(3) 对使用的仪表、电线、电源进行必要的性能检验。

2) 爆破器材外观检查项目应包括：雷管管体不应变形、破损、锈蚀；导爆索表面要均匀且无折伤、压痕、变形、霉斑、油污；导爆管内无断药，无异物或堵塞，无折伤、油污和穿孔，端头封口良好；粉状硝铵类炸药不应吸湿结块，乳化炸药和水胶炸药不应破乳或变质；电线无锈痕，绝缘层无划伤、开绽。

3) 起爆电源及仪表的检验包括：起爆器的充电电压、外壳绝缘性能；采用交流电起爆时，应测定交流电压，并检查开关、电源及输电线路是否符合要求；各种连接线、区域线、主线的材质、规格、电阻值和绝缘性能；爆破专用电桥、欧姆表和导通器的输出电流及绝缘性能。

4) A、B级爆破工程检测及试验项目还应包括：炸药的殉爆距离；延时雷管的延时时间；起爆网络连接方式的传爆可靠性试验。

3. 起爆器材加工

加工起爆药包和起爆药柱，应在指定的安全地点进行，加工数量不应超过当班爆破作业用量。在水孔中使用的起爆药包，孔内不得有电线、导爆管和导爆索接头。当采用孔（硐）内延时爆破时，应在起爆药包引出孔（硐）外的电线和导爆管上标明雷管段别和延时时间。切割导爆索应使用锋利刀具，不得使用剪刀剪切。

4. 起爆方法

电雷管应使用电力起爆器、可采用动力电、照明电、发电机、蓄电池、干电池起爆。电子雷管应使用配套的专用起爆器起爆。导爆管雷管应使用专用起爆器、雷管或导爆索起爆。导爆索应使用雷管正向起爆。工业炸药应使用雷管或导爆索起爆，没有雷管感度的工业炸药应使用起爆药包或起爆器具起爆。在有瓦斯和粉尘爆炸危险的环境中爆破，应使用煤矿许用起爆器材起爆。

不应使用药包起爆导爆索和导爆管。各种起爆方法均应远距离操作，起爆地点应不受空气冲击波、有害气体和个别飞散物危害。在杂散电流大于 30mA 的工作面或高压线、射频电危险范围，不应采用普通电雷管起爆。

爆破拆除（以烟囱、冷却塔为例）如图 13-3 所示。

图 13-3 烟囱、冷却塔的爆破拆除

13.4.3 起爆网络要求

1. 一般规定

（1）多药包起爆应连接成电爆网络、导爆管网络、导爆索网络、混合网络或电子雷管网络起爆。起爆网络连接工作应由工作面向起爆站依次进行。各种起爆网络均应使用合格的器材。起爆网络连接应严格按设计要求进行。

（2）雷雨天禁止任何露天起爆网络连接作业，正在实施的起爆网络连接作业应立即停止，人员迅速撤至安全地点。在可能对起爆网络造成损害的部位，应采取保护措施。

敷设起爆网络应由有经验的爆破员或爆破技术人员实施，并实行双人作业制。

2. 电力起爆网络

（1）用起爆器起爆电爆网络时，应按起爆器说明书的要求连接网络。同一起爆网络，应使用同厂、同批、同型号的电雷管；电雷管的电阻值差不得大于产品说明书的规定。电爆网络的连接线不应使用裸露导线,不得利用照明线、铁轨、钢管、钢丝作爆破线路,电爆网络与电源开关之间应设置中间开关。电爆网络的所有导线接头,均应按电工接线法连接,并确保其对外绝缘。在潮湿有水的地区,应避免导线接头接触地面或浸泡在水中。

(2) 起爆电源能量应能保证全部电雷管准爆;用变压器、发电机作起爆电源时,流经每个普通电雷管的电流应满足:一般爆破,交流电不小于 2.5A,直流电不小于 2A;硐室爆破,交流电不小于 4A,直流电不小于 2.5A。

(3) 电爆网络的导通和电阻值检查,应使用专用导通器和爆破电桥,导通器和爆破电桥应每月检查一次,其工作电流应小于 30mA。

3. 导爆管起爆网络

导爆管网络应严格按设计要求进行连接,导爆管网络中不应有死结,炮孔内不应有接头,孔外相邻传爆雷管之间应留有足够的距离。使用导爆管连通器时,应夹紧或绑牢。

用雷管起爆导爆管网络时,应遵守下列规定:

(1) 起爆导爆管的雷管与导爆管捆扎端端头的距离应不小于 15cm。

(2) 应有防止雷管聚能射流切断导爆管的措施和防止延时雷管的气孔烧坏导爆管的措施。

(3) 导爆管应均匀地分布在雷管周围并用胶布等捆扎牢固。

采用地表延时网络时,地表雷管与相邻导爆管之间应留有足够的安全距离,孔内应采用高段别雷管,确保地表未起爆雷管与已起爆药包之间的水平间距大于 20m。

4. 导爆索起爆网络

(1) 起爆导爆索的雷管与导爆索捆扎端端头的距离应不小于 15cm,雷管的聚能穴应朝向导爆索的传爆方向。

(2) 导爆索起爆网络应采用搭接、水手结等方法连接;搭接时两根导爆索搭接长度不应小于 15cm,中间不得夹有异物或炸药,捆扎应牢固,支线与主线传爆方向的夹角应小于 90°。

(3) 连接导爆索中间不应出现打结或打圈;交叉敷设时,应在两根交叉导爆索之间设置厚度不小于 10cm 的木质垫块或土袋。

5. 电子雷管起爆网络

装药前应使用专用仪器检测电子雷管,并进行注册和编号。应按说明书要求连接子网络,雷管数量应小于子起爆器规定数量;子网络连接后应使用专用设备进行检测;应按说明书要求,将全部子网络连接成主网络,并使用专用设备检测主网络。电子雷管网络应使用专用起爆器起爆,专用起爆器使用前应进行全面检查。

6. 混合起爆网络

(1) 大型起爆网络可以同时使用电雷管、导爆管雷管、电子雷管和导爆索连接成混合起爆网络。

(2) 混合网络中的地表导爆索应与雷管、导爆管和电线之间应留有足够的安全距离。

(3) 用导爆索引爆导爆管时,应使用单股导爆索与导爆管垂直连接,或使用专用联结块连接。

7. 起爆网络试验

(1) 硐室爆破和 A、B 级爆破工程，应进行起爆网络试验。

(2) 电起爆网络应进行实爆试验或等效模拟试验；起爆网络实爆试验应按设计网络连接起爆；等效模拟试验，至少应选一条支路按设计方案连接雷管，其他各支路可用等效电阻代替。

(3) 大型混合起爆网络、导爆管起爆网络和导爆索起爆网络试验，应至少选一组（地下爆破选一个分区）典型的起爆支路进行实爆；对重要爆破工程，应考虑在现场条件下进行网络实爆。

8. 起爆网络检查

1) 起爆网络检查是爆破工作极为重要又容易出现问题的工作，在起爆网络检查时，应由有经验的爆破员组成的检查组担任，检查组不得少于 2 人，大型或复杂起爆网络检查应由爆破工程技术人员组织实施。应重点对以下 4 条进行检查：

(1) 电源开关是否接触良好，开关及导线的电流通过能力是否能满足设计要求。

(2) 网络电阻是否稳定，与设计值是否相符。

(3) 网络是否有接头接地或锈蚀，是否有短路或开路。

(4) 采用起爆器起爆时，应检验其起爆能力。

2) 对导爆索或导爆管起爆网络的检查：

(1) 有无漏接或中断、破损。

(2) 有无打结或打圈，支路拐角是否符合规定。

(3) 雷管捆扎是否符合要求。

(4) 线路连接方式是否正确、雷管段数是否与设计相符。

(5) 网络保护措施是否可靠。

3) 电子雷管起爆网络应按设计复核电子雷管编号、延时量、子网络和主网络的检测结果。混合起爆网络应按规定进行检查。

13.4.4 装药要求

1. 一般规定

(1) 对作业场地的清理与警戒：装药前应对作业场地、爆破器材堆放场地进行清理，装药人员应对准备装药的全部炮孔、药室进行检查。从炸药运入现场开始，应划定装药警戒区，警戒区内禁止烟火，并不得携带火柴、打火机等火源进入警戒区域；采用普通电雷管起爆时，不得携带手机或其他移动式通信设备进入警戒区。炸药运入警戒区后，应迅速分发到各装药孔口或装药硐口，不应在警戒区临时集中堆放大量炸药，不得将起爆器材、起爆药包和炸药混合堆放。

(2) 对爆破材料的搬运与管理：搬运爆破器材应轻拿轻放，装药时不应冲撞起爆药包。在铵油、重铵油炸药与导爆索直接接触的情况下，应采取隔油措施或采用耐油型导爆索。在黄昏或夜间等能见度差的条件下，不宜进行露天及水下爆破的装药工作，如确需进行装药作业时，应有足够的照明设施保证作业安全。炎热天气不应将爆破器材在强烈日光下暴晒。爆破装药现场不得用明火照明。爆破装药用电灯照明时，在装药警戒区 20m 以外可装 220V 的照明器材，在作业现场或硐室内应使用电压不高于 36V 的照明器材。从带有电雷管的起爆药包或起爆体进入装药警戒区开始，装药警戒区内应停电，应采用安全蓄电池灯、安全灯或绝缘手电筒照明。各种爆破作业都应按设计药量装药并做好装药原始记录。记录应包括装药基本情况、出现的问题及其处理措施。

2. 人工装药

人工搬运爆破器材时应遵守相关规定，起爆体、起爆药包应由爆破员携带、运送。人工炮孔装药应使用木质或竹制炮棍，以免产生金属火花造成爆炸。

人工装药要轻拿轻放，不应往孔内投掷起爆药包和敏感度高的炸药，起爆药包装入后应采取有效措施，防止后续药卷直接冲击起爆药包。

装药发生卡塞时，若在雷管和起爆药包放入之前，可用非金属长杆处理。装入雷管或起爆药包后，不得用任何工具冲击、挤压。

在装药过程中，不得拔出或硬拉起爆药包中的导爆管、导爆索和电雷管引出线。

3. 机械装药

1）现场混装多孔粒状铵油炸药装药车应符合以下规定：

（1）料箱和输料螺旋应采用耐腐蚀的金属材料，车体应有良好的接地。

（2）输药软管应使用专用半导体材料软管，钢丝与箱体的连接应牢固。

（3）装药车整个系统的接地电阻值不应大于 $1 \times 10^5 \Omega$。

（4）输药螺旋与管道之间应有一定的间隙，不应与壳体相摩擦。

（5）发动机排气管应安装消焰装置，排气管与油箱、轮胎应保持适当的距离。

（6）应配备灭火装置和有效的防静电接地装置。

（7）制备炸药的原材料时，装药车制药系统应能自动停车。

2）现场混装乳化炸药装药车应符合以下规定：

（1）料箱和输料部分的材料应采用防腐材料。

（2）输药软管应采用带钢丝棉织塑料或橡胶软管。

（3）排气管应安装消焰装置，排气管与油箱、轮胎应保持适当的距离。

（4）车上应设有灭火装置和有效的防静电接地装置。

（5）清洗系统应能保证有效地清理管道中的余料和积污。

（6）应具有出现原材料缺项、螺杆泵空转、螺杆泵超压等情况下自动停车等功能。

3）现场混装重铵油炸药装药车除符合上述的规定以外，还应保证输药螺旋与管道之间应有足够的间隙并不应与壳体相摩擦。小孔径炮孔爆破使用的装药器应符合下列规定：

（1）装药器的罐体使用耐腐蚀的导电材料制作。

（2）输药软管应采用专用半导体材料软管。

（3）整个系统的接地电阻不大于 $1 \times 10^5 \Omega$。

4）采用装药车、装药器装药时应遵守下列规定：

（1）输药风压不超过额定风压的上限值。

（2）装药车和装药器应保持良好接地。

（3）拔管速度应均匀，并控制在 0.5m/s 以内。

（4）返用的炸药应过筛，不得有石块和其他杂物混入。

4. 预装药

（1）预装药的管理：进行预装药作业，应制定安全作业细则并经爆破技术负责人审批。所使用的雷管、导爆管、导爆索、起爆药柱等起爆器材应具有防水防腐性能。正在钻进的炮孔和预装药炮孔之间，应有 10m 以上的安全隔离区。爆区应设专人看管，并作醒目警示标识，无关人员和车辆不得进入预装药爆区。

（2）预装药的注意事项：雷雨天气露天爆破不得进行预装药作业。高温、高硫区不得进行预装药作业。

（3）预装药炮孔应在当班进行填塞，填塞后应注意观察炮孔内装药高度的变化。如采用电力起爆网络，由炮孔引出的起爆导线应短路；如采用导爆管起爆网络，导爆管端口应可靠密封，预装药期间不得连接起爆网络。

5. 填塞

填塞是爆破工程非常重要而又易被人遗忘的一个环节，所以，在爆破工程检查时要高度重视，

1）硐室、深孔和浅孔爆破装药后都应进行填塞，禁止使用无填塞爆破。填塞炮孔的炮泥中不得混有石块和易燃材料，水下炮孔可用碎石渣填塞。用水袋填塞时，孔口应用不小于 0.15m 的炮泥将炮孔填满堵严。水平孔和上向孔填塞时，不得紧靠起爆药包或起爆药柱揳入木楔。不得捣固直接接触起爆药包的填塞材料或用填塞材料冲击起爆药包。分段装药间隔填塞的炮孔，应按设计要求的间隔填塞位置和长度进行填塞。发现有填塞物卡孔应及时进行处理（可用非金属杆或高压风处理）。填塞作业应避免夹扁、挤压和拉扯导爆管、导爆索，并应保护电雷管引出线。

2）深孔机械填塞应遵守下列规定：

（1）当填塞物潮湿、黏性较大或表面冻结时，应采取措施防止将大块装入孔内。

（2）填塞水孔时，应放慢填塞速度，让水排出孔外，避免产生悬料。

13.4.5 爆破警戒和信号

1. 爆破警戒

爆破警戒分为装药警戒和爆破警戒两种，其警戒范围的确定有所不同。

1）装药警戒范围由爆破技术负责人确定；装药时应在警戒区边界设置明显标识并派出岗哨。

2）爆破警戒范围由设计确定；在危险区边界，应设有明显标识，并派出岗哨。

爆破警戒管理：执行警戒任务的人员，应按指令到达指定地点并坚守工作岗位。靠近水域的爆破安全警戒工作，除按上述要求封锁陆岸爆区警戒范围外，还应对水域进行警戒。水域警戒应配有指挥船和巡逻船，其警戒范围由设计确定。

2. 信号

爆破信号分为预警信号、起爆信号、解除信号 3 种。

1）预警信号：该信号发出后爆破警戒范围内开始清场工作。

2）起爆信号：起爆信号应在确认人员全部撤离爆破警戒区，所有警戒人员到位，具备安全起爆条件时发出。起爆信号发出后现场指挥应再次确认达到安全起爆条件，然

后下令起爆。

3）解除信号：安全等待时间过后，检查人员进入爆破警戒范围内检查、确认安全后，报请现场指挥同意，方可发出解除警戒信号。在此之前，岗哨不得撤离，不允许非检查人员进入爆破警戒范围。

各类信号均应使爆破警戒区域及附近人员能清楚地听到或看到。

13.4.6 爆后检查

1. 爆后检查等待时间

为了确保人民生命财产的安全，露天爆破经检查确认爆破点安全后，经当班爆破班长同意，方准许作业人员进入爆区。露天浅孔、深孔、特种爆破，爆后应超过 5min 方准许检查人员进入爆破作业地点；如不能确认有无盲炮，应经 15min 后，方准许进入爆区检查。

地下工程爆破后，经通风除尘排烟确认井下空气合格、等待时间超过 15min 后，方准许检查人员进入爆破作业地点。拆除爆破，应等待倒塌建（构）筑物和保留建筑物稳定之后，方准许人员进入现场检查。

2. 爆后检查内容

①确认有无盲炮；②露天爆破爆堆是否稳定，有无危坡、危石、危墙、危房及未炸倒建（构）筑物；③地下爆破有无瓦斯及地下水突出、有无冒顶、危岩，支撑是否破坏，有害气体是否排除；④在爆破警戒区内公用设施及重点保护建（构）筑物安全情况。

3. 检查人员

A、B级及复杂环境的爆破工程，爆后检查工作应由现场技术负责人、起爆组长和有经验的爆破员、安全员组成检查小组实施。其他爆破工程的爆后检查工作由安全员、爆破员共同实施。

4. 检查发现问题的处置

（1）检查人员发现盲炮或怀疑盲炮，应向爆破负责人报告后组织进一步检查和处理；发现其他不安全因素应及时排查处理；在上述情况下，不得发出解除警戒信号，经现场指挥同意，可缩小警戒范围。

（2）发现残余爆破器材应收集上缴，集中销毁。

（3）发现爆破作业对周边建（构）筑物、公用设施造成安全威胁时，应及时组织抢险、治理，排除安全隐患。对影响范围不大的险情，可以进行局部封锁处理，解除爆破警戒。

13.4.7 盲炮处理

1. 一般规定

盲炮的排除与处理非常重要，它关系到人民的生命财产安全，所以在盲炮排除与处理时要慎之又慎。

（1）处理盲炮前应由爆破技术负责人定出警戒范围，并在该区域边界设置警戒，处理盲炮时无关人员不许进入警戒区。派有经验的爆破员处理盲炮，硐室爆破的盲炮处理应由爆破工程技术人员提出方案并经单位技术负责人批准。电力起爆网络发生盲炮时，应立即切断电源，及时将盲炮电路短路。

（2）导爆索和导爆管起爆网络发生盲炮时，应首先检查导爆索和导爆管是否有破损或断裂，发现有破损或断裂的可修复后重新起爆。严禁强行拉出炮孔中的起爆药包和雷管。

（3）盲炮处理后，应再次仔细检查爆堆，将残余的爆破器材收集起来统一销毁；在不能确认爆堆无残留的爆破器材之前，应采取预防措施并派专人监督爆堆挖运作业。

（4）盲炮处理后应由处理者填写登记卡片或提交报告，说明产生盲炮的原因、处理的方法、效果和预防措施。

2. 裸露爆破的盲炮处理

处理裸露爆破的盲炮，可安置新的起爆药包（或雷管）重新起爆或将未爆药包回收销毁；

发现未爆炸药受潮变质，则应将变质炸药取出销毁，重新敷药起爆。

3. 浅孔爆破的盲炮处理

（1）浅孔爆破的盲炮处理的方法：采用重新起爆、诱爆、回收等处理方法。

（2）重新起爆：经检查确认起爆网络完好时，可重新起爆。

（3）诱爆：可钻平行孔装药爆破，平行孔距盲炮孔不应小于 0.3m。可用木、竹或其他不产生火花的材料制成的工具，轻轻地将炮孔内填塞物掏出，用药包诱爆。

（4）回收：可在安全地点外用远距离操纵的风水喷管吹出盲炮填塞物及炸药，但应采取措施回收雷管。处理非抗水类炸药的盲炮，可将填塞物掏出，再向孔内注水，使其失效，但应回收雷管。

（5）盲炮应在当班处理，当班不能处理或未处理完毕，应将盲炮情况（盲炮数目、炮孔方向、装药数量和起爆药包位置，处理方法和处理意见）在现场交接清楚，由下一班继续处理。

4. 深孔爆破的盲炮处理

（1）浅孔爆破的盲炮处理方法：采用重新起爆、诱爆、回收等处理方法。

（2）重新起爆：爆破网络未受破坏，且最小抵抗线无变化者，可重新连接起爆；最小抵抗线有变化者，应验算安全距离，并加大警戒范围后，再连接起爆。

（3）诱爆：可在距盲炮孔口不少于 10 倍炮孔直径处另打平行孔装药起爆。爆破参数由爆破工程技术人员确定并经爆破技术负责人批准。

（4）回收：所用炸药为非抗水炸药，且孔壁完好时，可取出部分填塞物向孔内灌水使之失效，然后做进一步处理，但应回收雷管。

5. 其他盲炮处理

在处理之前应制订安全可靠的处理办法及操作细则，经爆破技术负责人批准后实施。

13.4.8 拆除爆破及城镇浅孔爆破

1）拆除爆破及城镇浅孔爆破应按下列规定进行爆区周围设施、建（构）筑物的保护和安全防护设计：

（1）根据被保护建（构）筑物或设备允许的地面质点振动速度，限制最大一段起爆药量及一次爆破用药量，或采取减振措施。

（2）拆除高耸建（构）筑物时，应考虑塌落振动、后坐、残体滚动、落地飞溅和前冲等发生事故的可能性，并采取相应的防护措施，提出必要的监测方案。

（3）对爆破体表面进行有效覆盖；对保护物作重点覆盖或设置防护屏障。

（4）采取防尘、减尘措施。

2）对爆区周围道路的防护与交通管制，应遵守下列规定：

（1）使拆除物倒塌方向和爆破飞散物主要散落方向避开道路，并控制残体塌散影响范围。

（2）规定断绝交通、封锁道路或水域的地段和时间。

3）对爆区周围及地下水、电、气、通信等公共设施进行调查和核实，并对其安全性进行论证，提出相应的安全技术措施。若爆破可能危及公共设施，应向有关部门提出关于申请暂时停水、电、气、通信的报告，得到有关主管部门同意方可实施爆破。

4）拆除爆破及城镇浅孔爆破应采用封闭式施工，围挡爆破作业地段，设置明显的警示标识，并设警戒；在邻近交通要道和人行通道的方位或地段，应设置防护屏障和信号标识。

5）爆破作业前，应清理现场，准备现场药包临时存放与制作场所。

6）拆除爆破及城镇浅孔爆破应在爆破设计人员参与下对炮孔逐个进行验收，复核最小抵抗线的大小，根据每个炮孔的实际状况调整装药量；对不合格的炮孔应提出处理意见；对截面较小的梁柱构件，钻孔宜采用中心线两侧交错布孔方法。

7）拆除爆破应进行试验爆破，试爆方案内容包括：

（1）了解结构及材质、核定爆破设计参数。

（2）进行结构整体稳定性分析，保证试爆不影响结构的稳定。

（3）监测方法和爆后处置措施。试爆方案应经爆破技术负责人批准，并应在爆破设计人员的指导下进行试爆。

8）存在下列情况，拆除爆破可以不进行试爆：

（1）试爆可能危及被拆建（构）筑物的稳定。

（2）周围环境不允许试爆。

9）预拆除：建（构）筑物拆除爆破的预拆除设计，应征求结构工程师的意见并保证建（构）筑物的整体稳定。预拆除工作应在工程技术人员的指导下进行；预拆除工作应在装药前完成，预拆除和装药作业不应同时进行。

10）装药、填塞、覆盖防护：拆除爆破及城镇浅孔爆破装药作业，应设置相应的装药警戒范围，严禁无关人员进入；拆除爆破及城镇浅孔爆破的每个药包，应按爆破设计要求计量准确，并按药包重量、雷管段别、药包个数分类编组放置；应设专人负责登记、办理领取手续，并设专人监督检查装药作业；对于大当量的爆破工程，不能在当天完成装药爆破时，必须报请公安部门批准设临时存放点，严格划定警戒范围并进行昼夜警戒；所有装药炮孔均应做好填塞，并防止炮泥发生干缩；应按爆破设计进行防护和覆盖，起爆前由现场负责人检查验收，对不合格的防护和覆盖提出处理措施。防护材料应有一定的重量和抗冲击能力，应透气、易于悬挂并便于连接固定；装药、填塞和覆盖防护时应保护好起爆线路。

11）起爆网络与起爆：拆除爆破及城镇浅孔爆破严禁采用裸露爆破及孔外导爆索起爆网络；爆区附近有高压输电线和电信发射台时，应采用导爆管雷管起爆网络；防护及覆盖工作完成后，应重新再次检查起爆网络；起爆前应派人检查现场，核实警戒区无人并核查起爆网络无误后报告现场指挥，由现场指挥下令将起爆装置接入起爆网络。

12）在有石油化工设备、瓦斯（如下水道）、城市煤气管道和可燃粉尘的环境进行拆除爆破，应按有关规定制订安全操作细则。

13）爆后检查、盲炮处理：因设计失误或出现盲炮造成建（构）筑物未倒塌或倒塌不完全的，应由爆破技术负责人、结构工程师根据未倒塌建（构）筑物的稳定情况及时改变警戒范围，提出处置方案，未处理前不应解除警戒；爆破作业人员应跟踪建（构）筑物解体、塌方松散体及岩渣清理作业的全过程，及时处理可能出现的盲炮并回收残留爆破器材。

14）楼房类建筑物爆破拆除：楼房类建筑物爆破拆除倒塌方式的选取，应遵守以下规定。

（1）根据建筑物的结构特点、环境条件等因素，综合确定倒塌方式。

（2）当倒塌场地条件受限制时，应采用原地坍塌、单向折叠或双向折叠、逐段塌落的倒塌方式。

（3）虽有足够的倒塌场地，但因周边环境要求需控制塌落振动时，应采取多切口的单向折叠或多向折叠倒塌方式；建筑物拆除爆破后出现未倒塌或未完全倒塌的事故时，在确定建筑物处于稳定状态的情况下，由有经验的技术人员入内检查，并按下列方式处置：

①如果属于起爆网络问题，经爆破技术负责人批准后，可重新连接网络爆破；

②因设计原因造成未倒塌或未完全倒塌的，宜采用机械方法处理；

③如机械拆除存在严重安全问题，确需采用爆破方法施工的，需对未倒建筑物进行结构分析，重新制订爆破方案；剪力墙、筒体结构的楼房可采取将墙体等效为柱子的承载方法进行预拆除，爆破时应采用高等级的防护措施。钢筋混凝土剪力墙应进行试爆调整爆破设计参数。

15）烟囱、冷却塔类构筑物爆破拆除。①烟囱、冷却塔类构筑物爆破拆除，宜采用定向倒塌的爆破方案；②因场地限制，倒塌长度不足时，可采用双向折叠或提高爆破切口位置的爆破方案；③采用定向倒塌爆破方案时，应对保留的支撑部分进行强度设计校核，且爆破切口最大断面所对应的圆心角应根据校核设计确定；④应由专业测量人员准确测定烟囱高度、垂直度，以及倒塌中心线、定向窗的位置，要考虑风载荷、结构不对称（烟道、出灰口、爬梯、烟囱筒体内井字梁和灰斗）对倒塌方向的影响；⑤爆破拆除施工作业的预拆除、钻孔、起爆网络都应保持对于设计倒塌方向中心线的对称性；⑥爆破拆除烟囱、冷却塔类构筑物时，应考虑爆后筒体后坐及残体滚动、筒体塌落触地的飞溅、前冲，并采取相应的防护措施；⑦要做好防止烟囱、冷却塔塌落着地的瞬间筒体两端冲出的强空气流，对爆区附近设备及设施造成破坏性影响；⑧烟囱、冷却塔类构筑物爆破拆除时，应清除地面积水、碎石；⑨可将地面挖松，或开挖沟槽，并在地面堆起一定高度的土埂，组合成沟埂减振措施。

16）桥梁构筑物爆破拆除：①应根据桥梁的结构类型、环境条件选择安全合理的爆破拆除总体方案；②桥梁爆破拆除设计方案应仔细分析桥梁结构体的整体受力关系，校核预拆除及试爆后桥梁的力学平衡状态；③若需采用水压爆破方法拆除箱式桥梁构件，应按相关规定执行，并根据桥梁承载能力校核最大注水量；④爆破拆除设计应将桥梁桩柱（桥墩）间节点处的钻爆方案作为重点，确保爆后连接部分解体充分；⑤应对桥梁爆破残渣落水产生的涌浪危害进行分析，并采取必要的防护措施；⑥施工期间应设立交通封闭管理区，桥上、桥下严禁通行。

17）基坑钢筋混凝土支撑爆破拆除：①采用预埋管装药爆破方案时应编制埋管设计说明书，详细说明预埋管的位置、深度、材质和施工方法。预埋管的敷设应在爆破设计人员的指导下进行；②爆破前应对每个炮孔的孔位、深度和角度进行验收，对不合格的炮孔应采取加深、回填、重新钻孔等措施以确保炮孔符合设计要求；③当采用大规模或一次性爆破拆除基坑钢筋混凝土支撑时，应采用全封闭的防护棚，防护棚应严格按设计要求搭设并有严格的质量验收制度；④大面积支撑一次性爆破时，应充分论证起爆网络的可靠性。

13.4.9　爆破安全允许距离与对环境影响的控制

1. 一般规定

爆破地点与人员和其他保护对象之间的安全允许距离，应按各种爆破有害效应（例如地震波、冲击波、个别飞散物等）分别核定，并取最大值。

确定爆破安全允许距离时，应考虑爆破可能诱发的滑坡、滚石、雪崩、涌浪、爆堆滑移等次生灾害的影响，适当扩大安全允许距离或针对具体情况划定附加的危险区。

2. 爆破振动安全允许距离

评估爆破对不同类型建（构）筑物、设施设备和其他保护对象的振动影响，应采用不同的安全判据和允许标准，地面建筑物的爆破振动判据，采用保护对象在地点峰值振动速度和主振频率；地面建筑物、电站（厂）中心控制室设备、隧道与巷道、岩石高边坡和新浇大体积混凝土的爆破振动判据，采用保护对象所在地基础质点峰值振动速度和主振频率。安全允许标准见表 13-1。

表 13-1　爆破振动安全允许标准

序号	保护对象类别	安全允许质点振动速度 v（cm/s）		
		$f \leqslant 10Hz$	$10Hz < f \leqslant 50Hz$	$f > 50Hz$
1	土窑洞、土坯房、毛石房屋	0.15～0.45	0.45～0.9	0.9～1.5
2	一般民用建筑物	1.5～2.0	2.0～2.5	2.5～3.0
3	工业和商业建筑物	2.5～3.5	3.5～4.5	4.2～5.0
4	一般古建筑与古迹	0.1～0.2	0.2～0.3	0.3～0.5
5	运行中的水电站及发电厂中心控制室设备	0.5～0.6	0.6～0.7	0.7～0.9
6	水工隧洞	7～8	8～10	10～15
7	交通隧道	10～12	12～15	15～20

序号	保护对象类别	安全允许质点振动速度 v（cm/s）		
		$f\leqslant10\text{Hz}$	$10\text{Hz}<f\leqslant50\text{Hz}$	$f>50\text{Hz}$
8	矿山巷道	15～18	18～25	20～30
9	永久性岩石高边坡	5～9	8～12	10～15
10	新浇大体积混凝土（C20）： 龄期：初凝～3d 龄期：3～7d 龄期：7～28d	— 1.5～2.0 3.0～4.0 7.0～8.0	— 2.0～2.5 4.0～5.0 8.0～10.0	— 2.5～3.0 5.0～7.0 10.0～12

注：1. 爆破振动监测应同时测定质点振动相互垂直的三个分量。

2. 表中质点振动速度为 3 个分量中的最大值，振动频率为主振频率；

3. 频率范围根据现场实测波形确定或按如下数据选取：硐室爆破 f 小于 20Hz，露天深孔爆破 f 在 10～60Hz 之间，露天浅孔爆破 f 在 40～100Hz 之间；地下深孔爆破 f 在 30～100Hz 之间，地下浅孔爆破 f 在 60～300Hz 之间。

在按表 13-1 选定安全允许质点振动速度时，应认真分析以下影响因素：

（1）选取建筑物安全允许质点振动速度时，应综合考虑建筑物的重要性、建筑质量、新旧程度、自振频率、地基条件等。

（2）一省级以上（含省级）重点保护古建筑与古迹的安全允许质点振速，应经专家论证后选取。

（3）选取隧道、巷道安全允许质点振速时，应综合考虑构筑物的重要性、围岩分类、支护状况、开挖跨度、埋深大小、爆源方向、周边环境等。

（4）永久性岩石高边坡，应综合考虑边坡的重要性、边坡的初始稳定性、支护状况、开挖高度等。

（5）非挡水新浇大体积混凝土的安全允许质点振速按本表给出的上限值选取。

3. 爆破振动安全允许距离

爆破振动安全允许距离，应按式（13-1）计算

$$R=\left(\frac{K}{V}\right)^{\frac{1}{a}}\cdot Q^{\frac{1}{3}} \tag{13-1}$$

式中　R——爆破振动安全允许距离，m；

Q——炸药量，齐发爆破为总药量，延时爆破为最大单段药量，kg；

V——保护对象所在地安全允许质点振速，cm/s；

K、α——与爆破点至保护对象间的地形、地质条件有关的系数和衰减指数，应通过现场试验确定；在无试验数据的条件下，可参考表 13-2 选取。

表 13-2　爆区不同岩性的 K、α 值

岩性	K	α
坚硬岩石	50～150	1.3～1.5
中硬岩石	150～250	1.5～1.8
软岩石	250～350	1.8～2.0

群药包爆破，各药包 R_e 至保护目标的距离差值超过平均距离的 10% 时，用等效距

离和等效等药量 Q_e 分别代替 R 和 Q 值。R_e 和 Q_e 的计算采用加权平均值法。

对于条形药包，可将条形药包以 $1\sim1.5$ 倍最小抵抗线长度分为多个集中药包，参照群药包爆破时的方法计算其等效距离和等效药量。

4. 特殊要求

在复杂环境中多次进行爆破作业时，应从确保安全的单响药量开始，逐步增大到允许药量，并控制一次爆破规模，核电站及受地震惯性力控制的精密仪器、仪表等特殊保护对象，应采用爆破振动加速度作为安全判据，安全允许质点加速度由相关管理单位确定，高耸建（构）筑物拆除爆破的振动安全允许距离包括建（构）筑物塌落触地振动安全距离和爆破振动安全距离。

13.4.10 爆破空气冲击波安全允许距离

1）露天地表爆破当一次爆破炸药量不超过 25kg 时，按式（13-2）确定空气冲击波对在掩体内避炮作业人员的安全允许距离。

$$R_k = 25Q^{\frac{1}{3}} \tag{13-2}$$

式中 R_k——空气冲击波对掩体内人员的最小允许距离，m；

Q——一次爆破梯恩梯炸药当量，秒延时爆破为最大一段药量，毫秒延时爆破为总药量，kg。

2）爆炸加工或特殊工程需要在地表进行大当量爆炸时，应核算不同保护对象所承受的空气冲击波超压值，并确定相应的安全允许距离。在平坦地形条件下爆破时，可按式（13-3）计算超压。

$$\Delta P = 14\frac{Q}{R^3} + 4.3\frac{Q^{\frac{2}{3}}}{R^2} + 1.1\frac{Q^{\frac{1}{3}}}{R} \tag{13-3}$$

式中 ΔP——空气冲击波超压值，10^5Pa；

Q——一次爆破梯恩梯炸药当量，秒延时爆破为最大一段药量，毫秒延时爆破为总药量，kg；

R——爆源至保护对象的距离，m。

3）空气冲击波超压的安全允许标准：对不设防的非作业人员为 0.02×10^5Pa，掩体中的作业人员为 0.1×10^5Pa；建筑物的破坏程度与超压的关系列入表 13-3。

4）地表裸露爆破空气冲击波安全允许距离，应根据保护对象、所用炸药品种、药量、地形和气象条件由设计确定。

5）露天及地下爆破作业，对人员和其他保护对象的空气冲击波安全允许距离由设计确定。

建筑物的破坏程度与超压关系见表 13-3。

表 13-3 建筑物的破坏程度与超压关系

破坏等级	1	2	3	4	5	6	7
破坏等级名称	基本无破坏	次轻度破坏	轻度破坏	中等破坏	次严重破坏	严重破坏	完全破坏
超压 ΔP (10^5Pa)	<0.02	$0.02\sim0.09$	$0.09\sim0.25$	$0.25\sim0.40$	$0.40\sim0.55$	$0.55\sim0.76$	>0.76

破坏等级		1	2	3	4	5	6	7
建筑物破坏程度	玻璃	偶然破坏	少部分破呈大块，大部分呈小块	大部分破成小块到粉碎	粉碎	—	—	—
	木门窗	无损坏	窗扇少量破坏	窗扇大量破坏，门扇、窗框破坏	窗扇掉落、内倒，窗框、门扇大量破坏	门、窗扇摧毁，窗框掉落	—	—
	砖外墙	无损坏	无损坏	出现小裂缝，宽度小于5mm，稍有倾斜	出现较大裂缝，缝宽5～50mm，明显倾斜，砖垛出现小裂缝	出现大于50mm的大裂缝，严重倾斜，砖垛出现较大裂缝	部分倒塌	大部分到全部倒塌
	木屋盖	无损坏	无损坏	木屋面板变形，偶见折裂	木屋面板、木檩条折裂，木屋架支座松动	木檩条折断，木屋架杆件偶见折断支座移位	部分倒塌	全部倒塌
	瓦屋面	无损坏	少量移动	大量移动	大量移动到全部掀动	—	—	—
	钢筋混凝土屋盖	无损坏	无损坏	无损坏	出现小于1mm的小裂缝	出现1～2mm宽的裂缝，修复后可继续使用	出现大于2mm的裂缝	承重砖墙全部倒塌，钢筋混凝土承重柱严重破坏
	顶棚	无损坏	抹灰少量掉落	抹灰大量掉落	木龙骨部分破坏出现下垂缝	塌落	—	—
	内墙	无损坏	板条墙抹灰少量掉落	板条墙抹灰大量掉落	砖内墙出现小裂缝	砖内墙出现大裂缝	砖内墙出现严重裂缝至部分倒塌	砖内墙大部分倒塌
	钢筋混凝土柱	无损坏	无损坏	无损坏	无损坏	无损坏	有倾斜	有较大倾斜

13.4.11 爆破作业噪声控制标准

1）爆破突发噪声判据，采用保护对象所在地最大声级。其控制标准见表13-4。

表 13-4　爆破噪声控制标准　　　　　　　［dB（A）］

声环境功能区：类别	对应区域	不同时段控制标准	
		昼间	夜间
0 类	康复疗养区、有重病号的医疗卫生区或生活区，进入冬眠期的养殖动物区	65	55
1 类	居民住宅、一般医疗卫生、文化教育、科研设计、行政办公为主要功能，需要保持安静的区域	90	70
2 类	以商业金融、集市贸易为主要功能，或者居住、商业、工业混杂，需要维护住宅安静的区域；噪声敏感动物集中养殖场，如养鸡场等	100	80
3 类	以工业生产、仓储物流为主要功能，需要防止工业噪声对周围环境产生严重影响的区域	110	85
4 类	人员警戒边界，非噪声敏感动物集中养殖区，如养猪场等	120	90
施工作业区	矿山、水利、交通、铁道、基建工程和爆炸加工的施工厂区内	125	110

2）在 0～2 类区域进行爆破时，应采取降噪措施并进行必要的爆破噪声监测。监测应采用爆破噪声测试专用的计权声压计及记录仪；监测点宜布置在敏感建筑物附近和敏感建筑物室内。

13.4.12　水中冲击波及涌浪安全允许距离

1）水下裸露爆破，当覆盖水厚度小于 3 倍药包半径时，对水面以上人员或其他保护对象的空气冲击波安全允许距离的计算原则，与地表爆破相同。

2）在水深不大于 30m 的水域内进行水下爆破，水中冲击波的安全允许距离应遵守下列规定：

（1）对人员按表 13-5 确定。

表 13-5　对人员的水中冲击波安全允许距离

装药及人员状况		炸药量		
		$Q \leqslant 50kg$	$50kg < Q \leqslant 200kg$	$200kg < Q \leqslant 1000kg$
水中裸露装药（m）	游泳	900	1400	2000
	潜水	1200	1800	2600
钻孔或药室装药（m）	游泳	500	700	1100
	潜水	600	900	1400

（2）客船：1500m。

（3）施工船舶：按表 13-6 确定。

（4）非施工船舶：可参照表 13-7 和式（13-4），根据船舶状况由设计确定。

表 13-6 对施工船舶的水中冲击波安全允许距离

装药及船舶类别		炸药量		
		$Q \leqslant 50kg$	$50kg < Q \leqslant 200kg$	$200kg < Q \leqslant 1000kg$
水中裸露装药（m）	木船	200	300	500
	铁船	100	150	250
钻孔或药室装药（m）	木船	100	150	250
	铁船	70	100	150

3) 一次爆破药量大于 1000kg 时，对人员和施工船舶的水中冲击波安全允许距离可按式（13-4）计算。

$$R = K_0 \times Q^{1/3} \tag{13-4}$$

式中　R——水中冲击波的最小安全允许距离，m；

　　　Q——一次起爆的炸药量，kg；

　　　K_0——系数，按表 13-7 选取。

表 13-7　K_0 值

装药条件	保护人员		保护施工船舶	
	游泳	潜水	木船	铁船
裸露装药	250	320	50	25
钻孔或药室装药	130	160	25	15

4) 在水深大于 30m 的水域内进行水下爆破时，水中冲击波安全允许距离由设计确定。

5) 在重要水工、港口设施附近及水产养殖场或其他复杂环境中进行水下爆破，应通过测试和邀请专家对水中冲击波和涌浪的影响作出评估，确定安全允许距离。

6) 水中爆破或大量爆渣落入水中的爆破，应评估爆破涌浪影响，确保不产生超大坝、水库校核水位涌浪、不淹没岸边需保护物和不造成船舶碰撞受损。

7) 水中冲击波超压峰值对鱼类影响安全控制标准，参见表 13-8。

表 13-8　水中冲击波超压峰值对鱼类影响安全控制标准　　　　　　　　　（10^5 Pa）

安全控制标准	鱼类品种	自然状态	网箱养殖
高度敏感	石首科鱼类	0.10	0.05
中度敏感	石斑鱼、鲈鱼、梭鱼	0.30～0.35	0.20～0.25
低度敏感	冬穴鱼、野鲤鱼、鲟鱼、比目鱼	0.35～0.50	0.25～0.40

13.4.13　个别飞散物安全允许距离

1) 一般工程爆破个别飞散物对人员的安全允许距离不应小于表 13-9 的规定；对设备或建（构）物的安全允许距离，应由设计确定。

2) 抛掷爆破时，个别飞散物对人员、设备和建筑物的安全允许距离应由设计确定。

表 13-9 爆破个别飞散物对人员的安全允许距离

爆破类型和方法			个别飞散物的最小安全允许距离（m）
1. 露天岩土爆	a) 破碎大块岩矿	裸露药包爆破法	400
		浅孔爆破法	300
	b) 浅孔爆破		200（复杂地质条件下或未形成台阶工作面时不小于 300）
	c) 浅孔药壶爆破		300
	d) 蛇穴爆破		300
	e) 深孔爆破		按设计，但不小于 200
	f) 深孔药壶爆破		按设计，但不小于 300
	g) 浅孔孔底扩壶		50
	h) 深孔孔底扩壶		50
	i) 硐室爆破		按设计，但不小于 300
2. 爆破树墩			200
3. 森林救火时，堆筑土壤防护带			50
4. 爆破拆除沼泽地的路堤			100
5. 水下爆破	a) 水面无冰时的裸露药包或浅孔、深孔爆破	水深小于 1.5m	与地面爆破相同
		水深大于 6m	不考虑飞石对地面或水面以上人员的影响
		水深 1.5～6m	由设计确定
	b) 水面覆冰时的裸露药包或浅孔、深孔爆破		200
	c) 水底硐室爆破		由设计确定
6. 破冰工程	a) 爆破薄冰凌		50
	b) 爆破覆冰		100
	c) 爆破阻塞的流冰		200
	d) 爆破厚度大于 2m 的冰层或爆破阻塞流冰一次用药量超过 300kg		300
7. 爆破金属物	a) 在露天爆破场		1500
	b) 在装甲爆破坑中		150
	c) 在厂区内的空场中		由设计确定
	d) 爆破热凝结物		按设计，但不小于 30
	e) 爆炸加工		由设计确定
8. 拆除爆破、城镇浅孔爆破及复杂环境深孔爆破			由设计确定
9. 地震勘探爆破	a) 浅井或地表爆破		按设计，但不小于 100
	b) 在深孔中爆破		按设计，但不小于 30
10. 用爆破器扩大钻井			按设计，但不小于 50

注：1. 沿山坡爆破时，下坡方向的飞石安全允许距离应增大 50%；

    2. 当爆破器具置于钻井内深度大于 50m 时，安全允许距离可缩小至 20m。

3）硐室爆破个别飞散物安全距离，可按式（13-5）计算

$$R_f = 20K_f n^2 W \tag{13-5}$$

式中　R_f——爆破飞石安全距离，m；

　　　K_f——安全系数，一般取 $K_f = 1.0 \sim 1.5$；

　　　n——爆破作用指数；

　　　W——最小抵抗线，m。

应逐个药包进行计算，选取最大值为个别飞散物安全距离。

13.4.14　外部电源与电爆网络的安全允许距离

电力起爆时，普通电雷管爆区与高压线间的安全允许距离，应按表 13-10 的规定；与广播电台或电视台发射机的安全允许距离，应按表 13-11、表 13-12 和表 13-13 的规定。

表 13-10　爆区与高压线的安全允许距离

电压（kV）		3～6	10	20～50	50	110	220	400
安全允许距离（m）	普通电雷管	20	50	100	100	—	—	—
	抗杂电雷管	—	—	—	—	10	10	16

表 13-11　爆区与中长波电台（AM）的安全允许距离

发射功率（W）	5～25	25～50	50～100	100～250	250～500	500～1000
安全允许距离（m）	30	45	67	100	136	198
发射功率（W）	1000～2500	2500～5000	5000～10000	10000～25000	25000～50000	50000～100000
安全允许距离（m）	305	455	670	1060	1520	2130

表 13-12　爆区与调频（FM）发射机的安全允许距离

发射功率（W）	1～10	10～30	30～60	60～250	250～600
安全允许距离（m）	1.5	3.0	4.5	9.0	13.0

表 13-13　爆区与甚高频（VHF）、超高频（UHF）电视发射机的安全允许距离

发射功率（W）	1～10	$10～10^2$	$10^2～10^3$	$10^3～10^4$	$10^4～10^5$	$10^5～10^6$	$10^6～5×10^6$
VHF 安全允许距离（m）	1.5	6.0	18.0	60.0	182.0	609.0	—
UHF 安全允许距离（m）	0.8	2.4	6	24	76.2	244.0	609.0

注：不得将手持式或其他移动式通信设备带入普通电雷管爆区。

13.4.15　爆破对环境有害影响控制

1）有害气体。

有害气体的监测应遵守下列规定：

（1）在煤矿、钾矿、石油地蜡矿、铀矿和其他有爆炸性气体及有害气体的矿井中爆破时，应按有关规定对有害气体进行监测。

（2）在下水道、储油容器、报废盲巷、盲井中爆破时，作业人员进入之前应先对空气取样检验。

2）预防瓦斯爆炸应采取下列措施：

（1）爆破工作面的瓦斯超标时严禁进行爆破。

（2）在有瓦斯爆炸危险的矿井中，严格按规程进行布孔、装药、填塞、起爆，以防爆破引爆瓦斯。

（3）通风良好，防止瓦斯积累。

（4）封闭采空区，以防氧气进入和瓦斯逸出。

（5）采用防爆型电气设备，严格控制杂散电流。

3）地下爆破作业点有害气体的浓度，不应超过表 13-14 的标准。

表 13-14　地下爆破作业点有害气体允许浓度

有害气体名称		CO	N_nO_m	SO_2	H_2S	NH_3	R_n
允许浓度	按体积（%）	0.00240	0.00025	0.00050	0.00066	0.00400	3700Bq/m³
	按质量（mg·m⁻³）	30	5	15	10	30	—

（1）有害气体监测应遵守下列规定：

①应按现行国家标准《工业炸药爆炸后有毒气体含量的测定》（GB 18098）规定的方法监测爆破后作业面和重点区域有害气体的浓度，且不应超过表 13-14 的规定值。

②露天硐室爆破后 24h 内，应多次检查与爆区相邻的井、巷、涵洞内的有毒、有害气体浓度，防止人员误入中毒。

③地下爆破作业面有害气体浓度应每月测定一次；爆破炸药量增加或更换炸药品种时，应在爆破前后各测定一次爆破有害气体浓度。

（2）预防有害气体中毒应采取下列措施：

①使用合格炸药；

②做好爆破器材防水处理，确保装药和填塞质量，避免半爆和爆燃；

③井下爆破前后加强通风，应设置对死角和盲区的通风设施；

④加强有毒气体监测，不盲目进入可能聚藏有害气体的死角；

⑤对封闭矿井应作监管，防止盗采和人员误入造成中毒事故。

4）防尘与预防粉尘爆炸：

在确保爆破作业安全的条件下，城镇拆除爆破工程应采取以下减少粉尘污染的措施：

（1）适当预拆除非承重墙，清理构件上的积尘。

（2）建筑物内部洒水或采用泡沫吸尘措施。

（3）各层楼板设置水袋。

（4）起爆前后组织消防车或其他喷水装置喷水降尘。

在有煤尘、硫尘、硫化物粉尘的矿井中进行爆破作业，应遵守有关粉尘防爆的规定。

在面粉厂、亚麻厂等有粉尘爆炸危险的地点进行爆破时，应先通风除尘，离爆区 10m 范围内的空间和表面应作喷水降尘处理。

5）噪声控制：

城镇拆除及岩土爆破，应采取以下措施控制噪声：

（1）严禁使用导爆索起爆网络，在地表空间不应有裸露导爆索。

（2）严格控制单位耗药量、单孔药量和一次起爆药量。

（3）实施毫秒延时爆破。

（4）保证填塞质量和长度。

（5）加强对爆破体的覆盖。

爆区周围有学校、医院、居民点时，应与各有关单位协商，实施定点、准时爆破。

6）水下爆破时对水生物的保护：

水下爆破前应详细了解爆破影响范围内水生物及水产养殖的基本情况，并评估水中冲击波、涌浪及爆渣落水对水生物的影响。

水下爆破工程施工应尽量避开水生物的主要洄游、产卵季节，避开产卵区域或水生物幼苗生长区域；并应选用无污染或污染小的爆破器材。

可采取以下措施减少爆破有害效应对水生物的影响：

（1）优先采用水下钻孔爆破并保证孔口填塞长度与质量，避免采用水中裸露爆破。

（2）采用毫秒延时起爆技术并控制单段起爆药量。

（3）采用气泡帷幕等防护技术。

（4）减少爆破岩石向水域中的抛掷量。

受影响水域内有重点保护生物时，应与生物保护管理单位协商、制订保护措施。

7）振动液化控制：

在饱和砂（土）地基附近和尾矿库库区进行爆破作业时，应邀请专家评估爆破引起地基与尾矿坝振动液化的可能性和危害程度；提出预防土层受爆破振动压密、孔隙水压力骤升的措施；评估因土体"液化"对建筑物及其基础产生的危害。

实施爆破前，应查明可能产生液化土层的分布范围，并采取相应的处理措施，例如增加土体相对密度，降低浸润线，加强排水，减小饱和程度；控制爆破规模，降低爆破振动强度，增大振动频率，缩短振动持续时间等。

13.5　静力破碎拆除

13.5.1　常见的静力破碎方法

1. 液压劈裂棒

液压劈裂棒也叫岩石劈裂机，运用液压机械方式对岩石进行劈裂，是针对坚硬岩石能高效破裂的创新设备，在矿山开采及建筑土石方工程中不能使用炸药的情况下破碎岩石具有很大的技术优势，淘汰了膨胀破碎剂。比较适用于不能爆破作业的土石方工程，比用切割机的优势是降低水电费，噪声和污染改善，功效较高，比起用膨胀破碎剂的优势是钻孔直径大、间隔大、裂缝更大、效果更好、更易于破碎解小，立即见效不用等待、不间断重复作业，不受雨水和温度影响，无喷浆和强碱性危害，无震动安全环保，是目前岩石破除施工时常用的一种方法。

液压劈裂棒结构原理：它是由油缸、活塞、密封件、高压油管几大部件组成。分为一根进油管，一根回油管。进油时液压岩石劈裂棒的活塞会伸出，这就是一个工作过程，也就是岩石劈裂的时间。它的动力源是由液压动力站通过油管传输液压油。液压爆破方法如图 13-4 所示。

图 13-4　液压爆破方法

2. 二氧化碳爆破

二氧化碳爆破也叫气体爆破，其工作原理是二氧化碳气体在一定的高压下可转变为液态，通过高压泵将液态的二氧化碳压缩至圆柱体容器（爆破筒）内，装入安全膜、破裂片、导热棒和密封圈，拧紧合金帽即完成了爆破前的准备工作。将爆破筒和起爆器及电源线携至爆破现场，把爆破筒插入钻孔中固定好，连接起爆器电源。当微电流通过高导热棒时，产生高温击穿安全膜，瞬间将液态二氧化碳气化，急剧膨胀产生高压冲击波致泄压阀自动打开，利用液态二氧化碳吸热气化时体积急剧膨胀产生高压致使岩体开裂。目前国内的二氧化碳爆破施工虽然已有技术突破，但依然还有很长的一段路要走，需要改进和提升的技术还很多。爆破产量与传统的炸药爆破相比差距较大，同样不能爆破作业的情况下与使用岩石劈裂机相比操作环节较复杂，循环使用的间隔时间长。

二氧化碳爆破通常由存液罐、二氧化碳致裂器灌注机加充气台、致裂器、旋头机、旋转台、过滤架等组成。

CO_2 气体爆破如图 13-5 所示，图中设备为二氧化碳（CO_2）控制仪。

图 13-5　CO_2 气体爆破

3. 膨胀剂

膨胀剂也叫无声膨胀剂，是一种可以通过理化反应引起体积膨胀的材料，主要用于小方量石方（混凝土）破碎，产生效果建个时间一般要十几个小时，常见膨胀剂及使用效果如图 13-6 所示。

图 13-6　膨胀剂及使用效果

13.5.2 膨胀破碎拆除法

膨胀破碎拆除法是利用安放在建筑物中的膨胀破碎剂的膨胀破碎作用而促其裂解的方法，国外称之为静态解体法或无公害解体法。膨胀破碎剂有复合膨胀破碎剂和水泥膨胀破碎剂等。静爆拆除采用无声膨胀剂把混凝土充分破碎，与传统的拆除方法相比，其特点优异，各拆除方法特点对比见表 13-15。

表 13-15　各拆除方法特点

拆除方法	特点
爆破拆除	爆炸压力瞬间释放，工期短，适合空旷场地的建筑物整体拆除，但在闹市区建筑物密集区，振动幅度大，对现有结构、周围建筑物及地下设施带来极大影响，且产生飞石，危及街道行人安全
机械拆除	采用炮机拆除，但振动大、噪声大
人工风镐拆除	人工风镐拆除安全度高，但工期太长
静爆拆除	采用静态膨胀剂静爆拆除，膨胀力缓慢地、静静地传给混凝土支撑使其破碎，具有安全、施工快速、无振动、无飞石、噪声小、操作简单等特点

静态膨胀剂静爆拆除的原理，通过膨胀力缓慢地、静静地传给混凝土（岩石）支撑使其破碎，然后用机械或人工进行剔凿，从而安全、快速、无振动地将混凝土拆解成一个一个大块石，再用人工配合吊车，将石头拉运至指定区域。

静力破碎施工步骤：现场准备→钻孔→搅拌→灌孔→开裂→人工配合机械进行剔凿→大石头吊装拉运→现场清理。

膨胀剂的选用：施工现场应将杂物清理干净，把工具和材料按照要求堆放，仔细核对查看外包装上的生产日期，禁止使用过期产品，查看外包装是否有受潮现象，不得使用受潮产品，核对产品合格证和使用说明书。静力爆破剂分常温型和冬季低温型，应按实际施工温度、开采类型选择合适的型号，不可互用。膨胀剂型号和施工温度可参照表 13-16。

表 13-16　膨胀剂型号和施工温度

序号	型号	使用温度范围（℃）
1	岩石（钢筋混凝土）-Ⅰ	25～35
2	岩石（钢筋混凝土）-Ⅱ	15～25
3	岩石（钢筋混凝土）-Ⅲ	0～15

钻孔的选用与设计：

膨胀压按式（13-6）计算：

$$P = E_s (K^2 - 1) [\delta / (2 - \gamma)] \tag{13-6}$$

式中　P——膨胀压，MPa；

E_s——钢管的弹性系数，2.060×10^5 MPa；

K——钢管的系数，γ_ϕ / γ_i（γ_ϕ，钢管的外径，mm；γ_i，钢管的内径，mm）；

δ——钢管的圆周方向应变量；

γ——泊桑比，0.3。

计算精度精确到 0.1MPa。

钻孔：根据设计进行划线布孔，按照产品设计要求的孔径、孔深和孔间距，选择合适的钻机进行钻孔。

搅拌：单位耗量因材质不同，膨胀粉用量按照使用说明书要求搅拌均匀成糊状。搅拌时应控制好剂量和搅拌时间。

灌孔及开裂：将搅拌均匀成糊状填充剂慢慢灌入孔内，灌满为止，不用盖，不用塞口，装药后，经过几个小时爆破物即可自然开裂。也可根据实际需要，自己掌握开裂时间，当场地狭小及构造物内部钢筋密集，体积大，需要保留钢筋，在拆除施工时，又无法利用切割手段完成时，也可使用静力爆破，其方法也是在混凝土上钻孔然后灌入破碎剂，利用破碎剂在水化过程中产生强膨胀性将混凝土分裂，利用膨胀作用使混凝土破碎。

吊装拉运：利用膨胀作用使混凝土破碎后，有些石块仍然很大，就需要用人工风镐配合机械将大块石拆解，将大块石翻出，绑扎牢固。用吊车将绑扎牢固的大块石吊到翻斗车上，由吊车配合拉运到指定场所卸下。

注意事项：为防止伤人事故，使用膨胀剂产品时必须配戴防护眼镜（防尘防冲击型 PVC 护目镜），并且在装好药 5h 之内，不得接近装好的药眼上面俯视（即扑看）。施工所用膨胀剂属安全级普通材料产品，在任何燃点、高温高压和撞击条件下均不会发生燃烧和爆炸。但如在运输、存储，使用和管理不当时，仍有较低级别的危险性。特此要注意防潮保存，在不受潮情况下保质期为 3 年，膨胀剂在使用时必须具有合格证和使用说明书，严格按照明书内容操作使用。

安全要求：对建筑物、构筑物的整体拆除或承重构件拆除，均不得采用静力破碎的方法拆除。

当采用静力破碎剂作业时，施工人员必须佩戴防护手套和防护眼镜。

孔内注入破碎剂后，作业人员应保持安全距离，严禁在注孔区域行走或停留。

静力破碎剂严禁与其他材料混放，应存放在干燥场所，不得受潮。

当静力破碎作业发生异常情况时，必须立即停止作业，查清原因，并采取相应安全措施后，方可继续施工。

14 有限空间作业

14.1 有限空间作业基本管理要求

14.1.1 国家相关法律法规

1. 《中华人民共和国安全生产法》（中华人民共和国主席令第 88 号，2021）
2. 《建设工程安全生产管理条例》（中华人民共和国国务院令第 393 号，2003）
3. 《生产安全事故应急条例》（中华人民共和国国务院令第 708 号）

14.1.2 部令条例

1. 中华人民共和国卫生部《中华人民共和国国家职业卫生标准 密闭空间作业职业危害防护规范》（GBZ/T 205—2007）
2. 原国家安全生产监督管理总局《有限空间安全作业五条规定》（2014 年第 69 号令）
3. 原国家安全生产监督管理总局《工贸企业有限空间作业安全管理与监督暂行规定》（2013 年第 59 号文）
4. 原国家安全生产监督管理总局《工贸企业有限空间作业安全管理与监督暂行规定》2013 年 59 号〔2015 年第 80 号修改〕
5. 国家质量监督检验检疫总局《缺氧危险作业安全规程》（GB 8958—2006）
6. 应急管理部办公厅关于 2018 年度工贸行业有限空间作业条件确认工作情况的通报（应急厅函〔2019〕90 号）
7. 国家安全监管总局办公厅关于 2017 年工贸行业有限空间作业条件确认工作的通报（安监总厅管四〔2018〕4 号）
8. 应急管理部发布《有限空间作业安全指导手册》（应急厅函〔2020〕299 号）

14.1.3 地方性规章

1. 京建发〔2018〕174 号：转发市安委会办公室《关于进一步加强有限空间作业安全生产工作》的通知
2. 京建法〔2019〕14 号：北京市住房和城乡建设委员会关于印发《北京市房屋建筑和市政基础设施工程有限空间作业安全管理规定》的通知
3. 京建发〔2010〕149 号：关于印发《2010 年度北京市建设工程有限空间作业安全生产专项整治工作方案》的通知
4. 《有限空间作业安全技术规程》（DB11/T 852—2019）

14.2 有限空间和有限空间作业危险性辨识

14.2.1 有限空间及其分类

1. 有限空间

有限空间是指封闭或部分封闭、进出口受限但人员可以进入，未被设计为固定工作场所，通风不良，易造成有毒有害、易燃易爆物质积聚或氧含量不足的空间。[应急管理部《有限空间作业安全指导手册》（应急厅函〔2020〕299 号）]。

目前较多采用北京市地方标准《有限空间作业安全技术规程》（DB11/T852—2019）说法："有限空间指封闭或部分封闭，进出口受限但人员可以进入，未被设计为固定工作场所，自然通风不良，易造成有毒有害、易燃易爆物质聚积或含氧量不足的空间。"

2. 有限空间的分类

（1）第一类是密闭设备，如船舱、贮（槽）罐、车载槽罐、反应塔（釜）、窑炉、炉膛、烟道、管道及锅炉等，如图 14-1 所示。

    （a）贮罐   （b）反应塔   （c）锅炉

图 14-1　球罐储油罐

（2）第二类是地下有限空间，如地下室、地下仓库、地下工程、地下管沟、暗沟、隧道、涵洞、地坑、深基坑、废井、地窖、检查井室、沼气池、化粪池、污水处理池等，如图 14-2 所示。

（3）第三类是地上有限空间，如酒糟池、发酵池、腌渍池、纸浆池、粮仓、料仓等，如图 14-3 所示。

(a) 污水井   (b) 地窖   (c) 化粪池

(d) 电力电缆井   (e) 深基坑和地下管沟   (f) 污水处理池

图 14-2 地下有限空间

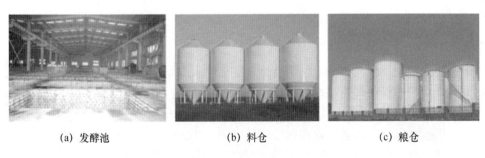

(a) 发酵池   (b) 料仓   (c) 粮仓

图 14-3 地上有限空间

14.2.2 有限空间作业及其危险性

在有限空间的作业都称为有限空间作业。

有限空间作业存在哪些安全风险：有限空间作业存在着可能发生中毒、窒息、爆炸、火灾、坠落、溺水、坍塌、触电、机械伤害、烫伤等事故的风险，其中中毒、窒息和爆炸事故较为常见。

有限空间作业存在的危险特性：①作业环境情况复杂。有限空间狭小，通风不畅，不利于气体扩散，有毒有害气体容易积聚；照明、通信不畅，给正常作业和应急救援造成困难。另外，一些有限空间周围暗流的渗透或突然涌入、建筑物的坍塌或其他流动性固体（如泥沙等）的流动等，作业使用的电器漏电，作业使用的机械等，都会给有限空间作业的人员带来潜在的危险。②危险性大，一旦发生事故往往造成严重后果。作业人员中毒、窒息往往发生在瞬间，有的有毒气体中毒后数分钟、甚至数秒钟就会致人死亡。③容易因盲目施救造成伤亡扩大。据统计，有限空间作业事故中，死亡人员有50%是救援人员，因为施救不当造成伤亡扩大。

14.2.3　有限空间危险、有害因素的识别

生产经营单位应针对有限空间作业进行危险、有害因素识别。

通常有限空间危险、有害因素包括：由于有限空间的特性，造成设备设施与设备设施之间、设备设施内外之间空气通道相互隔断，作业空间通风不畅，照明不良，通讯不畅，又由于活动空间较小，工作场地狭窄，易导致工作人员出入困难，相互联系不便，不利于工作监护和实施救援；又由于有限空间场地狭小，湿度和热度等物理危害因素较高，作业人员能量消耗大，易于疲劳的特点；有限空间通风换气条件差，还有可能存在可燃性气体、蒸气和气溶胶的浓度高于爆炸下限（LEL）的10%，空气中爆炸性粉尘浓度达到或高于爆炸下限，空气中存在缺氧或富氧环境；空气中有害物质的浓度高于职业接触限值，引发中毒和窒息、火灾和爆炸事故；存在触电、高处坠落、物体打击、机械伤害等危险有害因素。

生产经营单位应针对有限空间危险、有害因素制订专门的施工方案、管理制度、管理流程。

14.3　准入有限空间作业安全技术要求

14.3.1　安全与卫生

生产经营单位要根据有限空间的特性，建立准入有限空间作业安全与卫生的技术要求，如有限空间的作业场所空气中氧的体积百分比应为19.5%～23.5%，若空气中氧的体积百分比低于19.5%、高于23.5%，应有报警信号［有毒有害物质浓度（强度）应符合《工业场所有害因素职业接触限值》（GBZ 2.1—2019）规定］。有限空间空气中可燃性气体、蒸气和气溶胶的浓度应低于可燃烧极限或爆炸极限下限（LEL）的10%。对槽车、油轮船舶的拆修，以及油罐、管道的检修，空气中可燃气体浓度应低于可燃烧极限下限或爆炸极限下限（LEL）的1%，方准入。当必须进入缺氧的有限空间作业时，作业安全应符合现行国家标准《缺氧作业安全规程》（GB 8958）的规定，且凡进行作业时，均应采取机械通风。进入有限空间的人员，严禁带入能产生烟气、明火、电火花的器具，进入存在燃性气体和粉尘的有限空间内。准入有限空间，根据作业环境和有害物质的情况，应分别采用头部、眼睛、皮肤及呼吸系统的防护用具。

准入有限空间作业发放个人防护用具应符合有关规定，个人防护用具应由单位集中保管，定期检查，保证其性能有效。

14.3.2　通风与换气

准入有限空间作业要加强通风换气工作，准入有限空间作业通风换气的技术要求必须做到，准入有限空间作业时，操作人员所需的适宜新风量应为 $30\sim50m^3/h$。对进入自然通风换气效果不良的有限空间，应采用机械通风，通风换气次数不能少于 $3\sim5$ 次/h。机械通风可设置岗位局部排风，辅以全面排风。当操作位置不固定时，则可采用移动式局部排风或全面排风。通风换气应满足稀释有毒有害物质的需要。同时还要应利用所有人孔、手孔、料孔、风门、排送烟门进行自然通风，通风后达不到标准时采取机械强制通风。有限空间的吸风口应设置在下部。当存在与空气密度相同或小于空气密度的污染物时，还应在顶部增设吸风口。

通风换气除严重窒息急救等特殊情况，严禁用氧含量高于 23.5% 的空气或纯氧进行通风换气。

排出气体的处置，经局部排气装置排出的有害物质应通过净化设备处理后，才能排入大气，保证进入大气的有害物质浓度不高于国家排放标准规定的限值。

管道的保护，将有限空间内管道开口端严密封住，并堵上盲板，检查阀门滑块或伸缩接头，其质量必须可靠，严禁堵塞通向大气的阀门。

避免有毒有害物质的聚积，必须将有限空间内液体、固体沉积物及时清除处理，且保持足够通风，将易挥发的气体排出有限空间，或采用其他适当介质进行清洗、置换。

14.3.3　照明与防触电

1）由于有限空间的特殊性，准入有限空间作业电气设备与照明安全非常重要，生产经营单位要对存在可燃性气体的作业场所，所有的电气设备设施及照明应符合现行国家标准（GB 3836.1）中的有关规定，要实现整体电气防爆和防静电措施。手提行灯应有绝缘手柄和金属护罩，灯泡的金属部分不准外露。行灯使用的降压变压器，应采用隔离变压器，安全电压应符合现行国家标准《特低电压（ELV）限值》（GB/T 3805）中有关规定。行灯的变压器不准放在锅炉、加热器、水箱等金属容器内和特别潮湿的地方；绝缘电阻应不小于 $2M\Omega$，并定期检测。

2）由于有限空间的特殊性，对存在可燃气体的有限空间场所内不得使用明火照明和非防爆设备。

3）在有条件的有限空间内，固定照明灯具安装高度距地面不高于 2.4m 时，宜使用安全电压，安全电压应符合国家标准《特低电压（ELV）限值》（GB/T 3805）中有关规定。在潮湿地面等场所使用的移动式照明灯具，其高度距地面不高于 2.4m 时，额定电压不应高于 36V，受条件限制准入有限空间作业必须使用电池、低电压或附有接地保险装置的照明系统。锅炉、金属容器、管道、密闭舱室等狭窄的工作场所，手持行灯额定电压不应高于 12V。

4）由于有限空间的特殊性，相关管理人员要对手持电动工具进行定期检查，并有记录，绝缘电阻应符合现行国家标准《手持式电动工具的管理、使用、检查和维修安全技术规程》（GB/T 3787）中的有关规定。

14.3.4　机械设备

1）要进行安全防护，准入有限空间作业机械设备安全的技术要求，有限空间作业场地狭小，机械设备的运动、活动部件都应采用封闭式屏蔽，各种传动装置应设置防护装置。机械设备上的局部照明均应使用安全电压。机械设备上的金属构件均应有牢固可靠的 PE 线。

2）要对高速转动设备进行最高限速，在容器制造时，因工艺要求有限空间本身必须转动时，应限制最高转速。

3）进入有限空间的操作平台等进行要求，设备上附有的梯子、操作平台等，应符合现行国家标准《固定式钢梯及平台要求钢直梯》（GB 4053.1）、《固定式钢梯及平台要求钢斜梯》（GB 4053.2）、《固定式钢梯及平台要求　工业防护栏杆及钢平台》（GB 4053.3）的要求。

14.3.5　消防与警戒

由于有限空间作业的特殊性，生产经营单位必须满足准入有限空间作业区域警戒与消防安全的要求：

1）有限空间的坑、井、洼、沟或人孔、通道出入门口应设置防护栏、盖和警告标志，夜间应设警示红灯。为防止与作业无关人员进入有限空间作业场所，在有限空间外敞面醒目处，设置警戒区、警戒线、警戒标志。其设置应符合现行国家标准《建筑设计防火规范》（GB 50016）、《安全色》（GB 2893）和《安全标志》（GB 2894）的有关规定。作业场所职业危害警示应符合《工作场所职业危害警示标识》（GBZ 158）的有关规定。未经许可，不得入内。当作业人员在与输送管道连接的封闭（半封闭）设备（如油罐、反应塔、储罐、锅炉等）内部作业时，应严密关闭阀门，装好盲板，设置"禁止启动"等警告信息。

2）存在易燃性因素的场所警戒区内应按现行国家标准《建筑灭火器配置规范》（GB 50140）设置灭火器材，并保持有效状态；专职安全员和消防员应在警戒区定时巡回检查、监护，并有检查记录。严禁火种或可燃物落入有限空间。

3）动力机械设备、工具要放在有限空间的外面，并保持安全的距离以确保气体或烟雾排放时远离潜在的火源。同时应防止设备的废气或碳氢化合物烟雾影响有限空间作业。

4）生产经营单位必须保证焊接与切割作业时，焊接设备、焊机、切割机具、钢瓶、电缆及其他器具的放置，电弧的辐射及飞溅伤害隔离保护应符合现行国家标准《焊接与切割安全》（GB 9448）的有关规定。

14.3.6　热工作业管理

1）由于有限空间场地狭小，进入有限空间进行热工作业必须持有动火证，并应采取轮换工作制及监护措施。

有限空间内所有管道和容器内部的可燃性气体浓度应符合规定，即"必须进行测爆，有限空间空气中可燃性气体浓度应低于爆炸下限的 10%。对油轮船舶的拆修，以及油箱、油罐的检修，空气中可燃性气体浓度应低于爆炸下限的 1%。在已确定为缺氧作业环境的作业场所，必须采取充分的通风换气措施，使该环境空气中氧含量在作业过程中始终保持在 0.195 以上。严禁用纯氧进行通风换气在进行短暂时间作业时，必须采取机械通风，避免出现急性中毒症状"。

2）在有限空间内或邻近有限空间处需进行涂装和热工作业时，一般先进行热工作业，后进行涂装作业，严禁同时进行两种作业。中断 8h 以上电焊作业，应将焊枪、软管移出有限空间。有涂覆车间底漆作业过程中进行热工作业时，应排除有害物质，使有害物质浓度符合现行标准 TJ 36 规定，即有限空间的要求。

3）在有限空间进行热工作业时，必须选择有效的吸尘装置，以排除烟雾和粉尘。

4）在潮湿的情况下，电焊作业者不准接触二次回路的导电体，作业点附近地面上应铺垫良好的绝缘材料。电焊作业人员必须与焊件之间保持绝缘。

14.3.7 涂装作业管理

根据有限空间的特点，准入有限空间涂装作业安全的要求，涂装前处理作业应符合现行国家标准《涂装作业安全规程 涂漆前处理工艺安全及其通风净化》（GB 7692）有关规定。

1）对进行涂装作业的作业条件进行要求。

涂装作业场所，空气中有害物质的最高容许浓度应符合国家标准《涂装作业安全规程》（GB 6514）的要求。

作业人员呼吸区域空气中总含尘量应小于 $8mg/m^3$ 的要求。

涂装作业场所的夏季内外温差满足规定，详见表 14-1。

表 14-1 夏季通风内外温差表

夏季通风室外计算温度	22℃及以下	23℃	24℃	25℃	26℃	27℃	28℃	29℃~32℃	33℃及以上
工作地点与室外温差	10℃	9℃	8℃	7℃	6℃	5℃	4℃	3℃	2℃

当作业地点气温不小于 37℃时，应采取局部降温和综合防暑措施，并减少接触时间。

涂装作业场所应设置工间休息室，休息室内气温不应高于作业点气温。

冬季根据生产需要采取局部保暖措施，以保持作业区环境气温不低于 12℃。

对涂装工艺进行评价，涂装工艺安全应符合《涂装作业安全规程》（GB 6514）有关规定。

2）要对涂装作业的警戒区加强管理。

在有限空间外敞面，根据具体要求应设置警戒区、警戒线和警戒标志。其设置要求，应分别符合《建筑设计防火规范》（GB 50016）、《安全色》（GB 2893）和《安全标志》（GB 2894）的规定。未经许可，不得入内。严禁火种或可燃物落入有限空间。

警戒区内应设置灭火器材，专职安全员、消防员应在警戒区定时巡回检查、监护安全生产。

涂装作业完毕后，应继续通风 24h，在停止通风 10min 后，最少每隔 1h 检测可燃性气体浓度一次，直到符合"有限空间空气中可燃性气体浓度应低于爆炸下限的 10%。对油轮船舶的拆修，以及油箱、油罐的检修，空气中可燃性气体浓度应低于爆炸下限的 1%"的规定，方可拆除警戒区。

3）涂装作业的警戒的重点是在有限空间内进行涂装作业时，场外应有人监护，遇有紧急情况，应立即发出呼救信号。

4）涂装作业完毕，剩余的涂料、溶剂等物，必须全部清理出有限空间，应存放到指定的安全地点。

14.3.8　准入有限空间作业应急器材的安全的要求

应急器材的管理，应急器材应符合国家有关标准要求，应放置在作业现场并便于取用，应急器材应保证应急救援要求，应急器材应定期检验检测，确保应急器材完好、有效。

应急救援药品的管理，急救药品应完好、有效，应急箱应指定专人管理和操作。

14.4　有限空间作业安全管理要求

14.4.1　两个重要规定

1）北京市现行地方标准《有限空间作业安全技术规程》（DB11/T 852）5.5 条封闭作业区域及安全警示规定：

（1）作业前，应封闭作业区域，并在出入口周边显著位置设置有限空间作业安全告知牌。

（2）夜间实施作业，应在作业区域周边显著位置设置警示灯，地面作业人员应穿戴高可视警示服，高可视警示服应至少满足现行国家标准《防护服装　职业用高可视性警示服》（GB 20653）规定的 1 级要求，使用的反光材料应符合 GB 20653 规定的 3 级要求。

（3）占用道路进行有限空间作业，应设置符合北京市现行地方标准《占道作业交通安全设施设置技术要求》（DB11/854）规定的交通安全设施。

（4）作业区域周边显著位置应设置作业单位信息公示牌。信息公示牌应至少包括作业单位名称及注册地址、作业审批责任人姓名及联系方式、作业负责人姓名及联系方式和作业内容等。

2）原国家安全生产监督管理总局《有限空间安全作业五条规定》（2014 第 69 号文）规定：

（1）必须严格实行作业审批制度，严禁擅自进入有限空间作业。

（2）必须做到"先通风、再检测、后作业"，严禁通风、检测不合格作业。

（3）必须配备个人防中毒窒息等防护装备，设置安全警示标识，严禁无防护监护措施作业。

（4）必须对作业人员进行安全培训，严禁教育培训不合格上岗作业。

（5）必须制订应急措施，现场配备应急装备，严禁盲目施救。

14.4.2　作业前准备

有限空间准入三原则，即对有限空间作业做到先隔离、检测、监护，再进入的原则。对有限空间作业确认有无许可和许可性识别的原则。先检测确认有限空间内有害物质浓度，未经许可的人员不得进入有限空间的原则。

先审批后进入的原则，进入有限空间作业前，先编制施工方案，再办理《进入有限空间危险作业审批表》，施工作业中涉及其他危险作业时应办理相关审批手续，《进入有限空间危险作业审批表》详见表14-2。

表14-2 进入有限空间危险作业审批表

编号			作业单位					
所属单位			设施名称					
主要危险因素								
作业内容			填报人员					
作业人员			监护人员					
采样分析数据	检测项目	氧的体积百分比	可燃气体浓度	有毒有害气体或粉尘浓度			检测人员	
	检测结果						检测时间	
作业开工时间	年 月 日 时 分							
核准施工时间	年 月 日 时 分至 年 月 日 时 分							
序号	主要安全措施		确认安全措施符合要求（签名）					
			作业监护人员		施工负责人		作业单位安全员	
1	作业人员安全教育							
2	连续测定的仪器和人员							
3	测定用仪器准确可靠性							
4	呼吸器、梯子、绳缆等抢救器具							
5	通风排气情况							
6	氧气浓度、有害气体检测结果							
7	照明设施							
8	个人防护用品及防毒用具							
9	通风设备							
10	其他补充措施							
施工负责人意见： 签名： 时间：			安全部门负责人意见： 签名： 时间：					
现场完工负责人和完工时间	现场完工负责人签名： 年 月 日 时 分							

"先分析，后进入"的原则，作业前 30min，应再次对有限空间操作位置附近有害物质浓度采样，分析合格后方可进入有限空间。

持证上岗的原则，进入有限空间作业的人员必须经过培训，经培训合格的作业负责人员、监护人员、检测人员等需持证上岗。

加强检测、保护的原则，检测人员应配备有毒气体、可燃气体检测仪等检测设备，配备的有毒气体、可燃气体检测仪等检测设备应定期检测检验，满足国家现行标准《作业场所环境气体检测报警仪通用技术要求》（GB 12358）的要求。有限空间危害气体检测应满足要求。对由于防爆、防氧化不能采用通风换气措施或受作业环境限制不易充分通风换气的场所，作业人员必须配备并使用正压式空气呼吸器或长管呼吸器等隔离式呼吸保护器具，严禁使用过滤式面具。正压式空气呼吸器和长管呼吸器应定期检测检验，满足国家标准《自给开路式压缩空气呼吸器》（GB/T 16556）和《呼吸防护 长管呼吸器》（GB 6220）的要求。有限空间作业人员必须佩戴安全带（绳）。作业人员与监护人员应事先规定明确的联络信号，监护人员始终不得离开工作点，随时按规定的联络信号与作业人员取得联系。安全带（绳）每次使用前应认真检查，发现异常立即更换，不得使用。

台账管理的原则，进出有限空间的人员及携带物品均应逐人清点，并记录进出时间，完成作业后，经查明无遗留物、无火种，方可撤离和封孔，建立每班的作业记录制度，并应备档。

14.4.3 有限空间作业程序

有限空间作业程序如图 14-4 所示。

14.4.4 生产经营单位的安全责任

建制度：①生产经营单位应建立安全生产责任制度，并落实建立健全有限空间安全生产责任制，明确有限空间作业负责人、作业者、监护者职责；②组织制订专项作业方案、安全作业操作规程、事故应急预案、安全技术措施、作业前的技术交底和作业人员的培训等有限空间作业管理制度；③保证有限空间作业的安全投入，提供符合要求的通风、检测、防护、照明等安全设施防护和个人防护用品；④监督检查本单位有限空间作业的安全生产工作，落实有限空间作业的各项安全要求。提供应急救援保障，做好应急救援工作。

配备与工作相适应的人员，明确安全责任，生产经营单位对有限空间作业应指定相应的管理部门，并配备相适应的人员。①做到专人到人，即主要负责人对本单位的安全生产工作负全面责任；②分管安全负责人负直接领导责任；③现场负责人负直接责任；④安全生产管理人员负监督检查的责任；⑤操作人员负有服从指挥、遵章守纪的责任，明知违法或违犯操作规程等有拒绝的权利；⑥作业监护人员做好现场监护的责任。

生产经营单位不具备有限空间作业条件的，应将有限空间作业项目发包给具备相应资质的施工单位，发包单位与承包单位在签订承发包施工合同的同时，应签订安全生产协议，明确双方的安全生产责任。

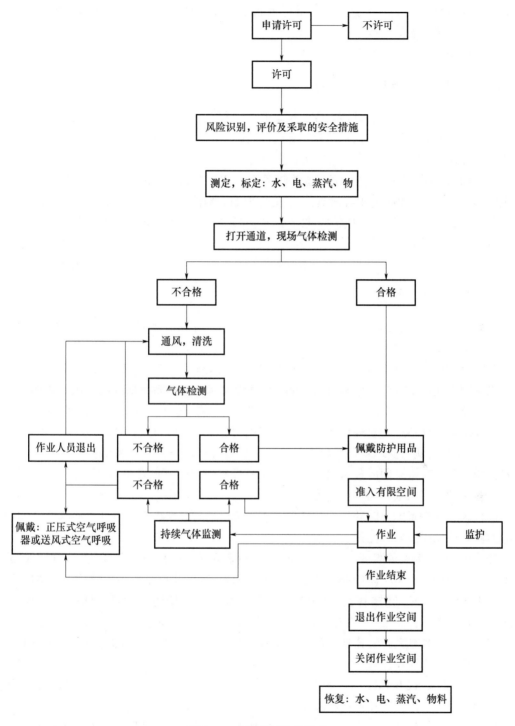

图 14-4　有限空间作业程序

14.4.5　安全管理制度和操作规范

应建立如下有限空间安全生产的规章制度，即有限空间作业审批制度、从事有限空间作业人员培训教育、作业人员健康检查制度、有限空间安全设施监管制度、检测制度、应急救援制度等制度。

应按作业工种建立安全操作规范。

14.4.6 作业人员及安全教育

有限空间作业人员的身体条件要满足要求，有限空间作业人员应具备对工作认真负责的态度，不得患有癫痫、肺结核、肺气肿、肺心病及其他有限空间作业禁忌症，符合相应工种作业需要的资质。

要加强有限空间作业人员的培训，生产经营单位对从事有限空间危险作业的人员应进行培训，内容包括：①作业前应针对施工方案，对进入有限空间的程序、作业内容、职业危害、有限空间存在的危险特性，以及检测仪器、个人防护用品等设备的正确使用进行教育；②对紧急情况下的个人避险常识、中毒和窒息、其他伤害的应急救援措施和应急预案教育；③按上岗要求的技术业务理论考核和实际操作技能考核成绩合格。

14.4.7 现场监督管理

1）分清监护人员和作业人员的工作范围，作业现场应明确监护人员和作业人员。监护人员不得同时进入有限空间。

2）安全管理人员职责：①参与审查有限空间的施工方案，安全操作规范；②审核有限空间作业审批表；③监督有限空间作业安全技术及应急救援措施的实施；④如果准入者或监护者对有限空间作业质疑，可要求重新评估；⑤安全管理人员应当接受质疑，并按要求重新评估；⑥对环境有可能发生变化的有限空间应重新评估。

3）气体检测人员职责：①熟悉检测仪器设备和检测方法；②按照测氧、测爆、测毒的顺序测定有限空间的危害因素；③检测分析有限空间不同高度（深度）、不同部位可能存在的危害因素；④持续监测密闭空间环境，确保容许作业的安全卫生条件；⑤确保准入者或监护者能及时获得检测结果；⑥对所检测的数据负责；⑦气体检测应定期检验检测，确保应急器材完好、有效。

4）作业负责人员职责：①有限空间作业负责人员应按照国家相关规定经过专门的安全技术培训，方可上岗作业，严禁无证上岗和未经培训即上岗；②熟悉作业区域的环境、工艺情况，有及时判断和处理异常情况的能力，不得违章指挥与强行冒险施工；③确认作业者、监护者的安全培训及上岗资格，负责复核清点出入作业场所的人数；④定时与其他现场监护、作业人员保持联络，并保证现场检测数据的符合；⑤在作业期间不得离开负责岗位。

5）作业人员的职责：①有限空间作业人员应按照国家相关规定经过专门的安全技术培训，掌握有限空间作业的相关安全技术和作业规程，方可上岗作业；②遵守有限空间作业安全操作规范；③正确使用有限空间作业安全设施与个体防护用具；④应与监护人进行有效的安全、报警、撤离等双向信息交流；⑤作业人员意识到身体出现危险异常症状时，应及时向监护者报告或自行撤离有限空间。

6）作业监护人员职责：①有限空间作业监护人员应按照国家相关规定经过专门的安全技术培训，方可上岗作业；②接受职业安全卫生培训，具有熟悉安全防护和应急救援，警觉并判断作业者异常行为的能力；③坚守岗位，在作业者作业期间，监护人员不能离岗，适时与作业者进行有效的安全、报警、撤离等信息交流，在紧急情况时向作业者发出撤离警报；发生以下情况时，应即令作业者撤离有限空间，情况紧急应启动应急救援机制并报告施工负责人：a. 发现作业者出现异常行为；b. 有限空间外出现威胁作业者安全和健康的险情；c. 监护者不能安全有效地履行职责时。

7）救护人员的职责：①救援人员应经过作业培训，培训内容应包括基本的急救和心肺复苏术，每个救援机构至少确保有一名人员掌握基本急救和心肺复苏术技能，还要接受有限空间作业所要求的培训；②救援人应具有在规定时间内在有限空间危害已被识别的情况下对受害者实施救援的能力；③进行有限空间救援和应急服务时，应采取以下措施：

（1）告知每个救援人员所面临的危害，典型有限空间作业危害因素，见表 14-3。

表 14-3　典型有限空间作业危险危害因素

有限空间种类	有限空间	作业可能存在的主要安全风险
密闭（半密闭）设备	窑炉、炉膛、锅炉、烟道、煤气管道及设备	缺氧、一氧化碳中毒、可燃性气体爆炸
	贮罐、反应釜（塔）	缺氧、中毒、可燃性气体爆炸、高处坠落
地上有限空间	酒糟池、发酵池、纸浆池	硫化氢中毒、缺氧、高处坠落
	腌渍池	硫化氢中毒、氰化氢中毒、缺氧、高处坠落、淹溺
	粮仓	缺氧、磷化氢中毒、可燃性粉尘爆炸、高处坠落、掩埋
地下有限空间	废井、地坑、地窖、通信井	缺氧、高处坠落
	电力工作井（隧道）	缺氧、高处坠落、触电
	热力井（小室）	缺氧、高处坠落、高温高湿、灼烫
	污水井、污水处理池、沼气池、化粪池、下水道	硫化氢中毒、缺氧、可燃性气体爆炸、高处坠落、淹溺
	燃气井（小室）	缺氧、可燃性气体爆炸、高处坠落
	深基坑	缺氧、高处坠落、坍塌

（2）有限空间救护人员必须佩戴正压式空气呼吸器，并通过培训使其能熟练使用。当正压式空气呼吸器发出低压报警，应立刻退出有限空间。

（3）无论有限空间救护人员何时进入有限空间，有限空间外的救援均应使用吊救装备。

14.5　有限空间作业安全应急救援措施

1）施工单位应编制应急救援预案。应急救援预案内容，包括确定应急救援组织指挥机构，包括启动程序，相关部门与人员职责分工明确、统一指挥协调、应急处置措施、医疗救助、应急人员防护、现场检测与评估、信息发布，应急救援经费、物资和人员保障，善后处置措施齐全。

2）应急救援预案培训、演练、更新：预案每年至少进行一次应急培训与演练、预案演练应定期进行评审与更新、进入有限空间应急救援程序，如图 14-5 所示。

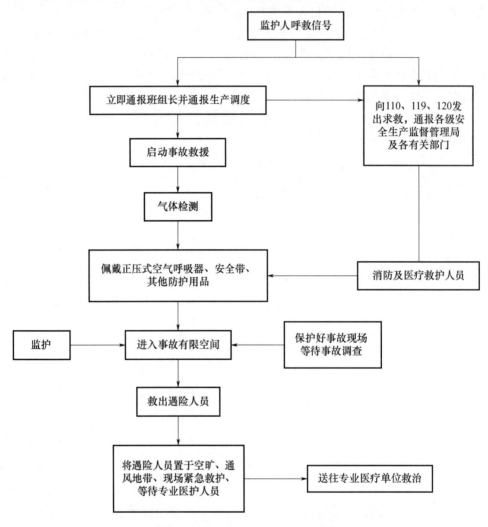

图 14-5　进入有限空间应急救援程序

15 季节性施工和特殊天气施工

季节性施工和特殊天气施工相关管理规定的相关内容可参考下列法律法规、技术标准：《国家突发公共事件总体应急预案》《建筑工程冬季施工规程》（JGJ/T 104）等。

15.1 法律法规及文件要求

15.1.1 《国家突发公共事件总体应急预案》相关规定

突发公共事件是指突然发生的紧急事件。具体包括自然灾害、事故灾难、公共卫生事件、社会安全事件。其中自然灾害主要包括水旱灾害、气象灾害、地震灾害、地质灾害、海洋灾害、生物灾害和森林草原火灾等；事故灾难主要包括工矿商贸等企业的各类安全事故、交通运输事故、公共设施和设备事故、环境污染和生态破坏事件等；公共卫生事件主要包括传染病疫情、群体性不明原因疾病、食品安全和职业危害、动物疫情以及其他严重影响公众健康和生命安全的事件；社会安全事件主要包括恐怖袭击事件、经济安全事件和涉外突发事件等。

对于建设工程施工现场可能出现的突发公共事件主要涉及两类：自然灾害、事故灾难。自然灾害主要是指因季节性原因出现的突发事件（例如汛期易出现的洪涝灾害等），事故灾难主要是指因极端恶劣天气或其他危险有害因素导致的生产安全事故等。

因此，建筑施工领域发生的突发公共事件应提前编制事故应急救援预案，并组织开展相应的应急演练，其应急预案的编制与演练要求需符合国家法律法规的相关规定。

15.1.2 《国务院办公厅关于加强气象灾害监测预警及信息发布工作的意见》（国办发〔2011〕33 号）

《国务院办公厅关于加强气象灾害监测预警及信息发布工作的意见》（国办发〔2011〕33 号）（以下简称"《意见》"）强调："加强气象灾害监测预警及信息发布是防灾减灾工作的关键环节，是防御和减轻灾害损失的重要基础。为有效应对全球气候变化加剧、极端气象灾害多发频发的严峻形势，要切实做好气象灾害监测预警及信息发布工作。"

《意见》主要从提高监测预报能力、加强预警信息发布、强化预警信息传播、有效发挥预警信息作用、加强组织领导和支持保障等方面强调气象灾害监测预警及信息发布的相关要求。

15.2 冬期施工要求

关于施工现场冬季施工要求，主要参考现行行业标准《建筑工程冬季施工规程》

（JGJ/T 104）相关内容，该规程主要从建筑地基基础施工、砌体工程、钢筋工程、混凝土工程、保温及屋面防水工程、建筑装饰装修工程、钢结构工程、混凝土构件安装工程、越冬工程维护 9 方面进行阐述。

1. 冬季施工

冬季施工期限的划分原则：根据当地多年气象资料统计。当室外日平均气温连续 5d 稳定低于 5℃即进入冬期施工，当室外日平均气温连续 5d 高于 5℃即解除冬期施工。一般来说，在建项目每年 11 月 15 日前后即将进入冬季施工阶段。

凡进行冬期施工的工程项目，应编制冬期施工专项方案，对有不能适应冬期施工要求的问题应及时与设计单位研究解决。

2. 建筑地基基础工程

1）一般规定。

冬期施工的地基基础工程，除应有建筑场地的工程地质勘察资料外，尚应根据需要提出地基土的主要冻土性能指标。

建筑场地宜在冻结前清除地上和地下障碍物、地表积水，并应平整场地与道路。冬期应及时清除积雪，春融期应做好排水。

在冻土上进行桩基础和强夯施工时所产生的振动，对周围建筑物及各种设施有影响时，应采取隔振措施。

靠近建（构）筑物基础的地下基坑施工时，应采取防止相邻地基土遭冻的措施。

同一建筑物基槽（坑）开挖时应同时进行，基底不得留冻土层。基础施工中，应防止地基土被融化的雪水或冰水浸泡。

2）基坑支护。

基坑支护冬期施工宜选用排桩和土钉墙的方法。

采用液压高频锤法施工的型钢或钢管排桩基坑支护工程，除应考虑对周边建筑物、构筑物和地下管道的振动影响外，尚应符合下列规定：

（1）当在冻土上施工时，应采用钻机在冻土层内引孔，引孔的直径应大于型钢或钢管的最大边缘尺寸。

（2）型钢或钢管的焊接应按现行行业标准《建筑工程冬季施工规程》（JGJ 104）第 9 章的有关规定进行。

3. 建筑装饰装修工程

室外建筑装饰装修工程施工不得在 5 级或以上大风或雨、雪天气下进行。施工前，应采取挡风措施。

装饰装修施工前，应将墙体基层表面的冰、雪、霜等清理干净。

室内抹灰前，应提前做好屋面防水层、保温层及室内封闭保温层。

室内装饰施工可采用建筑物正式热源、临时性管道或火炉、电气取暖。若采用火炉取暖时，应采取预防煤气中毒的措施。

15.3　汛期施工安全防范措施要点

汛期施工现场重点部位和环节安全防范措施要点参照《关于印发〈关于加强汛期建

筑施工安全生产工作的意见〉的通知》（建质函〔2006〕200号）相关要求。

需要说明的是，《关于印发〈关于加强汛期建筑施工安全生产工作的意见〉的通知》（建质函〔2006〕200号）提及的各项措施，是根据现行的建筑安全技术标准规范，着重突出汛期安全工作的部分，除应执行该通知提及的各项措施外，还应全面贯彻国家和行业有关安全生产的各项法律、法规、规章和技术标准规范。具体如下：

1. 施工现场排水

（1）施工现场应按标准实现现场硬化处理。

（2）根据施工总平面图、规划和设计排水方案及设施，利用自然地形确定排水方向，按规定坡度挖好排水沟。

（3）设置连续、通畅的排水设施和其他应急设施，防止泥浆、污水、废水外流或堵塞下水道和排水河沟。

（4）若施工现场临近高地，应在高地的边缘（现场上侧）挖好截水沟，防止洪水冲入现场。

（5）汛期前做好傍山施工现场边缘的危石处理，防止滑坡、塌方威胁工地。

（6）雨期指定专人负责，及时疏浚排水系统，确保施工现场排水畅通。

2. 施工现场运输道路

（1）临时道路起拱5%，两侧做宽为300mm、深为200mm的排水沟。

（2）对路基易受冲刷部分，铺石块、焦渣、砾石等渗水防滑材料，或设涵管排泄，保证路基的稳固。

（3）雨期指定专人负责维修路面，对路面不平或积水现象应及时修复、清除。

3. 边坡基坑支护

（1）汛期前应清除沟边多余弃土，减轻坡顶压力。

（2）雨后应及时对坑、槽、沟边坡和固壁支撑结构进行检查，并派专人对深基坑进行测量，观察边坡情况，如发现边坡有裂缝、疏松、支撑结构折断、走动等危险征兆，立即采取措施解决。

（3）因雨水原因发生坡道打滑等情况时，应停止土石方机械作业施工。

（4）雷雨天气不得露天进行电力爆破土石方，如爆破过程中遇到雷电，迅速将雷管脚线、电线主线两端连成短路。

（5）加强对基坑周边的监控，配备足够的潜水泵等排水设施，确保排水及时，防止基坑坍塌。

4. 脚手架工程

（1）遇大雨、高温、雷击和6级或以上大风等恶劣天气，停止脚手架搭设和拆除作业。

（2）大风、大雨等天气后，组织人员检查脚手架是有摇晃、变形情况，遇有倾斜、下沉、连墙件松脱、节点连接位移和安全网脱落、开绳等现象，应及时处理。

（3）落地式钢管脚手架立杆底端应当高于自然地坪50mm，并夯实整平，留出一定散水坡度，在周围设置排水措施，防止雨水浸泡脚手架。

（4）悬挑架和附着式升降脚手架在汛期来临前要有加固措施，将架体与建筑物按照架体的高度设置连接件或拉结措施。

（5）吊篮脚手架在汛期来临前，应予拆除。

5．施工用电

（1）严格按照现行行业标准《施工现场临时用电安全技术规范》（JGJ 46）落实临时用电的各项安全措施。

（2）各种露天使用的电气设备应选择较高的干燥处放置。

（3）总配电箱、分配电箱、开关箱应有可靠的防雨措施，电焊机应加防护雨罩。

（4）雨期前应检查照明和动力线有无混线、漏电现象，电杆有无腐蚀、埋设松动等，防止触电。

（5）雨期要检查现场电气设备的接零、接地保护措施是否牢靠，漏电保护装置是否灵敏，电线绝缘接头是否良好。

（6）暴雨等险情来临之前，施工现场临时用电除照明、排水和抢险用电外，其他电源应全部切断。

（7）施工现场高出建筑物的塔式起重机、外用电梯、井字架、龙门架以及较高金属脚手架等高架设施，如果在相邻建筑物、构筑物的防雷装置保护范围以外，应按规范设置防雷装置。

6．垂直运输设备

1）塔式起重机。

（1）自升式塔式起重机有附着装置的，在最上一道以上自由高度超过说明书设计高度的，应朝建筑物方向设置两根钢丝绳拉结。

（2）自升式塔式起重机未附着，但已达到设计说明书最大独立高度的，应设置 4 根钢丝绳对角拉结。

（3）拉结应用 $\phi15$ 以上的钢丝绳，拉结点应设在转盘以下第一个标准节的根部；拉结点处标准节内侧应采用大于标准节角钢宽度的木方作支撑，以防拉伤塔身钢结构；四根拉结绳与塔身之间的角度应一致，控制在 $45°\sim60°$；钢丝绳应采用地锚、地锚筐固定或与建筑物已达到设计强度的混凝土结构联结等形式进行锚固；钢丝绳应有调整松紧度的措施，以确保塔身处于垂直状态。

（4）塔身螺栓必须全部紧固，塔身附着装置应全面检查，确保无松动、无开焊、无变形。

（5）严禁对塔式起重机前后臂进行固定，确保自由旋转。塔式起重机的避雷设施必须确保完好有效，且其电源线路必须切断。

2）龙门架（井字架）和施工用电梯。

（1）有附墙装置的龙门架（井字架）物料提升机和施工用电梯，要采取措施强化附墙拉结装置。

（2）无附墙装置的物料提升机，应加大缆风绳及地锚的强度，或设置临时附墙设施等作加固处理。

7．宿舍、办公室等临时设施

（1）选址必须在安全可靠的地点，避开滑坡、泥石流、山洪、坍塌等灾害地段。

（2）工地宿舍设专人负责，进行昼夜值班，每个宿舍配备不少于 2 个手电筒。发现险情时，要清楚记得避险路线、避险地点和避险方法。台风来临之际，严禁工人到海边游玩或观景看浪。

（3）采用彩钢板房应有产品合格证，用作宿舍和办公室的，必须根据设置的地址及当地常年风压值等，对彩钢板房的地基进行加固，并使彩钢板房与地基牢固连接，确保房屋稳固。

（4）当地气象部门发布强对流（台风）天气预报后，所有在砖砌临建宿舍住宿的人员必须全部撤出并到达安全地点。临近海边、基坑、砖砌围挡墙及广告牌的临建住宿人员必须全部撤出。在以塔式起重机高度为半径的地面范围内的临建设施内的人员也必须全部撤出。

（5）施工现场宿舍、办公室等临时设施，在汛期前应整修加固完毕，保证不漏、不塌、不倒，周围不积水，严防水冲入室内。大风和大雨后，应当检查临时设施地基和主体结构情况，发现问题及时处理。

16 施工现场消防管理

施工现场消防管理的相关内容可参考下列法律法规、技术标准：《中华人民共和国消防法》、《建设工程施工现场消防安全技术规范》（GB 50720—2011）。

16.1 基本要求

16.1.1 一般规定及法律要求

依据《中华人民共和国消防法》相关内容，消防工作贯彻预防为主、防消结合的方针，按照政府统一领导、部门依法监管、单位全面负责、公民积极参与的原则，实行消防安全责任制，建立健全社会化的消防工作网络。由国务院应急管理部门对全国的消防工作实施监督管理，县级以上地方人民政府应急管理部门对本行政区域内的消防工作实施监督管理，并由本级人民政府消防救援机构负责实施。

各级人民政府应当组织开展经常性的消防宣传教育，提高公民的消防安全意识。机关、团体、企业、事业等单位，应当加强对本单位人员的消防宣传教育。应急管理部门及消防救援机构应当加强消防法律、法规的宣传，并督促、指导、协助有关单位做好消防宣传教育工作。

16.1.2 临建和施工现场火灾预防

依据《中华人民共和国消防法》相关内容，对于临时建筑和施工现场火灾预防工作，可从消防设计与施工、消防验收、装饰材料的防火性能、管理要求等方面着手严格预防。

1. 消防设计与施工

（1）施工现场建设工程的消防设计、施工必须符合国家工程建设消防技术标准。建设、设计、施工、工程监理等单位依法对建设工程的消防设计、施工质量负责。

（2）住房城乡建设主管部门规定的特殊建设工程，建设单位应当将消防设计文件报送住房城乡建设主管部门审查，住房城乡建设主管部门依法对审查的结果负责。除特殊建设工程以外的其他建设工程，建设单位申请领取施工许可证或者申请批准开工报告时应当提供满足施工需要的消防设计图纸及技术资料。

（3）施工现场特殊建设工程未经消防设计审查或者审查不合格的，建设单位、施工单位不得施工；其他建设工程，建设单位未提供满足施工需要的消防设计图纸及技术资料的，有关部门不得发放施工许可证或者批准开工报告。

2. 消防验收

（1）对按照国家工程建设消防技术标准需要进行消防设计的建设工程，需对在建工程执行消防设计审查验收制度。

（2）住房城乡建设主管部门规定应当申请消防验收的建设工程竣工，建设单位应当向住房城乡建设主管部门申请消防验收。除住房城乡建设主管部门规定以外的其他建设工程，建设单位在验收后应当报住房城乡建设主管部门备案，住房城乡建设主管部门应当进行抽查。

依法应当进行消防验收的建设工程，未经消防验收或者消防验收不合格的，禁止投入使用；其他建设工程经依法抽查不合格的，应当停止使用。

3．防火性能

建筑构件、建筑材料和室内装修、装饰材料的防火性能必须符合国家标准；没有国家标准的，必须符合行业标准。

4．管理要求

任何单位、个人不得损坏、挪用或者擅自拆除、停用消防设施、器材，不得埋压、圈占、遮挡消火栓或者占用防火间距，不得占用、堵塞、封闭疏散通道、安全出口、消防车通道。

16.2　施工现场消防总平面布局

16.2.1　一般规定

施工现场消防总平面布局的一般规定见表16-1。

表 16-1　消防总平面布局一般规定

序号	规范要求
1	下列临时用房和临时设施应纳入施工现场总平面布局：施工现场的出入口、围墙、围挡；场内临时道路；给水管网或管路和配电线路敷设或架设的走向、高度；施工现场办公用房、宿舍、发电机房、配电房、可燃材料库房、易燃易爆危险品库房、可燃材料堆场及其加工场、固定动火作业场等；临时消防车道、消防救援场地和消防水源
2	施工现场出入口的设置应满足消防车通行的要求，并宜布置在不同方向，其数量不宜少于2个。当确有困难只能设置1个出入口时，应在施工现场内设置满足消防车通行的环形道路
3	施工现场临时办公、生活、生产、物料存贮等功能区宜相对独立布置
4	固定动火作业场应布置在可燃材料堆场及其加工场、易燃易爆危险品库房等全年最小频率风向的上风侧；宜布置在临时办公用房、宿舍、可燃材料库房、在建工程等全年最小频率风向的上风侧
5	易燃易爆危险品库房应远离明火作业区、人员密集区和建筑物相对集中区
6	可燃材料堆场及其加工场、易燃易爆危险品库房不应布置在架空电力线下

16.2.2　防火间距

施工现场防火间距应满足下列要求：

1）易燃易爆危险品库房与在建工程的防火间距不应小于 15m，可燃材料堆场及其加工场、固定动火作业场与在建工程的防火间距不应小于 10m，其他临时用房、临时设施与在建工程的防火间距不应小于 6m。

2）施工现场主要临时用房、临时设施的防火间距不应小于表 16-2 的规定，当办公用房、宿舍成组布置时，其防火间距可适当减小，但应符合以下要求：

（1）每组临时用房的栋数不应超过 10 栋，组与组之间的防火间距不应小于 8m。

（2）组内临时用房之间的防火间距不应小于 3.5m；当建筑构件燃烧性能等级为 A 级时，其防火间距可减少到 3m。

表 16-2　施工现场主要临时用房、临时设施的防火间距　　　　　　　（m）

名称间距	办公用房、宿舍	发电机房、变配电房	可燃材料库房	厨房操作间、锅炉房	可燃材料堆场及其加工场	固定动火作业场	易燃、易爆物品库房
办公用房、宿舍	4	4	5	5	7	7	10
发电机房、变配电房	4	4	5	5	7	7	15
可燃材料库房	5	5	5	5	7	7	10
厨房操作间、锅炉房	5	5	5	5	7	7	10
可燃材料堆场及其加工场	7	7	7	7	7	10	10
固定动火作业场	7	7	7	7	10	10	12
易燃、易爆物品库房	10	10	10	10	10	12	12

注：1. 临时用房、临时设施的防火间距应按临时用房外墙外边线或堆场、作业场、作业棚边线间的最小距离计算，如临时用房外墙有突出可燃构件时，应从其突出可燃构件的外缘算起；

　　2. 两栋临时用房相邻较高一面的外墙为防火墙时，防火间距不限；

　　3. 本表未规定的，可按同等火灾危险性的临时用房、临时设施的防火间距确定。

16. 2. 3　消防车道

施工现场消防车道应满足下列要求：

1）施工现场内应设置临时消防车道，临时消防车道与在建工程、临时用房、可燃材料堆场及其加工场的距离，不宜小于 5m，且不宜大于 40m；施工现场周边道路满足消防车通行及灭火救援要求时，施工现场内可不设置临时消防车道。

2）临时消防车道的设置应符合下列规定：

（1）临时消防车道宜为环形，如设置环形车道确有困难，应在消防车道尽端设置尺寸不小于 12m×12m 的回车场。

（2）临时消防车道的净宽度和净空高度均不应小于 4m。

（3）临时消防车道的右侧应设置消防车行进路线指示标识。

（4）临时消防车道路基、路面及其下部设施应能承受消防车通行压力及工作荷载。

3）下列建筑应设置环形临时消防车道，设置环形临时消防车道确有困难时，除应按要求设置回车场外，尚应按要求设置临时消防救援场地：

（1）建筑高度大于 24m 的在建工程。

（2）建筑工程单体占地面积大于 3000m² 的在建工程。

（3）超过 10 栋，且为成组布置的临时用房。

4）临时消防救援场地的设置应符合下列要求：

（1）临时消防救援场地应在在建工程装饰装修阶段设置。

（2）临时消防救援场地应设置在成组布置的临时用房场地的长边一侧及在建工程的长边一侧。

（3）场地宽度应满足消防车正常操作要求且不应小于 6m，与在建工程外脚手架的净距不宜小于 2m，且不宜超过 6m。

16.3　消防安全检查

在建工程消防安全检查主要包括临时用房防火检查、在建工程防火检查、临时消防设施的安全检查，其中临时消防设施的安全检查主要涉及灭火器、临时消防给水系统和应急照明 3 方面。

关于临时消防设施的说明：灭火器、临时消防给水系统和应急照明是施工现场常用且最为有效的临时消防设施；临时消防设施应与在建工程的施工同步设置，房屋建筑工程中，对于房屋建筑工程，新近施工的楼层，因混凝土强度等原因，模板及支模架不能及时拆除，临时消防设施的设置难以及时跟进，临时消防设施的设置与在建工程主体结构施工进度的差距不应超过 3 层；施工现场在建工程可利用已具备使用条件的永久性消防设施作为临时消防设施。当永久性消防设施无法满足使用要求时，应增设临时消防设施；施工现场的消火栓泵应采用专用消防配电线路，专用消防配电线路应自施工现场总配电箱的总断路器上端接入，且应保持不间断供电；地下工程的施工作业场所宜配备防毒面具；临时消防给水系统的贮水池、消火栓泵、室内消防竖管及水泵接合器等，应设醒目标识。

16.3.1　临时用房防火检查

临时用房防火管理主要涉及宿舍、办公用房，发电机房、变配电房、厨房操作间、锅炉房、可燃材料库房及易燃易爆危险品库房，其他防火设计 3 方面，依据相关规范要求开展消防安全检查。施工现场临时用房防火要求见表 16-3。

表 16-3　临时用房防火要求

区域	防火要求
宿舍办公用房	（1）建筑构件的燃烧性能等级应为 A 级。当采用金属夹芯板材时，其芯材的燃烧性能等级应为 A 级。 （2）建筑层数不应超过 3 层，每层建筑面积不应大于 300m²。 （3）层数为 3 层或每层建筑面积大于 200m² 时，应设置不少于 2 部疏散楼梯，房间疏散门至疏散楼梯的最大距离不应大于 25m。 （4）单面布置用房时，疏散走道的净宽度不应小于 1.0m；双面布置用房时，疏散走道的净宽度不应小于 1.5m。 （5）疏散楼梯的净宽度不应小于疏散走道的净宽度。 （6）宿舍房间的建筑面积不应大于 30m²，其他房间的建筑面积不宜大于 100m²。 （7）房间内任一点至最近疏散门的距离不应大于 15m，房门的净宽度不应小于 0.8m，房间建筑面积超过 50m² 时，房门的净宽度不应小于 1.2m。 （8）隔墙应从楼地面基层隔断至顶板基层底面
发电机房、变配电房、厨房操作间、锅炉房、可燃材料库房及易燃易爆危险品库房	（1）建筑构件的燃烧性能等级应为 A 级。 （2）层数应为 1 层，建筑面积不应大于 200m²。 （3）可燃材料库房单个房间的建筑面积不应超过 30m²，易燃易爆危险品库房单个房间的建筑面积不应超过 20m²。 （4）房间内任一点至最近疏散门的距离不应大于 10m，房门的净宽度不应小于 0.8m
其他防火设计	（1）宿舍、办公用房不应与厨房操作间、锅炉房、变配电房等组合建造。 （2）会议室、文化娱乐室等人员密集的房间应设置在临时用房的第一层，其疏散门应向疏散方向开启

16.3.2　在建工程防火检查

在建工程防火检查既包括新建项目的防火检查，也包括既有建筑的扩建和改建防火检查。施工现场在建工程防火要求见表 16-4。

表 16-4　在建工程防火要求

序号	规范要求
1	在建工程作业场所的临时疏散通道应采用不燃、难燃材料建造并与在建工程结构施工同步设置，也可利用在建工程施工完毕的水平结构、楼梯
2	在建工程作业场所临时疏散通道的设置应符合下列规定： （1）耐火极限不应低于 0.5h； （2）设置在地面上的临时疏散通道，其净宽度不应小于 1.5m；利用在建工程施工完毕的水平结构、楼梯作临时疏散通道，其净宽度不应小于 1.0m；用于疏散的爬梯及设置在脚手架上的临时疏散通道，其净宽度不应小于 0.6m； （3）临时疏散通道为坡道时，且坡度大于 25°时，应修建楼梯或台阶踏步或设置防滑条； （4）临时疏散通道不宜采用爬梯，确需采用爬梯时，应有可靠固定措施； （5）临时疏散通道的侧面如为临空面，必须沿临空面设置高度不小于 1.2m 的防护栏杆； （6）临时疏散通道设置在脚手架上时，脚手架应采用不燃材料搭设； （7）临时疏散通道应设置明显的疏散指示标识； （8）临时疏散通道应设置照明设施

序号	规范要求
3	既有建筑进行扩建、改建施工时，必须明确划分施工区和非施工区。施工区不得营业、使用和居住；非施工区继续营业、使用和居住时，应符合下列要求： 　　（1）施工区和非施工区之间应采用不开设门、窗、洞口的耐火极限不低于3.0h的不燃烧体隔墙进行防火分隔； 　　（2）非施工区内的消防设施应完好和有效，疏散通道应保持畅通，并应落实日常值班及消防安全管理制度； 　　（3）施工区的消防安全应配有专人值守，发生火情应能立即处置； 　　（4）施工单位应向居住和使用者进行消防宣传教育、告知建筑消防设施、疏散通道的位置及使用方法，同时应组织进行疏散演练； 　　（5）外脚手架搭设不应影响安全疏散、消防车正常通行及灭火救援操作；外脚手架搭设长度不应超过该建筑物外立面周长的二分之一
4	外脚手架、支模架的架体宜采用不燃或难燃材料搭设，其中，下列工程的外脚手架、支模架的架体应采用不燃材料搭设： 　　（1）高层建筑； 　　（2）既有建筑改造工程
5	下列安全防护网应采用阻燃型安全防护网： 　　（1）高层建筑外脚手架的安全防护网； 　　（2）既有建筑外墙改造时，其外脚手架的安全防护网； 　　（3）临时疏散通道的安全防护网
6	作业场所应设置明显的疏散指示标志，其指示方向应指向最近的临时疏散通道入口
7	作业层的醒目位置应设置安全疏散示意图

16.3.3　灭火器

　　灭火器是施工现场常用且最为有效的临时消防设施之一，施工现场在建工程及临时用房的特殊部位必须配置灭火器，且灭火器配置及最大保护距离也有相应的标准和要求。

　　1. 区域配置灭火器

　　在建工程及临时用房的下列场所应配置灭火器：

　　（1）易燃易爆危险品存放及使用场所。

　　（2）动火作业场所。

　　（3）可燃材料存放、加工及使用场所。

　　（4）厨房操作间、锅炉房、发电机房、变配电房、设备用房、办公用房、宿舍等临时用房。

　　（5）其他具有火灾危险的场所。

　　2. 灭火器配置的要求

　　灭火器的类型应与配备场所可能发生的火灾类型相匹配，同时最低配置标准和灭火器的最大保护距离应该符合相应要求，每个场所的灭火器数量不应少于2具。灭火器最低配置标准见表 16-5，灭火器的最大保护距离见表 16-6。

表 16-5　灭火器最低配置标准

项目	固体物质火灾		液体或可熔化固体物质火灾、气体火灾	
	单具灭火器最小灭火级别	单位灭火级别最大保护面积（m²/A）	单具灭火器最小灭火级别	单位灭火级别最大保护面积（m²/B）
易燃易爆危险品存放及使用场所	3A	50	89B	0.5
固定动火作业场	3A	50	89B	0.5
临时动火作业点	2A	50	55B	0.5
可燃材料存放、加工及使用场所	2A	75	55B	1.0
厨房操作间、锅炉房	2A	75	55B	1.0
自备发电机房	2A	75	55B	1.0
变、配电房	2A	75	55B	1.0
办公用房、宿舍	1A	100	—	—

表 16-6　灭火器的最大保护距离　　　　　　　　　　　　　　　（m）

灭火器配置场所	固体物质火灾	液体或可熔化固体物质火灾、气体类火灾
易燃易爆危险品存放及使用场所	15	9
固定动火作业场	15	9
临时动火作业点	10	6
可燃材料存放、加工及使用场所	20	12
厨房操作间、锅炉房	20	12
发电机房、变配电房	20	12
办公用房、宿舍等	25	—

16.3.4　临时消防给水系统

施工现场防火首先应保证有水，其次保证水量。接下来从消防水源、临时消防用水量及计取标准、临时消防给水系统的设置要求进行阐述。

1. 消防水源

消防水源应满足临时消防用水量的要求。

施工现场或其附近应设置稳定、可靠的水源，并应能满足施工现场临时消防用水的需要。消防水源可采用市政给水管网或天然水源。当采用天然水源时，应采取措施确保冰冻季节、枯水期最低水位时顺利取水，并满足临时消防用水量的需求。

2. 临时消防用水量及计取标准

临时消防用水量包含临时室外消防用水量和临时室内消防用水量的总和。

临时用房火灾常发生在生活区，因此施工现场未布置临时生活用房时，可不考虑临时用房的消防用水量。

临时消防用水量＝在建工程室内消防用水量＋max［在建工程室外消防用水量、临时用房室外消防用水量（未布置临时生活用房的无"临时用房室外消防用水量"一项）］

临时室外消防用水量应按临时用房和在建工程的临时室外消防用水量的较大者确定，施工现场火灾次数可按同时发生1次确定。

临时用房的临时室外消防用水量详见表16-7。

表 16-7　临时用房的临时室外消防用水量

临时用房的建筑面积之和	火灾延续时间（h）	消火栓用水量（L/s）	每支水枪最小流量（L/s）
1000m²＜面积≤5000m²	1	10	5
面积＞5000m²		15	5

在建工程的临时室外消防用水量详见表16-8。

表 16-8　在建工程的临时室外消防用水量

在建工程（单体）体积	火灾延续时间（h）	消火栓用水（L/s）	每支水枪最小流量（L/s）
10000m³＜体积≤30000m³	1	15	5
体积＞30000m³	2	20	5

在建工程的临时室内消防用水量详见表16-9。

表 16-9　在建工程的临时室内消防用水量

建筑高度、在建工程体积（单体）	火灾延续时（h）	消火栓用水量（L/s）	每支水枪最小流量（L/s）
24m＜建筑高度≤50m（或30000m³＜体积≤50000m³）	1	10	5
建筑高度＞50m（或体积＞50000m³）	—	15	5

3. 临时消防给水系统的设置要求

临时用房建筑面积之和大于1000m²或在建工程单体体积大于10000m³时，应设置临时室外消防给水系统。当施工现场处于市政消火栓150m保护范围内且市政消火栓的数量满足室外消防用水量要求时，可不设置临时室外消防给水系统。

建筑高度大于24m或单体体积超过30000m³的在建工程，应设置临时室内消防给水系统。

施工现场临时室外消防给水系统的设置应符合下列要求：

（1）给水管网宜布置成环状。

（2）临时室外消防给水干管的管径应依据施工现场临时消防用水量和干管内水流计算速度进行计算确定，且不应小于DN100。

（3）室外消火栓应沿在建工程、临时用房及可燃材料堆场及其加工场均匀布置，距在建工程、临时用房及可燃材料堆场及其加工场的外边线不应小于 5m。

（4）消火栓的间距不应大于 120m。

（5）消火栓的最大保护半径不应大于 150m。

在建工程室内临时消防竖管的设置应符合下列要求：

（1）消防竖管的设置位置应便于消防人员操作，其数量不应少于 2 根，当结构封顶时，应将消防竖管设置成环状。

（2）消防竖管的管径应根据在建工程临时消防用水量、竖管内水流计算速度进行计算确定，且不应小于 DN100。

设置室内消防给水系统的在建工程，应设消防水泵接合器。消防水泵接合器应设置在室外便于消防车取水的部位，与室外消火栓或消防水池取水口的距离宜为 15～40m。

设置临时室内消防给水系统的在建工程，各结构层均应设置室内消火栓接口及消防软管接口，并应符合下列要求：

（1）消火栓接口及软管接口应设置在位置明显且易于操作的部位。

（2）消火栓接口的前端应设置截止阀。

（3）消火栓接口或软管接口的间距，多层建筑不大于 50m，高层建筑不大于 30m。

在建工程结构施工完毕的每层楼梯处，应设置消防水枪、水带及软管，且每个设置点不少于 2 套。

高度超过 100m 的在建工程，应在适当楼层增设临时中转水池及加压水泵。中转水池的有效容积不应少于 10m³，上下两个中转水池的高差不宜超过 100m。

临时消防给水系统的给水压力应满足消防水枪充实水柱长度不小于 10m 的要求；给水压力不能满足要求时，应设置消火栓泵，消火栓泵不应少于 2 台，且应互为备用；消火栓泵宜设置自动启动装置。

当外部消防水源不能满足施工现场的临时消防用水量要求时，应在施工现场设置临时贮水池。临时贮水池宜设置在便于消防车取水的部位，其有效容积不应小于施工现场火灾延续时间内一次灭火的全部消防用水量。

施工现场临时消防给水系统应与施工现场生产、生活给水系统合并设置，但应设置将生产、生活用水转为消防用水的应急阀门。应急阀门不应超过 2 个，且应设置在易于操作的场所，并设置明显标识。

严寒和寒冷地区的现场临时消防给水系统，应采取防冻措施。

16.3.5 应急照明

施工现场的下列场所应配备临时应急照明：①自备发电机房及变、配电房；②水泵房；③无天然采光的作业场所及疏散通道；④高度超过 100m 的在建工程的室内疏散通道；⑤发生火灾时仍需坚持工作的其他场所。

作业场所应急照明的照度不应低于正常工作所需照度的 90%，疏散通道的照度值不应小于 0.5lx。

临时消防应急照明灯具宜选用自备电源的应急照明灯具，自备电源的连续供电时间不应小于 60min。

16.4 防火安全管理

16.4.1 施工单位的防火安全职责

施工现场的消防安全管理由施工单位负责，实行施工总承包的，由总承包单位负责，分包单位应向总承包单位负责，并应服从总承包单位的管理，同时应承担国家法律、法规规定的消防责任和义务。

施工单位的防火安全职责主要包括消防安全管理组织机构及人员的设置，消防安全管理职责的落实。

1）施工单位应根据建设项目规模、现场消防安全管理的重点，在施工现场建立消防安全管理组织机构及义务消防组织，并应确定消防安全负责人和消防安全管理人，同时应落实相关人员的消防安全管理责任。

2）施工单位应做好以下工作，落实其消防安全管理职责：

（1）应针对施工现场可能导致火灾发生的施工作业及其他活动，制订消防安全管理制度。

（2）应编制施工现场防火技术方案，并应根据现场情况变化及时对其修改、完善。

（3）应编制施工现场灭火及应急疏散预案。

（4）施工人员进场前，施工现场的消防安全管理人员应向施工人员进行消防安全教育和培训。

（5）施工作业前，施工现场的施工管理人员应向作业人员进行消防安全技术交底。

（6）施工过程中，施工现场的消防安全负责人应定期组织消防安全管理人员对施工现场的消防安全进行检查。

3）施工单位应依据灭火及应急疏散预案，定期开展灭火及应急疏散的演练。

4）施工单位应做好并保存施工现场消防安全管理的相关文件和记录，建立现场消防安全管理档案。

16.4.2 施工单位消防安全管理内容

施工单位消防安全管理主要涉及建立健全并落实消防安全管理制度、制订并实施防火技术方案、编制并实施灭火及应急疏散预案、开展防火安全教育和培训、消防安全技术交底、消防安全检查等内容。施工单位消防安全管理详见表 16-10。

表 16-10 施工单位消防安全管理

施工单位职责	主要内容
消防安全管理制度	1. 消防安全教育与培训制度； 2. 可燃及易燃易爆危险品管理制度； 3. 用火、用电、用气管理制度； 4. 消防安全检查制度； 5. 应急预案演练制度

续表

施工单位职责	主要内容
防火技术方案	1. 施工现场重大火灾危险源辨识； 2. 施工现场防火技术措施； 3. 临时消防设施、临时疏散设施配备； 4. 临时消防设施和消防警示标识布置图
灭火及应急疏散预案	1. 应急灭火处置机构及各级人员应急处置职责； 2. 报警、接警处置的程序和通信联络的方式； 3. 扑救初起火灾的程序和措施； 4. 应急疏散及救援的程序和措施
防火安全教育和培训	1. 施工现场消防安全管理制度、防火技术方案、灭火及应急疏散预案的主要内容； 2. 施工现场临时消防设施的性能及使用、维护方法； 3. 扑灭初起火灾及自救逃生的知识和技能； 4. 报火警、接警的程序和方法
消防安全技术交底	1. 施工过程中可能发生火灾的部位或环节； 2. 施工过程应采取的防火措施及应配备的临时消防设施； 3. 初起火灾的扑救方法及注意事项； 4. 逃生方法及路线
消防安全检查	1. 可燃物及易燃易爆危险品的管理是否落实； 2. 动火作业的防火措施是否落实； 3. 用火、用电、用气是否存在违章操作，电、气焊及保温防水施工是否执行操作规程； 4. 临时消防设施是否完好有效； 5. 临时消防车道及临时疏散设施是否畅通

16.4.3 可燃物及易燃易爆危险品管理

用于在建工程的保温、防水、装饰及防腐等材料的燃烧性能等级，应符合设计要求。

可燃材料及易燃易爆危险品应按计划限量进场。进场后，可燃材料宜存放于库房内，如露天存放时，应分类成垛堆放，垛高不应超过 2m，单垛体积不应超过 50m³，垛与垛之间的最小间距不应小于 2m，且采用不燃或难燃材料覆盖；易燃易爆危险品应分类专库储存，库房内通风良好，并设置严禁明火标志。

室内使用油漆及其有机溶剂、乙二胺、冷底子油或其他可燃、易燃易爆危险品的物资作业时，应保持良好通风，作业场所严禁明火，并应避免产生静电。

施工产生的可燃、易燃建筑垃圾或余料，应及时清理。

16.4.4 用火、用电、用气管理

施工现场用火、用电、用气管理应符合相应的规范要求，详见表 16-11。

表 16-11　施工现场用火、用电、用气管理要求

分类	要求
施工现场用火	1. 动火作业应办理动火许可证；动火许可证的签发人收到动火申请后，应前往现场查验并确认动火作业的防火措施落实后，方可签发动火许可证
	2. 动火操作人员应具有相应资格
	3. 焊接、切割、烘烤或加热等动火作业前，应对作业现场的可燃物进行清理；对于作业现场及其附近无法移走的可燃物，应采用不燃材料对其覆盖或隔离
	4. 施工作业安排时，宜将动火作业安排在使用可燃建筑材料的施工作业前进行。确需在使用可燃建筑材料的施工作业之后进行动火作业，应采取可靠的防火措施
	5. 裸露的可燃材料上严禁直接进行动火作业
	6. 焊接、切割、烘烤或加热等动火作业，应配备灭火器材，并设动火监护人进行现场监护，每个动火作业点均应设置一个监护人
	7. 5 级或以上风力时，应停止焊接、切割等室外动火作业，否则应采取可靠的挡风措施
	8. 动火作业后，应对现场进行检查，确认无火灾危险后，动火操作人员方可离开
	9. 具有火灾、爆炸危险的场所严禁明火
	10. 施工现场不应采用明火取暖
	11. 厨房操作间炉灶使用完毕后，应将炉火熄灭，排油烟机及油烟管道应定期清理油垢
施工现场用电	1. 施工现场供用电设施的设计、施工、运行、维护应符合现行国家标准《建设工程施工现场供用电安全规范》（GB 50194）的要求
	2. 电气线路应具有相应的绝缘强度和机械强度，严禁使用绝缘老化或失去绝缘性能的电气线路，严禁在电气线路上悬挂物品。破损、烧焦的插座、插头应及时更换
	3. 电气设备与可燃、易燃易爆和腐蚀性物品应保持一定的安全距离
	4. 有爆炸和火灾危险的场所，按危险场所等级选用相应的电气设备
	5. 配电屏上每个电气回路应设置漏电保护器、过载保护器，距配电屏 2m 范围内不应堆放可燃物，5m 范围内不应设置可能产生较多易燃、易爆气体、粉尘的作业区
	6. 可燃材料库房不应使用高热灯具，易燃易爆危险品库房内应使用防爆灯具
	7. 普通灯具与易燃物距离不宜小于 300mm；聚光灯、碘钨灯等高热灯具与易燃物距离不宜小于 500mm
	8. 电气设备不应超负荷运行或带故障使用
	9. 禁止私自改装现场供用电设施
	10. 应定期对电气设备和线路的运行及维护情况进行检查

分类	要求
施工现场用气	**1. 储装气体的罐瓶及其附件应合格、完好和有效；严禁使用减压器及其他附件缺损的氧气瓶，严禁使用乙炔专用减压器、回火防止器及其他附件缺损的乙炔瓶**
	2. 气瓶运输、存放、使用时，应符合下列规定： （1）气瓶应保持直立状态，并采取防倾倒措施，乙炔瓶严禁横躺卧放； （2）严禁碰撞、敲打、抛掷、滚动气瓶； （3）气瓶应远离火源，距火源距离不应小于10m，并应采取避免高温和防止暴晒的措施； （4）燃气储装瓶罐应设置防静电装置
	3. 气瓶应分类储存，库房内通风良好；空瓶和实瓶同库存放时，应分开放置，两者间距不应小于1.5m
	4. 气瓶使用时，应符合下列规定： （1）使用前，应检查气瓶及气瓶附件的完好性，检查连接气路的气密性，并采取避免气体泄漏的措施，严禁使用已老化的橡皮气管； （2）氧气瓶与乙炔瓶的工作间距不应小于5m，气瓶与明火作业点的距离不应小于10m； （3）冬季使用气瓶，如气瓶的瓶阀、减压器等发生冻结，严禁用火烘烤或用铁器敲击瓶阀，禁止猛拧减压器的调节螺丝； （4）氧气瓶内剩余气体的压力不应小于0.1MPa； （5）气瓶用后，应及时归库

注：表中黑体字为强制性条款。

16.4.5 其他防火管理

施工现场的重点防火部位或区域，应设置防火警示标识。施工单位应做好施工现场临时消防设施的日常维护工作，对已失效、损坏或丢失的消防设施，应及时更换、修复或补充。临时消防车道、临时疏散通道、安全出口应保持畅通，不得遮挡、挪动疏散指示标识，不得挪用消防设施。施工期间，临时消防设施及临时疏散设施不应被拆除。施工现场严禁吸烟。

17　绿色文明施工

绿色施工作为建筑全寿命周期中的一个重要阶段，是实现建筑领域资源节约和节能减排的关键环节。绿色施工是指工程建设中，在保证质量、安全等基本要求的前提下，通过科学管理和技术进步，最大限度地节约资源并减少对环境负面影响的施工活动，实现节能、节地、节水、节材和环境保护（"四节一环保"）。实施绿色施工，应依据因地制宜的原则，贯彻执行国家、行业和地方相关的技术经济政策。绿色施工应是可持续发展理念在工程施工中全面应用的体现，绿色施工并不仅仅是指在工程施工中实施封闭施工，没有尘土飞扬，没有噪声扰民，在工地四周栽花、种草，实施定时洒水等这些内容，它涉及可持续发展的各个方面，例如生态与环境保护、资源与能源利用、社会与经济的发展等内容。

主要参考法律法规有：《中华人民共和国环境影响评价法》《中华人民共和国环境保护法》《中华人民共和国环境噪声污染防治法》《绿色施工管理规程》（DB11/T 513—2018）、《建设工程施工现场安全资料管理规程》（DB11/383—2017）、《建设工程施工现场安全防护、场容卫生及消防保卫标准》（DB11/945—2012）、《建筑垃圾运输车辆标识、监控和密闭技术要求》（DB11/T 1077）。

17.1　绿色施工管理

17.1.1　绿色文明施工职责

（1）建设单位职责，在编制工程概算和招标文件时，应明确绿色施工的要求，并提供包括场地、环境、工期、资金等方面的条件保障；应向施工单位提供建设工程绿色施工的设计文件、产品要求等相关资料，保证资料的真实性和完整性；应建立工程项目绿色施工的协调机制。

（2）设计单位应履行下列职责，应按现行有关标准和建设单位的要求进行工程的绿色设计；支持配合施工单位做好建筑工程绿色施工的有关设计工作。

（3）监理单位应履行下列职责，对建筑工程绿色施工承担监理责任；绿色施工组织设计、绿色施工方案或绿色施工专项方案，并在实施过程中做好监督检查工作。

（4）施工单位应履行下列职责：①施工单位是建筑工程绿色施工的实施主体，应组织绿色施工的全面实施；②实行总承包管理的建设工程，总承包单位应对绿色施工负总责；③总承包单位应对专业承包单位的绿色施工实施管理，专业承包单位应对工程承包范围的绿色施工负责；④施工单位应建立以项目经理为第一责任人的绿色施工管理体系，制订绿色施工管理制度，负责绿色施工的组织实施，进行绿色施工教育培训，定期开展自检、联检和评价工作；⑤施工单位组织设计绿色施工方案或绿色施工专项方案编制前，应进行绿色施工影响因素分析，并据此制订实施对策和绿色施工评价方案。

17.1.2　绿色施工管理

绿色施工是指工程建设中，在保证质量、安全等基本要求的前提下，通过科学管理和技术进步，最大限度地节约资源与减少对环境负面影响的施工活动，实现四节一环保（节能、节地、节水、节材和环境保护）。绿色施工管理主要包括组织管理、规划管理、实施管理、评价管理和人员安全与健康管理 5 个方面。

1. 组织管理

项目经理为绿色施工第一责任人，负责绿色施工的组织实施及目标实现，并指定绿色施工管理人员和监督人员，在施工过程中实时监控，做好绿色施工。

2. 规划管理

编制专项绿色施工方案，按公司有关规定进行审批。

绿色施工方案包括以下内容：

（1）环境保护措施，制订环境管理计划及应急救援预案，采取有效措施，降低环境负荷。

（2）节材措施，在保证工程安全与质量的前提下，制订节材措施。如进行施工方案的节材优化，尽量避免工地现场材料浪费，建筑垃圾减量化，尽量利用可循环材料等。

（3）节水措施，根据工程所在地的水资源状况，制订节水措施。

（4）节能措施，进行施工节能策划，确定目标，制订节能措施。

（5）节地与施工用地保护措施，施工总平面布置规划及临时用地节地措施等。

3. 实施管理

在绿色施工过程中对整个施工过程实施动态管理，加强对施工策划、施工准备、材料采购、现场施工、工程验收等各阶段的管理和监督。结合工程项目的特点，有针对性地对绿色施工做相应的宣传，通过宣传营造绿色施工的氛围。定期对职工进行绿色施工知识培训，增强职工绿色施工意识。

4. 评价管理

根据绿色施工方案，结合工程特点，对绿色施工的效果及采用的新技术、新设备、新材料与新工艺，进行自我评估。

5. 人员安全与健康管理

在施工方案中制订施工防尘、防毒、防辐射等职业危害的措施，保障施工人员的长期职业健康。根据实际场地合理布置施工现场，保护生活及办公区不受施工活动的有害影响。施工现场建立卫生急救、保健防疫制度，在安全事故和疾病疫情出现时提供及时救助。提供卫生、健康的工作与生活环境，加强对施工人员的住宿、膳食、饮用水等生活与环境卫生等管理，明显改善施工人员的生活条件。

17.2　临建及现场标识

17.2.1　选址与规划

选址首先充分利用规划许可用地，结合标段周边环境及施工便利，通信畅通，满足建设单位办公自动化要求，综合考虑，合理选址。

1. 项目部临建房屋

项目部临建宜采用钢结构板房或箱式集装箱板房，房屋满足消防安全的前提（消防等级应采用 A 级防火材料）下结合层高、采光等因素，简约实用。

2. 办公室布置

各办公室挂设岗位职责、部门管理制度等标牌，同时宜在各办公室内部配备绿色植物。

3. 会议室布置

（1）会议室面积应根据项目实际人数确定大小，保证人员使用。

（2）会议室天棚宜采用石膏板乳胶漆造型吊顶，反光灯槽和筒灯以及亚克力灯管片相互交叉使用；墙面吸声板为石膏板乳胶漆，局部凹槽分隔，地面采用地砖。

（3）会议室正面墙应挂设各个组织机构。

（4）会议室配备投影设施、音响、网络视频会议系统及发言台。

（5）会议室内可安装空气能系统或空调新风系统，保证能够定时消毒、杀菌，以保证室内的温度、湿度，达到加热、加湿、制冷、去湿、换气功能。

（6）会议室的环境噪声等级要求为 40dB，保证良好的开会环境。

（7）会议室采用双开门，向外开启。

4. 监控室

监控室设于单独房间，保证监控设备处于良好环境；监控室实行数字化视频监控并设置视频门禁系统，室内设备排列，便于维护与操作，满足安全、消防的规定要求。

1）大门视频门禁系统。

施工现场应实行门禁卡、信息卡、工作卡一体化，减少携卡数量，方便统一管理；门禁处另行配备应急电源系统，应急电源卡可持续为门禁供电至少 1h，保证在断电情况下 1h 之内能正常使用；门口安装监控摄像头，监控室设置显示屏，监视门外环境具体情况，安装位置不能有过多泥沙和杂物，注意对闭门器、磁力锁、开关等配件的防雨保护。

2）施工区视频监控和门禁系统。

①工地入口应设置人员进出感应系统和人员上、下定位系统，能详细记录并准确追踪定位每位人员；②全方位设置监控设施，便于对每个作业面的远程巡视和监控管理；③项目部设有专门监控室统一由专人管理；④正对通道口位置正反面安装摄像头，LED显示屏安装位置选择明显位置。

工地内监控系统图像实行自动保存设置，并用硬盘保存，保存天数不少于 90d。

（1）场地绿化。

项目驻地办公区周围及围墙前空地应设绿化带，保证无裸土。

（2）洗手间布置。

①项目部办公区公共卫生间应设在办公楼一层，地砖采用防滑地砖，墙壁采用瓷砖；

②吊顶采用铝塑板吊顶，隔断采用复合板隔断（带金属五金配件），以起到防潮作用；

③冲水系统采用手控式装置，以充分节约水资源。

17.2.2　生活区布置

（1）食堂、餐厅布置。

（2）职工宿舍布置。

（3）民工宿舍布置。

（4）淋浴间布置。

（5）生活区设置洗衣房。

（6）场地自来水、消防用水、污水处理标准建设。

17.2.3　警示标志标识标准化

在建设项目部临建设施时，同步在会议室、办公室、宿舍、库房、消防设备设施、卫生间、盥洗室、洗浴间（室）、食堂、库房、餐厅、场区内地面施划消防通道线，在办公、生活区内廊、楼梯转角处设置消防应急指示标志与应急照明灯，各宿舍、办公区、厨房、洗手间等室内张贴应急疏散指示通道图。

17.2.4　施工区设置

1. "七牌两图"设置

"七牌两图"内容包括：工程概况牌、消防保卫牌、安全生产牌、文明施工牌、环境保护牌、管理人员名单及监督电话牌、在大门明显处设置公示牌，施工现场总平面布置图、公共突发事件应急处置流程图。

"七牌两图"放置在场地大门两侧或醒目处、宣传框立柱安装过程中，施工放线保证宣传牌面平整，"七牌两图"安装完成后检查不锈钢边框的密实性，避免后期雨季进雨、宣传牌受潮变形，"七牌两图"采用地脚螺栓固定在地面基础上，撤场后可拆除周转使用。

2. 施工道路硬化

施工现场主要道路 100％进行硬化处理（混凝土强度不小于 C20，厚度不小于 200mm、每 20m 设置一道伸缩缝），路面按一定坡度铺设，保证地面无积水，其他路面应采取覆盖、固化、绿化等有效措施防止扬尘，暂不开发或非施工主要道路区域应采取覆盖、固化、绿化等有效措施防止扬尘。

17.2.5　施工场地标准化建设

1. 安全警示标识

（1）禁止标志：禁止人们不安全行为的图形标志。禁止类标志如图 17-1 所示。

（2）警告标志：提醒人们对周围环境引起注意，以避免可能发生危险的图形标志。警告类标志如图 17-2 所示。

（3）指令标志：强制人们必须做出某种动作或采用防范措施的图形标志。指令类标志如图 17-3 所示。

（4）提示标志：向人们提供某种信息（如安全设施或场所等）的图形标志。提示类标志如图 17-4 所示。

图 17-1 禁止类标志示意图

图 17-2 警告类标志示意图

图 17-3 指令类标志示意图

图 17-4 提示类标志示意图

（5）标志牌的衬边：安全标志牌要有衬边。除警告标志边框用黄色勾边外，其余全部用白色将边框勾一窄边，即为安全标志的衬边，衬边宽度为标志边长或直径的0.025倍。

多个标志牌在一起设置时，应按警告、禁止、指令、提示类型的顺序，先左后右、先上后下地排列。严格按照现行国家标准《安全标志及其使用导则》（GB 2894）相关要求进行现场标志牌悬挂。

2. 现场安全宣传

在施工场地内空闲部位，张挂安全标语，营造施工现场安全氛围，切实让施工人员时刻注意安全，确保施工安全。

17.2.6　围挡施工

1. 施工准备

1）进行施工前的施工现场调查，收集调查相关技术资料。

（1）自然条件：场地、地形、地质、水文、气象（如风力、主导风向）等。

（2）现场环境：可供使用的场地面积、场地内外交通、水、电、暖、通信等供应状况及地下管线情况。

（3）地方建材生产供应：临建材料供应能力、五金建材供应能力、交通运输能力等。

2）人员准备。

所有进场人员按照要求进行入场安全培训和三级教育，施工前由总工程师对现场技术人员进行技术交底，由技术人员对所有的工人进行安全技术交底，并形成书面交底资料。

3）材料设备准备。

所有进场材料必须具有产品出厂合格证，围挡立柱、横梁所用方钢均涂刷防锈漆，围挡板夹芯材料全部采用阻燃材料，必须满足消防相关要求。进场前，准备好施工所需机具设备及材料等。

2. 围挡施工

（1）建设工程工地四周应按规定设置连续、密闭的围挡；建造多层、高层建筑的还应设置安全防护设施。在市区主要路段和市容景观道路及机场、码头、车站广场设置的围挡其高度不得低于2.5m，在其他路段设置的围挡，其高度不得低于1.8m。

（2）围挡使用的材料应保证围栏稳固、整洁、美观。市政工程项目工地，可按工程进度分段设置围栏或按规定使用统一的连续性护栏设施。施工单位不得在工地围栏外堆放建筑材料、垃圾和工程渣土。在经批准临时占用的区域，应严格按批准的占地范围和使用性质存放、堆卸建筑材料或机具设备，临时区域四周应设置高于1.2m的围栏。

（3）施工时需在四周围墙、宿舍外墙等地方，张挂、书写反映企业精神、时代风貌的醒目宣传标语。

17.3　环境保护

17.3.1　扬尘控制

（1）在运送土方、垃圾、设备及建筑材料等物质时，不污损场外道路。运输容易散落、飞扬、流漏的物料的车辆，必须采取措施封闭严密，保证车辆清洁。施工现场出口设置洗车槽，及时清洗车辆上的泥土，防止泥土外带。

（2）土方作业阶段，采取洒水、覆盖等措施，达到作业区无肉眼可观测扬尘，不扩散到场区外。

（3）结构施工、安装装饰装修阶段。对易产生扬尘的堆放材料应采取密目网覆盖措施；对粉末状材料应封闭存放；场区内可能引起扬尘的材料及建筑垃圾搬运应有降尘措施，如覆盖、洒水等；浇筑混凝土前清理灰尘和垃圾时利用吸尘器清理，机械剔凿作业时可用局部遮挡、掩盖、水淋等防护措施；多层建筑清理垃圾应搭设封闭性临时专用道或采用容器吊运。

（4）施工现场非作业区达到目测无扬尘的要求。对现场易飞扬物质采取有效措施，如洒水、地面硬化、围挡、密目网覆盖、封闭等，防止扬尘产生。构筑物机械拆除前，做好扬尘控制计划。可采取清理积尘、拆除体洒水、设置隔挡等措施。

17.3.2　管理措施

1. 施工现场扬尘控制

（1）商品混凝土供应商的选择：所有混凝土均采用商品混凝土，由项目经理牵头，选定综合实力强的混凝土搅拌站。

（2）散状颗粒物的防尘措施：回填土，砌筑用砂子等进场后，临时用密目网或者苫布进行覆盖，控制一次进场量，边用边进，减少散发面积。用完后清扫干净。运土坡道要注意覆盖，防止扬尘。

（3）封闭式垃圾站：在现场设置三个封闭式垃圾站。施工垃圾用塔式起重机吊运至垃圾站，对垃圾按可回收、有害垃圾、厨余垃圾、其他垃圾，并选择有垃圾消纳资质的承包商，外运至规定的垃圾处理场。

2. 切割、钻孔的防尘措施

齿锯切割木材时，在锯机的下方设置遮挡锯末挡板，使锯末在内部沉淀后回收。钻孔用水钻进行，在下方设置疏水槽，将浆水引至容器内沉淀后处理。

3. 钢筋接头

大直径钢筋采用直螺纹机械连接，减少焊接产生废气对大气的污染。大口径管道采用沟槽连接技术，避免焊接释放的废气体对环境的污染。

4. 洒水防尘

常温施工期间，每天派专人洒水，将沉淀池内的水抽至洒水车内，边走边洒。洒水车前设置钻孔的水管，保证洒水均匀。

5. 车辆运输防尘

保证运土车、垃圾运输车、混凝土搅拌运输车、大型货物运输车辆运行状况完好，表面清洁。散装货箱带有可开启式翻盖，装料至盖底为止，限制超载。挖土期间，在车辆出门前，派专人清洗泥土车轮胎；运输坡道上设置钢筋网格振落轮胎上的泥土。在完全硬化的混凝土道路上设置淋湿地毯，防止车辆带土和扬尘。

6. 电焊作业的遮挡措施

电焊作业采取遮挡措施，避免电焊弧光外泄。

具体措施：①设置焊接光棚：钢结构焊接部位设置遮光棚，防止强光外射对工地周围区域造成影响。对于板钢筋的焊接，可以用废旧模板钉维护挡板；对于大钢结构采用钢管扣件、防火帆布搭设，可撤卸循环利用。②控制照明光线的角度：工地周边及塔式起重机上设置大型罩式灯，随着工地的施工进度及时调整罩灯的角度，保证强光线不射出工地外。施工工地上设置的碘钨灯照射方向始终朝向工地内侧。必要时在工作面设置挡光彩条布或者密目网遮挡强光。

17.4 节材与材料资源利用

17.4.1 节材措施

（1）图纸会审时，审核节材与材料资源利用的相关内容，达到材料损耗率比定额损耗率降低30％。

（2）根据施工进度、库存情况等合理安排材料的采购、进场时间和批次，减少库存。

（3）现场材料堆放有序。储存环境适宜，措施得当。保管制度健全，责任落实。

（4）材料运输工具适宜，装卸方法得当，防止损坏和遗撒。根据现场平面布置情况就近卸载，避免和减少二次搬运。

（5）采取技术和管理措施提高模板、脚手架等的周转次数。

（6）优化安装工程的预留、预埋、管线路径等方案。

（7）应就地取材，施工现场500km以内生产的建筑材料用量占建筑材料总重量的70％以上。

17.4.2 结构材料

（1）使用商品混凝土和商品砂浆。准确计算其采购数量、供应频率、施工速度等，在施工过程中动态控制。

（2）优化钢筋配料和钢构件下料方案。钢筋及钢结构制作前应对下料单及样品进行复核，无误后方可批准下料。

（3）优化钢结构制作和安装方法。大型钢结构宜采用工厂制作，现场拼装采用分段吊装、整体提升、滑移、顶升等安装方法，减少方案的措施用材量。

17.4.3 围护材料

（1）门窗、面、外墙等围护结构选用耐候性及耐久性良好的材料，施工确保密封性、防水性和保温隔热性。

（2）门窗采用密封性、保温隔热性能、隔声性能良好的型材和玻璃等材料。

（3）屋面材料、外墙材料具有良好的防水性能和保温隔热性能。

（4）当屋面或墙体等部位采用基层加设保温隔热系统的方式施工时，应选择高效节能、耐久性好的保温隔热材料，以减小保温隔热层的厚度及材料用量。

（5）屋面或墙体等部位的保温隔热系统采用专用的配套材料，以加强各层次之间的黏结或连接强度，确保系统的安全性和耐久性。

（6）根据建筑物的实际特点，优选屋面或外墙的保温隔热材料系统和施工方式，例如保温板粘贴、保温板干挂、聚氨酯硬泡喷涂、保温浆料涂抹等，以保证保温隔热效果，并减少材料浪费。

（7）加强保温隔热系统与围护结构的节点处理，尽量降低热桥效应。针对建筑物的不同部位保温隔热特点，选用不同的保温隔热材料及系统，以做到经济实用。

17.4.4　装饰装修材料

（1）贴面类材料在施工前，进行总体排版策划，减少非整块材的数量。

（2）采用非木质的新材料或人造板材代替木质板材。

（3）防水卷材、壁纸、油漆及各类涂料基层必须符合要求，避免起皮、脱落。各类油漆及黏结剂应随用随开启，不用时及时封闭。

（4）幕墙及各类预留预埋应与结构施工同步。

（5）木制品及木装饰用料、玻璃等各类板材等宜在工厂采购或订制。

（6）采用自黏类片材，减少现场液态黏结剂的使用率。

17.4.5　周转材料

（1）选用耐用、维护与拆卸方便的周转材料和机具。

（2）优先选用制作、安装、拆除一体化的专业队伍进行模板工程施工。

（3）模板应以节约自然资源为原则，推广使用定型钢模、钢框竹模、竹胶板。

（4）施工前应对模板工程的方案进行优化。多层建筑使用可重复利用的模板体系，模板支撑宜采用工具式支撑。

（5）现场办公和生活用房采用活动房。现场围挡应最大限度地利用已有围墙，或采用装配式可重复使用围挡封闭。力争工地临建房、临时围挡材料的可重复使用率达到70％。

17.5　节水与水资源利用

17.5.1　提高用水效率

（1）施工中采用先进的节水施工工艺。

（2）施工现场喷洒路面、绿化浇灌不使用市政自来水。现场搅拌用水、养护用水采取有效的节水措施，严禁无措施浇水养护混凝土。

（3）施工现场供水管网应根据用水量设计布置，管径合理、管路简捷，采取有效措施减少管网和用水器具的漏损。

（4）现场机具、设备、车辆冲洗用水设立循环用水装置。施工现场办公区、生活区的生活用水采用节水系统和节水器具，提高节水器具配置比率。项目临时用水应使用节水型产品，安装计重装置，采取针对性的节水措施。

（5）施工现场建立可再利用水的收集处理系统，使水资源得到梯级循环利用。

17.5.2 非传统水源利用

（1）处于基坑降水阶段的工地，采用地下水作为养护用水、冲洗用水和部分生活用水。

（2）现场机具、设备、车辆冲洗、喷洒路面、绿化浇灌等用水，优先采用非传统水源，尽里不使用市政自来水。

（3）力争施工中非传统水源和循环水的再利用量大于30％。

17.6 节能与能源利用

17.6.1 节能措施

（1）能源节约教育：施工前对所有的工人进行节能教育，树立节约能源的意识，养成良好的习惯。并在电源控制处，贴出"节约用电""人走灯灭"等标志，在厕所部位设置声控感应灯等达到节约用电的目的。

（2）制订合理施工能耗指标，提高施工能源利用率。

（3）优先使用国家、行业推荐的节能、高效、环保的施工设备和机具，如选用变频技术的节能施工设备等。

（4）施工现场分别设定生产、生活、办公和施工设备的用电控制指标，定期进行计量、核算、对比分析，并有预防与纠正措施。

（5）在施工组织设计中，合理安排施工顺序、工作面，以减少作业区域的机具数量，相邻作业区充分利用共有的机具资源。安排施工工艺时，应优先考虑耗用电能的或其他能耗较少的施工工艺。避免设备额定功率远大于使用功率或超负荷使用设备的现象。设立耗能监督小组，即项目工程部设立临时用水、临时用电管理小组，除日常的维护外，还负责监督过程中的使用，发现浪费水电人员、单位则予以处罚。

（6）选择利用效率高的能源：食堂使用液化天然气，其余均使用电能。不使用煤球等利用率低的能源，同时也减少了大气污染。

17.6.2 机械设备与机具

（1）建立施工机械设备管理制度，开展用电、用油计量，完善设备档案，及时做好维修保养工作，使机械设备保持低耗、高效的状态。

（2）选择功率与负载相匹配的施工机械设备，避免大功率施工机械设备低负载长时间运行。机电安装可采用节电型机械设备，如逆变式电焊机和能耗低、效率高的手持电动工具等，以利节电。机械设备宜使用节能型油料添加剂，在可能的情况下，考虑回收利用，节约油量。

（3）合理安排工序，提高各种机械的使用率和满载率，降低各种设备的单位耗能。

17.6.3 生产生活及办公临时设施

（1）利用场地自然条件，合理设计生产、生活及办公临时设施的体形、朝向、间距和窗墙面积比，使其获得良好的日照、通风和采光。

（2）临时设施宜采用节能材料，墙体、屋面使用隔热性能好的材料，减少夏天空调、冬天取暖设备的使用时间及耗能量。

（3）合理配置采暖、空调、风扇数量，规定使用时间，实行分段分时使用，节约用电。

17.6.4 施工用电及照明

（1）临时用电优先选用节能电线和节能灯具，临电线路合理设计、布置，临电设备宜采用自动控制装置。采用声控、光控等节能照明灯具。

（2）照明设计以满足最低照度为原则，照度不应超过最低照度的20%。

17.7 节地与施工用地保护

17.7.1 临时用地指标

（1）根据施工规模及现场条件等因素合理确定临时设施：临时加工厂、现场作业棚及材料堆场、办公生活设施等的占地指标。临时设施的占地面积应按用地指标所需的最低面积设计。

（2）平面布置合理、紧凑，在满足环境、职业健康与安全及文明施工要求的前提下尽可能减少废弃地和死角。

17.7.2 临时用地保护

（1）对深基坑施工方案进行优化，减少土方开挖和回填量，最大限度地减少对土地的扰动，保护周边自然生态环境。

（2）红线外临时占地应尽量使用荒地、废地，少占用农田和耕地。工程完工后，及时对红线外占地恢复原地形、地貌，使施工活动对周边环境的影响降至最低。

（3）利用和保护施工用地范围内原有绿色植被。对于施工周期较长的现场，按建筑永久绿化的要求，安排场地新建绿化。

17.7.3 施工总平面布置

（1）施工总平面布置科学、合理，充分利用原有构筑物、道路、管线为施工服务。

（2）施工现场搅拌站、仓库、加工厂、作业棚、材料堆场等布置应尽量靠近已有交通线路或即将修建的正式或临时交通线路，缩短运输距离。

（3）临时办公和生活用房采用经济、美观、占地面积小、对周边地貌环境影响较小，且适合于施工平面布置动态调整的多层轻钢活动板房。生活区与生产区分开布置。

（4）施工现场道路按照永久道路和临时道路相结合的原则布置。施工现场内，形成环形通路，减少道路占用土地。

（5）临时设施布置应注意远近结合，努力减少和避免大量临时建筑拆迁和场地搬迁。该最大限度地减少对原有土地生态环境的影响。

17.8 职业健康与环境安全

17.8.1 施工现场实行封闭管理

（1）施工作业中的危险作业内容比较多，施工现场相对来说也是比较危险的区域。为防止无关人员随意出入造成不必要的伤害并减少施工作业对周围环境的不良影响，施工现场应实行封闭式管理。因特殊原因不能封闭的施工现场，应采取其他有效措施或设置指示和禁止性标识进行提醒。施工现场硬质围挡是指采用砌体、金属板材等刚性材料设置的围挡。

（2）浅山区、山区造林及线性道路绿化等园林绿化工程不具备条件在施工现场周边设置围挡的，按照园林绿化部门有关规定执行。水利工程在城市建成区施工应全部进行围挡，非建成区河道、管线等线性工程应对桥闸施工区、现场出入口等重点部位进行围挡。道路大修、养护工程及部分不具备封闭条件的市政基础设施工程，应按政府主管部门规定采取其他有效防护及抑尘措施。

（3）施工围挡设置应符合《北京市施工围挡容貌景观设计规范》《北京市市容环境卫生条例》《北京市户外广告设置管理办法》等有关规定，围挡样式色彩与周边环境相协调，施工围挡应定期进行检查和维护，保持施工围挡稳固和整洁。

17.8.2 施工现场合理布置场地

保护生活及办公区不受施工活动的有害影响。办公区和生活区宜布置在施工区以外。办公区布置在施工区内的，宜布置在施工坠落半径和高压线安全距离之外，如因条件所限办公设置在坠落半径区域内，必须有可靠防护措施，生活区设置应参照《北京市建设工程施工现场生活区设置和管理标准》执行。

17.8.3 作业人员着装

佩戴相应的个人劳动防护用品；对施工过程中接触有毒、有害物质或具有刺激性气味可被人体吸入的粉尘、纤维，以及进行强噪声、强光作业的施工人员，应佩戴相应的防护器具（如护目镜、面罩、耳塞等）。劳动防护用品的配备应符合现行行业标准《建筑施工作业劳动防护用品配备及使用标准》（JGJ 184）规定。

17.8.4 施工单位建立管理制度

应建立健全防暑降温工作制度，采取有效措施，加强高温作业、高温天气作业劳动保护工作，确保劳动者身体健康和生命安全。根据《关于印发防暑降温措施管理办法的通知》（安监总安健〔2012〕89号）规定，在高温天气期间，施工单位应根据施工特点和具体条件，采取合理安排工作时间、轮换作业、适当增加高温工作环境下劳动者的休息时间和减轻劳动强度、减少高温时段室外作业等措施。

（1）日最高气温达到40℃以上，应停止当日室外露天作业。

（2）日最高气温达到37℃以上、40℃以下时，施工单位全天安排劳动者室外露天作业时间累计不得超过 6h，连续作业时间不得超过国家规定，且在气温最高时段 3h 内不得安排室外露天作业。

（3）日最高气温达到 35℃ 以上、37℃ 以下时，施工单位应采取换班轮休等方式，缩短劳动者连续作业时间，并且不得安排室外露天作业劳动者加班。

（4）因高温天气停止工作、缩短工作时间的，施工单位不得扣除或降低劳动者工资。

（5）施工单位应为高温作业、高温天气作业的劳动者供给足够的、符合卫生标准的防暑降温饮料及必需的药品，不得以发放钱物替代防暑降温饮料，防暑降温饮料不得充抵高温津贴。

17.8.5 移动厕所

施工现场内应根据施工人员数量和场地大小合理设置移动厕所；超过 8 层的建筑楼层内宜每隔 4 层设置一处移动厕所。

18 应急管理

坚持"安全第一,预防为主,保护人员安全优先,保护环境优先"的应急管理方针。

以突发事件为关注核心,以最大程度减小其伤亡及损失为总目标,突出对应急工作的系统化及全过程的控制和管理,规范应急管理的基本要求,为应急管理、检查、评审和持续改进建立基本框架。

施工单位应提高应对风险和防范事故的能力,检查评估应急准备状态、应急能力,发现并及时修改应急预案和执行程序中的缺陷和不足,识别资源需求,明确相关机构、组织和人员的职责,改善不同机构、组织和人员之间的协调,检验应急响应人员对应急预案、执行程序的了解程度和实际操作技能。

18.1 应急预案与演练

18.1.1 建筑工程应急预案参考目录

《安全事故综合应急预案》《突发公共事件专项应急预案》《特种设备安全生产事故专项应急预案》《深大基坑安全生产事故专项应急预案》《防触电安全事故专项应急预案》《空气重污染专项应急预案》《防火灾事故专项应急预案》《大型模板、构件及脚手架安全生产事故专项应急预案》《施工现场防汛应急预案》等,施工现场根据现场实际情况增减。

18.1.2 应急预案编制

(1)单位主要负责人应根据《生产经营单位安全生产事故应急预案编制导则》(AQ/T 9002—2006)组织相关单位(部门)按照规定编写本单位应急预案。当应急救援相关法律法规、部门职责或应急资源发生变化,以及实施过程中发现存在问题或出现新的情况时,应及时修订完善应急预案。

(2)应急预案编制完成或修订完善后,应进行评审。评审由项目主要负责人组织有关部门和人员进行。外部评审由上级主管部门或地方政府负责安全管理的部门组织审查。评审修订后,经生产经营单位主要负责人签署发布并按规定报有关部门备案。

(3)预案评审的主要内容应包括总则、危险性分析、组织机构及职责、预防与预警、应急响应、信息发布、后期处置、保障措施、培训与演练、奖惩、附则等。

18.1.3 应急预案评审

预案评审主要应包括:①评估预案描述的应急准备状态是否满足要求,提出应急预案执行程序中的缺陷和不足;②评估预案确定的重大事故应急能力是否满足要求,识别资源需求,澄清相关机构、组织和人员的职责,改善不同机构、组织和人员之间的协调问题；③评估预案规定的应急响应人员对应急预案、执行程序的可操作性是否可行可靠，进一步提高应急响应人员的业务素质和操作能力。通过应急预案评审最终达到确保应急预案的充分性，确保应急设备的保障能力。

18.1.4　应急预案培训

针对已批准的应急预案，各单位应编制对各类专业应急人员、企业职工的年度培训计划，并组织实施。职工应熟悉避灾路线，掌握危险自救和互救知识。特殊作业人员（如救护人员、特殊环境、关键岗位人员等）在学习和考试后，应进行相应的训练和演习。应急预案如有修改补充，要组织相关人员重新学习。

培训结束应编制应急培训总结，内容应包括培训时间、培训内容、培训师资、培训人员、培训效果、培训考核记录等。

18.1.5　应急预案演练

根据施工进度要求及法律法规规定，对各种应急预案适时进行演练。应急演习可采用包括桌面演练、功能演习和全面模拟演练在内的多种演习类型。

各单位应成立应急演练指挥策划小组，根据选定的演练类型制订应急预案演练方案，演练方案包括下列事项：确定演练时间、目标和演练范围，演练方式，确定演练现场规则，指定演练效果评价人员，安排相关的后勤工作，编写书面报告，演练人员进行自我评估，针对不足及时制订改正措施并确保实施。

应急演练结束后，应进行演练评价总结，并编制演练评价报告。应急预案的演练检验下列效果：人员配置的合理性、充分性，参与人员的反应能力与处理能力，应急预案的操作性，应急设备的充分性、可用性与有效性，应急预案的组织协调性，外部机构响应的及时性，应急预案的经济性及有效性。

应急演练结束后，演练指挥策划小组应对演练发现进行充分研究，确定导致该问题的根本原因、纠正方法、纠正措施及完成时间，并指定专人负责对演练发现中的不足项和整改项的纠正过程实施追踪，监督检查纠正措施的进展情况。

演练结束后，各单位要依据演练中暴露的问题及时对应急预案进行修订，保持应急预案的持续改进。

18.2　应急救援管理

18.2.1　应急救援队伍的人员职责

（1）遵守国家法律、法规和规章制度。

（2）听从命令，服从指挥，尽心尽力，密切配合。

（3）树立高度的工作责任感。

（4）自觉参加教育培训和演练，不断提高业务水平。

（5）加强应急救援装备、器材和物资的维护、保养，保证性能良好。

（6）完成各项应急救援任务。

18.2.2 应急救援队伍应建立健全各项管理制度

（1）值班制度。

（2）岗位工作制度。

（3）教育学习制度。

（4）培训演练制度。

（5）装备维护保养制度。

（6）奖优罚劣制度。

应急救援单位应划拨专项经费，用于增加、更新应急救援的各种装备、器材、物资，以及安排技术人员参加各类教育培训，不断提高应急救援的能力。

应急救援队伍应针对参与救援的具体情况，定期组织应急救援演练。

18.3 应急上报及处置流程

18.3.1 事故报告流程

事故报告流程如图 18-1 所示。

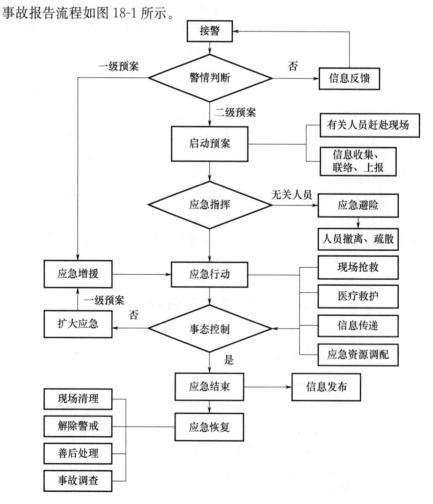

图 18-1 事故报告流程图

18.3.2 应急事故发生处理流程

应急事故发生处理流程如图 18-2 所示。

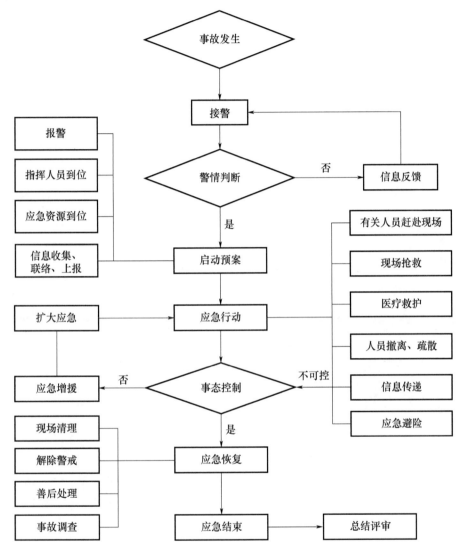

图 18-2 应急事故发生处理流程图